光伏系统清洁维护技术

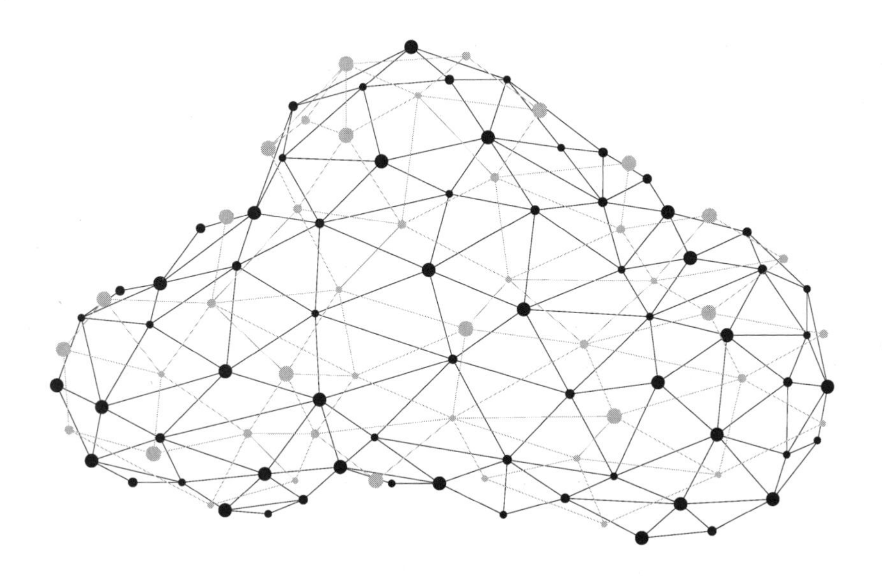

高德东　王　珊　孟广双　辛元庆　著

電子工業出版社
Publishing House of Electronics Industry
北京・BEIJING

内 容 简 介

本书研究了太阳能光伏发电系统清洁技术现状，主要内容包括太阳能资源开发现状、光伏产业规模及节能减排潜力、太阳能发电形式与组件类型、光伏系统清洁方法、灰尘特性、灰尘颗粒黏附机理、电池板表面灰尘清洁机理、试剂选用与评估、清洁与光伏组件寿命。

图书在版编目（CIP）数据

光伏系统清洁维护技术 / 高德东等著. —北京：电子工业出版社，2021.11

ISBN 978-7-121-42101-3

Ⅰ. ①光… Ⅱ. ①高… Ⅲ. ①太阳能光伏发电—维修 Ⅳ. ①TM615

中国版本图书馆 CIP 数据核字（2021）第 195314 号

责任编辑：刘志红（lzhmails@phei.com.cn）　　特约编辑：黄园园
印　　刷：三河市鑫金马印装有限公司
装　　订：三河市鑫金马印装有限公司
出版发行：电子工业出版社
　　　　　北京市海淀区万寿路 173 信箱　邮编：100036
开　　本：787×980　1/16　印张：18.25　字数：306.6 千字
版　　次：2021 年 11 月第 1 版
印　　次：2021 年 11 月第 1 次印刷
定　　价：148.00 元

凡所购买电子工业出版社图书有缺损问题，请向购买书店调换。若书店售缺，请与本社发行部联系，联系及邮购电话：（010）88254888，88258888。

质量投诉请发邮件至 zlts@phei.com.cn，盗版侵权举报请发邮件至 dbqq@phei.com.cn。

本书咨询联系方式：（010）88254479，lzhmails@phei.com.cn。

前言

清洁能源是能源当前和未来发展的必然趋势。太阳能取之不尽，用之不竭，是清洁能源的重要组成部分，在未来必将成为能源结构调整的重要力量。中国西部广袤的土地，丰富的光照为发展太阳能发电事业提供了优越的前提条件。2021 年，习近平总书记考察青海时指出要打造国家清洁能源高地，更加为发展清洁能源指明了方向，坚定了信心。

中国光伏取得了光伏生产制造、光伏发电装机量、光伏发电量三个世界第一。而地处青藏高原的青海则是中国装机发电规模最大的省份，正所谓“世界光伏看中国，中国光伏看青海”。但青藏高原干燥少雨、风沙肆虐的恶劣自然条件给光伏系统维护带来了很大困难，其中，组件表面积灰清洁就是难题之一。

本书围绕光伏组件表面积灰清洁工作，对光伏发电形式、光伏电站组成、灰尘来源、积灰成因、灰尘黏附力的计算、清洁工具及其灰尘去除机理、清洁剂以及清洁可能带来的负面影响等作了较为详细的阐述。无疑，积灰对光伏组件发电量的影响是最直接的，高效率、高质量、低成本地除尘是每个电站的目标。本书旨在将清洁除尘所涉及的理论、方法进行系统梳理，形成较为完备的光伏系统清洁运维的知识体系。在写作过程中，笔者也注意到，光伏组件仅仅追求低成本是片面的，还需要考虑环境因素及周边的生态系统，毕竟清洁使用的水资源对荒漠戈壁生态影响很大。

课题组开展组件清洁技术始于 2009 年。2009 年 3 月，我同清华大学郑浩峻老师前往格尔木调研电池板表面积灰和除尘工作。3 月的格尔木狂风飞沙，我们一行人在电站里辨不清方向，嘴里耳朵里都灌满了沙粒，这是我对风沙的第一次直观认识和感受。从那时起，课题组从擦洗工具入手，开始清洁组件的研究工作，至今已经 12 年了。此后，我们无数次来往于格尔木、德令哈、共和等地的光伏电站，开展各类调研和实验。

早期研究生中，孟广双、辛元庆、李强在灰尘黏附机理和清洁样机制作方面做了大量的工作，也为课题组后续研究工作奠定了基础。孟广双、辛元庆两位工作后，仍然从事光伏发电相关的研究，因此，我特别邀请他们参与本书的写作。前期制作样机时得益于张波师兄的支持和鼓励，随着研究的深入，我们对灰尘黏附和清洁机理更加关注，并且得到国家自然科学基金的资助，马岩岩、张万福、江平、杭茂尧等人的工作涵盖了光伏发电系统性能分析、灰尘性质测定、积灰成因分析、黏附及其与组件表面间的作用力计算等，张军涛则进一步论述了积灰组件透射性质。同时本科生刘文斌、程新华、郑鹏涛、王志新等人都参与了很多工作。

最后我要感谢上文提到的郑浩峻老师、张波师兄及参与相关工作的同学们，感谢为我整理资料、修改文献的研究生们，包括朱少康、王林泽、张西亚、林光伟、赵岩和彭鑫等，也向书中所引用文献的作者们表示感谢。同时，感谢课题研究资助单位——青海省科学技术厅和国家自然科学基金委员会。

写书的出发点是很好的，希望将光伏系统清洁维护技术整理好，能够为电站维护人员提供系统的知识，也为其他研究同行提供一点思路，但由于认识与能力限制，不免有许多疏漏和不当之处，敬请各位读者批评指正。

高德东

于青海大学

2021 年 6 月

关于作者

高德东

男，1980 年 11 月生，山东荣成人，工学博士，教授，主要研究方向包括：光伏系统运维技术、计算机辅助医疗工程和制造业信息化等。2014 年入选青海省第九批自然科学与工程技术学科带头人，2016 年入选青海省高端创新人才“千人计划”拔尖人才，2020 年入选青海省昆仑英才高端创新创业人才——领军人才，2018 年获得第九批青海省高等学校骨干教师称号，发表期刊和会议学术论文 60 余篇。主要教育和工作经历如下：

教育经历

2011 年 9 月至 2017 年 3 月　浙江大学机械工程学院，机械电子工程，获博士学位；

2004 年 9 月至 2007 年 1 月　清华大学精仪系，机械电子工程，获硕士学位；

2000 年 9 月至 2004 年 6 月　青海大学机械系，计算机科学与技术，获学士学位。

工作经历

2007 年 3 月至今　青海大学机械工程学院，助教/讲师/副教授/教授；

2009 年 9 月至 2010 年 6 月　清华大学/密歇根大学，访问学者。

王珊

女，1983 年 2 月生，河北保定人，工学硕士，副教授，主要研究方向包括：光伏清洁技术、材料表面处理等。2016 年获得青海省小岛奖，发表期刊和会议学术论文 30 余篇。主要教育和工作经历如下：

教育经历

2009 年 9 月至 2012 年 7 月　青海大学机械工程学院，材料学，获硕士学位；

2001 年 9 月至 2005 年 6 月　燕山大学材料科学与工程学院，材料学，获学士学位。

工作经历

2005 年 9 月至今　青海大学机械工程学院，助教/讲师/副教授。

孟广双

男，1987 年 06 月生，河北唐山人，硕士研究生，讲师，主要研究方向包括：光伏清洁技术、机电一体化技术等。2018 年获得唐山市凤凰英才，主要教育和工作经历如下：

教育经历

2012 年 9 月至 2015 年 6 月 青海大学机械工程学院，机械电子工程，获硕士学位；

2008 年 9 月至 2012 年 6 月 青海大学机械工程学院，机械设计制造及自动化，获学士学位。

工作经历

2015 年 6 月至今 唐山工业职业技术学院自动化工程系，助教/讲师。

辛元庆

男，1990 年 3 月生，青海民和人，工学硕士，工程师，主要研究方向包括：光伏系统运维技术、光伏组件及关键部件检测技术等，主要教育和工作经历如下：

教育经历

2012 年 9 月至 2015 年 6 月 青海大学机械工程学院，机械设计及理论，获硕士学位；

2008 年 9 月至 2012 年 6 月 燕山大学机械工程学院，机械工程，获学士学位。

工作经历

2016 年 9 月至今 青海省产品质量监督检验所，助理工程师/工程师

2015 年 7 月至 2016 年 8 月 黄河水电光伏产业技术有限公司，助理工程师

2014 年 7 月至 2014 年 12 月 北京瑞柏泰克科技有限公司（实习），技术员

目 录

符号表

绪 论

第 1 章 太阳能发电形式与组件类型

第 2 章　光伏系统清洁方法

第 3 章　灰尘的来源、成因、性质与影响

第 4 章　灰尘颗粒黏附机理

第 5 章　电池板表面灰尘清洁机理

第 6 章 试剂选用与评估

第 7 章 清洁与光伏组件寿命

符 号 表

A ——电池板表面某一单位面积，cm^2

A_D ——喷射机构钢管的截面积，m^2

A_P ——积灰组件经验参数

A_c ——功率衰减模型经验系数

A_d ——喷嘴的截面积，m^2

A_{dust} ——灰尘颗粒在平行方向上的投影面积，m^2

A_f ——电池板表面单位面积的自由区域面积（受光面积），cm^2

A_n ——傅里叶系数

A_r ——微凸体的真实接触面积，m^2

A_s ——灰尘颗粒阴影区域面积，cm^2

A_s^{Σ} ——灰尘颗粒遮挡的总面积，cm^2

a ——两球体的接触半径，m

a_c ——颗粒分开临界状态时的接触半径，m

a_n ——等级为 n 微凸体的接触面积，m^2

a_{n_1} —— 等级为 n 微凸体的最大接触面积，m^2

a_1—— 微凸体的最大接触面积，m^2

B ——阵列前后间距离，m

B_c ——功率衰减模型经验系数

B_n ——傅里叶系数

B_P—— 积灰组件经验参数

C ——基于弹簧阻尼等作用的影响而引入的常数

C_{clean}—— 清洁费用，元

D ——刷丝直径，m

D_{array}—— 阵列长度，m

d ——微颗粒的等效粒径，m

d_L ——灰尘颗粒与电池板表面之间的距离，m

d_n—— 喷嘴直径，m

d_p—— 灰尘颗粒的直径，m

E ——梁结构弹性模量，MPa

E_p—— 能量消耗，W

E_a—— 组件的活化能系数

E_c—— 洁净组件的等效活化能系数

E_d—— 积灰组件的等效活化能系数

E^* ——等效弹性模量，MPa

$\vec{F}$ ——刷丝对灰尘颗粒的正压力，N

F_E ——总静电力，N

F_{LV} ——表面张力引起的作用力，N

F_N—— 电池板对灰尘颗粒的支持力，N

F_{Result}—— 灰尘颗粒受到的合力，N

F_S ——接触区内应力，N

F_b—— 灰尘颗粒所受浮力，N

F_c ——由于水的存在产生的总黏附力，N

F_e—— 灰尘颗粒所受的电场力，N

F_{el}—— 双电层静电力，N

F_{es}—— 灰尘颗粒与电池板之间产生的接触静电力，N

F_f ——颗粒间发生滑动产生的摩擦力，N

F_{max}—— 颗粒间最大黏附力，N

F_n ——法向的黏附接触力，N

F_p ——毛细现象产生的压力或拉普拉斯压力，N

F_s—— 空气对灰尘颗粒的阻力，N

F_t ——切向的黏附接触力，N

F_{vdw}—— 灰尘颗粒与电池板间范德华力，N

F'—— 灰尘颗粒对刷丝的正压力，N

F_Σ—— 刷丝对灰尘颗粒的有效清洁力，N

f ——灰尘颗粒滚动时的摩擦力，N

f_1—— 正压力 $\vec{F}$ 作用下的刷丝对灰尘颗粒的摩擦力，N

f_1'—— 灰尘颗粒对刷丝的摩擦力，N

f_2—— 太阳能电池板对灰尘颗粒的摩擦力，N

G ——灰尘颗粒所受重力，N

G_c ——粗糙表面特征尺度参数

g—— 重力加速度，m/s^2

H ——微凸体高度，m

H_H ——光伏阵列距地面高度，m

H_I ——完整微凸体第 I 层的高度，m

H_L ——光伏阵列地面支撑高度，m

h ——两个灰尘颗粒表面间距，m

h_ϖ ——Lifishitz 常数

I ——梁结构惯性矩，m^4

I_d—— 漫反射光强，cd

I_i—— 入射光强，cd

I_s—— 镜面反射光强，cd

I_t—— 透射光强，cd

I_v—— 被物体吸收的光强，cd

K_d—— 漫反射系数

K_s ——滑动摩擦系数

k ——弹簧弹性系数

k_b—— 玻尔兹曼常数

k_n ——法向的弹簧弹性系数

k_t ——切向的弹簧弹性系数

L ——等级为 n 的微凸体取样长度，m

l ——刷丝的有效清洁长度，mm

M ——刷丝的弯矩，m^4

M_e ——圆形截面梁的最大弹性弯矩，m^4

M_o ——灰尘分子量，g/mol

m ——灰尘颗粒的质量，g

m_1—— 冲蚀前的玻璃质量，g

m_2—— 冲蚀后的玻璃质量，g

N ——圆心角等分数

N_A ——阿伏伽德罗常数

n—— 单位面积上灰尘颗粒的数量

n_1—— 实验次数

P ——法向外载荷，N

P_a ——黏附应力，Pa

P_c ——促使颗粒表面分开的最大拉力，N

P_d—— 清洁效益

P_{max}—— 电池板积灰前的最大输出功率，W

$P_{max\,t}$ ——洁净组件在衰减时间 t 后在标准光照和一定温湿度条件下的最大功率点功率，W

$P_{max\,0}$—— 在 $t=0$ 时刻洁净组件的最大功率点功率，W

P_{out}—— 电池板积灰后的最大输出功率，W

P_w ——清洗机水泵工作压力，N

P_1—— 产生接触体变形的当量载荷，N

Q_{sphere}—— 灰尘带电量，C

q ——输沙率，m^3/s

R ——灰尘颗粒半径，m

R_n ——变形前微凸体的峰顶曲率半径，m

R^* ——有效颗粒半径，m

R_H ——环境湿度百分比

R_L ——拉升系数

r ——变形区的法向截面半径，或电池板带电区域半径，m

r_i ——轮廓采样点到圆心的距离，m

$\bar{r}$ —— 灰尘颗粒平均半径，m

S ——灰尘与电池板间接触区的面积，m^2

S_e ——电池板带电区域面积，m^2

s^* ——刷丝弧长，m

T ——灰尘颗粒间的相互作用力，N

T_a ——环境温度，℃

T_c ——清洗周期，h

T_L ——太阳能电池板全部行程长度，m

t ——光伏组件衰减时间，h

Δt ——灰尘颗粒体系的最小振动周期

U_M—— 外部载荷对接触弹性体所做的功，J

U_P—— 接触弹性体产生形变所转化的弹性势能，J

U_s—— 损失的表面能，J

V ——风速，m/s

V_o ——灰尘颗粒沉积的速度，m/s

W ——过剩表面能，J

$W_{surface}$—— 单位面积上平行板间的相互作用能，J

W_{sphere}—— 灰尘颗粒与电池板间的相互作用能，J

x ——灰尘颗粒间的压缩量，m

x_n ——法向的灰尘颗粒重叠量，m

x_t——切向的灰尘颗粒重叠量，m

y_B—— 刷丝末端的径向位移量，m

z——灰尘颗粒与电池板表面间距，m

z_0—— 分子间平均间距，m

α——光线与电池板平面夹角。

α_d——灰尘变形量，m

β——水射流经扇形扫射区域形成的扩散角。

γ——灰尘颗粒微凸体表面自由能，J/m^2

γ_{LV}——液体表面张力，N/m

γ_{12}—— 界面能，J/m^2

$\Delta\gamma$——两固体相互黏附接触而构成界面后的 Dupre 黏附能，J/m^2

δ——灰尘至电池板的压入量，m

δ_a——接触体的压缩量，m

δ_n——微凸体的高度，m

δ_o——两颗粒重叠量，m

δ_1—— 灰尘弹性压缩量，m

ε——介质间介电常数

ε_0—— 绝对介电常数

η——阻尼系数

η_{clean}—— 清洁能源效率

η_f——太阳能电池损失率

η_n——法向的弹簧阻尼系数

η_{solar}—— 光伏发电效率

η_t——切向的弹簧阻尼系数

θ——扇形射流平面与电池板表面形成的冲洗角。

θ_B—— 刷丝末端偏转角，rad

λ——积灰组件与洁净组件相关系数

μ ——接触界面的摩擦系数

μ_r ——喷嘴扫射重叠比率

μ_1—— 刷丝与灰尘之间的摩擦系数

μ_2—— 光伏组件与灰尘之间的摩擦系数

v_1—— 灰尘颗粒泊松比

v_2—— 电池板泊松比

ξ——空气阻力系数

ρ ——灰尘颗粒密度，kg/m^3

ρ_a—— 空气的密度，kg/m^3

ρ_w—— 水的密度，kg/m^3

$\bar{\rho}$—— 一定面积 S 上的灰尘平均密度，kg/m^3

σ ——电池板表面电荷面密度，C/m

φ ——分形区域扩展系数

ω ——颗粒滚动角速度，rad/s

ω_n ——加载过程中微凸体的实际变形量，m

绪 论

《人类简史：从动物到上帝》中对人类发展过程中的能量消耗有这样一段描述："公元1500年时，全球智人的人口大约有5亿，但今天已经到了70亿①。人类在1500年生产的商品和服务总共约合价值2 500亿美元，但今天每年人类生产的价值约为60万亿美元。在1500年，全人类每天总共约消耗13万亿卡路里，但今天每天要消耗1 500万亿卡路里[1]。"500余年间，人口增长了14倍多，每年生产价值增长了240倍，消耗能量增长了115倍。人类正在以指数级的方式消耗着地球资源。

人类赖以生存的地球，默默地承受着人类扩张式的需求，从地表到地核，从蓝天到大海，每一寸"肌肤"都在服务着我们，如今已体无完肤。以石油、煤炭为代表的化石资源，正在面临枯竭，同时也带来了前所未有的环境污染问题。就在我写这段文字的时候，人类正在经历着一场前所未有的席卷全球的瘟疫灾难，很难说清楚，这是否与人类急剧消耗地球资源有着直接关系，但可以确定的是，这一定与自然环境极度破坏有着千丝万缕的联系。

可以预见，按照人类现今的消耗模式，地球资源在未来的某一天将枯竭。人类必将拓展地球以外的资源来维系我们的生存和延续。太阳在给人类带来光明和温暖的同时，也为人类提供诸如光合作用所需要的能量，间接地供养着我们；而另一大部分能量则消散在空间而没有得到充分利用。本书探讨和研究的光伏电站清洁技术，正是为了更大程度地利用太阳能，服务于人类能源消耗的需求。

① 根据联合国人口基金会调查，2016年世界人口达到了72.6亿。

0.1 从能源危机谈起

能源消耗殆尽的危机，已经成为人类共识，甚至一度悲观地认为能源耗尽后，人类将走向灭亡。即使在今天，我们依然在担心能源危机，世界各国依然大量储备石油、天然气、煤炭等能源，并且为此而发生各种冲突，甚至战争。在 20 世纪末，各国学者都有着各种担心，石油、天然气、煤炭迅速消耗而导致具有爆炸性的能源危机。然而，21 世纪已经过去了 20 年，各类能源政策和新能源开发都起到了一定作用，全球能源结构正在发生着改变，一定程度上减缓了能源危机。

随着人们对物质生活要求的不断提高，人类对能源的依赖和消耗也达到了空前的高度。根据《International Energy Outlook 2019》，2018 年全球能量消耗量达到 600×10^{15} Btu，约合 633×10^{18} J，预计到 2050 年能源消耗量达到 900×10^{15} Btu，图 0.1 为 2010 年至 2050 年全球能源消耗增长趋势[2]。

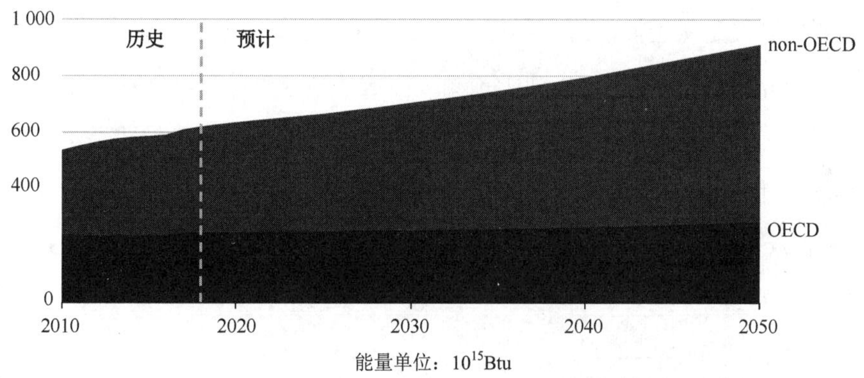

能量单位：10^{15}Btu

其中，OECD 指经济合作与发展组织成员国，non-OECD 为非成员国。

图 0.1 全球能源消耗趋势

2018 年，消耗能源中，石油和其他液体能源约为 200×10^{15} Btu，占比约为 32%，煤炭约为 160×10^{15} Btu，占比约为 26%，天然气约为 140×10^{15} Btu，占比约为 23%，可再生新能源约为 90×10^{15} Btu，占比约为 15%，核能约为 25×10^{15} Btu，占比约为 4%。图 0.2 为 2010 年至 2050 年全球能源消耗结构趋势[2]。能源结构的调整一定程度上能够减缓人类对化石能源的资源开发，化解人们所担心的能源危机。

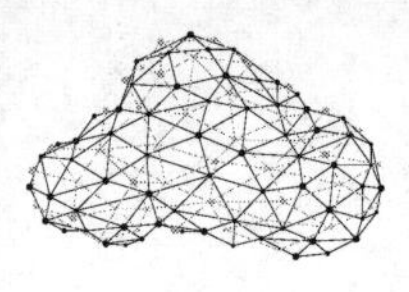

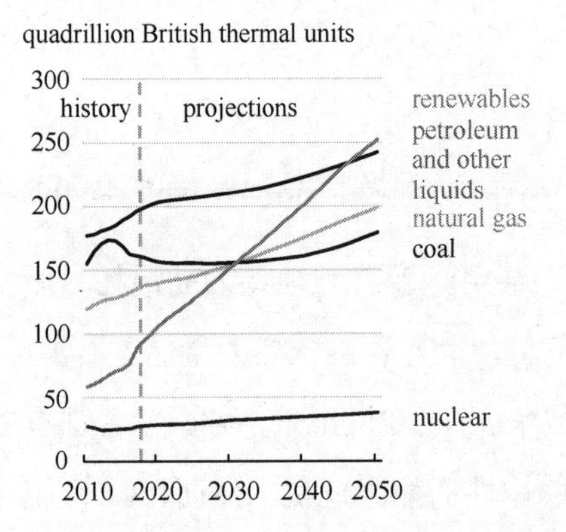

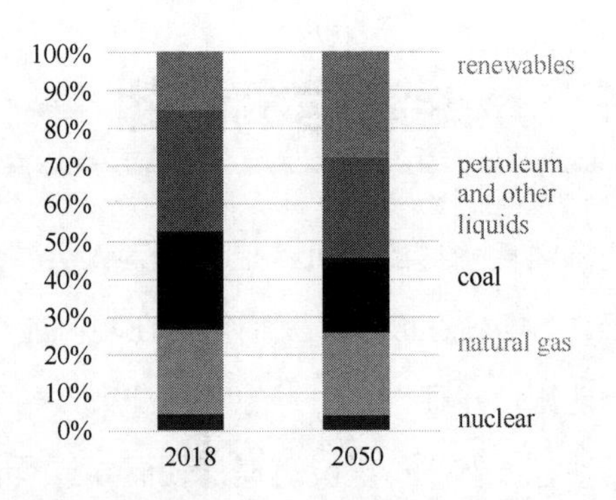

图 0.2　全球能源消耗结构趋势

中国是能源消耗大国，而且由于世界石油资源分布的不均衡性，造成石油严重依赖进口，对我国能源安全构成巨大威胁。因此，中国不断致力于改善能源结构，提高煤炭、石油等传统能源的利用效率，大力发展水电、风电、太阳能等新能源，安全利用核电，系统地解决能源问题[3]。

从新能源技术应用和发展看，我们可以乐观地预计能源危机是可以化解的。图 0.2 中对 2050 年的估算仅是从当前能源利用程度出发的线性估算，很难预判 30 年后的真实情况，新能源开发和利用的前景要远远乐观于预测。但这并不能解除化石能源的枯竭危机，以及开发和利用化石能源带来的环境危机，尤其是日益严峻的环境污染导致温室效应，人类健康受到的威胁。因此，发展太阳能、水能、风能、地热能、生物质能、潮汐能、海洋温差能等可再生能源是应对当今能源危机，摆脱化石能源依赖程度的有效方式，是可持续发展的必然途径。

0.2　太阳和太阳能

在人类发展的历史进程中，我们最早是燃烧木材获取能量，然后转向地表下的煤炭，之后是更深处的石油和天然气，都在不断攫取着地球资源。在攫取能量的过程中，我们也在经历地球环境的不断恶化。地球是我们现今唯一的家园，减少对地球的开采，维系人类与自然之间的平衡，在今天应该可以成为人类的基本共识。但不断扩张的能量需求，从何处来？当我们弯腰俯视养育我们的大地时，感受到那来自天外的温暖和光明，不禁地扬起头看到一片更广阔的景象。蓄存着无穷能量的太阳，不仅给我们以温暖和光明，也给我们带来未来能量延续的希望。

0.2.1 太阳的能量

太阳直径约1.39×10^{6} km，是地球直径的109倍，太阳的体积约1.42×10^{27} m^{3}，是地球的130万倍，其质量约1.98×10^{27} kg，是地球质量的33万倍。太阳不停地向四周空间放射出巨大的能量，其总量平均每秒可达3.865×10^{26} J，而地球所接收到的能量仅是太阳发出总量的22亿分之一，每秒也有1.756×10^{17} J之多，地球只要 1 小时多接收一点从太阳传递过来的能量就够全球 2018 年的所有能耗。

当然，到达地球大气层上界的太阳辐射能量，会受到地球磁场、大气层和臭氧层等重重阻拦和干扰。据估算，到达地球大气层上界的太阳辐射功率约为1.76×10^{17} W，被大气分子和尘埃反射回宇宙空间的太阳辐射功率约为5.2×10^{16} W，约占30%，被大气所吸收的部分为4.0×10^{16} W，约占23%，穿过大气层到达地球表面的太阳辐射功率仅有8.0×10^{16} W，约占47%。地球表面海洋面积约占79%，到达陆地表面可利用的太阳辐射功率大约为1.68×10^{16} W。即便如此，只要太阳源源不断地辐照地球陆地表面11个小时，就可以供应人类在 2018 年的全部能量消耗。

据估算，太阳的寿命约100亿年，目前年龄约45.7亿年，正值年富力强之时，按照人类历史进程看，太阳就是永恒的温暖和光明。太阳辐射的能量也是无穷无尽的，永无枯竭之日。但我们利用和获取太阳能的手段有限，没有做到物尽其用。本书讨论的太阳能光伏发电效率也仅有20%左右，而且仅是在陆地表面极其有限的面积之上。为了实现光电转换，我们还必须耗费大量的化石能源来提炼生产光电转换的半导体硅材料，真正利用到的太阳能比20%还要少很多。本书讨论的光伏组件清洁维护技术，更仅仅是为有效利用太阳能的一个环节，从长期看，清洁维护也仅仅能提升太阳能利用效率的 5%～15%[①]。但就是这 5%～15%的能量也严重影响着我们利用太阳能的成本核算，也足以改变光伏/光热发电的进程。

① 这是从电站角度去讲，如果从整个太阳能资源的利用来说，这个效率提升则更低。

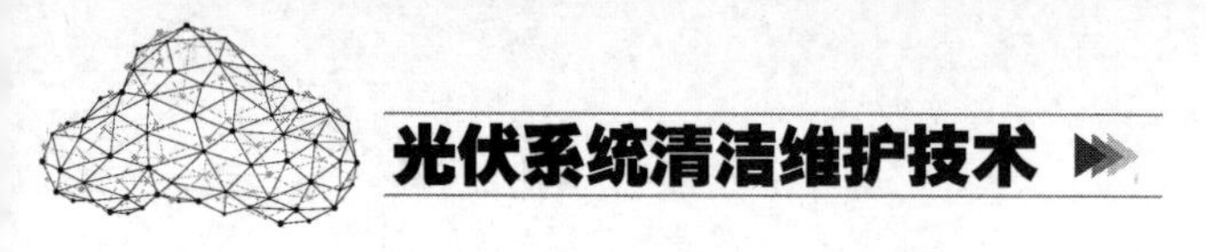

0.2.2 太阳能资源

太阳能资源分布具有明显的地域性，受到气候、地理等条件限制。根据国际太阳能热利用区域分类，全世界太阳能辐射强度和日照时间最佳的区域包括北非、中东、美国西南部和墨西哥、南欧、澳大利亚、南非、南美洲东西海岸和中国西部等地区。北非是世界太阳能辐照最强烈的地区，摩洛哥、阿尔及利亚、突尼斯、利比亚和埃及的太阳能热发电潜能很大。阿尔及利亚的太阳年辐照总量约为9 720MJ / m^2，技术开发量每年约169440TW·h，全国总土地的82%适用于太阳能热电站的建设。南欧的太阳年辐照总量超过7 200MJ / m^2，包括葡萄牙、西班牙、意大利、希腊和土耳其等。其中，西班牙南部是十分适合于建设太阳能热电站的地区之一，该国也是太阳能热发电技术水平极高、太阳能热电站建设数量很多的国家之一。中东几乎所有地区的太阳能辐射能量都非常高。以色列、约旦和沙特阿拉伯等国的太阳年辐照总量约为8 640MJ / m^2。美国也是世界太阳能资源最丰富的地区之一，根据美国239个观测站1961—1990年的统计数据，全美一类地区太阳年辐照总量为9 198～10 512MJ / m^2，二类地区太阳年辐照总量为7 884～9 198MJ / m^2，三类地区太阳年辐照总量为6 570～7 884MJ / m^2。美国的西南部地区全年平均温度较高，有一定的水源，冬季没有严寒，虽属丘陵地带，但地势平坦的区域也很多，只要避开大风地区，是非常好的太阳能热发电地区①。

中国疆域辽阔，太阳能资源较为丰富，各地太阳年辐照总量在3 340～8 400MJ / m^2，中值在5 852MJ / m^2。从全国太阳年辐照总量分布看，西藏、青海、新疆、甘肃、内蒙古南部、山西、陕西北部、河北、山东、辽宁、吉林西部、云南中部和西南部、广东东南部、福建东南部、海南岛东部和西部及中国台湾西南部等地区的太阳年辐照总量很大。表 0.1为我国不同地区太阳能资源的分布情况。其中，西北地区包括西藏、青海、甘肃、新疆、内蒙古、云南、宁夏、山西、陕西九个省区，内陆地区包括湖南、四川、贵州、安徽、重庆五个省区，其余十八个省区为东南沿海（包括台湾）地区[4]。我国太阳能资源主要集中在西部地区，尤其是西藏、青海、新疆和内蒙古等广阔的沙漠地区。

---

① 资料来源：http://www.yidasolar.com/Industry_news_list.asp?ProID=137

表 0.1　全国不同地区太阳能资源数据

不同地区	水平面太阳年辐照总量/ MJ / m²	倾斜面太阳年辐照总量/ MJ / m²	倾斜面年利用小时数/ h
西北地区	5 798.87	6 582.28	1 828.41
东南沿海	4 912.75	5 405.35	1 502.04
内陆地区	3 898.89	4 336.16	1 204.49
全国平均	5 355.82	5 994.83	1 665.23

青藏高原是我国太阳能资源的高值中心，平均海拔在 4 000m 以上，大气层薄而清洁，透明度好，纬度低，日照时间长。全国省份中，西藏的太阳年辐照总量最高，达到 7 910.65MJ / m^2，日光城拉萨的太阳年辐照总量则达到 8 160MJ / m^2，远高于同纬度的其他地区。青海次之，太阳年辐照总量为 6 951.76MJ / m^2，位于柴达木盆地的格尔木和德令哈的太阳年辐照总量达到 6 618～7 356MJ / m^2，年均日照时数在 3 200～3 600h，已成为中国太阳能发电的重要产业基地。

0.3　光伏产业规模及节能减排潜力

0.3.1　光伏产业规模

自 2007 年起，全球光伏新增装机容量呈不断上升的趋势。2017 年全球新增装机容量 98GW，累计装机容量达到 405GW，2019 年全球新增装机容量 121GW，累计装机容量达到 626GW。图 0.3 为全球 2013—2019 年的光伏装机容量统计[①]。

从全球趋势看，2017 年以前光伏装机容量年增长幅度均超过 30%，2018 年和 2019 年年增长幅度分别为 24.69% 和 23.96%。2020 年受到新冠疫情影响，光伏装机容量年增长幅度会有所下降，但总的增长趋势不会变。世界范围看，中国累计装机容量位居第一，紧随其后的是美国、日本、德国和印度，其中印度增速较快。

据 Teske 乐观预测，光伏发电在总发电量中的占比在 2050 年达到 49%，IRENA 保守估计，光伏发电在总发电量中占比约为 25%。2018 年全球发电量为 26.67×10^{12}kw · h，其

① 资料来源：https://www.qianzhan.com/analyst/detail/220/200326-37250a22.html

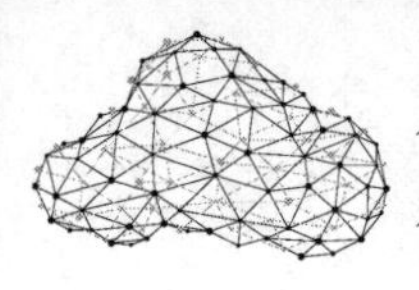

中火力发电占比约为63.46%，太阳能发电仅占约2%①。按照预测数据，光伏发电还存在巨大的潜在市场和前景，势必成为可再生能源的一股重要力量。

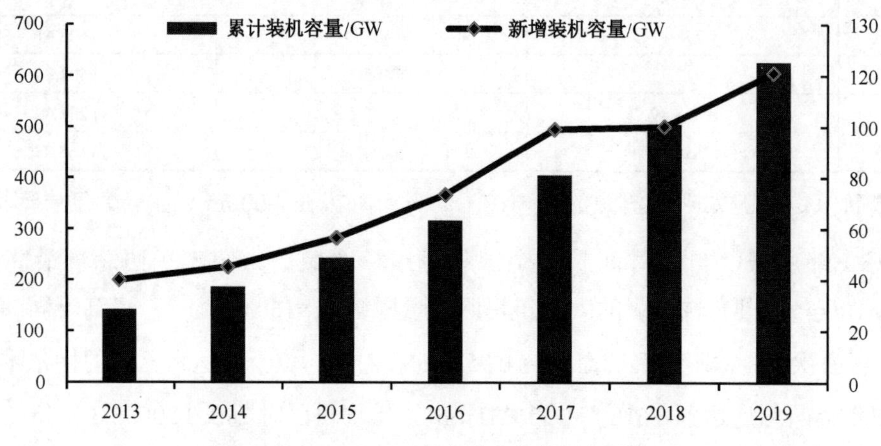

图 0.3　2013—2019 年全球光伏装机容量统计

中国在新增和累计装机容量方面都保持全球市场第一位。2017 年新增装机容量为53GW，占全球总新增装机容量的54.08%，累计装机容量为131GW，占全球总累计装机容量的32.57%。到 2019 年，累计装机容量达到204.3GW，占全球总累计装机容量的32.64%。图 0.4 为中国 2013—2019 年的光伏装机容量统计②。

2017 年以前，中国光伏装机容量年增长幅度均超过50%，其中 2016 年年增长幅度最高，达78.74%，连续 7 年新增装机客量位居全球第一，连续 5 年累计装机客量位居全球第一。而 2018 和 2019 年的年增长幅度分别为33.59%和17.20%，较之 2017 年的年增长幅度下降了 50%（也是导致全球装机容量年增长幅度下降的主要原因），但光伏发电质量提升（2019 年光伏发电量达到 $2\,243\times10^{8}$ kw · h，同比增长 26.4%），弃光率下降，中国光伏产业进入稳步发展时期。

在光伏装机容量下降的情况下，2019 年光伏制造端产量保持稳步增长，其中多晶硅产量34.2 吨，同比增长32.0%（连续 9 年位居全球首位），硅片产量134.6GW，同比增长 25.7%，

---

① 资料来源：https://www.in-en.com/article/html/energy-2278686.shtml

② 资料来源：https://baijiahao.baidu.com/s?id=1616362570371058140&wfr=spider&for=pc;
http://www.singfosolar.com/articles/tyxtwd7838.html

电池片产量108.6GW，同比增长27.8%，组件产量98.6GW，同比增长17.0%（连续13年位居全球首位）。硅片、电池片、组件等光伏产品2019年的出口总额为207.8亿美元，同比增长29%。中国在制造端和应用端都是名副其实的光伏产业大国。

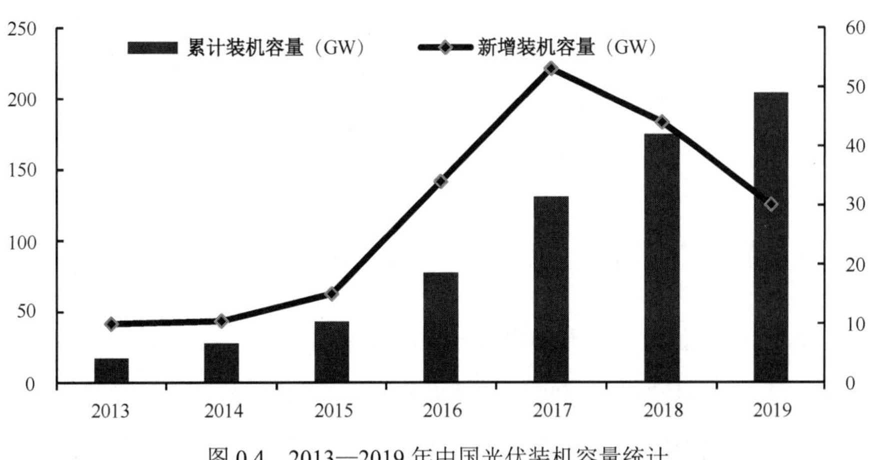

图0.4 2013—2019年中国光伏装机容量统计

持续的技术进步，目前生产多晶硅的综合电耗已降至70kW·h/kg–Si，生产成本降至50元/kg以下，国内光伏组件价格在2019年降至1.75元/W（2007年价格约为37元/W），光伏系统价格2019年降至4.55元/W（2007年价格约为60元/W），进一步刺激了国际市场。欧洲市场的全面放开以及欠发达国家和地区对电力需求的增加，使中国光伏产业依然处于旺盛期。

0.3.2 节能减排能力

光伏发电过程中，废气、废水排放几乎为零，是真正的环境友好型绿色能源。根据美国可再生能源国家实验室基于对13个不同类型的多晶硅光伏系统（欧洲2005—2006年制造水平）测试，在太阳辐照量每年为1 700kW·h/m^2、系统寿命为30年、组件效率为13.2%～14.0%、系统发电效率为75%～80%的条件下，其全生命周期内每发电1kW·h，平均CO_2排放量为45kg。而根据中国环保部研究，在相同条件下，中国2012—2013年制造水平下，平均CO_2排放量为31kg。安装1m^2太阳能光伏组件替代火力发电，可减少7 412kgCO_2排放，减少4.8kg PM2.5排放量，其形象效果如图0.5所示[6]。

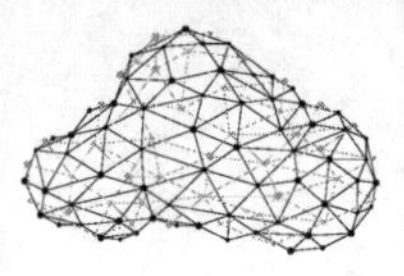

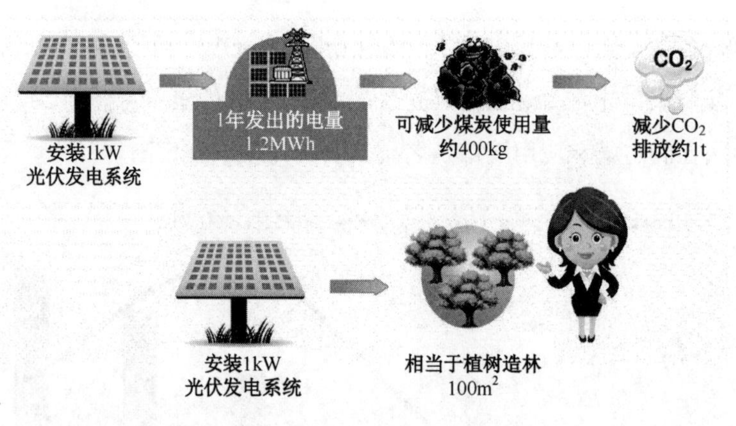

图 0.5　光伏发电的环境友好型示意图

我国约12%的国土面积是不能耕作的沙漠、戈壁和滩涂，总面积约为$1.28\times10^6\text{km}^2$。戈壁面积为$0.57\times\text{km}^2$，开发利用5%的戈壁面积可安装超过$15\times10^8\text{kW}$的太阳能光伏发电系统，按照平均年等效利用小时数 1 600h 计算，则年发电量可以达到$2.4\times10^{12}\text{kW}\cdot\text{h}$，约相当于 27.5 个三峡电站的全年发电量[6]。目前，利用西部地区广袤的沙漠和戈壁，已经形成了如青海格尔木、共和、德令哈等荒漠光伏产业园，以及甘肃敦煌、张掖、嘉峪关等沙漠光伏园，形成了潜力巨大的光伏产业。

0.4　清洁维护的重要性

尽管太阳能资源是无穷无尽的，但我们能够利用的能量依然有限，而在光伏发电整个产业链中，尤其是晶硅制造环节，依然存在很大的能量消耗。多晶硅光伏发电产业链全周期的生产能耗如图 0.6 所示。其中，E_{Pi} 表示该制造环节中消耗的能量。

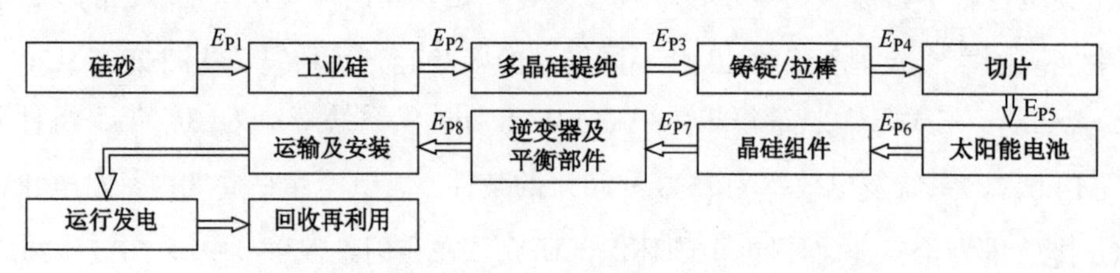

图 0.6　多晶硅光伏发电产业链全周期的生产能耗

以原料硅砂为起点，到制成晶体硅光伏发电系统，全部能量消耗 E_{P} 由各个环节能耗累加计算得到，如式（0.1）[7]。

$$E_{\mathrm{P}} = E_{\mathrm{P1}} + E_{\mathrm{P2}} + E_{\mathrm{P3}} + E_{\mathrm{P4}} + E_{\mathrm{P5}} + E_{\mathrm{P6}} + E_{\mathrm{P7}} + E_{\mathrm{P8}} \tag{0.1}$$

其中，E_{P7} 和 E_{P8} 可以看成光伏组件至光伏系统过程中的能耗。按照南开大学 Hou 等人在 2016 年计算，$E_{\mathrm{P}} = 1.594\mathrm{kW \cdot h / Wp}$。实际计算过程中需要考虑太阳能电池片到组件的产率 η，则式（0.1）可修正为式（0.2）。

$$E_{\mathrm{P}} = \frac{1}{\eta} \cdot \sum_{i=1}^{6} E_{\mathrm{P}i} + E_{\mathrm{P7}} + E_{\mathrm{P8}} \tag{0.2}$$

严大洲等人未计入逆变器、运输安装能耗的情况下，考虑太阳能电池片到组件的产率 $\eta = 0.98$，计算得到全部能耗 $E_{\mathrm{P}} = 2.597\mathrm{kW \cdot h / Wp}$，并进一步计算出光伏发电的能量回收期约为1.73 年（按照年平均利用小时数为 1 500h 计算）[8]。2016 年，多晶硅冶炼能耗下降，太阳能光伏组件产率进一步提高到 $\eta = 0.985$，计算得到全部能耗 $E_{\mathrm{P}} = 1.52\mathrm{kW \cdot h / Wp}$，光伏发电的能量回收期约为1.17 年①。而随着晶硅制造技术进一步提升，能耗也在不断降低，光伏电池效率继续提高，能量回收期也更加短，有望降低至 1 年以内。

在计入光伏电站运行期间能量消耗 $E_{\mathrm{P}}^{\mathrm{T}}$ 和退役回收期间能量消耗 $E_{\mathrm{P}}^{\mathrm{R}}$，则整个光伏组件生命周期内的能量消耗 $E_{\mathrm{P}}^{\mathrm{total}}$，可计算为式（0.3）。

$$E_{\mathrm{P}}^{\mathrm{total}} = E_{\mathrm{P}} + E_{\mathrm{P}}^{\mathrm{T}} + E_{\mathrm{P}}^{\mathrm{R}} \tag{0.3}$$

Hou 等人计算生命周期内总能耗为 $E_{\mathrm{P}}^{\mathrm{total}} = 1.90\mathrm{kW \cdot h / Wp}$，并计算出光伏能量回收期约在1.6～2.1 年[7]。

为了更好地说明清洁维护的作用，提出清洁能源效率 η_{clean} 来计算太阳能发电总量中无污染排放的清洁能源比重。按照上面的计算，假设光伏组件合理服役寿命 25 年（研究表明可能更长，会达到 30 年，而实际应用在环境恶劣的沙漠地区，其服役寿命也可能减短），且光伏组件保持理想发电状态，年平均利用小时数为1 500h，则整个电站在服役期内的清洁能源效率 η_{clean} 为 90%～96%。

但是，光伏组件在运行发电过程中，其发电效率是不断衰减的，尤其在荒漠、戈壁等恶劣条件下，受到强紫外线、强风沙，甚至盐碱环境侵蚀，组件衰减比预期更加严峻，从而导致清洁能源效率 η_{clean} 要低于理想的计算，按照简单的线性衰减推算，以组件服役期 25

① 资料来源：https://www.sohu.com/a/115777568_485347

年发电效率降至出厂时的70%计算，可以粗略估算出η_{clean}为92%～87.7%。光伏组件受到灰尘影响，其表面的尘土污物会降低7%至40%的电池效率，按照光伏组件合理使用寿命25年，取灰尘影响降低20%的效率计算，不考虑组件衰减，则清洁能源效率η_{clean}在91%～87%范围内。可见衰减和清洗对太阳能发电清洁能源效率有着重要影响。而且清洗更影响着发电总量。有数据显示，早在2012年我国太阳能发电行业因为灰尘造成的损失就高达2.5亿元，保证太阳能电池板的有序清洁，则可提升电站发电量的40%左右。而普通工业清洗系统成本非常高，一个300MWp的太阳能发电厂每年可能需花费500万美元来进行清洁①。

因此，清洁维护成为光伏电站（尤其是坐落在荒漠、戈壁等风沙条件恶劣、雨水偏少的干旱半干旱地区的光伏电站）运行发电过程中最重要的保养维护环节。而且，清洗不仅仅是去除组件表面灰尘，提高透光率来提高发电效率，而且也能因除尘而避免光伏组件故障或损伤。从太阳能发电整体效益看，清洗是保证清洁能源利用效率的关键环节，也是降低整个光伏电站运行成本的关键环节。在光伏产业蓬勃发展的同时，电站清洗也成为新兴的制造服务业，正在为太阳能利用发挥着不可取代的作用。

0.5　本书结构

本书分为7章，主要内容简述如下。

第 1 章主要介绍太阳能发电形式与光伏组件类型。重点阐述与清洁维护相关的光伏/光热安装方式，及其对清洁维护的要求。

第 2 章对光伏系统清洁方法和工具进行详细阐述。梳理了人工、半自动化、自动化等各类光伏/光热清洁方式的优缺点、应用现状和适用场景等。

第 3 章阐述灰尘的来源、成因、性质与影响。重点结合青藏高原高海拔荒漠地区的光伏电站组件表面积灰，对灰尘来源、成因、灰尘颗粒性质及对光伏发电的影响做了详细介绍。

① 资料来源：http://bbs.ecovacs.cn/thread-101550-1-1.html

第 4 章重点阐述灰尘颗粒黏附机理。依据宏观分子间作用理论提出了电池板表面灰尘颗粒黏附受力模型；在此基础上，根据经典黏附理论建立了基于 Hertz 理论的灰尘—电池板黏附接触模型和基于弹簧阻尼的灰尘—电池板黏附接触模型，并介绍了灰尘颗粒黏附力的测量方法。

第 5 章阐述灰尘清洁机理。重点讨论水射流和机械擦除对灰尘颗粒的作用机理，并建立了刷丝与灰尘颗粒之间的交互作用模型，计算了刷丝对灰尘颗粒的清洁力。

第 6 章介绍不同试剂对光伏表面积灰的清洁作用，对比了不同清洁试剂的清洁效果，并提出光伏清洁效果评估的方法与原则。

第 7 章讨论光伏组件老化、衰减的类型和原因，分析了光伏清洁维护可能对光伏系统使用寿命的影响，并提出考虑使用寿命的清洁维护原则。

第 1 章 太阳能发电形式与组件类型

本书的讨论重点是光伏系统的清洁维护，那么需要首先了解一下清洁对象本身，以及清洁对象的附属部件。目前在运行、在建和拟建的光伏/光热发电系统形式多种多样，本章将带领读者走进光伏/光热发电系统，系统地了解各类装置及清洁维护问题。

1.1 太阳能发电技术概述

目前较为成熟的太阳能发电技术主要有两种形式，即太阳能光伏发电和太阳能光热发电。光伏发电已广泛商业化。太阳能光热发电有多种形式，包括聚光太阳能热发电、太阳能半导体温差发电、太阳能烟囱发电、太阳能电池发电、太阳能热声发电等类型，其中较为成熟的、可商业化的是聚光太阳能热发电。

1.1.1 太阳能光伏发电

太阳能光伏发电是利用半导体界面的光生伏特效应，将光能直接转化为电能的一种技术。其主要由太阳能电池板（组件）、控制器和逆变器三大部分组成，连接电网或蓄电池后输送给用户端。其组成原理如图 1.1 所示。

光伏发电系统的核心部件是太阳能电池，从大范围上可以分为非聚光电池和聚光电池

两种。以太阳能电池为核心的光伏组件种类繁多，目前市场上有上百种[①]。按照发电规模来区分，光伏发电系统可以分为独立光伏发电、并网光伏发电和分布式光伏发电三类。本书主要讨论并网光伏发电，即场站式光伏系统的清洁维护问题，当然所讨论的部分工具和方法也适用于分布式光伏发电。而独立光伏发电系统通常规模较小，易于清洁和维护。

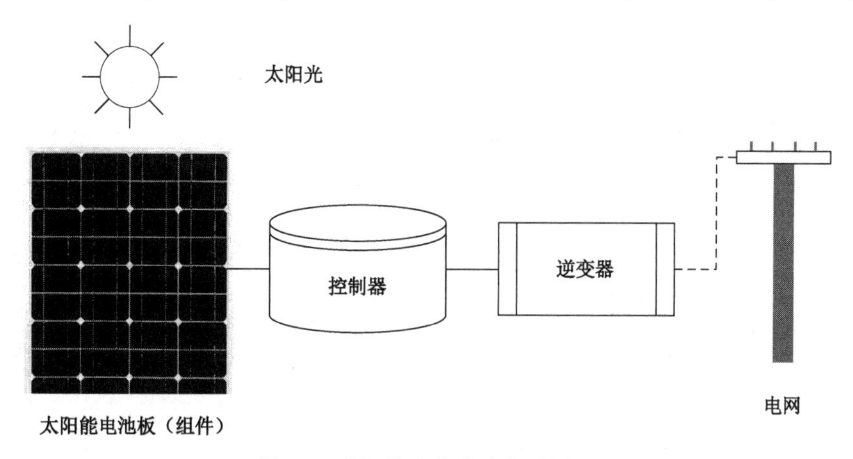

图 1.1　太阳能光伏发电组成原理

1.1.2　太阳能光热发电

太阳能光热发电是指利用大规模阵列抛物形或碟形镜面收集太阳热能，通过换热装置提供蒸汽，结合传统汽轮发电机的工艺，从而达到发电的目的。其组成原理如图 1.2 所示。

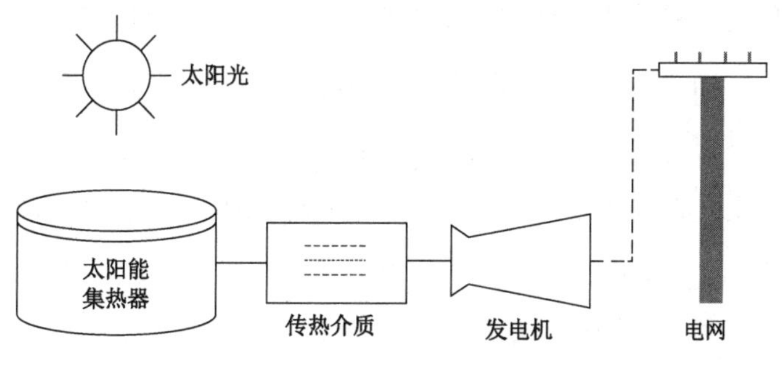

图 1.2　太阳能光热发电组成原理

① 青海共和地区黄河上游水电开发有限责任公司布置了一个光伏组件测试场地，汇集了全球各类不同电池组件。

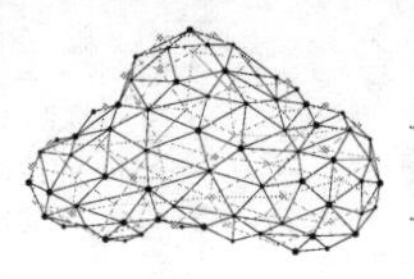

太阳能光热发电技术避免了昂贵的硅晶光电转换工艺，可降低发电成本。太阳能光热发电形式主要有槽式、塔式、碟式（盘式）、菲涅耳式 4 种。光热发电最大的优势在于电力输出平稳，可作为基础电力、可调峰；另外其成熟可靠的储能（储热）配置可以在夜间持续发电。由于光热发电组件较光伏组件要复杂，而且一般都有追踪日光功能，其清洁和维护工作更加复杂。

1.2　光伏发电组件构成

太阳能电池又称太阳能芯片或光电池，是一种利用光伏效应把光能转化为电能的光电半导体器件，是光伏发电的基本元件。在经历了第一代晶体硅太阳能电池、第二代薄膜太阳能电池之后，为了降低光伏发电成本，减少硅基芯片的消耗，聚光电池取得突破性进展，并商用化[9]。

1.2.1　非聚光太阳能电池

太阳能电池种类繁多，按照结构分类，可分为同质结太阳能电池、异质结太阳能电池、肖特基结太阳能电池、多结太阳能电池和液结太阳能电池等。按照形状分类，可分为块状和薄膜两种。块状太阳能电池是指单晶硅、多晶硅制造的块状晶体，经切片后作为太阳能电池。薄膜太阳能电池是指半导体层厚小于 50μm 的太阳能电池。薄膜太阳能电池有硅系薄膜太阳能电池、II-VI 族化合物薄膜太阳能电池和黄铜矿系太阳能电池。

按照材料分类，可分为硅太阳能电池、化合物半导体太阳能电池和有机半导体太阳能电池。硅太阳能电池是以硅为基体材料的太阳能电池，如单晶硅、多晶硅和非晶硅等太阳能电池，如图 1.3（a）、（b）和（c）所示。化合物半导体太阳能电池是指两种或两种以上元素组成的具有半导体特性的化合物材料制成的太阳能电池，可分为晶态无机化合物半导体、非晶态无机化合物半导体、有机化合物半导体、氧化物半导体 4 类。图 1.3（d）为多元化合物太阳电池。有机化合物半导体太阳能电池是指用含有一定数量的碳—碳键且导电能力介于金属和绝缘体之间的半导体材料制成的太阳能电池。

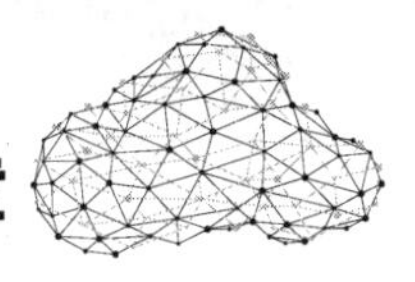

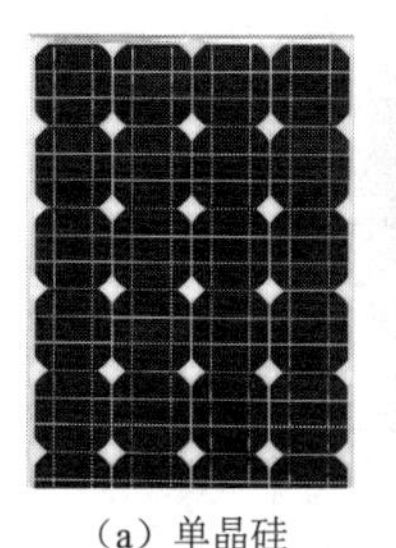
（a）单晶硅

（b）多晶硅

（c）非晶硅

（d）多元化合物

图 1.3 不同材质太阳能电池板外观

目前，市场上主要以硅基太阳能电池为主。非晶硅太阳能电池与单晶硅、多晶硅的制作方法不同，硅材料消耗少，但光电转换效率偏低。多元化合物太阳能电池指不是用单一半导体材料制成的太阳能电池，有硫化镉、砷化镓、铜铟硒等种类，如图 1.3（d）所示。根据第 18 届中国光伏学术大会上发布的数据，2019 年中国多晶硅太阳能电池转换效率最高达到22.8%，单晶硅太阳能电池转换效率最高达到24.85%，薄膜太阳能电池转换效率最高达到22.92%①。量产多晶硅平均转换效率提升至19.3%，单晶硅提升至22.3%，汉能 GIGS 薄膜转换组件转换效率达到18.64%②，技术进步正在加速着光伏组件的转换效率，降低着制造成本。

晶体硅光伏组件制造流程较多，包括多晶硅提纯、硅片制造、电池制造、组件封装 4 个生产环节，其制造流程如图 1.4 所示。在光伏组件制造过程中，会产生四氯化硅、废砂浆（包括废聚乙二醇、废硅粉和废碳化硅）及氟化物等污染排放。随着技术发展和环保意识的增强，目前基本实现了四氯化硅闭环回用零排放；而碳化硅和聚乙二醇也逐步退出切割过程，减少了废砂浆的排放并降低了耗材成本[10]。硅片的标准尺寸为156.75mm×156.75mm，厚度为180μm，随着“领跑者”项目对组件输出功率和转换效率的要求，市场也出现了157.0mm、157.5mm、157.75mm和162mm等不同尺寸的硅片。硅片制备完成后，通过清洗、绒面制备、掺杂剂扩散工艺，形成 PN 结；再通过减反射层沉积、铝背场制备、烧结等工艺，制成硅太阳能电池；最后通过太阳能电池串、并连接，正反面 EVA 薄膜及背板、玻璃铺设，制成晶体硅光伏组件[11]。

① 资料来源：http://guangfu.bjx.com.cn/news/20191105/1018595.shtml

② 资料来源：http://www.singfosolar.com/articles/tyxtwd7838.html

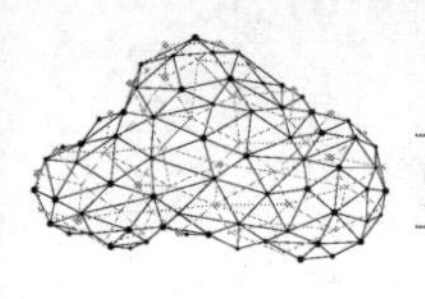

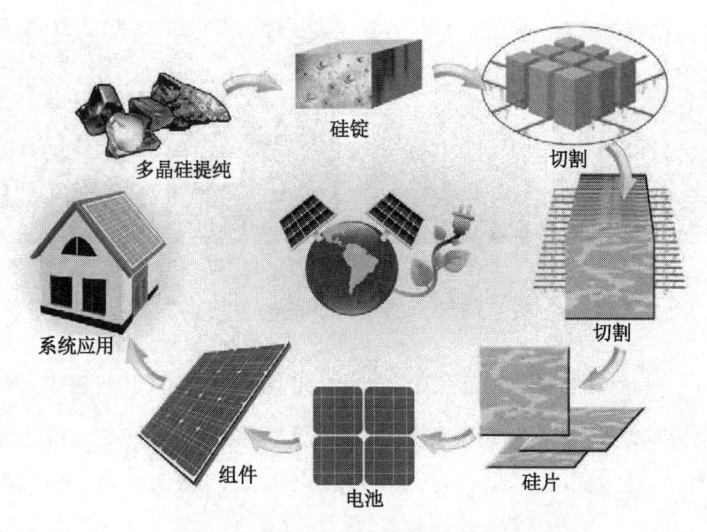

图 1.4　晶体硅光伏组件制造流程

中国是世界上主要的晶体硅太阳能电池及组件生产国，从 2008 年起就稳居世界第一。晶体硅光伏组件也是大型地面光伏电站的首选，尤其是单块组件输出功率达到 280Wp（Wp = Wpeak，表示太阳能电池的峰值功率），转换效率达到17%～18%，通过 ISO 9001 质量体系认证及 UL、TUV、IEC 等一系列国际认证，能保证光伏组件输出功率保持 25 年以上[4]。用于大型光伏场站的太阳能组件规格很多，如笔者实验室常用的规格为 1 650mm × 992mm × 40mm 、峰值功率为 250W 的多晶硅电池组件，规格为 1 245mm × 635mm 、额定功率为 50W 的非晶薄膜电池组件，规格为 1 956mm × 992mm × 40mm 、峰值功率为 300W 的单晶硅电池组件。

尽管光伏组件形态各异，但大体主要由四周保护电池片的钢化玻璃、将各个电池片固定为一个整体的热熔胶黏剂 EVA、太阳能电池片、衬底、互联条、密封条、导线、接线盒、铝合金边框等构成[12]，如图 1.5 所示。

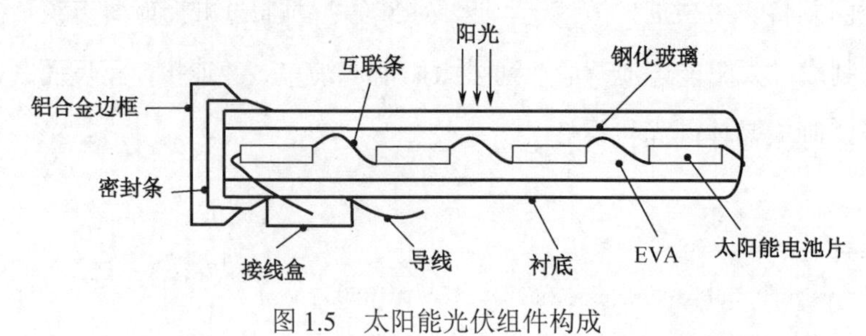

图 1.5　太阳能光伏组件构成

钢化玻璃起长期保护电池的作用（外表坚固能够抵挡风雨、冰雹和沙尘暴等恶劣的天气状况），并且应具有较好的透光性，也是灰尘的附着对象。灰尘附着导致玻璃透光性降低，可减少电池的辐照，进而降低发电量。EVA 主要起固定玻璃和太阳能电池的作用，与玻璃黏合之后能够保持玻璃的透光率，保证电池板的输出功率。太阳能电池片是进行光电转换的最小单元，也是光电转换的部件，一般是将电池片进行串并联之后做成太阳能电池板。衬底一般采用 PVF 或 TPT 复合膜，有防潮和防腐蚀能力，能够降低因长期电池板在外所带来的寿命缩短的问题，并且具有良好的耐光性能和绝缘性能。接线盒用硅胶黏在电池板背面，能够抗老化和紫外线辐射，确保电池板在使用的年限内不出现老化破裂现象。铝合金边框表层的氧化层大约10μm，可以确保长时间在室外使用不会被侵蚀，牢固耐用，可抵御强风、冰冻及不变形，其长短边备有安装孔，满足不同安装方式的要求。

光伏组件的叠层结构如图 1.6 所示。光伏组件表面玻璃的材质与灰尘附着有着直接的关系，光伏组件结构也影响着清洁维护工作，对于薄膜类一般承重较小，重型清洁设备难以完成清洁工作，而清洁试剂对 EVA 和密封条也有很大影响。光伏组件在使用过程中，主要存在热斑、隐裂和功率衰减等质量问题，尤其是产生电势诱导衰减效应（Potential Induced Degradation, PID），引发电站在运行一段时间后发生明显的衰减现象。

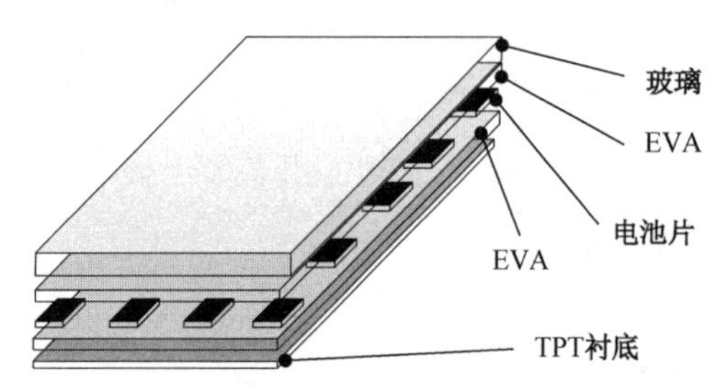

图 1.6　光伏组件叠层结构

1.2.2　聚光太阳能电池

聚光太阳能电池，是采用廉价的聚光系统将太阳光聚到面积很小的高性能光伏电池上，从而降低系统成本和昂贵的硅材料用量[13]。图 1.7 所示为聚光光伏技术的原理，聚光条件下电池芯片单位面积上接收的辐射功率密度大幅度提高，光电转换效率提高[9]。光伏聚光器是利用透镜或反射镜将太阳光聚焦到太阳能电池上。按光学类型划分，常用的聚光系统

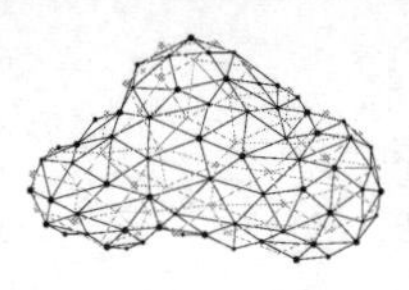

通常分为折射聚光系统和反射聚光系统，在实际应用中，使用二级光学元件。

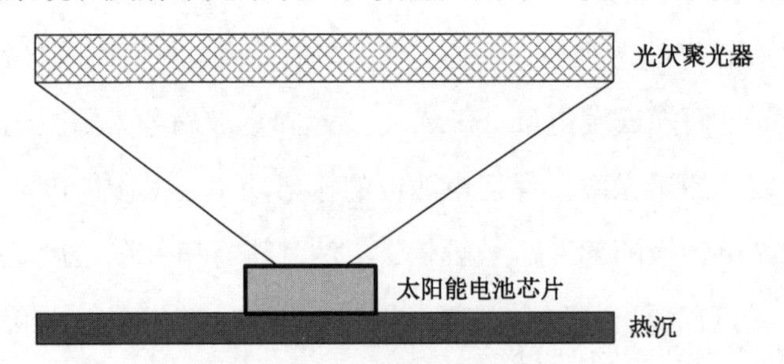

图 1.7　聚光光伏技术原理

图 1.8 所示为组合式聚光器和聚光太阳能电池原理样机[9]。

（a）组合式聚光器

（b）聚光太阳能电池

图 1.8　组合式聚光器和聚光太阳能电池原理样机

聚光太阳能电池串联或并联，装上外保护罩和散热片，构成聚光光伏组件。图 1.9 所示为聚光光伏组件的结构和实物图。

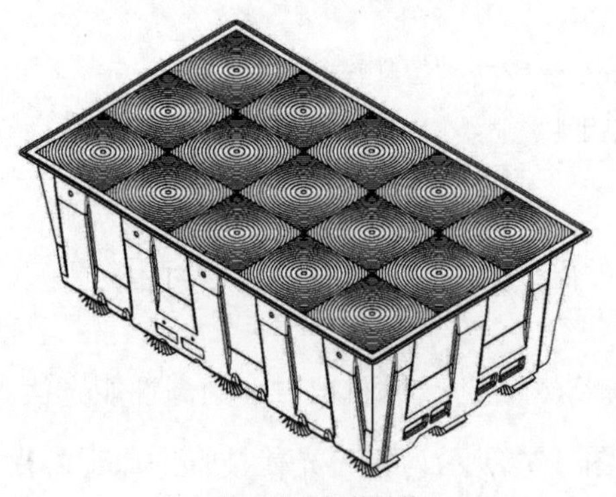

（a）聚光光伏组件结构

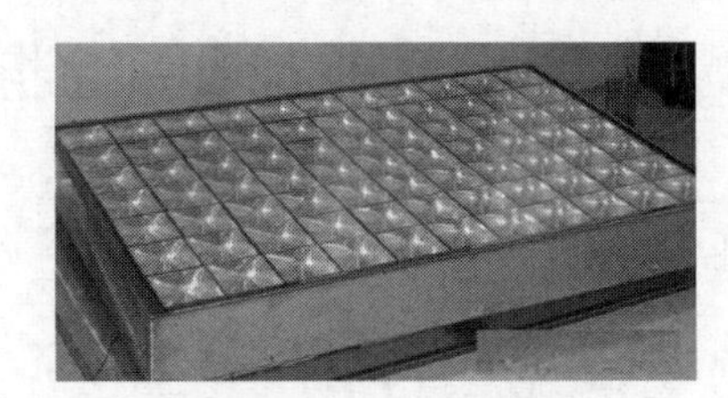

（b）聚光光伏组件实物

图 1.9　聚光光伏组件结构和实物

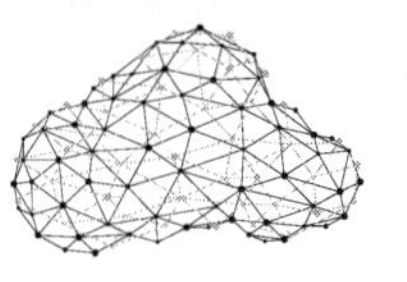

聚光光伏组件比晶体硅组件要厚重，因此对支架系统要求较高。对于高效聚光光伏系统，必须配备日光跟踪装置，一般都需要双轴跟踪支架系统来会聚光线，提高光电转换效率。因此，尽管聚光光伏组件效能比晶体硅电池组件要高，但其支架系统造价昂贵，大大提高了成本。

1.3 光伏组件安装方式

场站电池组件采用支架安装，支架结构可分为固定式和跟踪式等种类[14,15]。固定式又可分为倾角固定支架和倾角可调固定支架两种。跟踪式又可分为平单轴跟踪支架、斜单轴跟踪支架（也称倾维度角单轴跟踪支架）和双轴跟踪支架[15]。组件的规格和安装方式对其清洁有重要影响，而且地形对组件安装影响很大，光伏组件阵列形貌复杂，会对表面清洁造成较大影响。本节重点讨论光伏组件的安装方式。

1.3.1 固定式安装方式

1. 倾角固定支架安装方式

为使光伏组件能够接受最大的光照辐射，通常被设计成与水平面成一定倾斜角度，因此光伏组件及其支架系统需要承受一定风载，并保证使用寿命。当前，倾角固定安装方式是并网大型光伏电站最广泛的安装方式。其支架结构如图 1.10 所示，主要由前立柱、后立柱、支撑、主梁和次梁构成[16]。其中，次梁为横梁，支架前立柱高度为0.2～0.5m，主梁与地面倾角为30°～36°，后立柱高度根据电池板尺寸设计。地面光伏电站常见的光伏组件排列方式有两种，即竖向双层光伏组件排列和横向四层光伏组件排列，如图 1.11 所示。以尺寸规格为1 956×992×40mm 的光伏组件为例，在相同的长度范围内，两种排列方式容纳的组件块数相同。组件阵列安装过程中，前后阵列间（北半球一般南北方向上）要留出合适的间距 B，以免出现阴影遮挡。一般按照冬至日 9:00—15:00 保证前后无阴影遮挡，来计算组件方阵安装的前后最小间距 B，如式（1.1）。

$$B = \frac{H \cdot \cos\beta}{\tan\left[\arcsin\left(\sin\phi\sin\delta + \cos\phi\cos\delta\cos\omega\right)\right]} \tag{1.1}$$

式中，ϕ为当地纬度（北半球为正，南半球为负）；δ为太阳赤纬，冬至日的太阳赤纬为$-23.5°$；ω为时角，上午9:00的时角为45°；H为光伏阵列或遮挡物最高点与后排可能被遮挡组件高度差，一般就是组件距地面高度与地面支撑高度之差$H_H - H_L$。

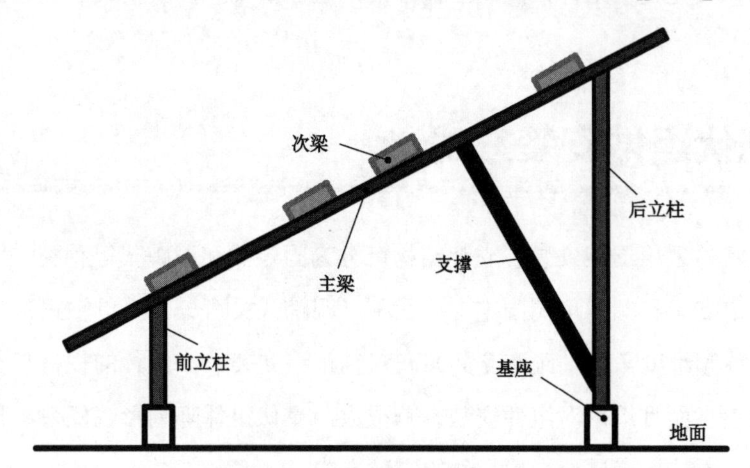

图 1.10　倾角固定支架结构

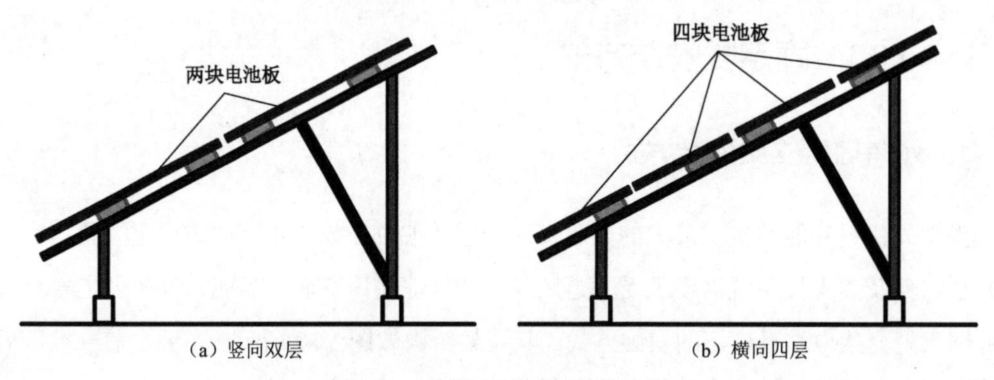

图 1.11　两种光伏组件排列方式

图 1.12 和图 1.13 所示为格尔木地区倾角固定竖向两层和横向四层两种安装方式的实景。早期施工的光伏电站，多采用图 1.12 或图 1.13 中的倾角固定安装方式，一般地面在施工前找平，光伏支架规格统一，支架顶端距离地面约为2.5m。从图 1.12 可以看出，光伏阵列表面较为平整，基本保持水平，每个阵列约容纳40～80块电池板，长度为20～50m。常规的倾角固定安装方式，在地面较为平整、支架规格统一的情况下，无论是人工还是机械清洁都比较方便。

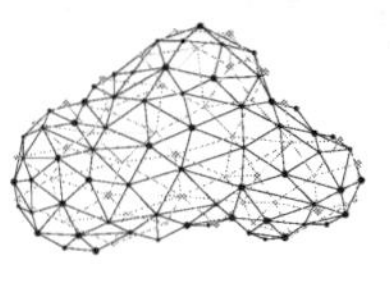

图 1.12 格尔木现场竖向双层组件安装方式

图 1.13 格尔木现场横向四层组件安装方式

在青海共和地区，风沙相对较小，光伏支架规模更大，横向安装有五层，如图 1.14（a）所示，甚至达到更高，支架总高度可达 4.5m。随着场站数量增多，平整的戈壁滩已完全利用，光伏组件需要安装在不平整的地面，因此支架规格不再统一，通过调整前立柱和后立柱的高度适应地面，以达到光伏阵列局部平整，如图 1.14（b）所示。对于许多山区、丘陵地带，适应地面安装是比较普遍的，如山西芮城，河北承德、平山等地。对于高度超过 4m 时，人工清洁需要加装很高的梯子才能对上面的电池板进行清洁，机械清洁对机械臂的刚性要求也较高。对于地面不平、地貌复杂的阵列，无论对人工清洁还是机械清洁都是挑战。

（a）横向五层

（b）适应地面

图 1.14 两种特殊情况的安装方式

2. 倾角可调固定支架安装方式

为了提高太阳光直射吸收，定期调节支架倾斜角来提高发电量。在倾角固定式支架的基础上，加上铰链、齿轮齿条、液压或千斤顶等传动机构就可实现倾斜角度可调。定期调节，通常是一段时间才调节一次，主要有月调式（每月调一次）、季调式（每季度调一次）和半年调式（每半年调一次）等方案形式[15]。青海刚察地区采用月调式，以 2° 为单位调节，

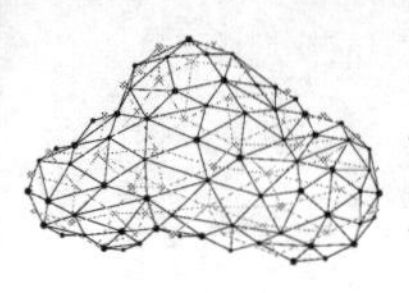

调节范围为4°～66°。月调式春、夏、秋、冬四季的倾角分别为28°、10°、52°、62°。半年调式则当年11月至次年4月倾角为58°，5月至10月倾角为20°[15]。在高纬度、高海拔地区，且土地使用无偿或出让费极少的地区，建议采用可调支架（一年调整4次）安装方式[17]。

青海大部分地区处于高海拔荒漠地区，采用分季调节方案。以格尔木地区为例，大唐国际格尔木光伏电站所采用的分季可调支架结构如图1.15所示[18]。

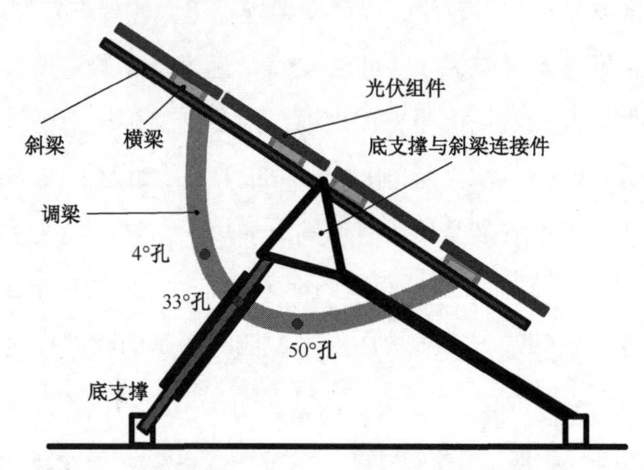

图1.15　大唐国际格尔木光伏电站分季可调支架结构

该支架主要靠图中的圆弧式调梁来挡位式调节光伏组件的倾角。调节角度定为4°、33°和50°，3、4、9月调节角度为33°，5—8月调节角度为4°，10—12、1、2月调节角度为50°。一组支架的调节过程为8套螺栓的松开、取下、重新安装紧固，过程较为方便。与圆弧式可调支架类似，对固定支架做机构改进的还有推拉杆式可调支架，如图1.16所示。

（a）圆弧式

（b）推拉杆式

图1.16　圆弧式和推拉杆式倾角可调支架

圆弧式除了固定孔外，也可使用齿轮齿条实现无级变速，整组支架可实现联动。更复杂的可以在阵列一端加载伺服电机，实现每天定时调节的功能。推拉杆式，其调节点既可设置在图 1.16（b）中的底部滑轨上，也可设置在光伏组件背面的斜梁上[19]。使用齿条结构或滑道结构即可实现自动调节功能，当然也会增加安装和维护成本。除了支架上的改进外，也可加上千斤顶或液压泵来驱动支架运动[20]，如图 1.17 所示①。千斤顶和液压驱动更易于实现自动调节，即使人工调节也是省力省工的，但千斤顶和液压机构会造成额外的成本。

（a）千斤顶式

（b）液压式

图 1.17　千斤顶和液压式倾角可调支架

倾角可调式光伏阵列系统与倾角固定式相比，可提高约 5% 的发电量。根据大唐国际格尔木二期10MW 倾角可调式电站经验，1 年可增加发电量约1×10^6kW·h，1 年就可收回投资成本，每年增加人工成本约15 万元，而增加利润达 85 万元，按照 25 年计算可增加收入约 2 000 万元[18]②。

倾角可调固定安装方式实现整组支架联动调节，对地基和支架刚度要求都较高，当然电池板阵列表面也相对平整规范，而且由于倾角调节要求，支架整体高度不会太高，这些对清洁维护都是利好的。但在清洁过程中，尤其采用水或清洁剂时必然会喷淋到支架系统，对调节机构有很大影响。而从清洁维护角度看，倾角可调支架也较易维护，更适合于高海拔荒漠地区。

1.3.2　跟踪式安装方式

日光在一年和一天中都是不断变化的，电池板跟随日光走向，更利于吸收光线，提高

① 资料来源：https://news.solarbe.com/201711/22/120955.html

② 文中按照1元 / kW·h 计算，以目前电价计算，应该低于 2 000 万元。

光电转化率。根据跟踪方式的不同，跟踪式地面支架可以分为斜单轴跟踪、平单轴跟踪和双轴跟踪 3 种方式。平单轴和斜单轴跟踪支架只有一个旋转自由度，双轴跟踪支架具有两个旋转自由度。跟踪式支架系统主要通过电机控制追踪太阳高度角和方位角，使其倾斜面上吸收太阳光线辐射。单轴跟踪和双轴跟踪比倾角固定式吸收的辐照量高约 22% 和 25%[21]，地区不同可能会有些差异。

相比于固定安装方式，采用单轴跟踪支架安装组件，发电量可提高约15%，采用双轴跟踪支架安装组件，发电量可提高约 30%[15]，而在高海拔地区单轴跟踪可将发电量提高约 30%，双轴跟踪可提高约 40%，但由于风沙大、故障率高，维护成本增大[18]。发电量提高的同时，跟踪支架系统的建设投资也随之增加约 22%，同时设备故障率也大大提高，运营维护成本也相应增加约10%，电站用地面积也是倾角固定式的 2 倍[17]。跟踪式支架系统较固定式更为分散，而且支架机械结构复杂，对清洁维护造成很大影响。

1. 平单轴跟踪支架安装方式

单轴跟踪支架运行时阵列只能跟踪太阳运行的方位角或高度角中的一个方向。旋转轴可以水平南北向放置、水平东西向放置、地平面垂直放置或按所在地纬度角倾斜布置等[20]。平单轴跟踪支架通过在东西方向上的旋转，保证每一时刻太阳光与光伏组件表面的法线夹角最小[22]，其结构如图 1.18 所示①。青藏高原春季风沙大，光伏支架需要更高的抗风性能和刚度，可采用双主梁平单轴光伏支架系统，即在图 1.18 中增加双梁来提高旋转轴的刚度[23]。

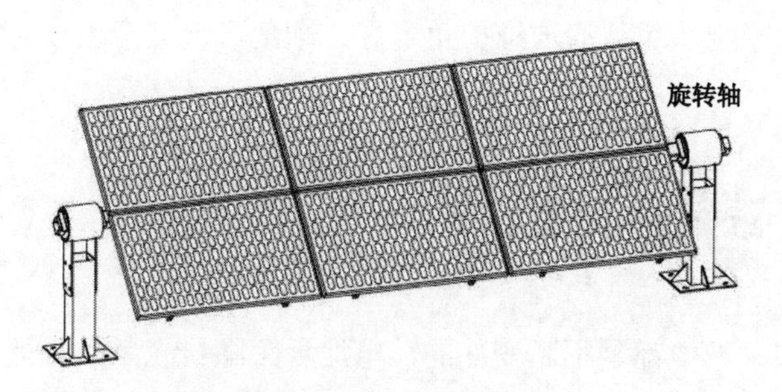

图 1.18　平单轴跟踪支架结构

① 资料来源：http://m.cshnac.com/displaynews.html?newsID=594029

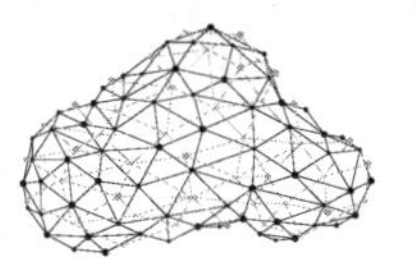

平单轴跟踪支架系统广泛应用于低纬度地区。根据南北方向有无倾角可分为标准平单轴跟踪式和带倾角平单轴跟踪式，如图 1.19 所示。标准平单轴跟踪与倾角可调固定式的区别就在于调节周期，固定式调节周期长，标准平单轴跟踪的调节频率高，一天之内根据光线照射方向而调节。从清洁的角度看，与倾角可调固定式阵列是一致的，只是机构复杂易导致故障。而带倾角的平单轴跟踪式分布散开，且阵列规模小，清洁过程需要有大型移动车来保障。

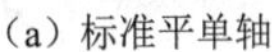

（a）标准平单轴

（b）带倾角平单轴

图 1.19　平单轴跟踪光伏支架

2. 斜单轴跟踪支架安装方式

斜单轴跟踪支架是在固定太阳能电池板倾斜角的基础上，围绕倾斜的旋转轴旋转跟踪太阳方位角，达到最大接收辐照量的目标。严格地说，平单轴就是斜单轴的一种特殊形式。图 1.20 所示为典型的斜单轴跟踪支架结构。这种独立的斜单轴跟踪支架系统采用分散布局，阵列中光伏组件少则 4 块，多则 12 块，甚至 20 块。图 1.21（a）和（b）的斜单轴阵列分别有 10 块和 12 块电池板。这种安装方式，阵列较为分散，占地面积较大。由于斜单轴方式仅由一根旋转轴支撑，因此抗风性能较差。这种分散的阵列结构对清洁维护也产生很大影响，很难采用固定在其表面的清洁机构来直接清洁，需要带有一定臂长的大型车辆来辅助清洁。而大型的接触式的清洁器也很难胜任其清洁任务，原因在于斜单轴系统整体刚性偏弱，容易造成阵列损毁。

为节约场地，实现最大经济价值，开发出了斜单轴阵列联动机构，其支架结构如图 1.22 所示。这种结构相对简单，安装维护方便，成本降低，配合电动推杆和联动推杆，就可实现多组阵列联动跟踪。尽管实现了机构联动，但不能实现多阵列平面一致，因此清洁维护依然无法连续进行。

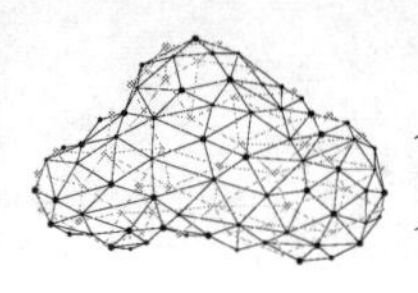

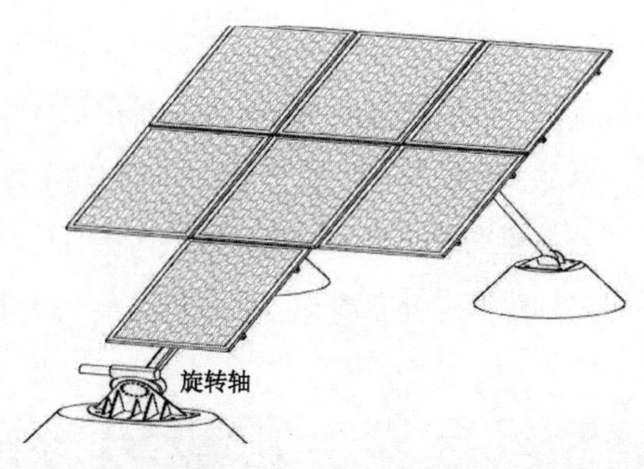

图 1.20　斜单轴跟踪支架结构

（a）斜单轴阵列 1

（b）斜单轴阵列 2

图 1.21　两种斜单轴跟踪式阵列

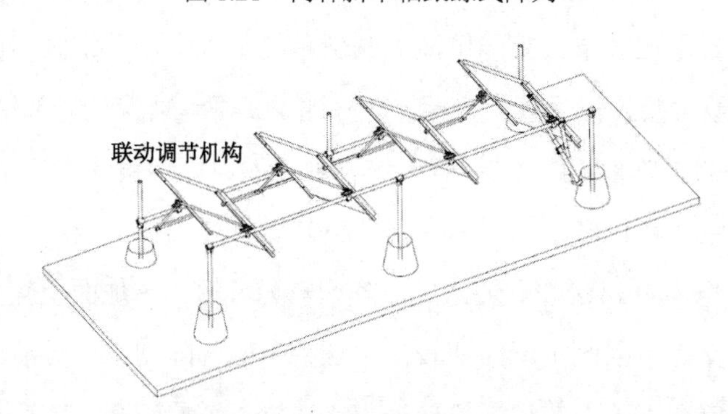

图 1.22　斜单轴阵列联动支架结构

为了更好地发挥斜单轴跟踪系统优势，倾斜角可调的斜单轴跟踪系统也被设计和开发出来，与普通斜单轴跟踪系统相比，其支架结构较为复杂，如图 1.23 所示[24]。图 1.23（a）可实现单侧倾斜角的调整，图 1.23（b）可实现双侧倾斜角的调整，相较于普通斜单轴而言，通过伸缩调节杆调整后立柱高度，实现倾斜角调节功能。为了实现这一功能，增加了多个调节杆、铰链等机构，结构变得更加复杂，进一步降低了支架系统的刚性和抗风性能。上述两种结构也可以通过电动杆方式实现联动。但倾斜角可调节机构的安装、调节、加工、

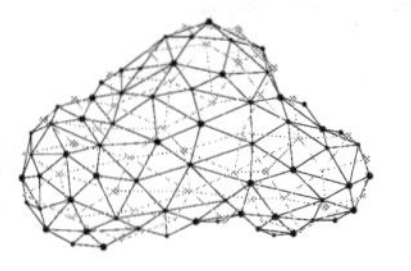

维护成本都大大提高，对于风沙较大的高海拔荒漠地区，调节工作量增大，跟踪故障率高，可靠性低，很难在电站中规模化使用[24]。

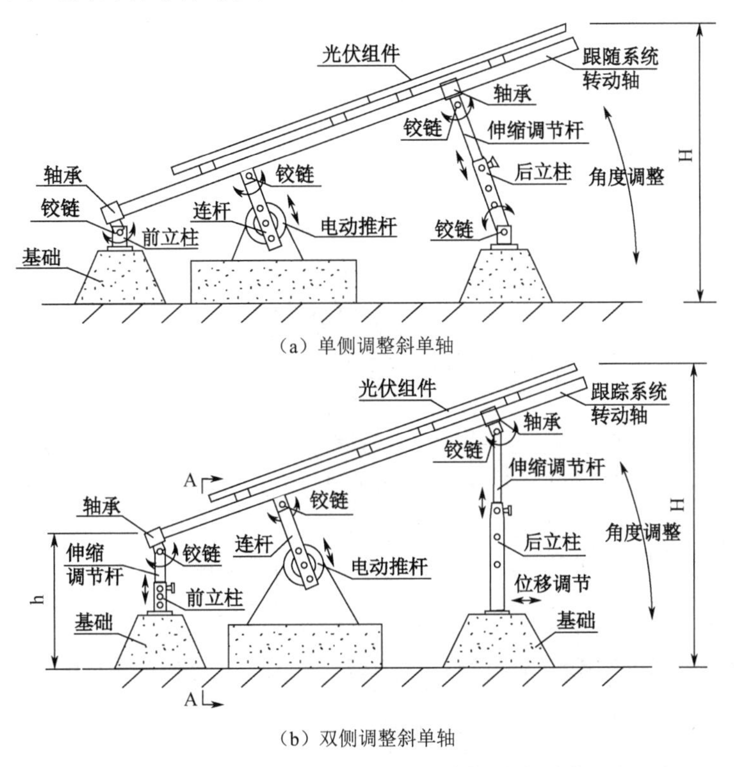

（a）单侧调整斜单轴

（b）双侧调整斜单轴

图 1.23　两种可联动的斜单轴跟踪支架结构

对组件清洁工作而言，无论是常规斜单轴还是联动斜单轴跟踪系统，由于电池板角度特殊，而且阵列散开，结构刚性低，支架传动系统复杂，无法通过加载轨道实现固定爬行机器人对其进行清洁维护。而大型清洁车辆，也很难采用机械接触式对其进行清洁，容易造成阵列损毁。比较可行的方式就是通过大型工程车载水罐和射流装置，对其进行喷淋清洁。尽管水射流方式可采用遥喷淋方法，但对支架系统的传动机构会产生一定影响。

3. 双轴跟踪支架安装方式

双轴跟踪支架是通过对太阳光线的实时跟踪，保证每一时刻太阳光线与电池板表面垂直，以实现最大发电量。双轴跟踪系统分为高度角跟踪和方位角跟踪。目前双轴跟踪光伏支架多采用卧式蜗轮蜗杆电机减速机实现网面水平旋转，俯仰系统驱动多采用链条、推杆

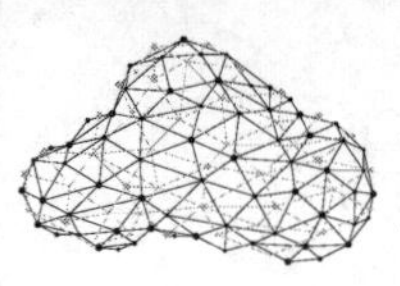

式或立式蜗轮蜗杆电机减速机[25]，其支架结构如图 1.24 所示。图 1.24 中，底部是一个固定不动的立柱，立柱顶部是由小桁架组成的能够旋转和俯仰运动的钢桁架结构，钢桁架结构表面安装光伏组件。双轴跟踪系统的整个结构分为三个部分：控制器、双轴跟踪机械结构和光伏组件[26]。其机械结构一般采用齿轮传动机构带动光伏阵列实现方位角跟踪，同时通过推杆推动光伏阵列翻转实现高度角跟踪。

图 1.24　双轴跟踪支架机构

除了蜗轮蜗杆式的驱动机构，也有液压式驱动的双轴跟踪支架系统，其结构如图 1.25（a）所示。图 1.25（b）所示为在双轴跟踪支架上安装的光伏电站。从图 1.25（a）可以看到，采用液压缸驱动组件竖直维度的旋转，液压马达驱动水平维度的旋转运动。从图 1.25（b）可以看到，一组支架可安装 60 块电池板，大约在 18kW，因此连接地基的立柱刚性要好。这种双轴跟踪光伏系统也是分散布局，而且光伏组件数量多，整体高度可达 6m，甚至更高，这对清洁维护提出很高要求。

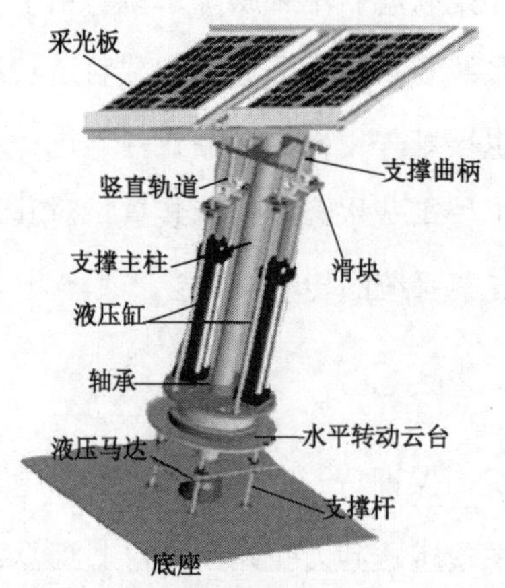

（a）液压式双轴跟踪支架结构

（b）双轴跟踪光伏电站

图 1.25　双轴跟踪系统

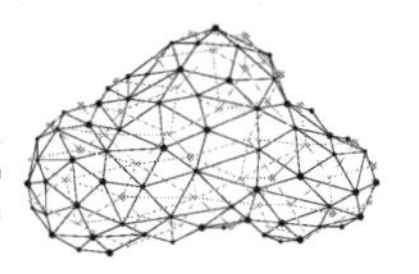

商用的立柱式双轴跟踪系统的稳定性差，抗风能力弱，因此旋转轨道式的双轴跟踪支架被设计开发出来，其结构如图 1.26 所示。这种旋转轨道式双轴跟踪系统在青海共和地区已经被安装测试，但没有大规模使用。尽管相较立柱式更加稳健，但由于其轨道长，密封困难，在沙漠地区容易造成故障。

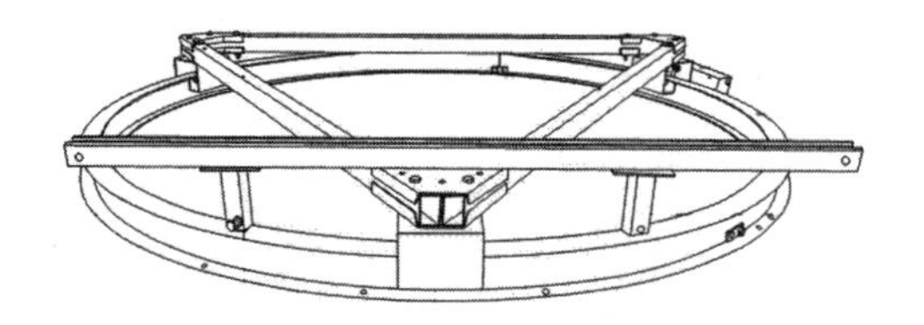

图 1.26 旋转轨道式双轴跟踪支架结构

4. 聚光光伏组件安装方式

聚光光伏组件要求具有跟踪功能，因此可以选择单轴跟踪和双轴跟踪两种方式。从商业应用上看，大部分企业都选择双轴跟踪支架进行安装。图 1.27 所示为黄河水电格尔木二期 100MW 高倍聚光光伏系统。图 1.27 中的双轴跟踪支架安装方式与图 1.25（b）的晶体硅发电安装方式一样，采用立柱式。与晶体硅电池组件一样，聚光光伏组件的双轴跟踪支架系统也可采用旋转轨道式，采用蜗轮蜗杆带动环形轨道来跟踪方位角，丝杠螺母机构来调节高度角。由于聚光光伏系统的聚光器比电池板要重，而且要配备散热系统，因此双轴跟踪机构需要更强的抗风性能。从清洁的角度讲，聚光光伏组件更需要及时清洁，否则对光线会聚有很大影响，造成发电量下降。

图 1.27 格尔木地区高倍聚光光伏系统

1.3.3 光伏跟踪系统和支架材料

1. 光伏跟踪系统

目前跟踪式光伏支架的控制方式主要分为 3 种，即开环跟踪、闭环跟踪和混合式跟踪。

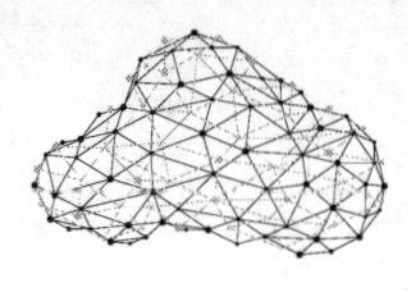

开环跟踪也称主动式跟踪，视日运动轨迹跟踪，根据太阳对地运行模型进行角度调整，累计误差较大[28]。闭环跟踪也称被动式跟踪，通过光电传感器或位置传感器来实时监测太阳位置，根据日地运动模型计算太阳光与电池板直射角度，来控制支架机构运动，这种方式很大程度上取决于传感器的精度和模型的准确性。混合式跟踪是在前两种跟踪方式的基础上提出来的，融合了开环跟踪和闭环跟踪的大部分优点，即在开环跟踪的基础上加上传感器，通过传感器的反馈信号进行电池板位置修正，减少了累计误差带来的影响。传感器的信号每隔一段时间才读取一次，也能够有效减少误动作的次数。当然，混合式跟踪的安装成本和运维成本也是最高的，一般只适用于聚光光伏系统中。各种跟踪式支架系统的对比如表 1.1 所示[28]。表中相对固定式发电量提高百分比仅供参考，不同地区会有差异。其中标准平单轴的安装成本大概在1.00～1.40元/W，带倾角平单轴的安装成本则在1.45～1.80元/W[①]。

表 1.1　各种跟踪式支架系统对比

支架类型	安装成本（元/W）	运维费用	支架稳定性	系统能耗	相对固定式发电量提高百分比
固定式	0.45～0.50	无	很好	无	—
平单轴	1.00～1.80	高	一般	较低	15%～20%
斜单轴	1.50～2.00	高	一般	较低	25%～30%
双轴	2.80～3.50	高	较差	较高	30%～40%

从表 1.1 中的数据可以得到，双轴跟踪支架相比于单轴跟踪支架在发电量上更有优势，但是单轴跟踪支架由于有多个支撑点，相比于双轴跟踪支架要稳定得多。另外单轴还可以做成联动式结构，用一套动力装置同时带动一组电池片进行跟踪，很大程度上降低了支架的成本。单轴跟踪系统比固定安装系统的太阳辐射利用高，其控制方式比双轴跟踪系统简单，尤其是斜单轴跟踪系统有明显优势[29]。

2. 光伏支架材料

当前，用于光伏支架的材质主要是钢材和铝合金。在青藏高原地区，环境干燥、空气

① 资料来源：https://news.solarbe.com/201711/22/120955.html

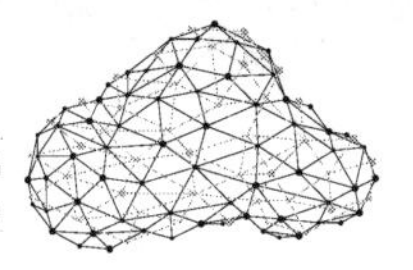

污染较轻，无涂层的耐候钢即可满足防腐蚀的要求。但光伏电站建在荒漠和戈壁滩上，维护成本高，所以应以“免维护”为目标，“免维护”的重要指标之一就是防腐蚀[30]。目前支架主要的防腐蚀钢材采用热浸镀锌 55～80μm，铝合金采用阳极氧化 5～10μm。

铝合金在大气环境下，处于钝化区，其表面形成一层致密的氧化膜，阻碍了活性铝基体表面与周围大气相接触，故具有非常好的耐腐蚀性，且腐蚀速率随时间的延长而减小。钢材在普通条件下（C1～C4 类环境），80μm 镀锌厚度能保证使用 20 年以上，但在高湿度工业区或高盐度海滨甚至温带海水里则腐蚀速度加快，镀锌量需要100μm 以上并且需要每年定期维护。在防腐蚀方面铝合金远远优异于钢材，同时在外观方面铝合金也优于钢材。但大型光伏电站多采用钢材作为光伏支架选材，主要考虑成本问题，同时钢材良好的承重性能也是优势。

光伏支架所处环境多为干燥、寒冷的高海拔荒漠地区，钢材的耐腐蚀性能是完全满足要求的。但在清洁维护过程中，由于水和清洁试剂喷淋对支架表面造成一定影响，使其耐腐蚀性能降低。而在柴达木盆地，多为盐碱区域，风沙雨雪等都携带着大量的盐碱物质，也会对光伏支架的耐腐蚀性能进行考验。

1.3.4 光伏阵列基础工程

太阳能光伏阵列基础所受的载荷，首先要考虑风压载荷，对光伏阵列基础进行稳定性分析，尤其在高海拔荒漠地区，风沙强度大。阵列自身受到风吹面积大的结构，需要考虑强风吹动导致的倒塌或变形等。图 1.28 为不合格的基础，在没安装电池板的情况下在风力作用下沙体流动使其发生滑移。对于风沙强劲的荒漠地区，光伏阵列基础必须考虑受到横向风影响，基础可能滑动或倒塌；吹进电池板背面的风使阵列结构浮起，吹过电池板下侧的风产生漩涡，引起气压变化等。同时，地基下沉也是要考虑的因素，尤其在荒漠地区采用水射流清洗后，容易造成地基下沉，进而导致电池板表面变形甚至断裂。

光伏阵列基础结构，从形式上分有 6 种，如表 1.2 所示。在高海拔的荒漠地区，光伏阵列基础选择方案多采用打桩基础，图 1.28 所示即在地面以下打桩。对于单轴跟踪和双轴跟踪支架安装方式更多采用深基桩基础。对于倾角固定支架安装方式，更多采用整体化的连续基础，保证阵列的整体稳定性。

图 1.28　格尔木地区不合格基础

表 1.2　光伏阵列基础类型及适用场合

基础类型	基础适用范围
直接基础	支撑层浅的场合采用
打桩基础	支撑层浅的场合采用
深基桩基础	铁塔等基础上采用
深箱基础	荷重规模大的场合适用（如大桥的基础）
钢管板桩基础	在河内建设桥梁时采用
连续基础	支撑层深度大的场合采用

1.4　太阳能光热发电安装方式

太阳能光热发电技术已经发展出 5 种方式，即槽式、碟式、塔式、菲涅耳式和地面接收式。其中，槽式聚光技术最为成熟，而塔式、碟式也在青海德令哈、甘肃敦煌、新疆哈密等地区建设了示范项目[31]。各种发电技术的区别主要在于聚光器的不同，而聚光系统清洁也是本书所关心的。下面详细介绍目前商用的槽式、碟式、塔式和线性菲涅耳式聚光器形貌及其安装方式。

1.4.1　槽式太阳能光热发电系统

槽式太阳能光热电站主要由聚光集热、换热、发电、储热和辅助能源系统五部分组成，其整体发电系统框图如图 1.29 所示①。其中槽式太阳能集热器是主要部件，将太阳辐射光

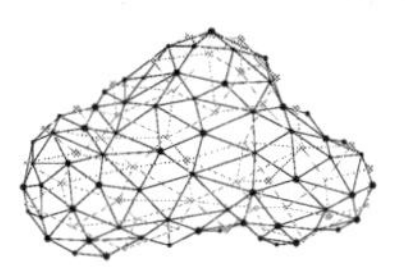

线会聚成热，再通过热交换方式驱动汽轮机进行发电。太阳光入射到地球表面，照射到加装太阳跟踪装置的抛物面反光镜上，使太阳光线保持大致与抛物面垂直的角度入射到槽式抛物面反光镜上，反光镜将接收到的太阳光聚集到集热管表面。接收到高热流密度太阳辐射能的集热管通过与管内介质的热传递，将管内流动介质加热，驱动汽轮机进行发电。聚光集热系统是槽式太阳能电站的核心部件，其成本约占整个电站初期总投资的40%，后期需要清洁维护。

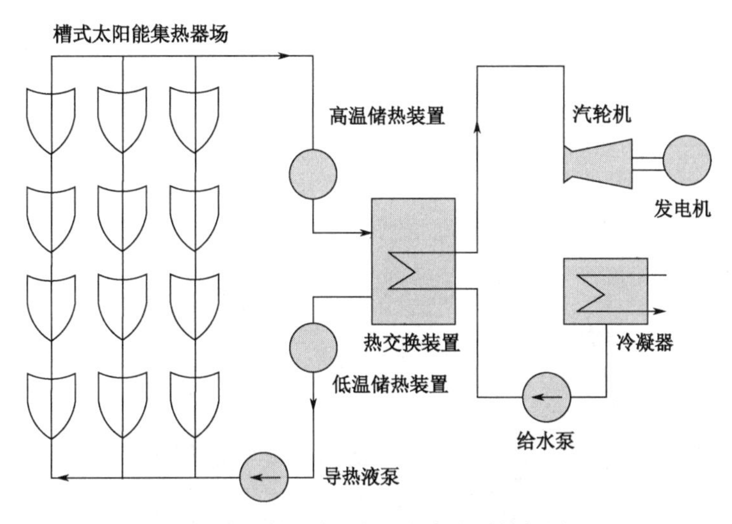

图 1.29 槽式太阳能光热发电系统框图

集热系统包括支架、反射镜面和真空集热管（即接收器）。集热管包括不锈钢内管，外面包裹玻璃套管、除气环、波纹管。槽式聚光太阳能系统集热装置多采用结构简单、跟踪方便的抛物面反射聚光器，目前商用最成熟的槽式系统是高倍聚光的抛物面槽式聚光系统，如图 1.30（a）所示。通过抛物面形的反光系统，将太阳光线会聚到接收器，进而加热传热介质来发电。另外也有低倍聚光的 V 形槽式聚光系统，如图 1.30（b）所示。若接收器是普通晶体硅电池板，则起到提高光线密度的作用，这种低倍聚光系统对温度和追踪精度要求比较低，因此，一般采用固定式安装方式或倾角周期可调的安装方式[32]。

抛物面槽式聚光器开口宽度一般在 5～6m，市场商用常见的是 5.77m，单元长度为 12m。抛物面反射镜根据采光方式不同，分为南北向和东西向两种放置方式[33]。东西向放置只做定期调整，可以采用倾角可调固定式安装。市场商用多采用南北向放置，而南北向

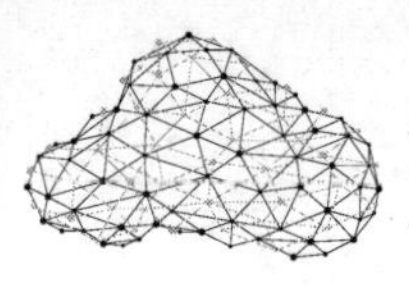

放置则采用单轴跟踪方式，如图 1.31 所示。从抛物面聚光场布局看，与光伏场站的布局方式接近。但槽式的抛物面结构，并且伴有导热管，一般工具难以直接接触抛物面来清洁，采用车辆运载的射流方式更合适。

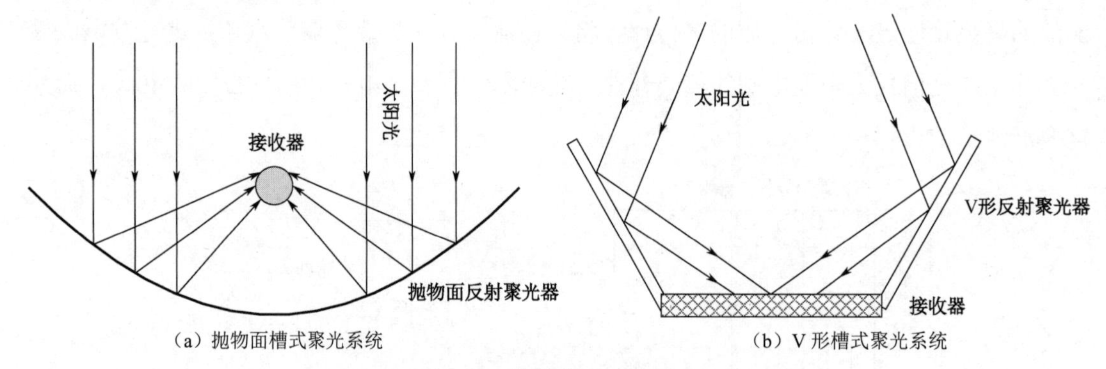

（a）抛物面槽式聚光系统　（b）V 形槽式聚光系统

图 1.30　槽式聚光系统原理

图 1.31　单轴跟踪式槽式聚光系统

1.4.2　塔式太阳能光热发电系统

塔式系统采用点聚焦式的集热方式，其结构如图 1.32 所示[34]。塔式系统主要由定日镜场、吸热塔和电力转换 3 个主要的子系统组成。定日镜跟踪太阳，将太阳光聚集至吸热塔上的吸热器，加热吸热器中的载热流体，以产生高温蒸汽，驱动汽轮机发电。整个定日镜场中的太阳辐射能聚集到吸热器上，因此塔式系统可以达到较高的温度（最高可达1 000℃）和较大的功率级别（1～500MW），从而有效降低成本，提高效益。其中，定日镜场是塔式太阳能光热发电的核心部件，也是清洁维护的主要对象。

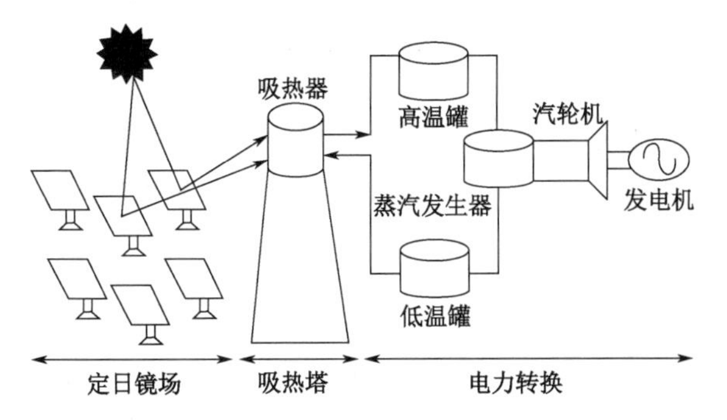

图 1.32 塔式太阳能光热电站结构

定日镜由镜面（反射镜）、镜架（支撑结构）、跟踪传动机构和控制系统构成，用于跟踪接收并聚集反射太阳光线进入吸热塔顶端的吸热器内，是塔式太阳能光热电站的主要装置[35]。反射镜是定日镜的核心组件，根据镜表面形状可分为平凹面镜、曲面镜等几种。目前国内外采用的定日镜大多是镜表面具有微小弧度的平凹面镜。从镜面材料上分，主要有两种反射镜。一种是张力金属膜反射镜，其镜面用 0.2～0.5mm 厚的不锈钢等金属材料制作而成，通过调节反射镜内部压力来调整张力金属膜的曲度，其形貌如图 1.33（a）所示。

（a）张力金属膜反射镜

（b）玻璃反射镜

图 1.33 两种塔式定日反射镜

张力金属膜反射镜的缺点是反射率低、结构复杂。另一种是玻璃反射镜，目前建成投产的塔式光热电站定日镜，以及待建的塔式电站均采用玻璃反射镜，其形貌如图 1.33（b）所示。玻璃反射镜的优点是质量轻、抗变形能力强、反射率高。从清洁的角度讲，金属膜反射镜呈大曲面，而玻璃反射镜则呈平面，玻璃反射镜更易于清洁。通常反射镜采用玻璃作为基体，表面镀厚度为 70nm 的银层，再镀厚度为 30nm 的铜作为过渡层，然后再涂两层

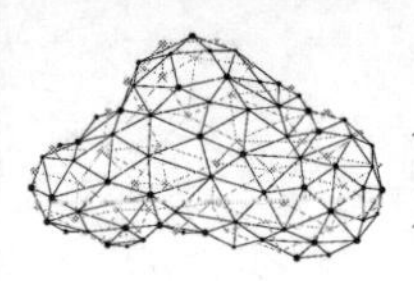

保护漆。尘土沉积对定日镜反射性能影响很大，清洁维护是塔式聚光集热的难题，目前唯一有效可行的方法是采用机械清洗设备定期清洗[35]。

定日镜基座有独臂支架式（见图 1.33（b））和圆形底座式（见图 1.33（a））两种，圆形底座式的基座一般采用金属结构。目前大多数塔式光热电站采用的均是独臂支架式，其基座有金属结构和混凝土结构两种。独臂支架式定日镜具有体积小、结构简单、较易密封等优点，但其稳定性和抗风性差，为达到足够的机械强度和抗风性能，需要消耗大量钢材和水泥，建设成本较高。

为保证将不同时刻的太阳光反射到吸热器，定日镜必须跟踪太阳运动，其跟踪方式有两种，分别为方位角—仰角跟踪方式和自旋—仰角跟踪方式，如图 1.34 所示。方位角—仰角跟踪方式是指定日镜运行时采用转动基座（圆形底座式）或转动基座上部转动机构（独臂支架式）来调整定日镜方位变化，调整镜面仰角的方式。自旋—仰角跟踪方式是指采用镜面自旋，同时调整镜面仰角的方式来实现定日镜的运行跟踪，这是由新的聚光跟踪理论推导出来的一种新的跟踪方法，也称“陈氏跟踪方法”[35]。定日镜的传动方式多采用齿轮传动、液压传动或两者相结合的方式，其跟踪控制方式与光伏双轴跟踪一样，有开环、闭环和开闭环结合 3 种方式[34]。

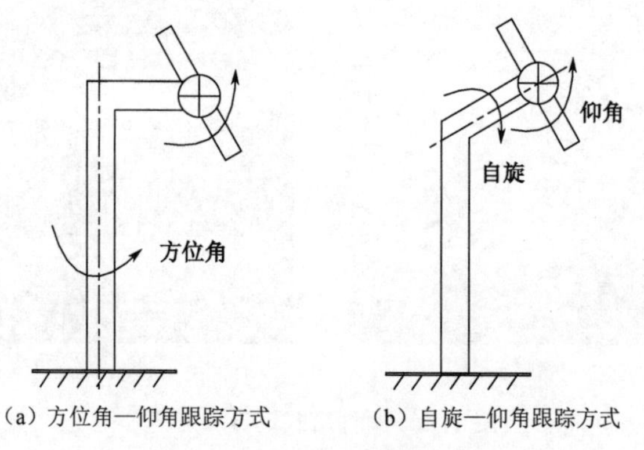

（a）方位角—仰角跟踪方式　　（b）自旋—仰角跟踪方式

图 1.34　塔式定日镜跟踪方式

定日镜场布局主要遵循的原则是，定日镜近塔密、远塔疏。北半球电站塔北密，塔南疏，南半球则反之。以塔的数量划分，有单塔镜场和多塔镜场两种。单塔镜场的布局有长方形、圆形、扇形、贝形等。在长方形、圆形镜场中，吸热塔位于镜场中心位置，因此镜场分为南北两部分，如图 1.35（a）所示[34]。为避免定日镜处于相邻定日镜反射光线的正前

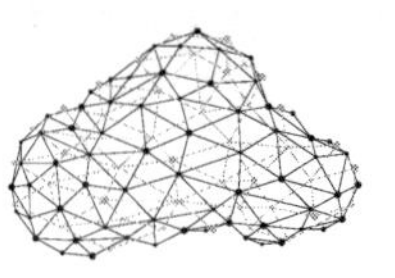

方而造成遮光损失，定日镜布局一般采用径向交错方式，如图 1.35（b）所示。单塔镜场不能无限大，镜场的边界由吸热塔的高度和吸热器的相关尺寸决定。一般塔的高度越高，镜场面积越大。塔高一定时，则要求边界定日镜的反射光斑能够被吸热塔吸收。为了避免定日镜相互干涉，定日镜之间需要留有安全空间。荒漠中，昂然而立的吸热塔与定日镜场蔚为壮观。图 1.36 所示为雪后德令哈地区塔式太阳能光热电站[①]。吸热塔仿若荒漠中的一盏航站指示塔，照亮着高海拔荒漠地区的光伏产业，也照亮着从事光伏事业者的心灵。

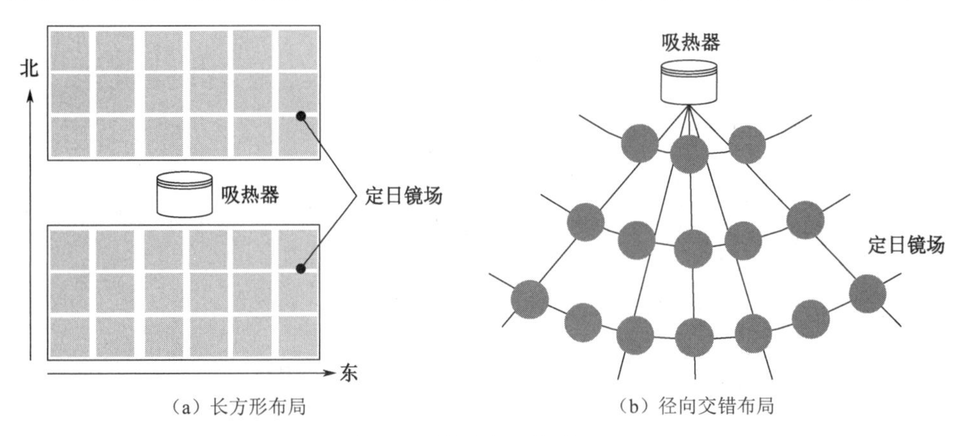

（a）长方形布局　　（b）径向交错布局

图 1.35　塔式定日镜场布局

图 1.36　雪后德令哈地区塔式光热电站

① 资料来源：http://www.cspplaza.com/article-14042-1.html

1.4.3 碟式斯特林太阳能光热发电系统

在碟式太阳能光热发电系统中，将光能转换成电能的核心装置是斯特林发动机。斯特林发动机又称热气机，是一种外燃机，即依靠外部热源对密封在机器中的气体工质加热，使其不断膨胀冷缩，进行闭式循环，推动活塞做功[36]。斯特林发动机在工作时较内燃机平稳，而且噪声也小很多。

典型的碟式斯特林太阳能光热发电系统主要由碟式聚光镜、太阳光接收器、斯特林发动机和发电机组成，如图 1.37 所示。

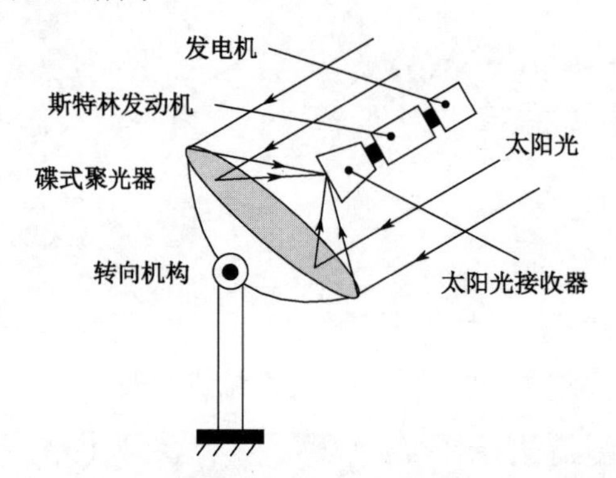

图 1.37　典型的碟式斯特林太阳能光热发电原理

其中，太阳光接收器、斯特林发动机与发电机组成的整体通常称为能量转换单元。太阳光接收器一般采用腔体式接收器，主要是为了增大传热面积，可承受高达 $1\text{MW}/\text{m}^2$ 的热流通量，适合碟式发电的高温场合[37]。装置中设有转向机构，通过调节聚光碟的仰角及水平角度跟踪太阳，保证聚光镜正对太阳获得最多的太阳能[38]。采用碟式斯特林太阳能光热发电，装置每平方米受光面积的平均年发电量可达 $629\text{kW}\cdot\text{h}/\text{m}^2$，大于塔式和槽式太阳能光热发电的 $327\text{kW}\cdot\text{h}/\text{m}^2$ 和 $260\text{kW}\cdot\text{h}/\text{m}^2$，远远超过了跟踪式光伏发电技术的 $217\text{kw}\cdot\text{h}/\text{m}^2$ [38]。

碟式聚光器是一个可旋转的、类似抛物面的装置，用来收集太阳辐射能，由双轴跟踪控制系统驱动，追踪太阳光线，并将辐射光线反射会聚到聚光器的焦点位置，通过吸热器转化为热能，为斯特林发动机提供热源[39]。

碟式聚光器可分为单碟式和多碟式两种形式。单碟式聚光器为单个旋转抛物面反光镜，如图 1.38（a）所示。多碟式聚光器由许多小型镜面组成呈抛物面形状的碟面，如图 1.38（b）所示。多碟式聚光器由大量的小型镜面组件拼接后固定在支架上，可以达到很高的聚光精度。目前镜面组件的形状有扇形、矩形和圆形等[40]。单个镜面组件由玻璃反光镜片（5 或 6 个小块）、衬板（1 块）和背板（1 块）组成，其厚度约1mm，玻璃反光镜片和衬板采用胶结，胶层厚度约1.5mm[41]。图 1.39 所示为两种多碟式太阳能光热发电系统。多块反射斑在吸热器上聚焦于同一位置，则形成温度过高的热点，因此系统安装调试过程中需要避免形成热点[42]。由于碟式光热发电效率高，因此多采用双轴跟踪系统来调整太阳高度角和方位角[43]。

（a）单碟式聚光器

（b）多碟式聚光器

图 1.38 单碟式和多碟式聚光器

图 1.39 两种多碟式太阳能光热发电系统

常用于碟式太阳能自动跟踪系统的传动机构大致可以分为两类：回转传动机构和直线传动机构。回转传动机构就是机构输入/输出均为回转运动的传动结构，如圆柱齿轮传动机构、蜗轮蜗杆传动机构。直线传动机构就是输入为回转运动，输出为直线运动的传动机构，如齿轮齿条传动机构、丝杠螺母传动机构、液压缸传动机构[41]。由于碟式斯特林太阳能光热发电系统相对独立，而且聚热转换效率很高，因此对反光镜的清洁维护极为重要。

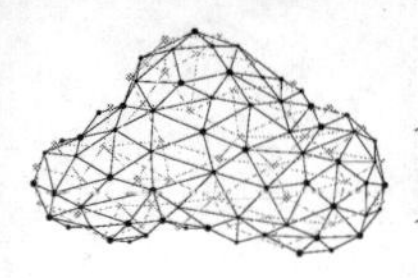

碟式斯特林太阳能光热发电技术有致命的缺陷，它很难像槽式、塔式和菲涅耳式等技术一样配置储热系统，难以实现稳定发电。德令哈地区建设的碟式冷—热电联供系统，扬长避短，其主要由光学系统、吸热与热储系统、动力及传动系统、控制系统构成。其中光学系统采用了太阳帆结构，其形貌如图 1.40 所示①。远远望去，如同遨游在海面上的帆船。从外观上看，其凹形的镜面对清洁维护造成了一定困难，同时其复杂的追光系统也给清洁维护带来影响。

图 1.40　太阳帆式光热发电系统

1.4.4　菲涅耳式太阳能光热发电系统

菲涅耳式太阳能光热发电技术是根据其发明者法国工程师 Augustin-Jean Fresnel 的名字而命名的，其依靠由多个平面或轻微弯曲的光学镜组成的反射镜阵列，将太阳光反射到线性塔上的固定吸热器上以加热工质，整个发电系统制造工艺相对简单，维护成本低[44]。菲涅耳聚光光伏/光热系统一般由聚光模组、跟踪系统、储能系统和控制系统组成，其高倍聚光模组一般由菲涅耳透镜、光漏斗、光棱镜、太阳能电池和微通道换热模块组成，如图 1.41 所示。这种结构的聚光模组可达到很高的聚光比[45,46]。

在高倍聚光下一般采用双轴跟踪方式，如图 1.42（a）所示[46]。而在大规模光热发电应用中，单轴跟踪方式更为经济合理。图 1.42（b）所示为德令哈地区菲涅耳光热示范电站②。无论是单轴还是双轴跟踪方式，由于菲涅耳透镜场较为密集，都需要高效的清洁装备对其

① 资料来源：http://www.cspplaza.com/article-13192-1.html

② 资料来源：http://m.haiwainet.cn/middle/3543610/2019/1017/content_31647025_1.html

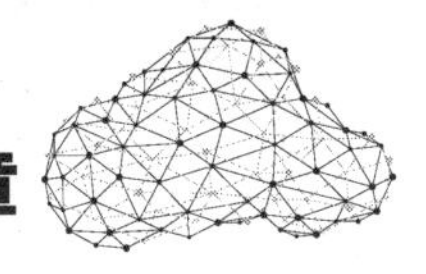

表面进行维护，但密集的镜场很大程度上制约着清洁维护工作。

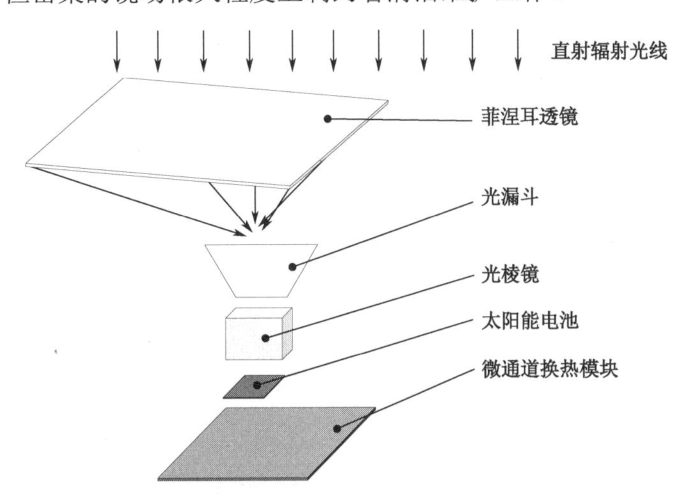

图 1.41 菲涅耳高倍聚光模组结构

（a）双轴跟踪方式

（b）单轴跟踪方式

图 1.42 菲涅耳光热系统跟踪方式

1.4.5 4种太阳能光热发电技术比较

与光伏发电相比，光热发电系统具有发电效率高、衰减小，制造过程对环境污染小（不需要大量生产耗能较高的硅电池），适用地域广，以及通过廉价的储热/补燃装置实现电站

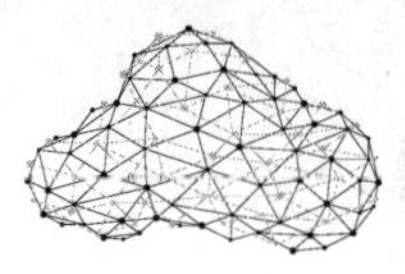

的无间断运行等优点。中国太阳能光热发电产业，青海占总体开发规模的48%，位居第一，西藏、内蒙古和甘肃紧随其后。上述的4种光热发电方式，目前均投入商业应用。表1.3为4种光热发电技术的对比[39,44~47]。从技术成熟度看，槽式光热发电系统已进入商业化应用阶段，而大型塔式光热电站也在世界各地建设并商业运作。目前青海德令哈地区汇集了槽式、塔式、碟式斯特林、太阳帆式和菲涅耳式等太阳能光热发电示范电站。随着储能技术和光热发电技术的发展和成熟，太阳能光热发电必将与光伏发电一起成为太阳能资源利用的两大支柱。

表1.3　4种光热发电技术对比

光热发电方式	规模	运行温度/℃	峰值效率	年净效率	商业化程度
槽式	30～320MW	390～734	20%	11%～16%	商业化
塔式	10～20MW	565～1049	23%	7%～20%	示范化
碟式	5～25kW	750～1382	30%	12%～25%	示范化
菲涅耳式	1.4～30MW	—	28%	—	示范化

太阳能光热发电系统，利用镜面反射光线聚热实现能量汇聚，而处在高海拔荒漠地区，尤其在柴达木盆地风沙较大，及时清洗光热电站聚光系统是最重要的维护工作。相对于光伏电站，光热系统清洁维护呈现出更为复杂的特点，槽式、碟式、塔式等镜面都比光伏组件表面复杂，而安装方式上都是双轴或单轴跟踪，对清洁维护提出更高要求。目前，各企业都在研制各类清洁结构，包括可执行人工驾驶/无人驾驶、水洗/干洗等不同清洁方案的各类设备。但进一步了解荒漠地区风沙特点，以及镜面表面积灰特性，对提高清洁效率，节约水资源，维持优良环境和高效利用光热资源都有着重要的意义。

1.5　光伏/光热电站对环境的影响

光伏/光热电站的建设与运营期间对环境会产生不同程度的影响。施工期间扬尘、噪声、废弃物等会对环境产生短暂影响，运营期间则会产生视觉、工频电磁场、固体废物等影响[48]。当然，电站服役期满后大量废旧电池组件也必然会对环境造成一定影响，通过电池组件回收可一定程度上减少废旧组件对环境的影响。本书着重讨论光伏/光热电站运营期间对环境的影响。

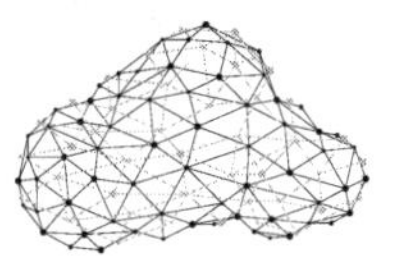

我国光伏电站集中在西北戈壁、沙漠等典型的生态脆弱地区，这些地区植被稀疏、土壤水肥不足、植物生产力偏低，原有生态环境十分脆弱[49]。光伏组件及其支架系统的布设，会对电站周围的土壤、植被和局部小气候等产生较为明显的影响。

光伏电站对土壤的影响主要集中在土壤抗蚀性、理化性质及土壤温度等方面。对于荒漠地区的电站建设，无须砍伐地表植被，但也要进行场地平整、阵列基础开挖和道路修建等施工，从而破坏多年形成的地表结皮，一定程度上造成水土流失和地表扬尘，甚至产生沙尘暴。电站运行期间，由于光伏阵列基础固化作用，大面积阵列会减弱地表风速，降低地表输沙率，增加地表粗糙度，减少植被的水分蒸发，促进植物更好生长，起到防风固沙和绿化的作用[49,50]。覆盖在戈壁上的光伏组件具有绝热保温作用，能有效减小电站内土壤浅层温度日较差，同时也使电池板下方温度降低，植物生长缓慢[51]。

到达光伏组件表面的太阳辐射，一部分参与到光伏效应中，一部分被光伏组件本身吸收为内能，剩下的部分则被反射到大气中，改变了地表原有的能量平衡，大面积的光伏阵列对局部气候可能会造成一定的影响[52]。由于光伏电站的增温降湿作用，易于造成光伏电站的“热岛效应”，形成光伏电站局部的小气候。高晓清等人通过测量格尔木地区光伏电站内外温度和湿度，表明运行电站对局部气候产生明显的影响，具体如图1.43所示[53]。图中反映了光伏电站内外2m和10m高度的空气温度和湿度。对于2m处温度，冬季白天（光伏电站发电时）站内外基本相同，春、夏、秋白天站内气温高于站外，夏季差值最大，为0.67℃；由于电池板对地面的保温作用，四季夜晚（不发电时）站内均高于站外。对于2m处湿度，早上8:00站内外空气相对湿度分别为35.85%和36.55%（9个月平均值），下午17:00站内外空气相对湿度分别为16.77%和16.84%，站内外湿度基本一致。对于10m处温度，站内四季白天气温均低于站外，尤其秋、冬季节温差较大，分别为–0.40℃和–0.35℃；四季夜晚，除秋季基本相同外，均是站内温度低于站外，主要是由于站内外地表能量收支存在差异。对10m处站内外空气相对湿度最高值分别为31.86%和34.68%，站内外空气相对湿度日均值分别为24.89%和24.06%，站内空气相对湿度高出站外0.83%[53]。赵鹏宇等人对乌兰布和沙漠东北缘光伏电站白天发电过程中1m和2.5m处电站中心和四周的温度和湿度进行监测，结果表明站内中心温度升高，空气相对湿度降低[54]。

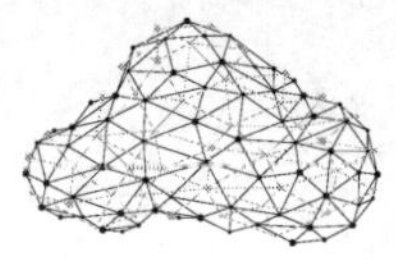

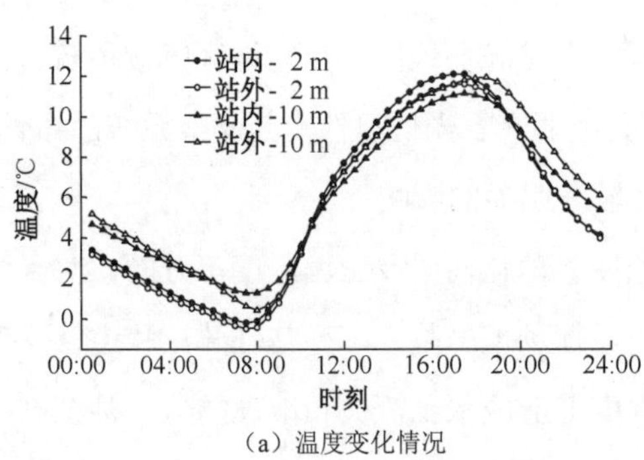

（a）温度变化情况

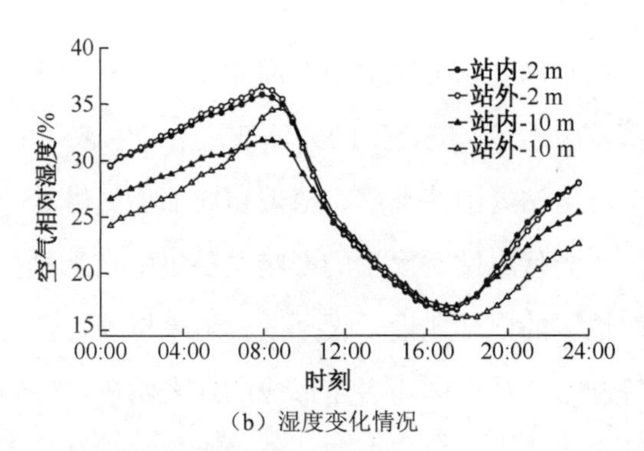

（b）湿度变化情况

图 1.43　格尔木地区光伏电站对温湿度的影响

区别于早期光伏电站建设过程中，需要对地面进行修整。当前大型地面电站建设需要考虑生态环境，一般不改变原有地貌和周围生态环境。光伏电站不仅对土壤温度、湿度产生影响，而且可以起到挡风作用（详见 3.2.2 节），加上光伏组件的遮蔽性，地下水保持能力更好，因此场站内植被生长更好。以青海共和地区为例，站内植被通常高大茂密，站外植被矮小稀疏，如图 1.44 所示。由图 1.44（a）即可对比出场站内外的植被生长情况，以铁丝网为界，电池板底下的草长得更高更密，而远处的草滩则比场站内部的植被更差些。光伏场站内的植被近景如图 1.45（a）所示。由于电池板安装结构导致组件下面的植被也不相同，在组件缝隙间的植被更加茂密，如图 1.45（b）所示。组件缝隙间之所以草长得更茂盛，是因为清洁组件时清洁用水或自然降雨顺着缝隙流到地面，这部分土壤更加湿润，因而植被生长旺盛。

一定程度上讲，光伏电站改善了草场生态结构，形成了独特的“光伏羊”产业，如图 1.46 所示[①]。

（a）站内植被

（b）站外植被

图 1.44　青海共和地区光伏场站内外植被情况对比（摄于 2020 年 7 月）

① 资料来源：https://baijiahao.baidu.com/s?id=1631144827810710614&wfr=spider&for=pc

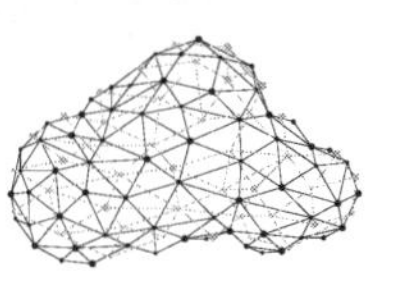

（a）站内植被近景

（b）站内组件缝隙处植被

图 1.45　共和地区光伏场站内外植被情况对比（摄于 2020 年 7 月）

图 1.46　共和光伏园区光伏羊图景

大面积光伏阵列对环境产生的影响也反作用于光伏组件的发电性能，植被改善后风沙减小，直接降低光伏组件清洁的频率，同时也一定程度上改善了风沙对光伏发电设备的负面影响，使得光伏组件寿命也得到改善。目前，研究者对光伏电站与周围生态链影响的研究很少，合理布局光伏电站，适度种植植被和放牧，形成持续健康的光伏生态产业链值得期待。

1.6　光伏/光热系统对清洁维护的影响

光伏组件在自然环境中必然受到污染，尤其在风沙大、降水量小的荒漠环境中，组件表面积灰严重影响着光伏电站的发电效益。而光伏组件清洁受到光伏电站环境和支架系统的限制（具体清洁方式将在第 2 章中详细阐述）。光伏电站一般占据很大面积，其阵列分布对清洁维护有很大影响。具体而言，影响光伏系统清洁维护的因素主要包括支架系统、组成阵列的规格和安装地基所处地面形貌等。支架系统在前面已述及，而安装地基所处地面形貌，主要包括地面平整度、地面沙陷情况、地面植被情况等。地面平整度影响着清洁车

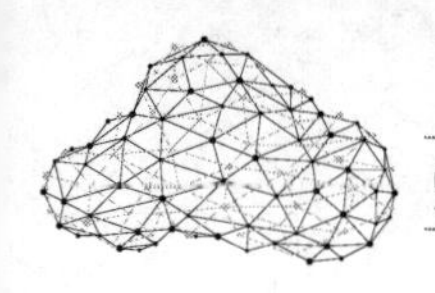

辆行驶的平稳性和驶入性。而地面沙陷，严重时导致轮式车辆无法驶入，通常需要将车辆改装成履带式，或者用铲子处理地面不平，保证行驶过程的平稳性。

光伏阵列的分布对清洁维护有很大影响，一方面影响清洁路线，另一方面也影响清洁工具和清洁车辆的选择。以常规的固定式为例对光伏阵列布局进行分析。光伏阵列的布局参数主要包括距地面高度 H_H / m，地面支撑高度 H_L / m，阵列长度 D / m，阵列宽度 W / m，如图 1.47 所示。除了阵列自身参数外，还包括阵列左右距离 L / m 和阵列前后距离 B / m，都影响着清洁车辆的进出。为了满足光伏电站维护需求，光伏阵列的地面支撑高度 H_L 应具有一定安全距离，一般要高于 30cm，同时应保证阵列间前后和左右间距（一方面满足清洁维护需求，另一方面满足光伏组件的自然散热要求）。阵列距地面高度越高，清洁维护起来就越困难，甚至要用专用车辆，因此要保证光伏阵列正常维护道路的平整需求。但随着环保要求提高，很多地区建设光伏电站，需要通过调整地面支撑高度 H_L 适应地形（而不能规范平整土地，要保持地面原貌）来保证光伏阵列表面的平整度[①]。光伏支架安装质量会影响阵列表面的平整度，若平整度差会导致一些清洁工具不能顺畅地在阵列表面运动。阵列长度越长，平整度越好，越有利于清洁的一致性，同时也易于安装清洁机器，并能保证在阵列表面运行顺畅。

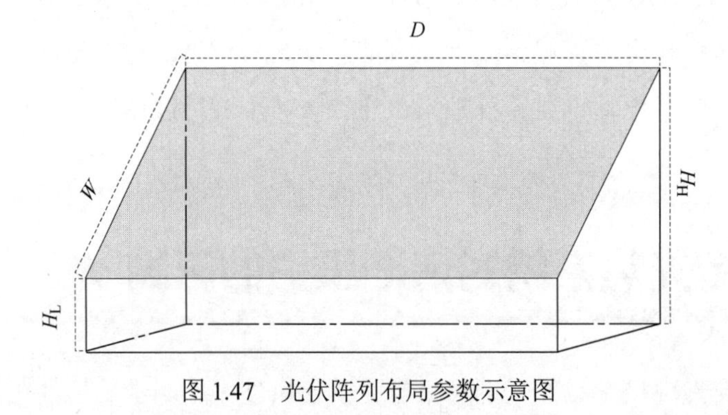

图 1.47　光伏阵列布局参数示意图

光热发电系统比光伏发电系统有着更加复杂的跟踪系统和更加复杂的组件形貌，并且不像倾角固定式光伏阵列那样有着一致性的表面，进一步增加了清洁维护的难度。槽式聚光器表面呈抛物面形，塔式系统布局分散，太阳帆式系统独立但个体体积较大，碟式系统

① 青海共和、龙羊峡等地保持原来地貌建设光伏电站，形成了特色的“光伏羊”产业。

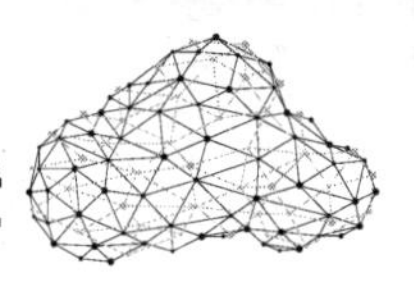

高度很高，均呈现出不同的特点，对清洁维护都有着不同程度的制约。

1.7 本章小结

本章系统地介绍了光伏/光热发电系统，重点介绍各类光伏组件、聚光系统的原理、结构、安装方式及跟踪方式等。从规模上看，光伏发电占据着绝对的主导地位，技术成熟度也较高，是太阳能发电的主体。伴随着太阳能电池光电转换效率的提高，光伏发电规模必将进一步提升。随着光热技术和储能技术的发展和成熟，大型的光热集中式电站也将并驾齐驱地与光伏电站一同矗立在沙漠和戈壁之上。

早在 2009 年，我第一次在格尔木看到茫茫无际的光伏阵列海洋，那时脑海中就闪现出“天苍苍，野茫茫，一片光伏如海洋”的感慨，十几年的发展，光伏产业已经成为高原的支柱产业，也成为苍茫大漠中的一道风景线。每当我看到沙漠中那高大明亮的大型吸热塔，心中都闪出少年时读过的《海上灯塔》，它仿若苍茫大漠中的一盏灯塔，汇聚着来自遥远的太阳发射的灿烂光芒，为我们提供着不竭的能量和无穷的憧憬。第一次在德令哈看到太阳帆式的发电系统，心里也一阵激动，这不就预言着太阳能产业在沙漠“海洋”中扬帆起航，书写新的辉煌篇章吗？

回到本书的写作目的，不能让灰尘挡住阳光，不能让灰尘蒙住洁净的太阳能电池。这如同海洋一般的光伏阵列，和沙漠一样辽阔的光热电站，清扫到每一块电池板、每一个聚光器，该有多么的困难呢？太阳为我们带来光伏产业，光伏清洁也是一个巨大的服务产业。为着这样一个光明的产业，为着这样一项洁净的事业，我们似乎也该做些什么。我们将让光明的产业更加光明，将洁净的事业进行到底。

第2章 光伏系统清洁方法

从灰尘清洁机理讲，光伏系统的清洁主要有物理清洁和化学清洁两种方法。应用在光伏/光热清洁维护方面的物理清洁工艺有气流式、射流式和机械擦除式，也可以采用“机械擦除+气流”或“机械擦除+射流”两种混合方式。现今应用场景通常用“擦”玻璃、“洗”玻璃或“清洗”这些术语，可以反映出目前应用工艺主要是射流和机械擦除两种。当然在清洁过程中可以加入某种试剂，充分发挥物理作用和化学作用。应用于光伏/光热电站现场的清洁设备都是按照上述工艺来设计和制造的。对射流式和机械式的灰尘去除机理将在第 5 章中详细讨论。本章重点介绍各类应用在光伏阵列中的清洁方式，包括人工清洁方式、半自动化清洁方式和全自动化清洁方式。

2.1 人工清洁方式

人工清洁和维护一般是光伏电站雇用人力资源，对电池板表面进行清洁和维护作业[55]。人工清洁最常见的方式，就是工人拿水管或水枪冲洗电池板。图 2.1 所示为工人用高压汽油机水泵一体机带动高压清洗机对太阳能电池板阵列进行清洗的场景。由于用高压水枪的高压冲洗，附着在电池板表面上的污渍基本上都能清洗干净，此种方法的清洗效果较好[56]。2014 年，光伏阵列清洗的人工费用约 $0.3元/\mathrm{m}^2$，水费约 $2.65元/\mathrm{t}$[57]，这是早期光伏地面场站最主要的清洁方式。

（a）人工清洗 I

（b）人工清洗 II

图 2.1　人工清洗电池板场景

人工清洗采用的高压清洗机一般压力在 5～10MPa 。图 2.2 所示为两种不同型号的高压清洗机。人工使用的高压清洗机，多为轮式可移动的便捷型的，控制水枪使高压喷嘴形成一定压力的水雾或水柱，对电池板表面进行喷淋去除灰尘；也可采用车载式高压清洗机。工人携带高压清洗机，必须配备水罐，多为车载，也可在光伏阵列旁修建蓄水池作为水罐，为清洗提供水源。

（a）高压清洗机 I

（b）高压清洗机 II

图 2.2　高压清洗机

高压清洗机前端的喷嘴，多采用圆柱形的，有时也会采用扇形的，如图 2.3 所示。

（a）圆柱形喷嘴

（b）扇形喷嘴

图 2.3　高压喷嘴

圆柱形喷嘴产生高压的水柱，扇形喷嘴产生高压的扇形水雾。一般来说，圆柱形喷嘴配备额定压力较低的清洗机即可，而扇形喷嘴则需要大功率的高压清洗机。这种方式是最直接最有效的方法，缺陷就是清洗时间长、需要人员多、浪费水资源，在沙漠和戈壁地区，大量冲刷下来的水有时会导致光伏支架地基沉降下陷等问题。更重要的问题是，在高海拔的荒漠地区，由于雨水少，清洗所用大量的水需要从地下抽出来，对环境影响很大。

为了配合人工清洗，需要用抹布、拖布、毛刷、刮板等工具对一些难除的污垢或鸟粪等进行清理，如图 2.4 所示。图 2.4（a）所示的擦拭布的作用一般是用水喷淋电池板后，将残余在电池板表面的水渍擦拭干净，否则水渍会凝固空气中的灰尘或吹来的风沙形成二次污染。而图 2.4（b）所示的刮板则用于清理一些难去除的污垢或鸟粪[58]。第 1 章介绍的各种光伏阵列和光热阵列，有许多安装方式可使阵列顶端距离地面达 6m，甚至更高，人工无法直接清洗，因此使用各种工具梯对高处组件进行清洗。当然也有人站在阵列支架边缘，或者直接站在光伏组件表面进行清洗的，这样存在很大的安全隐患因素，包括清洁工人人身安全、光伏组件踩踏隐裂（甚至直接破裂）或阵列支架变形等。

（a）各种擦拭布

（b）刮板和工具梯

图 2.4　人工擦拭电池板工具

为了适应人工清洗的特点，很多新型的光伏清洁设备也被开发出来，如图 2.5 所示。新型设备主要是方便工人携带。从图 2.5 中可以看出，两种设备都是采用“机械擦除+射流”清洗的方式。机械擦除采用滚式结构，具有边清洗，边擦拭水渍避免二次污染的功能。图 2.5（b）中的清洁设备还配有背带，方便工人携带。这种新型人工清洁设备，一定程度上提高了清洗效率，但无法适用于高度较高的光伏阵列和光热系统。

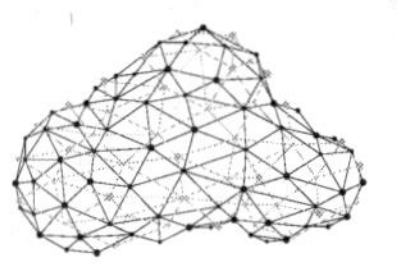

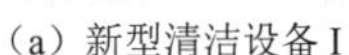
（a）新型清洁设备 I

（b）新型清洁设备 II

图 2.5 两种新型人工清洁设备

许多处于风沙较大的沙漠和戈壁地区的光伏电站，采用气流吹吸、水车及人工擦除相结合的方式定期清洁，通常以水车为主，气流吹吸为辅。冬季、春季的沙尘和雪均采用人工擦除，其余时间则采用水车和气流吹吸相结合的方式进行，先采用清洗水车对组件进行清洗，再利用气流吹吸来吹干。气流吹吸采用便捷式吹风机对组件进行风力吹扫，出风量在 600～1 200m^3/h，出口风速在 90m/s 以上。对于 20MWp 的并网光伏电站，若清洁周期为 20 天，则需要配备 8 名维护人员，4 辆清洗水车，14 名吹扫人员，14 台便携式吹风机，每天的清洁时间需要 6 小时，每年消耗水量为 1 900m^3[4]。据此推算，格尔木地区并网容量为 4 201MWp①，则需要配备 4 620 名清洁维护人员、840 辆清洗水车，每年消耗水量可达 $3.99\times10^5m^3$。

国内许多光伏/光热电站采用人工定期清扫，工作效率较低，而且需要动用大量的人力，消耗大量的水资源[4,59]。在高海拔荒漠地区劳动力稀少而且成本高。随着光伏产业进一步发展和扩大，大面积的光伏阵列需要大量的人工进行清洁，在人力成本进一步提高的情况下，人工清洁维护光伏电站成为光伏电站运维的一大负担。因此，探索更加高效、更加节水的光伏阵列清洁技术成为当前光伏电站运维的关键问题。

2.2 半自动化清洁方式

半自动化清洁设备一般是指在机动车辆上搭载清洁设备或者将机动车辆进行改装[55]，

① 资料来源：https://www.sohu.com/a/342239988_267106。

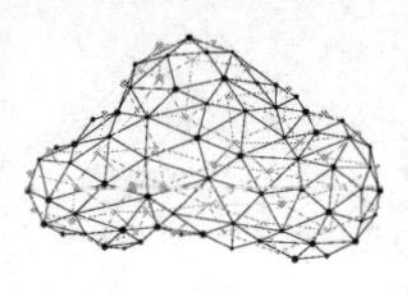

同时也包括类似滴灌技术的喷淋清洗技术等。

2.2.1 固定管道式清洁方式

受到农田滴水灌溉的启发，在水资源丰富、地质条件较好的地区，可以把输水管道铺设在光伏电站内部，走向和布局可依据光伏阵列的布局来定。在需要清洗时，可将水管接头打开，对管道附近的组件进行清洗[58]。

青海某20MW光伏电站采用固定式清洁方式，即用软管接有压力的水进行冲洗。在电站内每隔6或7排光伏阵列，在其通道内设置给水栓，考虑冬季温度较低，给水栓为地下栓室内布置。给水栓处设置截止阀和固定水带接口。单个给水栓水量为$2.52m^3/h$，水压为0.1MPa。站内设冲洗水池一座，供水量相当于使用一个给水栓8h的水量，经过潜水泵加压后送往各个给水栓[60]。图2.6所示为固定管道式喷淋的一个实例[56]。这种喷淋方式适用于环境较好、水量充足的地区，或者分布式的屋顶电站等。由于喷淋式水压不会很大，所以对难以清洁的污垢清理作用较差。喷淋方式的优势在于，夏季电池板温度较高，通过喷淋可以起到除尘和降温的作用，可提高光电转换效率。

图2.6　固定管道式喷淋实例

这种方法有很大的局限性，首先管道铺设在光伏电站内部专门施工，对已建好电站来说施工难度大，而且施工成本较高。同时管道本身的使用寿命能否与光伏电站达到一致也是问题，而且使用人工排布管道，需要人力也较多。当然可以进一步采用类似滴灌的技术，在阵列上端的支架处安装电磁阀控制或PLC（Programmable Logic Controller，可编程逻辑控制器）控制的喷头，实现自动定时清洁，减少人力资源，但施工成本和清洁设备寿命都存在很大限制。图2.7所示为一种PLC控制的微水清洁系统[61]。这种所谓的微水清洁，实际上是通过PLC控制来节约水资源，本质上并没有改善用水的量。尽管

用蓄水池存储雨水经净化再利用，但实际上荒漠地区的雨水量很小，对清洁光伏组件起到的作用很小。综上，固定管道式清洁方式需要充足的水量，对于荒漠地区，修建大规模的蓄水池也是难点，因此难以大面积实施。

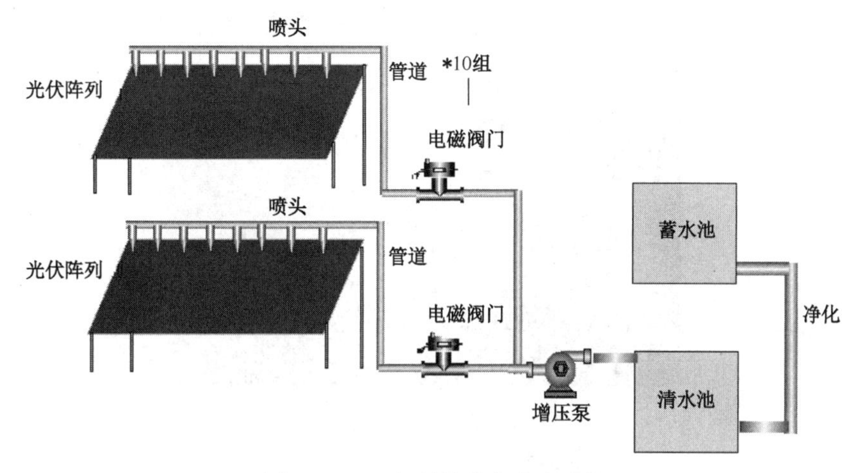

图 2.7 PLC 控制的微水清洁系统

2.2.2 各类机械化清洁车

人工清洁需要大量的人力资源，同时工作量繁重，清洁时间长。采用车辆、高压设备或其他自动清洁设备相结合的方式，对光伏电站进行清洁，不仅节省人力，也能提高清洁维护的效率。当前工人驾驶清洁车是光伏电站清洁维护的主要手段。

1. 射流式清洁车

与人工射流清洗类似，很容易联想到用洒水车将水运送到电站内部需要清洁的位置，然后利用搭载的高压清洗机对光伏组件进行清洗。一般清洁车采用带挂车的拖拉机车型，挂车可以分为带空压机和带水罐的挂车。图 2.8 所示为带水罐的射流清洁车①。

清洁车包括储水罐、水泵和摇臂，摇臂上设有喷头，操作人员在车内控制摇臂的动作、水泵和喷头的开关，对光伏组件进行清洁[60]。这种车辆通常要两个人配合，一个人驾驶，一个人在车上操作摇臂和水泵，实现清洁维护。为了实现大面积的清洁，喷头一般采

① 资料来源：http://ent.chinanews.com/sh/2018/02-12/8447608.shtml。

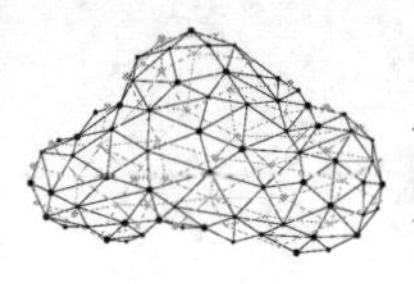

用并排式布局方式，而且喷嘴一般选择扇形喷嘴（也可选择圆柱形），其基本结构如图 2.9 所示[62]。喷嘴的个数可以根据光伏阵列的宽度来设计。这种人工控制方式的优点在于，操作人员可根据实际情况实时调控喷淋系统的高度，调整车辆速度和射流的强度、水量等，清洁效率较高。其缺点在于，操作人员体力消耗较大，而且冬天寒冷，操作人员很辛苦。目前这种清洁方式在青海格尔木和共和地区使用很广泛。

图 2.8　带水罐的射流清洁车

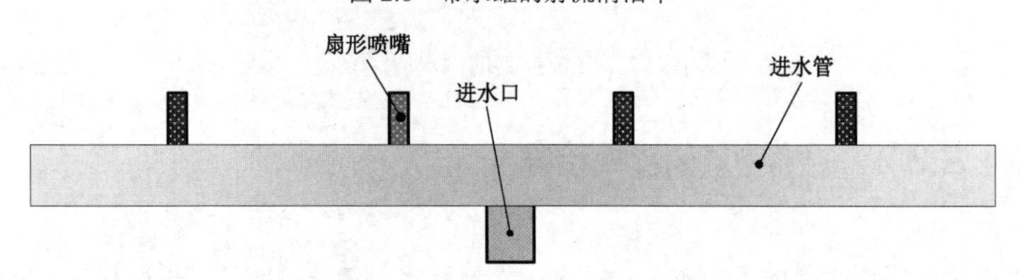

图 2.9　进水管及喷头布局结构

为了进一步提高工作效率，降低人力成本，提高操作人员的工作舒适度，对大型工程车辆进行改装，驾驶员调控与自动检测装置配合，实现光伏阵列的半自动化清洁维护。改造方法一般为，大型工程车辆搭载高压清洗机、水罐及改造的喷淋系统，对光伏组件进行清洗，如图 2.10 所示。这种方式与上述的人工调控清洁车最大的区别在于摇臂。工程车辆的液压或气动摇臂经过改造，在喷淋系统的前端安装有距离传感器，可以实现摇臂的自动提升和降低。自动调控摇臂清洗车大大降低了操作人员的工作量和劳动强度（严格来说操作人员就是司机，或者副驾驶上专门设置操作人员）。其用水量和车辆行驶速度，一方面根据操作人员的经验，另一方面也可以根据传感器反馈信号来调整。其缺点是，由于传感器的不稳定和信号延迟等原因，对地面形貌复杂情况的处理较为困难，容易造成喷淋系统对光伏阵列的破坏，甚至破坏支架系统。

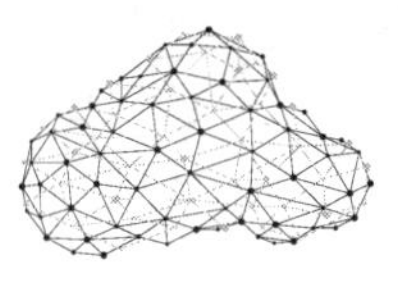

（a）射流清洁车 I

（b）射流清洁车 II

图 2.10　自动调控摇臂清洁车

无论是人工调控还是自动调控的清洁车，其用水量依然很大，本质上得不到改善，甚至比人工持水枪的方式更浪费水资源。而且喷淋面积大，更容易影响支架系统。对于跟踪式系统，对传动部件也会造成影响，尤其在喷淋过程中加入清洁试剂时，更容易造成传动部件的腐蚀或失效。但这种射流式清洁车是当前在光伏电站应用最为广泛、最为有效的清洁手段，尤其是人工调控清洁车。

2. 机械擦除与水流结合的清洁车

纯水流式清洗是比较有效的清洁方式，但浪费大量水资源，这对高海拔荒漠环境是很大挑战。纯机械式擦除很难清洁粘在电池板表面的污垢或鸟粪等。为了克服纯水射流的弊端，节约水资源，辊刷与水流相结合的方式成为光伏清洁的另一个趋势。

这类清洁车，也是基于工程车辆改造的，主体设备包括行走系统、动力系统、液压系统、遥控系统、机械臂系统、清洁辊刷六大系统。图 2.11 所示为北京安必信能源设备有限公司开发的一款光伏系统清洁车。从图中可以看到，巨大的清洁辊刷在机械臂的操控下对光伏组件表面进行清扫。辊刷干燥清洁的效果有限，需要有水的辅助，一般水起到润湿辊刷的作用，从而增大摩擦力，清洁效果较好。国内很多光伏电站和清洁公司都开发了与此类似的清洁车。

早在 2011 年，内蒙古神舟光伏电力有限公司与诺迈新能源科技有限公司研制了一种光伏组件清洁车，如图 2.12 所示[63]。该清洁车包括车身、水箱、辊刷、水管喷头等。车身上安装有罐式水箱，水箱接出粗细两排水管，先使用粗水管对待清洗的太阳能电池板进行清洗，再使用长形辊刷对电池板表面进行刷洗，最后使用细水管对太阳能电池板进行清洗。该款车型在 2013 年被应用到中国电力投资集团黄河水电公司格尔木200MW 并网光伏电站作业，该设备从国外引进，单人操作，配备一名供水人员，每天清洗4～4.5MW的电池板，效率是人工水枪冲洗的一倍以上[55]。该清洁车的①清洁效果较好，但依然需要大量的水和液态清洁剂来辅助作业[63]。清洁车前端的铲斗有整理地面的作用，适合运作于地面不平的戈壁。

图2.11 北京安必信能源设备有限公司开发的光伏系统清洁车

图2.12 内蒙古神舟光伏电力有限公司与其他公司合作开发的光伏组件清洁车

上述两种辊刷式清洁车清洁过程中必须定期更换辊刷，否则沾满污垢的辊刷不仅起不到清洁效果，还会带来二次污染。辊刷的结构一般由辊轴、辊套、刷丝、出水孔和驱动电机等组成，其基本结构如图 2.13 所示。辊轴在电机带动下转动，与电池板产生摩擦力，从而去除其表面灰尘。辊轴中间为空心，可以通入清洁水，通过出水孔来润湿刷丝，可以增加刷丝与电池板之间的摩擦力。而实际使用中，辊轴不带出水孔，由另外的水管在高压泵带动下先射流润湿电池板，再由辊刷清洁污垢。清洁效果的关键取决于两个因素，一是射流水的冲刷，二是刷丝的机械擦除作用。图 2.12 所示的清洁车，其高压射流水量很大，这是保证其清洁效果的关键。辊刷的擦拭，主要看刷丝的材质，以及辊轴转动的速度

① 资料来源：http://www.remightybj.com/case-info.asp?classID=1&id=16。

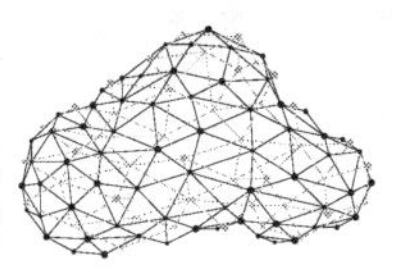

等因素。刷丝材质有很多，可以直接用海绵做成圆筒状，表面有一定纹路增强摩擦力。采用 EVA 发泡材料和尼龙丝，如图 2.14 所示。刷丝也有用棉布条的，或者是几种材料混合在一起。刷丝附着上水，质量很大，由辊轴带动。

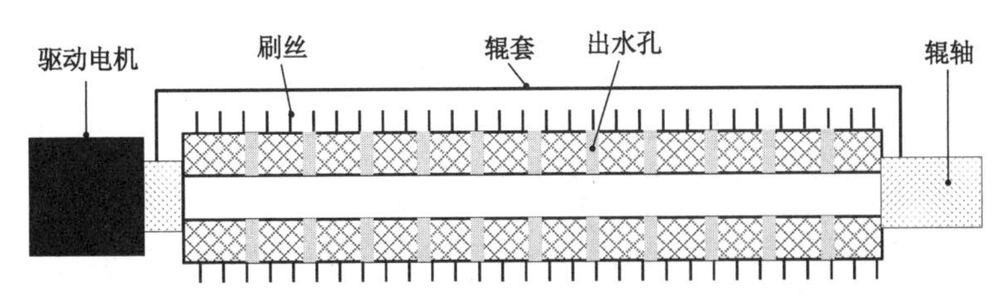

图 2.13 辊刷的基本结构

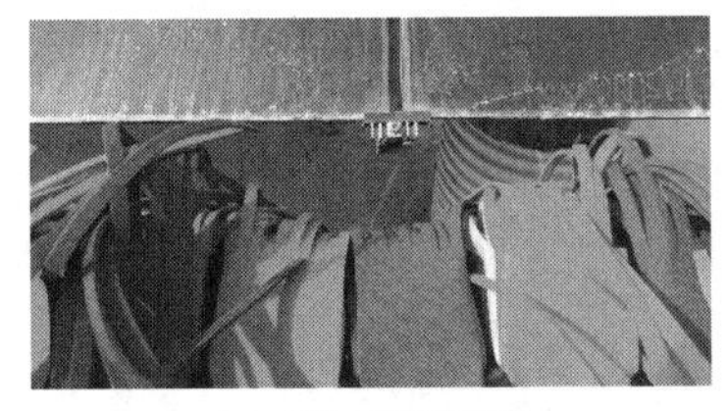

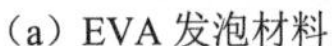
（a）EVA 发泡材料

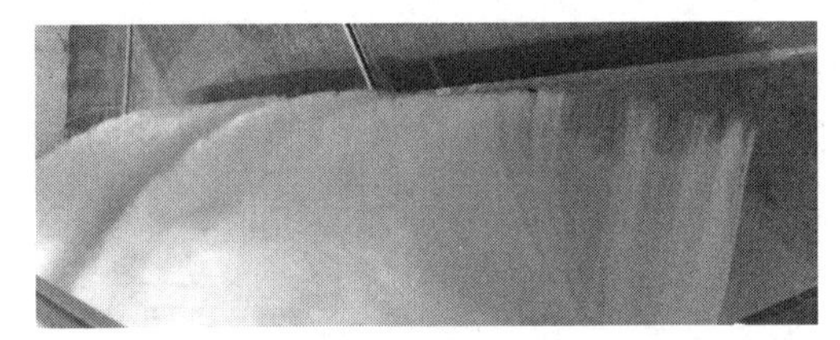

（b）尼龙丝

图 2.14 刷丝的材质

搭载盘式清洁刷对组件进行清洁也是常见的清洁方式。盘式清洁刷是将刷丝扎制于圆盘形基座上，通过高速转动将灰尘带起，最常见于城市路面清扫车，也被用在光伏组件表面的清洁，如图 2.15 所示。相较于辊刷，盘式清洁刷由于中间有间隙，会造成清洁效果一致性差。2.3.2 节介绍的光伏阵列表面爬行机器人，使用盘式刷与条形刷相结合，则可部分保证清洁效果。另外，兰州理工大学也开发了一种皮带刷与带吸尘效果的除尘刷，但由于皮带震动导致压缩量波动，影响除尘效率[64]。

图 2.15 搭载盘式清洁刷的清洁车

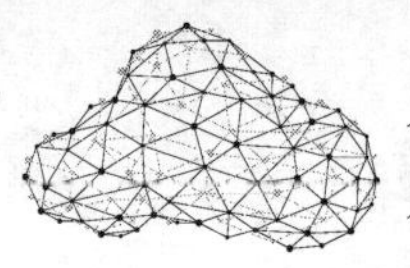

从图 2.11 和图 2.12 可以看出，这两种清洁车不约而同地采用了履带移动，这主要是为了适应沙漠地区地面的复杂情况，甚至还加了铲斗对地面进行平整。而图 2-10 所示的射流清洁车则采用轮式的，这是因为可以加长水管长度或前端摇臂的长度来适应稍远的阵列。机械擦除需要与电池板接触，限于机械臂的长度，需要清洁车进入到阵列中间去，这就受到光伏阵列横向和纵向间距的限制。车辆尺寸必须能够在阵列之间穿行，尽管有些辊刷可以通过传感器感知与电池板的力度，但由于地面不平会导致阵列表面清洁效果不一致，甚至出现意外状况，如辊刷对电池板造成损伤（即使不损伤，也容易造成光伏组件表面的隐裂伤害），甚至损伤支架。

这类清洁车集机械擦除和水射流的双重功能，固然能够提供更好的清洁效果。但辊刷在清洁过程中不断吸附灰尘，与水混合后会导致二次污染电池板，影响后面的清洁效果，因此必须及时更新干净辊刷，保证整个清洁过程的清洁效果。而更换辊刷需要人工更换，难度很大。因为为了适应电池板阵列的宽度，辊刷长度需要达 4～8m，甚至更长，附着水分的辊刷质量约 40～150kg，若是用钢材制造则质量更大，更换一次需要很长时间，而且辊刷成本较高，清洗起来也较困难。总体上说，这类清洁机构的智能化程度较低，无法自动感知环境和光伏组件上灰尘的覆盖程度，且体积较为庞大，作业时不够灵活。

水在光伏阵列清洁中有着不可替代的作用，但也影响着清洁成本和效果。在保证高效清洁的条件下，如何减少水资源消耗，提高清洁机构的智能化水平成为光伏阵列清洁的方向和研究热点。普遍做法有两种，一是通过提升硬件和软件条件，达到减少用水量的目的；二是改善清洁效果，延长清洁周期。但从根本上解决问题就是改善射流清洁工艺，通过干式清洁方式达到射流清洁效果。

3. 干式清洁车

射流冲洗、“机械擦除+射流”无疑在清洁效果和清洁效率方面是卓有成效的。尤其射流方式是当前光伏阵列的主要清洁方式，但严重的水资源消耗，以及高海拔荒漠地区严重缺水的现状，使得这种方式不具备可持续性。“机械擦除+射流”的弊端在于消耗大量水资源和易产生二次污染。针对这些弊端，“机械擦除+气流”或“射流+气流”的工艺方式被考虑。

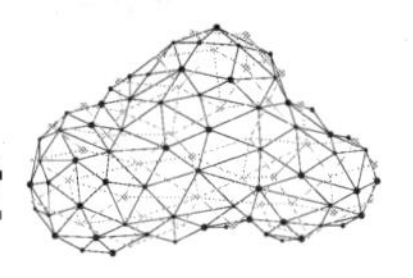

利用高压气流对太阳能电池板阵列进行除尘的想法很早就被提出，但是由于纯气流清除灰尘的效果不好而被搁置。后改进为先用机械擦除灰尘，再利用气流清除浮尘的方式，达到光伏阵列组件的清洁要求，这种方式一方面避免了水资源消耗，也能一定程度上解决灰尘附着辊刷导致二次污染的问题。

青岛昱臣智能机器人有限公司在 2014 年第八届国际光伏联盟 CEO 高峰论坛上展出了一款智能化无水光伏电站清洁车，如图 2.16 所示。该清洁车由底盘及行走机构、多自由度液压机器臂、清洁末端执行器系统等部分组成，实现了无水清洁、高度自动化等特色功能。采用独特的增压发动机，可在温度 –30℃～50℃、海拔 3 500m 以下的环境中正常工作，并具有冷启动装置；通过多种传感器及控制器的配合，实时检测并调整清洁功能部件的位置和姿态，能够适应颠簸不平的路面和参差不齐的光伏面板，响应速度快，动作平稳[65]；采用履带式行走，行走性能稳定、可靠，可连续工作 8 小时以上，正常清洁效率约 $8\,000\text{m}^2/\text{h}$，行走速度为 4～7km/h。其最大的特点是实现无水清洁，无二次扬尘污染，清洁效果佳①。

(a) 背面

(b) 正面

图 2.16　智能化无水光伏电站清洁车

针对高海拔荒漠地区节水需求，赵波等人开发了一种移动式光伏板积灰干式清洁车，主要包括牵引载车、干式清洗摆头、液压机械臂及其调节机构、光伏板防护机构等部件，其实物图如图 2.17 所示[66]。牵引载车采用大功率装载机，自带液压系统，并安装液压机械臂。牵引载车宽度小于 3m，可在光伏阵列间自由行进，可根据电站地面情况来选择采用履带或轮式结构。干式清洗摆头的清洗对象包括硬垢、浮尘和积雪。液压机械臂可实现

① 资料来源：http://js.ifeng.com/business/landmark/detail_2014_09/12/2906613_0.shtml。

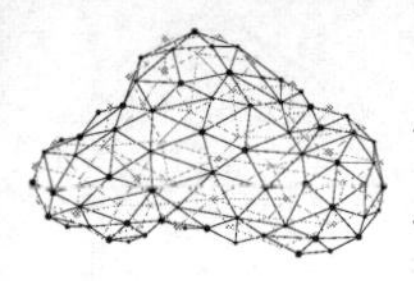

多自由度操作，依据光伏板的高度、倾角等参数自由调整清洗摆头。光伏板防护机构用于防止干式清洗摆头刮蹭组件表面，其底部与组件表面安全距离为20～25cm。根据牵引载车的尺寸，要求光伏电站地面基本平整，适合泥土、碎砾石等低级路面，无须修筑专用车道，光伏阵列间距为4.5m以上[66]。

图2.17 移动式光伏板积灰干式清洁车

干式清洗摆头采用旋转辊刷和真空吸尘组合清洁技术，其结构如图2.18所示。由液压马达驱动干式清洗摆头内的转轴旋转，摩擦清洗光伏组件上的硬垢、浮灰和积雪，细小颗粒无扬尘随着真空吸尘口在气压差作用下回收，经真空吸尘管道输送到除尘设备过滤分离，防止二次污染已清洁的光伏组件。干式清洗摆头具备积灰干式清洗和二次扬尘回收功能。同时，在摆头外罩底侧安装了3组测距探头，实时检测摆头与光伏组件表面的间距，以防止光伏组件表面刮擦现象。该清洁车在吉林省西部某光伏电站进行测试，测试效果良好[66]。

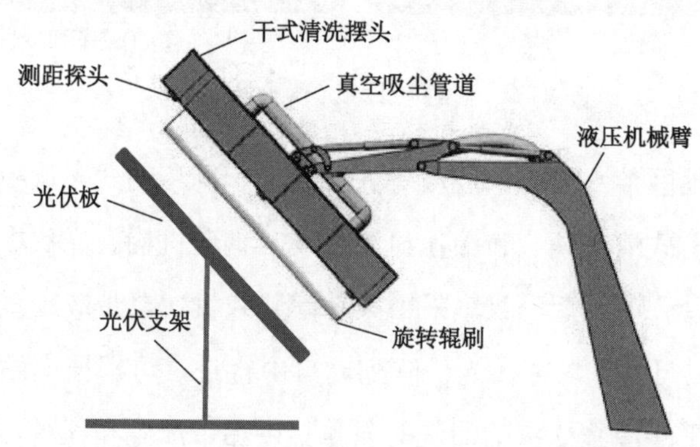

图2.18 干式清洁摆头的结构

上面介绍的两种无水清洁车，均是采用“机械擦除+气流”方式来实现光伏组件的清

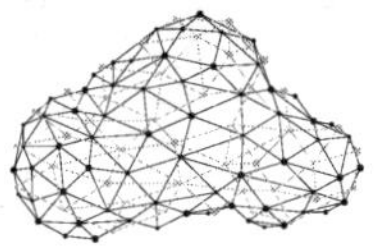

洁。从实际应用情况来看，这种方式依然处于测试阶段，没有形成大规模的实际应用。之所以没有广泛被应用，主要是清洁效果不理想，同时接触式擦拭容易对光伏组件造成隐裂或损伤。当然，成本也是一个问题，尽管节约了水资源，但改造工程车辆，尤其带有机械臂和履带的工程车辆成本很高，一般都在 30 万元以上，甚至达到 100 万元左右。

2.2.3 光热系统清洁车辆

对太阳能光热发电系统而言，光场反射镜镜面的洁净程度对于聚光效果影响很大，直接影响光热转换效率。但由于槽式、碟式等镜面形状不平整，形貌复杂，常规的清洁车辆无法完成清洁维护工作；而塔式定日镜场与双轴跟踪式光伏阵列类似，可以直接采用大型专用车辆进行清洁维护。

对槽式电站来说，采用改造的专业车辆清洁维护也包括射流、接触式（辊刷）、“射流+旋转刷”以及“射流+气流”等多种方式。市场上较常见的清洁车为“射流+旋转刷”和接触式辊刷清洁两种。反射镜清洗装置制造商 Albatros 展示了两款用于槽式镜面的光热系统清洁车，如图 2.19 所示①。从图 2.19（a）可以看出，该车辆采用“射流+机械擦除”的方法，机械擦除靠圆盘形旋转刷对槽式聚光器表面进行清洁；刷子整体形貌采用与槽式镜面一致的抛物面形，由上下两部分组成，可穿过集热管道，做到100%清洁镜面，清洁效率很高。而图 2.19（b）所示的清洁车则采用与抛物面形状相近的辊刷进行清洁，直接采用旋转辊刷对抛物面形镜面进行清洁维护，同样由两个清洁器构成，分别针对集热管道的上下两部分槽式镜面。

西班牙 ECILIMP Termosolar 公司则开发了一款清洁车，分成上下两部分，可以跨过集热管道对抛物面形镜面进行清洁，如图 2.20（a）所示。这款清洁车采用智能清洁算法，通过减少 25% 喷雾工具使用量（喷雾的平均用水量为 $0.65\text{L} / \text{m}^2$）和 35% 的刷子工具使用量（刷子的平均用水量为 $0.45\text{L} / \text{m}^2$），实现节水 25% 的目标。同时，这款清洁车还包括清洁集热管道的方案，可以对槽式光伏支架系统进行全方位的清洁维护。相对于光伏组件阵列，槽式镜面的清洁难度要大，需要控制好刷子的角度。除了以上两种清洁方式，

---

① 资料来源：http://www.cspfocus.cn/study/detail_52.htm?from=groupmessage&isappinstalled=0。

也有专利采用“射流+气流”方式对槽式光热系统进行清洁。

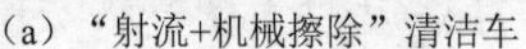

（a）“射流+机械擦除”清洁车　　（b）接触式清洁车

图 2.19　槽式光热系统清洁车示例

（a）槽式清洁车　　（b）塔式清洁车

图 2.20　槽式和塔式清洁车示例

而对于塔式光伏电站定日镜场的清洁维护，由于其表面较为平整，刷子角度控制更容易一些。只是相对于光伏阵列较为分散而且镜场高度较高，因此需要更大的清洁车。Albatros 也展示一款用于塔式定日镜场的清洁车，如图 2.21（a）所示。该款清洁车的清洁效率很高，报道称可以达到 2.5km / h 。图 2.21（b）所示为敦煌 100MW 熔盐塔式光热电站现场所使用的接触式清洁车①。这款清洁车与图 2.20（b）所示的由 ECILIMP Termosolar 开发的一款用于塔式定日镜场的圆盘式旋转刷清洁车相似。该款清洁车有两个版本，版本一为 4 轮驱动，水箱容量为 10L；版本二为 6 轮驱动，水箱容量为 15L。两个版本每次均可清洁 200 面以上的定日镜，并采用了一种智能清洁算法，可在清洁前根据清洁系数计算

① 资料来源：http://www.cspplaza.com/article-16457-1.html。

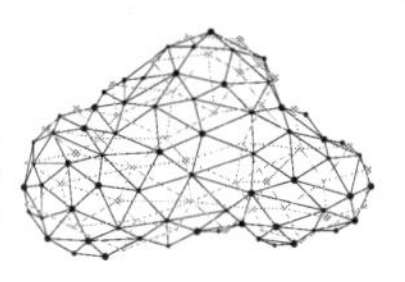

出所需的确切水量[①]。

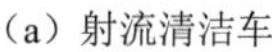

（a）射流清洁车

（b）接触式清洁车

图 2.21　塔式定日镜场清洁车辆示例

塔式定日镜场清洁与双轴跟踪式的光伏电站清洁类似。由于定日镜场规模较大，因此圆盘式旋转刷规模较固定场站光伏阵列清洁车控制的机械臂要更大一些，末端执行的射流喷头数和旋转圆盘数更多。无论是槽式还是塔式光热发电系统的清洁工作，尽管采用圆盘式旋转刷可以节约一定的水资源，但仍需消耗大量的水资源；当然，接触式的清洁方式对定日镜场和槽式聚光器会构成一定的危害，由于机械故障存在，易于导致镜面损坏。从 Albatros 展示的产品来看，清洁车操作较为方便，射流喷水、刷子位置控制、适应槽式形状等控制系统十分复杂，为了获得较高的安全性，刷子边缘可能还布置了若干力传感器或接触传感器，整体上清洁器适应性和智能程度较高。

中国船舶重工集团公司也成功研发出了适用于槽式和塔式的清洁车辆，如图 2.22 所示[②]。图 2.22（a）所示为槽式发电系统的清洁车，其外观与 ECILIMP Termosolar 开发的车辆很相似，上下两部分跨过集热管道，但细节上在邻近镜面边缘处缺少小型清洁刷。图 2.22（b）所示为采用射流和盘刷相结合的工艺对平面定日镜场进行清洁。这两款用于光热反射镜的清洗车，可有效提高反射镜的聚光效率。根据不同环境温度条件，清洁车可分别采用“预清洗+毛刷洗+喷淋清洗”和“毛刷干式刷洗+负压集尘”两种清洁工艺，高压水清洗压力为110bar，清洁速度在 2～5km / h 间可调，清洁效率为 97%～98%（相对值），整机功率为 220.65～294.2kW。整车集成先进的车辆缓行/正常行走传动系统、

① 资料来源：http://www.cspplaza.com/article-13541-1.html。

② 资料来源：https://www.sohu.com/a/254729798_734062。

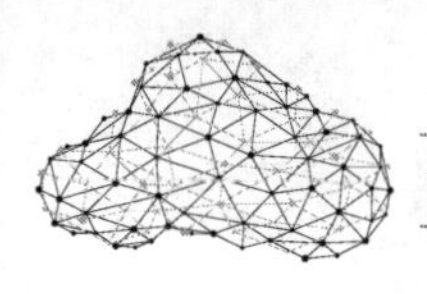

负载敏感液压比例控制系统、智能驾驶及测量控制系统，具有清洗清理效率高、自动化程度高、节能效果好的特点。该清洁车成功中标首批光热示范项目之一——内蒙古乌拉特中旗导热油槽式100MW 光热发电项目。

（a）槽式清洁车

（b）塔式清洁车

图 2.22　中船重工开发的槽式和塔式清洁车

综合各类光伏阵列清洁车辆，一定程度上解决了需要大量人力的问题，也提高了清洁效率。但是，车辆进入阵列间自由行走、光伏阵列清洁效果一致性、清洁辊刷与电池板之间的安全接触，这 3 个问题需要进一步解决。随着光伏阵列安装规范的进一步提高，为了适应地貌，对清洁车在阵列间行走提出了更高的要求。

车辆移动方式由轮式向履带式发展，是对荒漠地形的适应，但对低矮丘陵地貌和沙陷地区依然无能为力。射流清洗的大面积应用很大程度上是因为清洁效果一致性较好，而辊刷清洁则失去了一致性，原因在于目前辊刷丝与电池板之间无接触力反馈，仅靠距离传感来反馈。同时，为了保持辊刷与电池板之间的安全接触，部分刷丝无法与电池板表面接触而导致清洁不一致。光伏阵列的安全也是需要考虑的，人工操作安全可靠，而当前的半自动化机械臂都无法做到安全可靠。建立刷丝与电池板表面的接触力反馈模型，结合距离和图像传感，进一步提高机械臂操作的智能化，必将使光伏清洁/清洗车辆的应用前景更加广阔。

2.3　全自动化清洁方式

从长远看，处于我国西北地区，尤其是高海拔荒漠地区的光伏电站，实施无人值守是必要的。一方面，光伏电站所处环境是荒漠，人烟稀少，不适于维护人员长期值守；另一方面，光伏电站日常运行可以通过远程图像进行监测，而电站发电数据亦可通过远程传

输。维护人员定期检修就可实现值守，前提是光伏阵列清洁维护也需要实现自动化、智能化。从这一需求出发，光伏清洁机构的自动化、智能化是必须的。

前面叙述的众多清洁方式，都是针对光伏系统，而且一般针对倾角固定安装方式的光伏电站。而对于双轴跟踪的聚光系统、光热系统的清洁鲜有报道。尤其是采用“机械擦除+射流/气流”方式的大型清洁车辆几乎不能在双轴跟踪的光伏/光热发电系统的清洁上起到作用，因为很容易与处在运动中的支架系统发生干涉。而槽式、碟式、太阳帆等组件表面更是复杂，因此如何适应这些多样的、分散的、跟踪式的光伏/光热系统的清洁要求，也成为新型清洁工具研发的一个方向。除了自动化、智能化之外，还需要小型化、轻量化和复杂曲面适应能力，机器人清洁成为首选。

2.3.1 依托支架运行的清洁机器人

开发小型轻量化的清洁机构，从光伏电站投入运行的那一刻就被考虑。与电池板相类似的汽车前玻璃，利用雨刮器来清洁，那么倾斜的光伏阵列也可以采取类似结构，其基本原理如图 2.23 所示。刮刷在摇臂的带动下沿阵列横向进行清洁，一般摇臂通过电动马达或液压机来驱动，其中间也可以通入水或清洁试剂进行辅助清洁。刮刷可以是毛刷、刮板、辊刷，或者组合式。这种方式需要在支架旁或阵列间搭建摇臂机构，如果需要水源，则还需要连接管道，施工还是较为复杂的。刮刷和摇臂尺寸固定的情况下其清洁范围较窄，而整体机构的成本较高，因此难以在大规模的光伏电站推广。

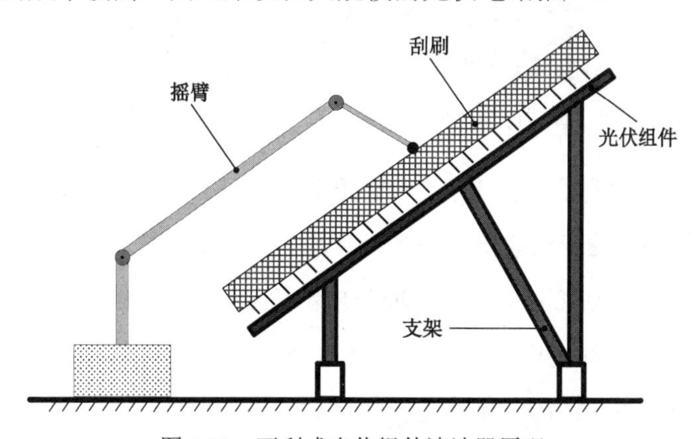

图 2.23　雨刮式光伏组件清洁器原理

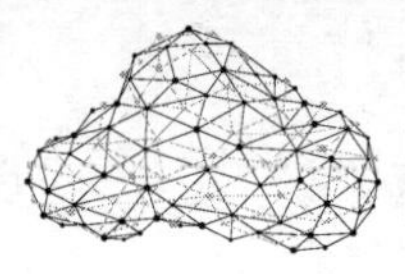

从施工现场看，光伏支架是很好的利用条件，对支架进行改造即可实现清洁机构的运动和清扫。很多企业和高校对依托支架运行的清洁机器人进行了研究，其关键是对支架进行改造，或者直接利用支架，使清洁机器人在组件阵列表面运动。这类机器人的主要构成包括移动机构、清洁机构、导轨和控制系统等。按照移动机构与清洁机构运动方向的关系大致上可以分为两大类，即移动机构与清洁机构运动方向一致（简称横向清洁机器人）和移动机构与清洁机构运动方向垂直（简称纵向清洁机器人）。

1. 横向清洁机器人

横向清洁机器人的移动机构与清洁机构运动方向一致，是指清洁机构和移动机构都沿着阵列长度方向上运动，其基本结构如图 2.24 所示。通常移动机构在安装于光伏支架上的导轨上运动，清洁机构固定在移动机构的框架上。有的采用被动清洁，即移动结构在电机带动下向前运动时，清洁机构（装有毛刷、刮板等）与电池板产生滑动摩擦，实现对电池板的清扫。还有的采用主动清洁，即清洁机构除了与电池板产生滑动摩擦外，也在电机带动下发生转动，通过滚动摩擦切削组件表面灰尘，实现对电池板的清扫。

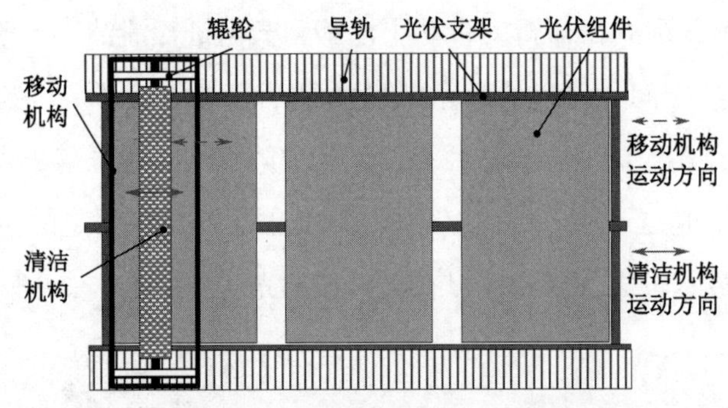

图 2.24　移动机构与清洁机构运动方向一致的清洁机器人结构

图 2.25 所示为新疆大学研制的一款依托支架运行的机器人的结构，采用主动清洁机制[67,68]。其清洁机构为尼龙滚筒刷，在电机带动下高速旋转清除灰尘。其移动机构的传动系统包括传动轴、前后立轮（其轮子平面与电池板表面垂直）、前后平轮（其轮子平面与电池板表面平行）和驱动电机[67]。其中平轮卡在安装于支架上的导轨上，起平衡稳定作用，立轮沿组件边缘滚动，起支撑行走作用。

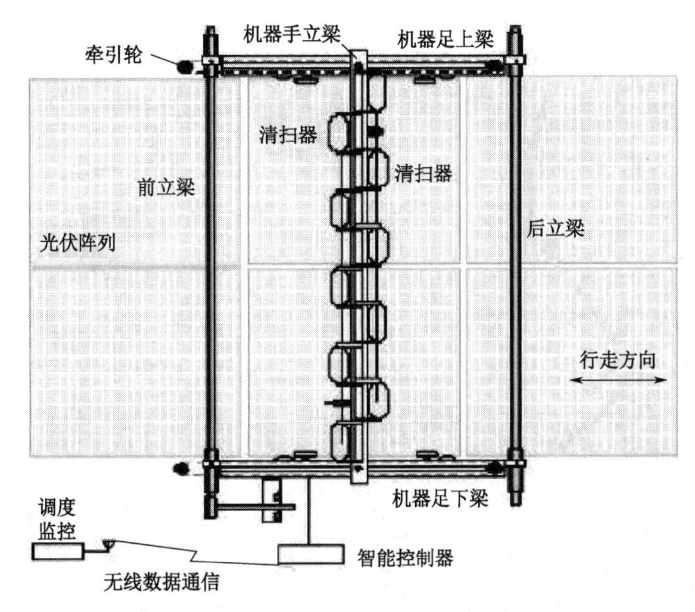

图 2.25　主动清洁式依托支架运行机器人结构

为了结合主动清洁和被动清洁的效果，河北工业大学研制了一款平刷、辊刷、转刷共同作用的机器人，其结构如图 2.26 所示[63]。这套机构的特别之处在于采用平刷、辊刷和转刷 3 种刷子相结合，其中平刷跟随行走机构被动去除阵列表面的毫米级浮尘颗粒，辊刷通过齿轮由行走电机带动，用于去除微米级浮尘颗粒，转刷则由专门电机带动，专门去除鸟粪、硬污垢等难去除的尘垢。行走机构靠上下各两个平轮来卡住行进[63]。

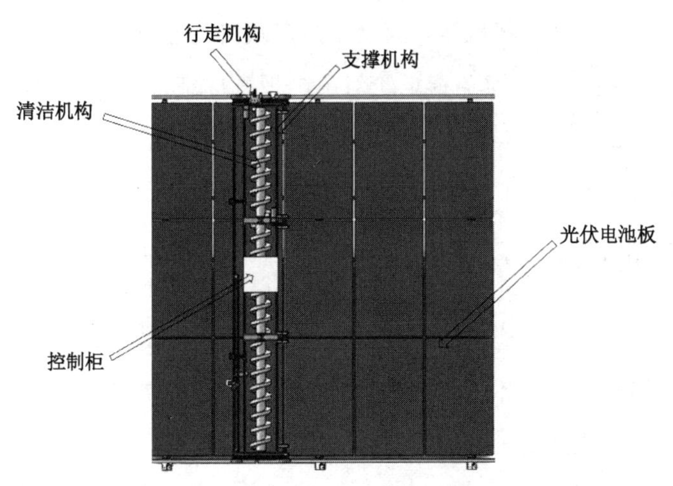

图 2.26　主动和被动结合的依托支架机器人结构

与上述机器人类似的商用产品有很多，图 2.27 列举了 3 种商用的导轨式横向清洁机器人。从中可以看出，3 种机器人都采用电池板发电作为能源补给，通常机器人本身自带蓄电池，由电池板发电补充能量。从图 2.27（a）中可以清晰地看出，导轨安装在光伏支架上，机器人采用轮式沿导轨行走，为了适应阵列之间的间距，在两阵列间安装支架。从图 2.27（b）中可以看到，在阵列一端装有机器人停靠位置，供机器人不工作时停靠。按照一般规格电池板计算，这种机器人的长度与阵列宽度相等，则至少要4m，而对于6m甚至更宽的阵列，仅依靠两边导轨支撑，有些困难，中间位置也要加支撑轮。

（a）实例 I

（b）实例 II

（c）实例 III

图 2.27　3 种商用的横向清洁机器人实例

笔者所在课题组在 2013 年也研制了一种依托支架系统的清洁机器人。其主要特点在于不用额外安装导轨，利用挂轮将机器人挂在光伏组件边缘，其结构如图 2.28 所示。其中，主动挂轮和从动挂轮用于将机器人固定悬挂在倾斜的电池板表面，而主动轮和从动轮则起到支撑和行走作用。为了避免行走轮对电池板表面造成隐裂，轮毂上套一层软橡胶套。清洁机构采用平刷和转刷混合方式。这种无轨道的清洁机器人最大的问题是，运行平稳性完全取决于光伏支架的规范性，容易造成脱落阵列的危险。

2. 纵向清洁机器人

纵向清洁机器人的移动机构与清洁机构运动方向垂直，是指清洁机构和移动机构都沿着阵列宽度方向上运动，其基本结构如图 2.29 所示。这种结构最主要的特点是，移动机构的框架上一般装有导轨或链条机构。当移动机构停靠在某一位置时，清洁机构可沿着阵列宽度方向上运动，对电池板阵列表面进行清洁，而且均采用主动式，即有单独的液压马

达或电动机带动清洁机构进行除尘。清洁工艺上，也可以采用平刷、辊刷和转刷对灰尘进行破坏。行走机构依然需要依靠安装在电池板上的导轨运动。

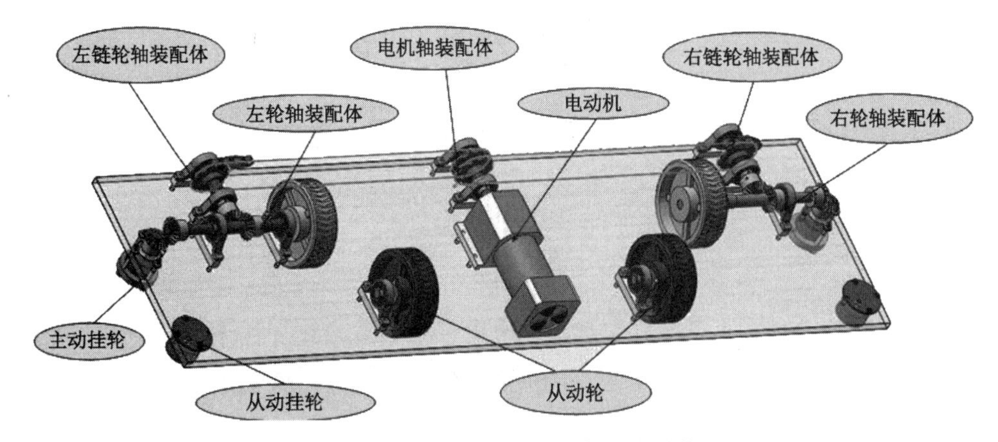

图 2.28 挂轮式无轨道清洁机器人结构

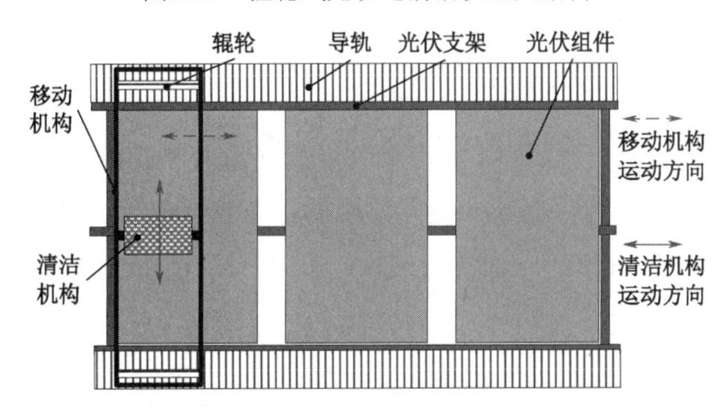

图 2.29 移动机构与清洁机构运动方向垂直的清洁机器人结构

以本课题组开发的移动机构与清洁机构运动方向垂直的清洁机器人为例，来说明其基本结构，如图 2.30 所示。该机器人主要包括横向行走装置、升降装置和污垢擦除装置。横向行走装置安装在太阳能电池板上，固定连接电池板污垢擦除装置和升降装置；升降装置安装在横向行走装置框架的横向铝型材上；污垢擦除装置是以两个辊刷作为主要的除尘工具，通过辊刷压条、辊刷轴等固定在污垢擦除装置的纵向铝型材料框架上。通过高速电机驱动辊刷旋转，卷扬机带动污垢擦除装置沿着电池板上下升降进行单个电池板清洁工作，低速电机带动横向行走装置及污垢擦除装置沿着电池板阵列方向横向平移进行电池板阵列的清洁工作。该系统结构简单，成本低，效率高，且不会影响现有太阳能电池板阵列设计及安装，不会损坏太阳能电池板表面材料，既可实现大范围清洁，又具有辅助除霜冻

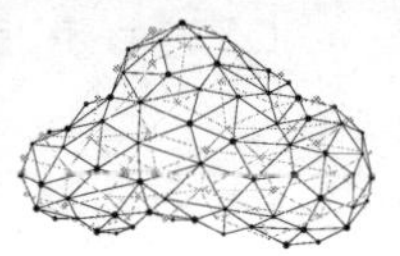

和冰雪的功能，能够提高太阳能电池板的发电效率。

图 2.30　移动机构与清洁机构运动方向垂直的清洁机器人实例

由于清洁机构不受行走机构约束，因此可根据灰尘多少来调节移动机构的停留时间和清洁机构的清洁时间。在机构前端安装灰尘检测传感器，通过反馈信号来调整机器人的清洁效率；在条件允许的情况下，润湿清洁机构，清洁效果更佳，但也存在二次污染的弊端。通过光照传感器、红外温度传感器等信号反馈，在对机器人清洁工艺进行优化的基础上，也可以实现机器人的智能化操作[69]。

这种类型的机器人最早商用的是以色列于 2014 年投入 Ketura Sun 光伏电站的 Ecoppia E4，如图 2.31（a）所示。清洁机器人投入使用后，每晚都会有约 100 个机器人对太阳能设备进行清理，保证这些设备能够高效运转。Ecoppia E4 有独立的供能系统，它们被装载在太阳能板一旁移动的框架上，能在太阳能板上来回移动。据报道，Ecoppia E4 所使用的鼓风机和超细纤维旋转电刷能够清理太阳能设备上 99% 的灰尘。另外，Ecoppia E4 在清洁过程中不需要用到水，它们的主要能量来源是自身的太阳能补给系统，这样也保证了在缺水的沙漠地区它们能够持续运转①。

（a）Ecoppia E4

（b）框架式无水清洁机器人

（c）可通水机器人

图 2.31　3 种商用的纵向清洁机器人实例

① 资料来源：https://www.cnbeta.com/articles/tech/278953.htm

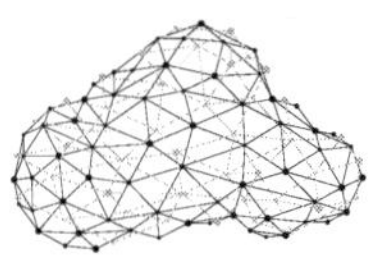

图 2.31（b）所示为国内某公司开发的一款框架式无水清洁机器人。该款机器人自带储能，无须提供外部电源，无水清洁，运行频次可自由设定，根据场区环境定期清洁，智能化水平较高①。图 2.31（c）所示为日本开发的一款机器人，从图中可以明显看出该款机器人可通水②。通水润湿带来的问题是要有移动的水源，这样虽然具有较好的清洁效果，但不利于大面积光伏阵列的清洁。

纵向清洁机器人相对于横向清洁机器人，由于清洁机构与移动机构完全分离，其传动机构要简化很多。而控制系统也可采用清洁与移动的思想，对行走速度和清洁速度进行分离控制，易于实现智能控制。从大面积应用角度看，依靠支架系统的清洁机器人首选无水清洁方式，一方面通水清洁的移动水源难以解决，另一方面沾水的毛刷或棉刷表面易聚集灰尘，对后面组件形成二次污染。

当前，这类依靠支架系统的清洁机器人已经大规模投入试用阶段，但没有大面积应用，原因有 3 个方面。一是在支架上安装导轨机构的成本和寿命问题，安装导轨是有一定施工难度的，并且导轨规格必须满足光伏组件寿命需求，其材料成本也很高。二是清洁机器人本身的成本也很可观，大规模投入使用，以 20KW 为一组安装一个机器人，需要安装 5 000 个机器人，每个机器人成本在 5 000～10 000 元，一次性投入还是很大的，再加上耗材损耗，其成本较高，同时机器人寿命是否能与光伏阵列一致也考验着其应用的推广。三是清洁效果的问题，这是最根本的问题。如前所述，大规模应用需要采用无水清洁方式，但无水清洁很难达到光伏组件的清洁要求，同时这种干式摩擦对光伏组件表面会形成一定的硬划痕，这种硬划痕易于造成光线聚集而导致局部热斑现象。

从现场反馈看，这类光伏清洁机器人的故障率很高，而且由于智能水平不高，依然需要人工维护。进一步完善机器人的传感反馈系统，增加自我更换清洁部件的能力（目前尚没有企业声称可生产具有自动更换清洁部件功能的机器人），提高机器人智能化水平仍需一段时间。干式清洁效果差，从机器人结构和控制上是无法得到解决的，而需要深入了解灰尘性质、与电池板黏结机理，改善清洁工艺，这也是将在第 3 章、第 4 章要讨论的内容。

这类机器人经过改造，搭载热斑检测仪器，可以实现光伏电站的自动巡检[70]，做到日

---

① 资料来源：https://www.sm160.com/8220711。

② 资料来源：http://pv.ally.net.cn/html/2017/new_0122/37431.html。

常清洁与检测维护相统一。这里讨论的依靠支架的清洁机器人，完全适用于倾角固定的光伏阵列，但对需要跟踪阳光的聚光、光热发电系统完全没有办法，尤其是对槽式、碟式这一类表面形貌复杂的镜面结构。更加小型、灵活的爬壁机器人一定程度上能够适应形式多样的光伏/光热发电系统的清洁需求。

2.3.2 阵列表面爬行机器人

依托支架运动的清洁机器人，充其量也就是一个固定机构，不具备自主移动的能力，很难称得上是真正的机器人。而我们知道，“窗宝”系列擦玻璃机器人已经走进千家万户，成为高层住户擦玻璃的利器，而“地宝”系列扫地机器人更是成为很多家庭的清洁伙伴。不难想到，倾斜的光伏阵列表面，也可以采用类似“窗宝”的机器人进行清扫，甚至说在竖直玻璃上爬行比在倾斜光伏平面上更困难。

要想让机器人在倾斜的光伏阵列表面自由移动，则需要机器人具有自锁功能和吸附功能。安徽工程大学与芜湖安普机器人公司研发了一款能在光伏面板上稳定行走并可对光伏组件阵列进行无水清扫的正三角形机器人，其行走机构采用三轮布局结构，如图 2.32（a）所示。该款机器人由三轮组成呈正三角形分布，利用轮子自锁角度，实现机器人在光伏阵列表面稳定行走，可跨越 2cm 间距的缝隙，其实物如图 2.32（b）所示[71]。这种自锁机构，很难实现在倾斜平面平稳运动，加上清洁摩擦力，容易从阵列表面脱落。

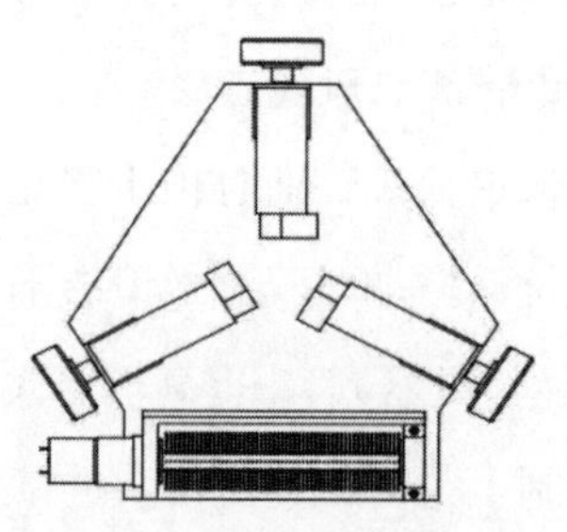
（a）正三角形行走机构结构

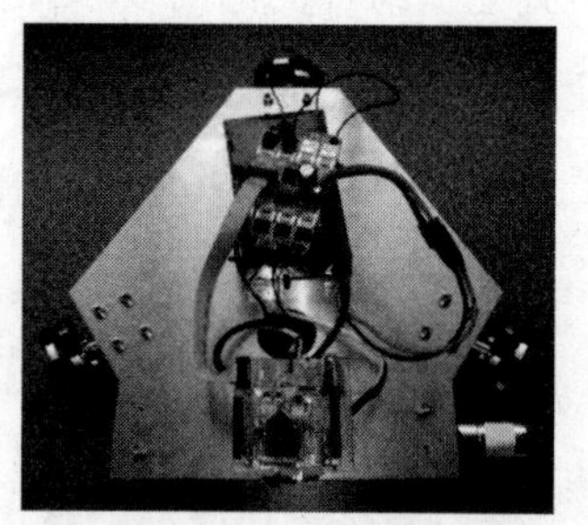
（b）正三角形行走机构实物

图 2.32　正三角形无水清洁机器人

南京工业大学提出了一种依靠吸盘吸附、履带式驱动的光伏清洁机器人，其单侧机构的结构如图 2.33（a）所示。履带式行走机构在清洁机器人行驶过程中，与光伏组件表面

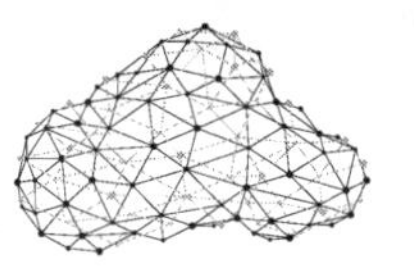

接触部分的吸盘能紧紧吸附在工作平面上。驱动链轮对履带节施加一个切向作用力，履带节给驱动链轮一个反向作用力，克服自身重力和履带节与滑轨之间摩擦阻力时，就会推动机器人向前行驶。行走履带共有32个吸盘履带节，其实物如图2.33（b）所示[72]。

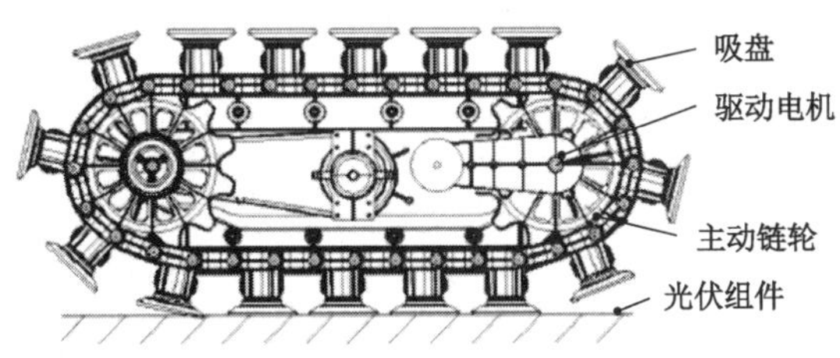

（a）履带式吸盘行走机构结构

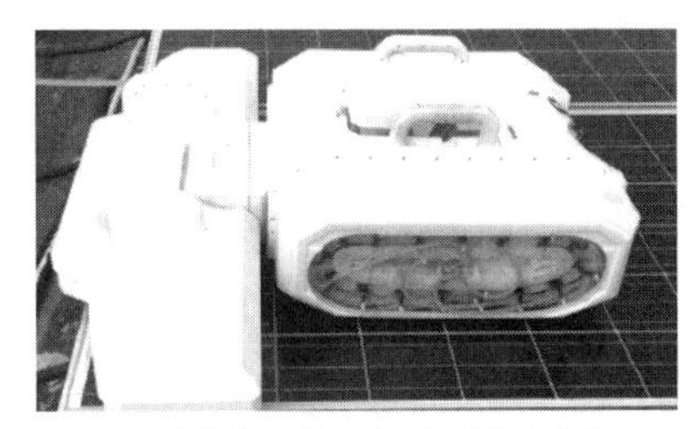

（b）履带式吸盘光伏清洁机器人实物

图2.33　履带式吸盘光伏清洁机器人

目前商业化的光伏清洁机器人多采用吸盘式结构，保证可以吸附在电池板平面。2013年，日本Miraikikai公司就成功研制了全球首个带太阳能电池板的无水清扫机器人。该款机器人长约72cm，宽约43cm，高约22cm，重约11kg，可以连续清洁2个小时[73]。日本Sinfonia公司开发了一款类似Roomba①的光伏阵列清扫机器人Resola，如图2.34（a）所示②。该款清洁机器人目前针对的是与地面成5°～20°倾角的单/多晶硅太阳能电池组件系统，这很难适应高海拔荒漠地区倾角约为30°～70°的光伏电站阵列系统。它使用水自动清理组件阵列表面，并装有自动导航系统和红外传感器，因此可按照设定的路线运动，不会从面板上掉落。

（a）日本Sinfonia公司开发的Resola

（b）科沃斯公司开发的锐宝

图2.34　国内外两款类“地宝”光伏清洁机器人

① Roomba是美国iRobot公司开发的一款家用清扫机器人。

② 资料来源：http://dq.shejis.com/hyzx/hygc/201501/article_129424.html。

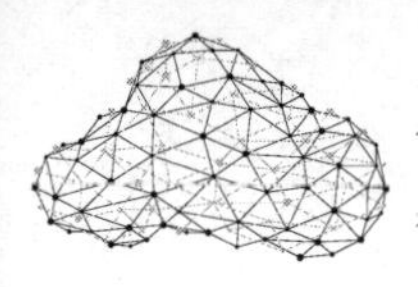

科沃斯公司也自主研发了一款太阳能电池板清洁机器人锐宝（RAYBOT），可实现自动升缩式地无水清扫。当放置在太阳能电池板上时，锐宝机器人能够自主行走、自主清洁，跨越最大3cm间隙并自动规划路线。内置真空泵，底部吸盘设计能使锐宝机器人安全地吸附在最大安装角度达到70°的太阳能电池板上。独特的伸缩式行走，自动升降式滚刷高速清扫，高效无刷电机强劲吸尘，吹、扫、吸同步完成，能去除太阳能电池板99%的表面积尘①。

锐宝机器人底部吸盘采用柔软硅胶材质，爬行不留痕迹，不伤害电池组件，如图2.35（a）所示。前端安装感知边缘的传感器，能自动识别阵列边缘，清洁系统能实现吹、扫、吸3种方式清洁，并配置专用尘桶，自动收集灰尘并存储，清除扬尘避免二次污染。锐宝机器人可通过ZigBee实现通信，远程遥控，其手持遥控器如图2.35（b）所示。用户能够用一台手持遥控器控制12台机器人，一台机器人每小时可清洁35块标准光伏组件，一天可清洁3 500m^{2}的电池板阵列。当机器人在工作中有异常时，手持遥控器会立刻显示相应的异常信息，也可以通过App远程指挥机器人完成清洁动作②。

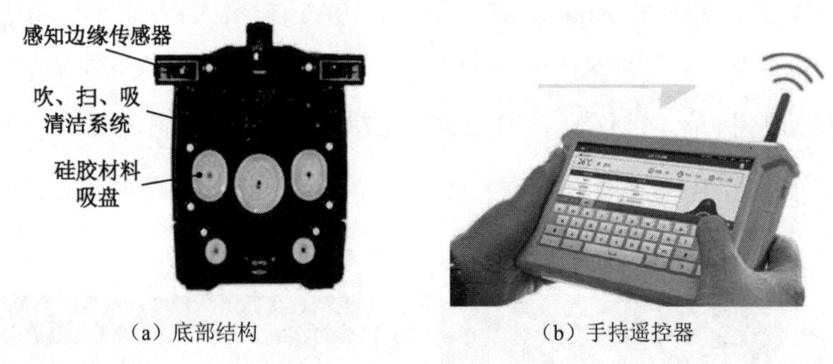

（a）底部结构　　（b）手持遥控器

图2.35　锐宝机器人部件

2017年12月份，科沃斯公司与山西某光伏电站签署了首期工程规模为10MW的清洁运维合作协议，工作首日10台锐宝机器人完成了1 400块光伏组件的清洁工作，如图2.35所示③。相对于山西地区，高海拔荒漠地区环境更为恶劣，每年清洗频次要高很多。因此，锐宝这类机器人能否经受更加严酷环境的考验，适应更大规模光伏电站等问

① 资料来源：https://www.sohu.com/a/50145603_119026。

② 资料来源：http://bbs.ecovacs.cn/thread-101550-1-1.html。

③ 资料来源：https://family.pconline.com.cn/873/8730826.html。

题，需要进一步探索。

图 2.36 锐宝机器人清洁维护现场

而对于角度可调的双轴跟踪式的光伏阵列、塔式定日镜场和菲涅耳镜场，清洁维护时可将平面调整为与地面平行的状态，可直接采用类似“地宝”的机器人对其清洁维护。由于光热系统的复杂性，小型便捷的清洁机器人可能是比大型清洁车更好的选择。市场报道有一种叫 Sener 的清洁机器人，如图 2.37 所示①。这种清洁机器人在清洁过程中需要将定日镜调整到平面状态，更类似地面清扫机器人。报道称，该机器人的优势在于高质量清洁、耗水量低及无人操作，尤其适用于非洲和南美洲等干旱地区。

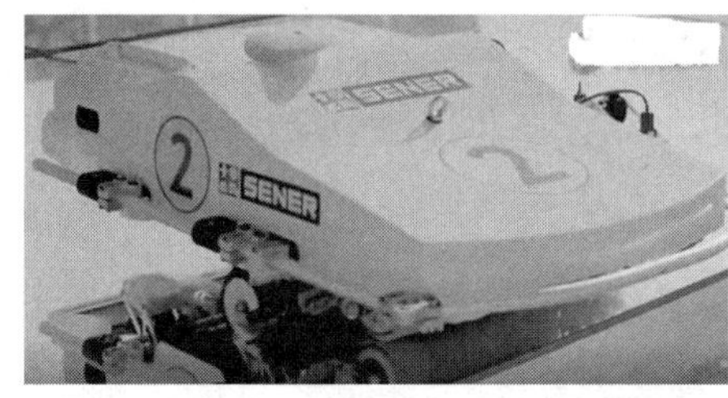

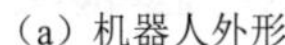

（a）机器人外形

（b）平面运动时实景

图 2.37 自动清洁塔式定日镜的 Sener 机器人

国内首批光热示范项目均在风沙天气多且水资源相对缺乏的西北地区，如柴达木盆地、敦煌等地，与美国、西班牙等地相比，镜面清洁频率更高，用水量更大。因此，中船重工针对槽式和菲涅耳反射镜开发了两款机器人，如图 2.38 所示②。图 2.38（a）所示为 AGV 智能清洁小车，它可根据不同环境温度条件，分别采用预清洗、毛刷洗、喷淋清洗及毛刷干式清理的清洗工艺，具有自动探测、导引及自动行走的功能，适用于菲涅耳式反

---

① 资料来源：http://www.cspplaza.com/article-6524-1.html。

② 资料来源：https://www.sohu.com/a/254729798_734062。

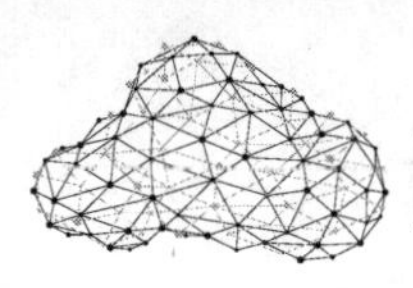

射镜面的清洗。图 2.38（b）所示的导轨桁架式机器人更适合于槽式光热电站，可通过在集热器两侧设置导轨，清洁机器人不用时置于集热器侧面，这样的设计不需要额外的清洁配套车辆，不但可以节约土地资源，且机器人移动通过“导轨+平台车”实现，清洁效率高、稳定性强，可进一步保证电站设施安全，同时还能避免清洁车辆行驶造成的扬尘，避免对镜面造成二次污染。

（a）AGV 智能清洁小车

（b）导轨桁架式机器人

图 2.38　国内两款针对槽式和菲涅耳反射镜的清洁机器人

阵列表面爬行机器人大多数还是处于试验或研制阶段（光热系统清洁机器人同样如此），尽管国内外有 Resola 和锐宝这样的成熟产品，但其清洁效率、清洁效果、清洁成本并没有详细的测算，难以适应光伏阵列的大规模和硬污垢的去除。目前，爬壁特种机器人适应各种各样诸如地面、墙壁、天花板等表面爬行，甚至在粗糙、有裂缝的墙壁上爬行[74]，因此，附着在倾斜电池板阵列上爬行对其清洁是完全可以胜任的。那么制约其应用的因素就主要在于成本和清洁效果上。而随着爬壁机器人技术的进一步成熟，环境适应能力的进一步提高，制造和维护成本的进一步下降，尤其是针对光伏清洁的零件和清洁试剂的研制，将大大提高小微型爬行清洁机器人的清洁效率，大大拓展其应用环境。

相较大型的清洁车辆和依靠支架运行的框架清洁机器人而言，阵列表面爬行机器人具有以下优势。

- 体积小，质量轻，可直接在倾斜或水平的光伏组件阵列表面工作，且对光伏电池板和支架系统的影响小。
- 运动灵活，可以适应各类光伏阵列和光热反射镜场，通过进一步小型化和表面适应性改造也可应用于某些光热发电的碟式、槽式和太阳帆式结构。

- 随着人工智能技术的发展，小微型机器人实现群控将可实现大规模场站的无人清洁（实际上，锐宝机器人已经具备群控能力）。

随着光伏/光热产业的持续发展，大规模地面光伏电站已发展至巅峰，而更多的光热电站则需要考虑如何清洁。如前所述，依托支架运动的清洁机器人、大型的半自动化清洁车都是针对地面光伏电站的，还没有更好的方案来清洁光热系统（目前依然是车载高压水枪清洗模式）。阵列表面爬行机器人拥有其他清洁机器人或清洁车所不具备的优势，就是小型化和灵活性，可以适应不同的光伏/光热应用场景，加上人工智能技术，必将成为光伏/光热产业发展的得力助手。

在未来，我们可以想象高效的智能清洁机器人独立在光伏电站服役，完成电池板的清洁维护和日常巡检，实现电站的无人值守，其大致的运维思路如图 2.39 所示。

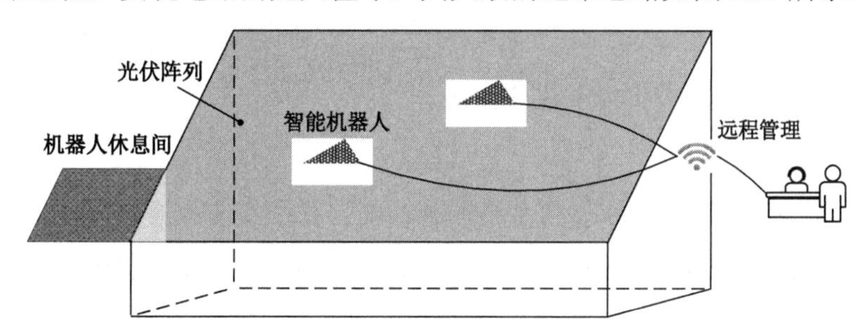

图 2.39 无人值守群控微型智能机器人运维思路

目前小型爬行机器人已经具备了清洁维护能力，通过安装红外、温度、图像等传感器对光伏阵列全面检测，应用上也已成熟，只要集成到清洁机器人，就可以实现机器人独立运维和无人值守。从机器人技术上看，还需要提高机器人运行的可靠性，明晰清洁和维护的评估参数和指标。相信不久的将来，我们会看到这样的机器人出现在光伏/光热电站。

从家政服务机器人的角度思考，机器人完全可以以另一种形式出现在光伏电站，即类似家政保姆机器人的光伏运维机器人工程师。这就要求机器人除具有上述传感能力之外，还需具备对光伏电站环境的感知能力，能够像专业人员一样进行信息交互和情景沟通能力，其所需要的关键技术如图 2.40 所示[75]。光伏运维机器人工程师具有更高的智能水平，具有独立思考、灵活使用各类工具，代替工程师值守光伏电站，这可能需要很长的时间，但也值得期待。

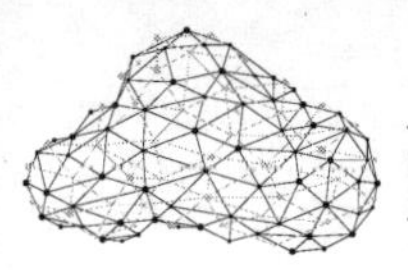

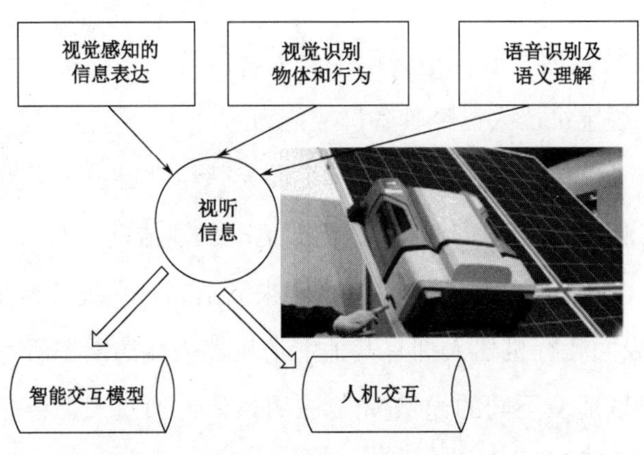

图 2.40　智能型光伏清洁机器人系统框架

2.4　组件清洁方式选择和自清洁技术

2.4.1　组件清洁方式选择

目前，人工清洁方式已经逐步退出，尤其在大规模地面场站清洁维护中。半自动化的清洁方式是当前电站的主流清洁维护方式，自动化的爬行机器人方兴未艾。那么，如何选择合适的清洁方式来维护电站呢？

综合考虑，组件清洁方式选择需要考虑制约条件、清洁费用、清洁周期和清洁效果 4 个方面[76]。光伏电站的清洁方式需要根据电站规模、环境、地形以及组件安装方式等情况进行选择。第 1 章主要讨论了组件安装方式对清洁方式的影响，除此之外，清洁方式选择还受到电站周边水资源、路面情况等条件制约，这直接影响到是否采用有水清洁系统，是否需要采用履带式车辆等。

清洁费用（C_{clean}）、清洁时间、清洗效益（P_{d}）三者之间是相互关联的，清洁费用要尽量低，清洁时间要尽量短，清洁效益尽可能高。一般来说，一个清洁周期内，清洁费用不应超过清洗效益的 20%，并且要做到三者之间的平衡，其需要满足式（2.1）：

$$\frac{1}{2}\cdot P_{\text{d}}\left(T-t\right)\cdot 20\% \geqslant C_{\text{clean}} \tag{2.1}$$

式中，T 为一个清洁周期；t 为清洁一次的时间；P_{d} 可通过灰尘遮蔽率、当日发电量及上网电价来估算。在电站实际运行过程中，应根据实际情况不断调整清洁周期的判断条件

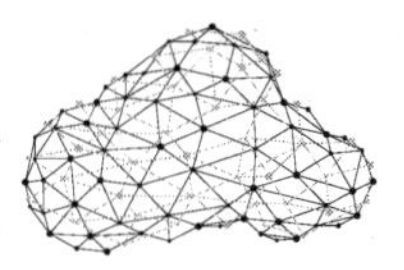

（根据灰尘的季节性、环境变化等），以实现最大效益[76]。如前所述，由于高海拔地区干燥、风沙大的气候条件导致电站组件表面积灰严重，及时有效的清洁维护可将年发电量提高约8%～12%。因此，合理地选择光伏组件清洁方式和工具，对最大限度地发挥电站效能，提高企业收益具有重要意义。

尽管综合考虑了各种因素，但在实际操作中很难精确计算出清洁效益，因此从实际出发，结合电站基本状况选择合适的清洁方式是行之有效的。综合上述的各种清洁方法和工具，其特点及适用范围如表2.1所示。

表2.1 光伏电站清洁方法和工具的特点及适用范围

自动化程度	清洁工具	特点及适用范围
人工清洁	手持高压水枪	各种形式的光伏/光热系统
	手持类似拖把的清扫工具	
半自动化清洁	固定管道式	仅适合水量丰富的小型分布式电站
	射流清洁车	适合各类大型光伏/光热电站
	“物理擦除+射流”清洁车	适合倾角固定的光伏阵列，以及槽式、塔式光热反射镜场
	干式清洁车	适合倾角固定的光伏阵列
全自动化清洁	雨刮式清洁器	仅适合水量丰富的小型分布式电站
	横向清洁机器人	适合阵列平整的光伏电站
	纵向清洁机器人	
	阵列爬行机器人	通过改进可适应多种类型的光伏/光热电站
	专用机器人	如专用于槽式光热电站的导轨桁架式机器人
自清洁	电帘除尘	成本昂贵，不适合太阳能发电产业
	自清洁玻璃	有望颠覆光伏/光热清洁方式

从表中可以看出，除了人工清洁和部分清洁专用车外，其他各类方法和工具都不能完全适应各类光伏/光热系统。而绝大部分市场化的清洁车和清洁机器人都是基于倾角固定式的大规模光伏电站。而复杂的双轴跟踪光伏阵列和光热系统，专用的清洁工具还很匮乏，还只能依靠半自动化的操作，在清洁车、洒水车的辅助下完成清洁维护工作。而随着光热发电系统的发展，越来越多用于光热反射镜场的清洁车被开发和应用。

2.4.2 自清洁技术

上面讨论的清洁技术，都是基于当前光伏组件的。目前主流光伏组件所使用的是低铁

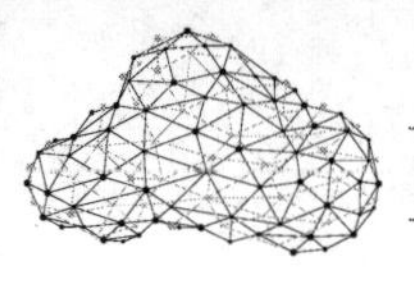

钢化压花玻璃，厚度为3.2mm±0.3mm，钢化性能符合国标，在太阳能电池光谱响应的波长范围内（320～1100nm）透光率要达到91%以上，对大于1200nm的红外光有较高的反射率，能耐紫外光线辐射。清洁的目的就是去除表面灰尘，保证玻璃透光率足够高，增加光电转换的机会。

随着新材料技术的发展，用新型可自清洁的玻璃代替传统的光伏玻璃也是下一代光伏组件的趋势。近年来，纳米薄膜技术更是为光伏玻璃自清洁提供了可能。广义的光伏自清洁技术包括自然除尘、机械除尘、电帘除尘和纳米自清洁等[78]。全自动化和半自动化的机械除尘方式，前面已经叙述，这里仅讨论电帘除尘、自清洁玻璃和超声自清洁技术。

1. 电帘除尘

电帘除尘技术是 NASA 于 1967 年为完成阿波罗计划而提出的。20 世纪 70 年代 Masuda 等人证明了利用电磁行波能够搬运宏观带电微尘。电帘是由多平行电极组成，采用标准印刷电路板工艺的方法制作，在电极表面喷涂一层聚酯薄膜，防止电极之间被击穿，其基本原理如图 2.41 所示。PU 涂层一般为50μm，电极之间距离为1000μm。电帘通过高电压场将带电荷的灰尘颗粒移动到组件边缘[79,80]，从而起到清洁作用。电帘分不透明和透明的两种。透明的电帘可作为太阳能电池表面盖板，最早是用在卫星的太阳能电池翼表面的，当然也可用在光伏组件表面。

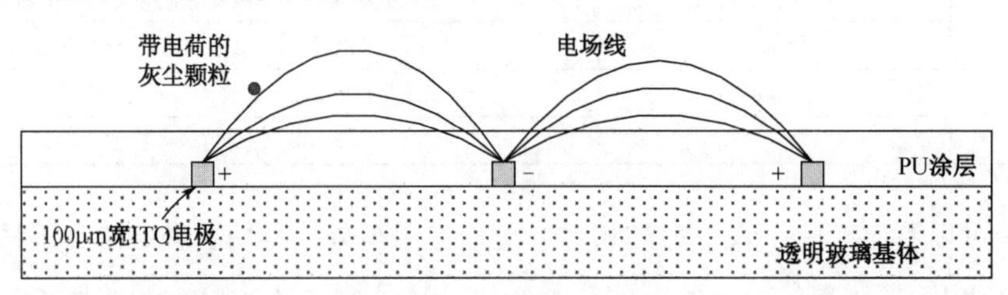

图 2.41　电帘基本原理

以玻璃或柔性聚酯材料为基底，氧化铟锡（Indium Tin Oxides，ITO）为电极，表面喷涂聚酯薄膜，可以组成透明的用在光伏组件表面的电帘。电帘除尘的原理是，带电粒子在行波电场的作用下沿着垂直于电极轴的方向定向移动；不带电的微尘在降落到电帘的过程中通过静电感应和摩擦，因带上某种电荷而被清除，或者因为微尘在电帘的非均匀电场中被极化，产生电偶极矩，进而产生介电泳力，从而被移除。单相电极电帘模型只能部分移除灰尘，而多相电极在真空环境和低重力环境中能有效移除灰尘[78,81]。

电帘除尘因具有不接触式运动结构、除尘效率高（2 分钟内可实现 90% 的灰尘去除），特别是氧化铟锡电帘因其透明而且具有很强的引力，在太空探索飞行器太阳能电池清洁中得到广泛应用。但电帘的除尘效果受到灰尘颗粒尺寸限制（研究表明，对湿润灰尘颗粒和水泥不起作用），只适宜在干燥环境中除尘，而且成本很高，主要应用于太空探索，转换到地面光伏电站，大大提高了发电成本，同时也会带来光伏电池板温度升高和灰尘搬移造成的二次扬尘污染的问题[78]。同时，电帘系统需要一套复杂的控制系统和高压电源，且电帘在强烈辐射下产生退化，影响发电效率。因此，当前还没有电帘除尘在地面光伏电站阵列大规模应用的报道。随着电帘技术的发展，解决电压和频率可调技术，降低能耗，凭借电帘除尘的高效率，其应用在光伏发电产业是有希望的。

2. 自清洁玻璃

目前在役的光伏组件、光热聚光器或定日镜的表面都是透光性较好的钢化玻璃，尽管表面都经过纹理处理，但一般没有进行其他涂覆工艺，不具备自清洁功能。而在未来的光伏组件开发中 ，自清洁的涂覆工艺和材料已经被考虑。所谓玻璃自清洁功能，是指普通玻璃在经过特殊的物理或化学方法处理后，其表面产生独特的物理化学特性，使玻璃在自然雨水的冲刷下达到清洁的状态。对光伏组件而言，自清洁技术的载体为光伏组件表面的玻璃，自清洁材料以“膜层”或“涂层”的状态与玻璃结合，呈现自清洁效果。

自清洁玻璃按亲水性分类，可以分为超亲水性自清洁玻璃和超疏水性自清洁玻璃，二者区别如图 2.42 所示[82,83]。其中，α 为固体表面与水的接触角，左边 $\alpha < 90°$ 为亲水性表面，右边 $\alpha > 90°$ 为疏水性表面。当 $\alpha < 5°$ 时为超亲水表面，$\alpha > 150°$ 时为超疏水表面。资料显示，许多学者致力于将超亲水性材料涂覆于正在服役的电池板上，以改善其灰尘自清洁功能，市场上也有相关的超亲水性产品应用于光伏组件自清洁。

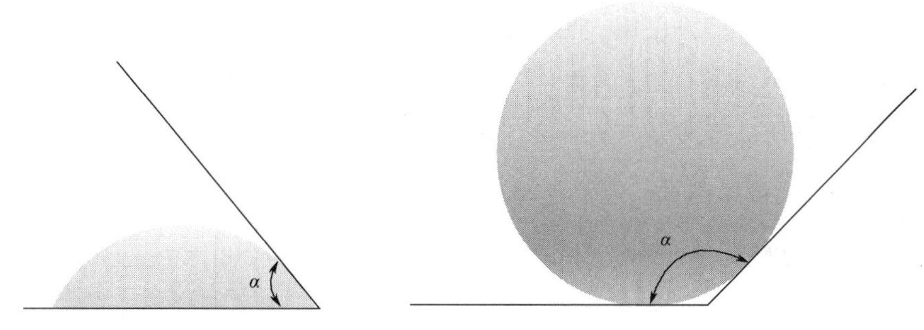

图 2.42　亲水和疏水的区别

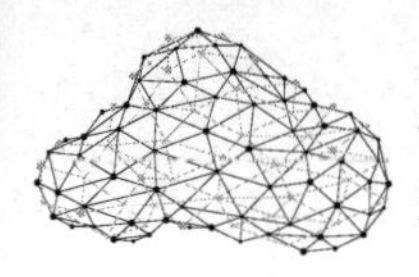

（1）超亲水性自清洁玻璃。超亲水性自清洁表面能形成水膜，利用水膜阻止灰尘与玻璃表面接触，在水的冲刷下，将灰尘移除玻璃表面，达到自清洁效果。从材质上看，一般都是无机材料组成的膜，如 TiO_2、SnO_2 等。主流的自清洁玻璃表面功能材料是 TiO_2，以及 TiO_2 与其他金属、金属氧化物或其他元素掺杂的复合物。

超亲水性自清洁玻璃的自清洁功能表现为两方面。一是靠其表面对水的亲和性，使水的液滴在玻璃材料表面上的接触角趋于零。当水接触到玻璃材料时，迅速在其表面铺展，形成均匀的水膜，表现出超亲水的性质，通过均匀水膜的重力下落带走污渍，通过该方式将可以去除大部分有机或无机污渍。二是光催化分解有机物的能力，TiO_2 在紫外光或可见光照射下与吸附在其表面的有机物质发生氧化还原反应，生成水和 CO_2，从而达到降解有机物的目的。目前工业化生产的制备超亲水性自清洁玻璃的方法主要包括化学气相沉积法（Chemical Vapor Deposition，CVD）、溶胶—凝胶高温烧结法（Sol-Gel）和磁控溅射法[82]。

TiO_2 具有亲水性和光催化性，涂覆在电池板表面，可瞬时提升电池板发电功率约4%，效果明显。除了 TiO_2 可制备超亲水自清洁薄膜外，SiO_2 也可以制造亲水薄膜材料，也有采用 TiO_2 / SiO_2 复合薄膜，亦具有良好的亲水性[78]。亲水自清洁薄膜具有良好的应用前景，国内很多科研院所都投入研发。耀华玻璃集团公司采用化学气相沉积技术生产的自清洁玻璃，光催化活性高。在太阳能电池板上涂覆亲水性的自清洁涂层能起到除尘效果。

目前市场上出现了一种由莱恩创科科技有限公司开发的以 TiO_2 粒子和无机氧化物作为主要成分的 SSG 纳米自清洁膜层，能够有效排斥污染物，防沙，防灰尘，甚至可以防热斑，对电池板起到屏障保护作用。据报道该 SSG 膜层已经在青海、内蒙古、青岛等地应用，清洁效果明显[85]。采用人力喷涂 SSG 膜层，对电池板进行清洁维护的现场，如图 2.39 所示。这种膜层的使用寿命可满足 25 年组件使用期限，并可以持续保持3%～5%的光伏组件电站增发效果。除了自清洁，这种膜层可以增加组件透光率，直接增加发电量，经过大批量测试，喷涂这种膜层的组件出厂功率上升1.5%～2%①。SSG 膜层的人工喷涂方式比较简单，1MW 的太阳能电池板将近有 4 200 多块，10 个工人，3 天

① 资料来源：http://www.china-epc.org/news/2015-11-23/9550.html。

清洗，2 天喷涂，才能将1MW 的太阳能电池板喷涂完毕。对于大规模电站而言，这种涂层的喷涂周期很长，成本依然很高。

图 2.43　现场喷涂 SSG 膜层

从使用周期上，可以满足 25 年组件使用年限，只要涂覆工艺简化、高效，成本进一步降低，对改善光伏清洁的现状有革命性的颠覆。同时，在下一代组件制造过程中，可以直接增加涂覆工艺，也是一种途径。当然，在荒漠地区，实际上还是存在挑战的，尽管报道说效果很好，但由于雨水不足（尤其是春天、冬天），其清洁的效果应该差强人意。总体上看，亲水性的自清洁玻璃很值得期待，有望革命性地改变现有的光伏清洁现状。

（2）超疏水性自清洁玻璃。1997 年，德国植物学家 Barthlott 和 Neinhuis 揭示了荷叶表面结构与自清洁的关系，荷叶表面的微纳乳突结构可提高其表面与水的接触角，水滴在疏水表面滚动时可带走表面的灰尘，达到自清洁的效果[86]。超疏水自清洁薄膜的清洁原理就是基于这种“荷叶效应”。

超疏水自清洁涂层虽已工业化应用，但其超疏水性能的稳定性和持久性不高，特别是耐水压冲击性能需要进一步提高，暴雨很容易破坏表面结构，降低其疏水性能。目前的涂层主要有有机硅超疏水涂层、有机氟超疏水涂层和氟硅超疏水涂层三大类[78]。太阳能电池板上涂覆超疏水自清洁薄膜，除了具有自清洁功能外，还需要有良好的透光性能。组成膜的粗糙结构，颗粒和孔径大小对膜的透过率都有影响。深圳源驰科技有限公司于 2018 年申请了一种光伏太阳能用超疏水自清洁涂层，但没有说明其使用寿命。

由于疏水玻璃的时效性差，无法保证玻璃产品作为耐用消费品的长期使用寿命[82]，因此不能保证太阳能电池板较长一段时间（或者是生命周期内）的清洁效果。而且，研究疏水涂层在太阳能电池板表面应用的也很少，目前没有应用于光伏组件清洁的报道。

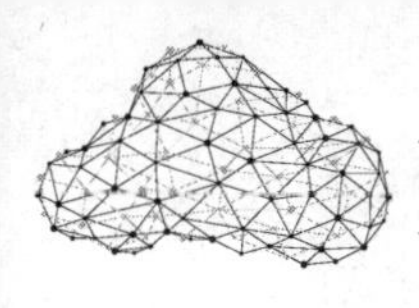

3. 超声自清洁

超声自清洁采用高频标准超声（一般超过人体听力范围，高于20kHz）来清除浸入水中的受污染体。可被清洁的材料包括金属、玻璃、陶瓷等，光伏组件的玻璃表面也可以采用超声清洁。超声使液体在固体表面形成小空腔（cavity）的气泡，一般在微米级。气泡在爆炸前存储大量能量，其内部处于高温高压（压力可达 500 个标准大气压）状态。当接触到硬质边缘时，气泡内部产生爆炸，气泡变成其体积 1/10 的小水滴以 400km / h 的高速度在玻璃表面运动。在高温高压高速的水滴作用下，玻璃表面污染物迅速被剥离，尤其对玻璃表面微小尺寸的灰尘颗粒。

气泡的尺寸是由超声频率决定的，一般在工业清洗中其频率范围在 20～80kHz 。图 2.44 为超声清洁电池板的示例[79]。尽管超声有较好的效果，但清洁时必须要将组件浸入水中，以便于产生液体小空腔。实验表明，清洁固体表面需要产生一层薄薄的液体层（<1mm）才能产生空腔。因此，超声清洁难以应用在光伏电站现场。

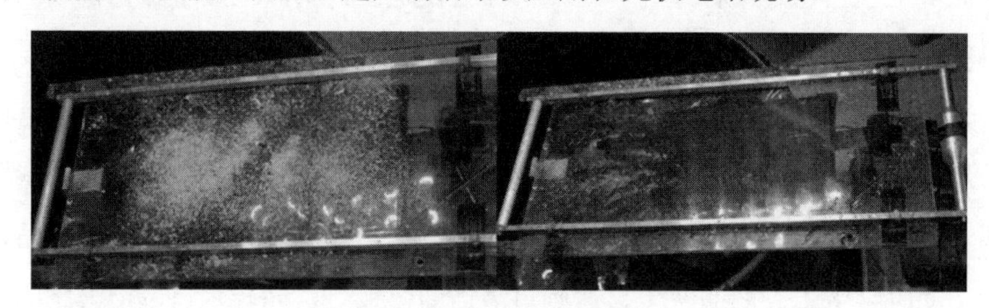

图 2.44　超声清洁电池板示例

为了折中超声方法，可以采用压电器件耦合自清洁装备安装在组件边缘，通过产生气流方式来振动灰尘提高清洁效率[88]。但这需要额外配置电源、控制电路和振动电机。

2.5 本章小结

本章系统地介绍了光伏阵列清洁的各种方法和工具，按照清洁自动化程度的不同，系统梳理了当前市场和在研的各种光伏电站清洁维护手段，总结了各类清洁方式存在的优点、缺陷和前景。

从目前的商业化程度看，无疑半自动化清洁车是当前光伏/光热系统清洁的最有力工

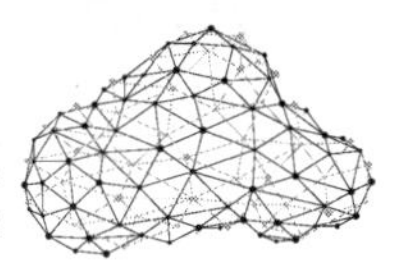

具。而且，以高压水射流方式为清洁手段的大型车辆能够适应各类光伏/光热系统，不仅安全可靠（水射流的不接触方式提供了一定安全裕度），清洁效果也令人满意。但面对日益发展的大规模光伏/光热产业，沙漠和戈壁已经成为一座座聚光、聚热的城堡，它们不断将廉价清洁的太阳能转化成人类使用的电能，但也要不断地攫取沙漠里少量的地下水资源，为聚光、聚热付出代价，这显然不是可持续发展的。这也是当今很多光伏清洁企业和光伏清洁研究者想要改善的目标，用少量的水，甚至不用水来清洁光伏系统，最大化地让环境保护和能源利用共赢式可持续发展。

可幸的是，干式清洁车、干式清洁机器人已经成为应对光伏/光热系统清洁维护的主流思想（尽管还没有出现光热发射镜场的干式清洁方式），无论是企业，还是科研院所都致力于干式清洁工艺、干式清洁设备的研究，尽管不成熟，但前景是很乐观的。当然，目前的研究绝大多数都集中在大规模光伏电站的清洁维护上，尤其是依托支架的光伏清洁机器人。在新一轮信息革命的推动下，机器人技术正在以前所未有的速度飞速发展，自动化和智能化也将推动着光伏清洁机器人向着光伏运维机器人发展，实现集清洁、检测、维护和数据管理等为一体的智能系统。尤其是爬行机器人，小型轻量化和智能柔性化的双重优势，使得它最有可能完全适应各类光伏/光热系统，成为荒漠中太阳能量的管理者。

自清洁技术在现有电站清洁中发挥的作用有限，但它能够带来下一代光伏组件的颠覆式革命。下一代光伏阵列将是自清洁系统，那么光伏清洁工具将逐渐退出，而智能机器人也必将从清洁功能转换为运维功能。笔者很有信心地预测，自清洁技术和小型智能机器人将成为改变大漠光伏运维产业的两大利器。但无论工具如何变化，我们都需要擦去蒙在光伏组件上的那层灰尘，让阳光洒向太阳能电池。而灰尘是从哪里来？它有着什么样的性能呢？这些将在后面的章节详细阐述。

第 3 章 灰尘的来源、成因、性质与影响

第 2 章讨论了光伏/光热系统的清洁工具，其目标就是去除电池板表面的灰尘。工欲善其事，必先利其器，利其器者，必先知其根本。落在电池板上的灰尘是什么？从哪里来？它又怎么影响光伏/光热系统呢？按照这样的逻辑，本章将讨论灰尘的来源、成因、性质以及对光伏/光热系统产生的影响。

不同的地区有着不同的地理环境和气候特征，因此电池板表面的积灰成分也是不同的。本书主要针对青藏高原沙漠和戈壁地区（主要是光伏/光热电站较多的柴达木盆地）来讨论光伏组件表面的积灰成因及特点。

3.1 灰尘来源

光伏组件长期裸露在空气中，空气中的灰尘就会降落在其表面形成积灰。灰尘主要是空气中的浮尘、微小颗粒等。每年数以万计的人不顾旅途之遥，来到美丽的“天空之镜”——茶卡盐湖，享受一刻纯净的天空。但这并不意味着柴达木盆地就是无尘的、安静的，恰恰相反，由于地理环境和气候条件等因素，沙尘天气频繁，其扬起的地表尘土就是电池板表面灰尘的主要来源。

3.1.1 柴达木盆地的降水量

2.4 亿年前，由于板块运动，分离出来的印度板块快速向北方的亚洲板块移动、挤压，

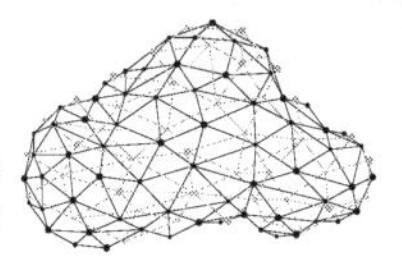

其北部与亚洲板块接触的部位发生了强烈的褶皱断裂和抬升，使昆仑山和可可西里地区隆生为陆地[89]。在随后的 1.6 亿年，印度板块不断向亚洲板块地壳下插入，形成了今天青藏高原的基本格局。直至今天，虽然青藏高原的中部正在风化，但其边缘仍然在不断上升，是名副其实的世界屋脊，也是地球上最接近太阳的地方。

美丽而汹涌的特提斯海①在风化过程中已成为浩瀚无垠的沙漠之海——柴达木盆地。在经历了 2.4 亿年的演化，这片荒漠盆地成了地球上最大的聚光盆。柴达木盆地兼具大陆性和高原性气候的基本特征，多年平均降水量115.9mm，多年平均蒸发量1 570.9mm，多年平均气温在1° 以上，日照数在 3 000 小时左右[90]。柴达木盆地属于典型干旱半干旱地区，每年春季，风多势强，沙尘沙暴天气多发[91]。全年超高的日照时长正是光伏/光热产业所需的优质条件，但极少的降雨和频繁的沙尘也给电池板清洁带来了不小的麻烦。

柴达木盆地降水量年内分配极不均匀，主要集中在 4—9 月，占全年降水量的85%，10 月到翌年 3 月降水量仅占全年降水量的15%，而光伏电站林立的格尔木地区全年平均降水量仅 40.3mm，以盐湖而知名的察尔汗地区全年平均降水量更是少到22.8mm [90]，两地的全年降水量分配如图 3.1 所示。

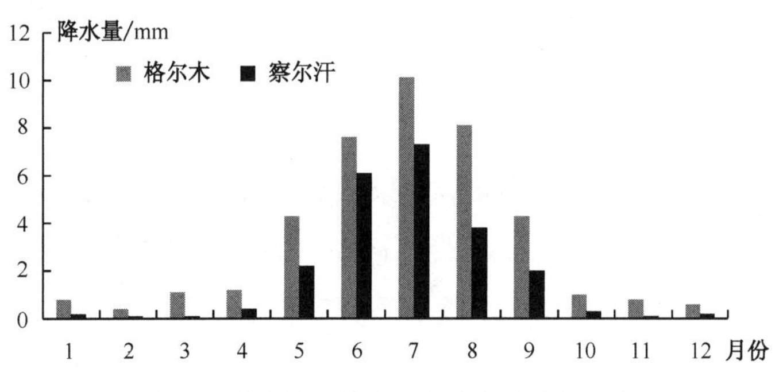

图 3.1　格尔木和察尔汗的全年降水量分布

尽管随着气温变暖，从 1960 年以来年平均降水量不断提高，但降水量依然较少。德令哈地区 1989 年至 2006 年的平均降水量为190.5mm，较之 20 世纪 60 年代增加约 70mm [92]，比格尔木和察尔汗地区的降水量要多一些。无论如何，与年平均蒸发量1 570.9mm 相比，柴达木盆地都是极其干旱的。强烈的蒸发浓缩作用使溶解度小的碱土金属碳酸盐首先自水

① 青藏高原在 2.8 亿年前是波涛汹涌的海洋，称特提斯海，或古地中海。

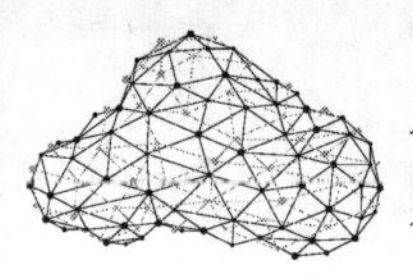

中析出[93]，这使得柴达木地区的土壤呈现明显的碱性特征。干旱气候和盐碱地貌，一方面使沙漠的环境更加恶化，加之风力推送，风沙天气频繁；另一方面对光伏电站的清洁维护而言，则是用水稀缺，不利于大量冲刷。

3.1.2 柴达木盆地的沙尘天气

沙尘天气是风与沙相互作用引起的，分为浮尘、扬沙、沙尘暴 3 个等级。浮尘是指尘土、细沙均匀地浮游在空中，能见度<10km 的天气；扬沙是指风将地面尘沙吹起，空气混浊，能见度在1～10km 的天气；沙尘暴天气是指强风把地面大量尘土卷入空中，能见度<1km 的天气[91]。

我国沙尘暴的移动路径主要有 3 条，即西北路（柴达木盆地↦河套地区↦内蒙古东部）、西路（西北欧↦西西伯利亚↦新疆西部地区↦河西走廊↦河套地区↦内蒙古东部）、北路（泰米尔半岛↦西伯利亚中、西部↦蒙古国↦新疆东部及内蒙古地区↦华北地区）[94]。柴达木盆地恰在中国沙尘暴的源地，导致当地光伏电站积灰严重。从时间演变趋势看，近 50 年柴达木盆地沙尘天气呈显著减少的趋势。沙尘天气形成的主要因素是大风和丰富的沙尘源。地处高原的柴达木盆地平均海拔在 3 000m 左右，地形特殊，对风有狭管加速效应，尤其春季冷暖空气交换频繁，易形成频繁的大风天气。柴达木盆地的西、北部都有丰富的沙源，西部的南疆盆地、北部的河西走廊及柴达木盆地本就拥有着大面积固定和半固定沙丘和戈壁滩，加之冬春季节降水稀少，土质干燥，为沙尘天气提供了便利的物质条件[91]。

从季节看，柴达木盆地沙尘天气呈现明显的季节变化特征。其 1961 年至 2010 年沙尘天数的季节变化如表 3.1 所示[91]。从表中可以看出，沙尘天气表现为春季>夏季>冬季>秋季的气候特征。沙尘天气还受到日照时长、相对湿度、气温和降水等因素的影响[92]。

表 3.1　1961—2010 年柴达木盆地沙尘天数的季节变化

沙尘类型	春季/天	夏季/天	秋季/天	冬季/天
扬沙	362	162	71	108
浮尘	366	122	36	87
沙尘暴	157	55	22	50

柴达木地区太阳能电池板表面积灰与沙尘天气有着天然的、密切的联系。图 3.2 所示

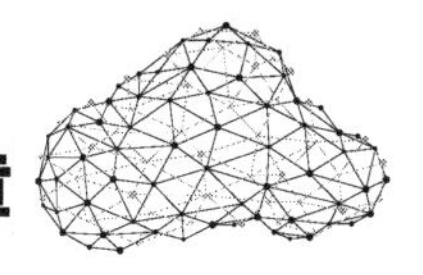

为 50 年来沙尘天数与单位面积积灰量的关系。

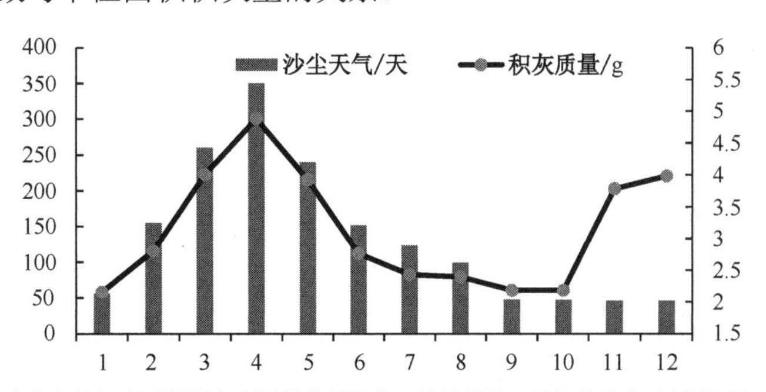

说明：积灰量是收集的多块电池板表面所积灰尘测得的平均值；从某月第一天先擦除电池板表面灰尘，到该月的最后一天收集其上的积灰测其质量，下一月重复此操作。

图 3.2 50 年来沙尘天数与电池板表面积灰量的关系

图 3.2 中的沙尘天数是根据柴达木盆地荒漠地区近 50 年（1961—2010 年）沙尘数据统计的[91]，组件表面积灰质量是在格尔木地区对荒漠环境中电池板表面积灰量的监测数据[95]。图 3.2 中所指的沙尘天气天数是指某月份包括有尘暴、扬尘和浮尘天气的 50 年的总和。例如，4 月份沙尘天气为 351 天，这是 50 年的 4 月份沙尘天数的总和。所测数据为 GS-50 硅基薄膜双结电池板，面积为$1\,245\times635$mm，厚度为7.5mm，重约14.4kg，有效受光面积为0.72m^2。每块电池板与地面呈水平夹角30°放置。灰尘质量通过高精度电子天平称量，取 20 块电池板的平均值。

由图 3.2 可见，沙尘频次与电池板积灰量（单位面积上的灰尘质量，单位为g/m^2）呈正相关。在春季 3、4、5 月份沙尘天气较多，电池板表面的灰尘也较多。采集格尔木光伏产业园区数据显示，电池板表面积灰量范围大致为$1\sim8\text{g}/\text{m}^2$，各月份积灰量平均值范围为$2\sim5\text{g}/\text{m}^2$。积灰量与沙尘天数按月份的变化规律一致，在春季电池板表面积灰量很大，这可能是由于沙尘天数多，总的输沙量（风场所带来的沙尘总量，体积单位）就多，黏附到电池板表面的灰尘就多；但是在冬季，积灰量变化与沙尘天数有所不同，可能是因为冬季风力较大，单次输沙量较大导致积灰较多。

综合降水量和沙尘天气，可以非常清晰地看出柴达木盆地内风沙频繁的月份恰恰是雨水稀少的季节，如图 3.3 所示。图 3.3 中选择大柴旦地区年平均降水量[90]。尽管降水量少而风沙大，沙尘掠过电池板不易黏结。但由于这些沙尘与空气中少量的水汽结合，以及本身所携带的酸碱性物质，依然可以牢牢黏结在光伏组件表面而影响电站发电。关于沙尘的组

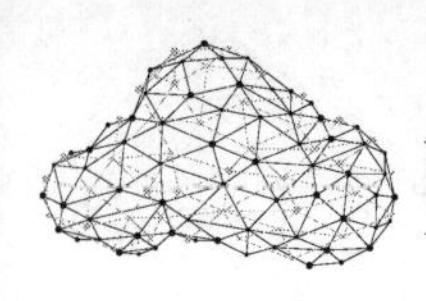

分，稍后将详细阐述和分析。

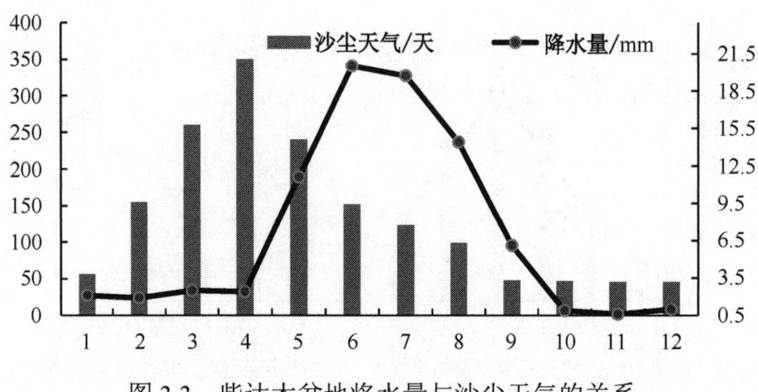

图 3.3　柴达木盆地将水量与沙尘天气的关系

从沙尘天气可推知，电池板表面灰尘的积累主要受沙尘天气的影响，灰尘可能来源于地表沙土。在春季电池板清洁周期缩短，比其他季节清洁的次数要多；与城市灰尘不同的是，在可能有降水的夏季，电池板表面积灰量的变化并不明显，这是由于荒漠降水极少，环境十分干燥；在冬季虽然沙尘天气较少，但风力较大，携带沙尘量较大，电池板积灰也较多。尽管恶劣的沙尘天气不是电池板积灰的唯一条件，但不得不说，广袤的柴达木盆地里丰富的沙子，在沙尘天气的作用下成了光伏/光热组件表面的灰尘之源。

3.1.3　风沙对电池板的冲蚀作用

风沙在组件表面沉降、冲蚀也会对其发电效率造成影响。康晓波等人分析了不同风速、不同安装倾角、不同颗粒粒径和不同风向角等条件下风沙颗粒对组件表面的冲蚀作用[96]。当风速从5m/s增大到20m/s时，其对组件表面的最大冲蚀率从5.0×10^{-9} kg/(m$^2\cdot$s)增大到2.5×10^{-8} kg/(m$^2\cdot$s)，随着风速增大，最大冲蚀率呈指数增加。灰尘颗粒粒径从10μm增大到60μm时，风速在10m/s时，其最大冲蚀率基本保持在同一数量级上，约为7.5×10^{-9} kg/(m$^2\cdot$s)。安装倾角从0°增大至90°时，在风速为10m/s和颗粒粒径为10μm条件下，发现倾角在20°～30°情况下冲蚀率最大，可达到2.0×10^{-8} kg/(m$^2\cdot$s)[96]。

赵明智等人采用如图 3.4 所示的沙漠风沙模拟系统对光伏组件冲蚀影响进行研究。系统主要由空气压缩机、气流控制阀、沙箱、喷沙枪、冲蚀室和回收箱构成，分析不同冲蚀速度和不同冲蚀角下的冲蚀影响和组件发电功率影响[97]。

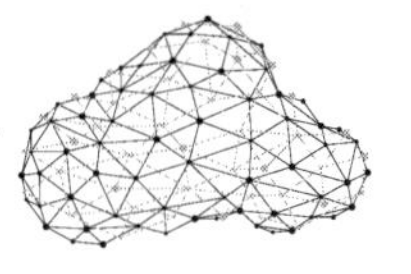

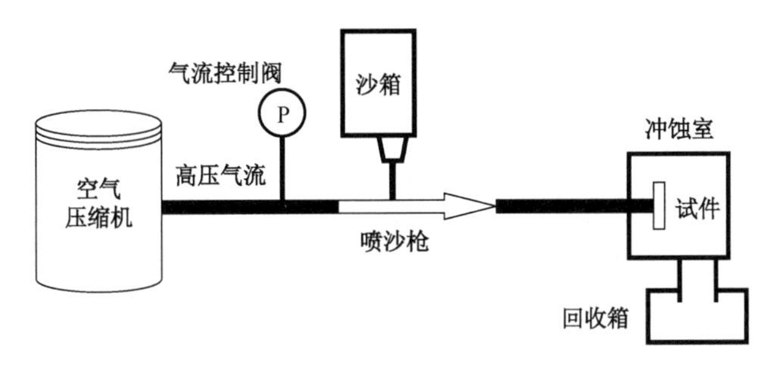

图 3.4 沙漠风沙模拟系统

图 3.5 所示为不同冲蚀条件下相对冲蚀率和输出功率的变化情况。

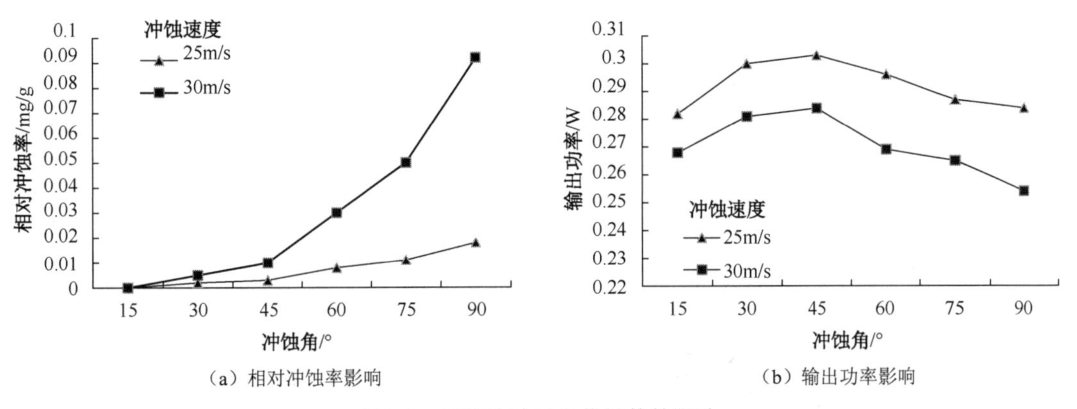

图 3.5 风沙冲蚀对光伏组件的影响

实验中采用的光伏组件最大工作功率为 0.495W，表面为钢化绒面玻璃，几何尺寸为 $60 \times 80 \times 3\text{mm}$。选择极端沙尘条件下的风速条件 25m/s 和 30m/s，冲蚀时间为 3 分钟。由图 3.5（a）可知，随着冲蚀角增大，风沙对钢化玻璃的相对冲蚀率增大，在不同风速下分别达到 0.018mg/g 和 0.09mg/g。这里采用的冲蚀损伤程度用相对冲蚀率 E 来表征，如式（3.1）所示

$$E = \frac{m_1 - m_2}{m \cdot t} = \frac{\Delta m}{m \cdot t} \tag{3.1}$$

式中，m_1 和 m_2 分别为冲蚀前后的玻璃质量；m 为沙粒的质量；t 为冲蚀时间。

钢化玻璃的质量损失主要是由沙粒的微切削作用引起，在冲蚀角为 30° 时，玻璃表面主要是犁削和划痕，而且分布均匀；而到达 90° 时，玻璃表面存在脆性断裂凹坑，并在其周围有较多颗粒状材料，甚至出现切削薄片[97]。

在辐照度稳定在 800W/m^2 附近条件下，对光伏组件输出功率进行测量，随着冲蚀角

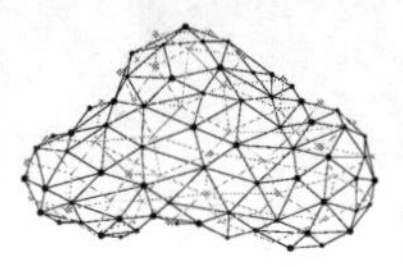

增大，组件输出功率呈现出先增大后减小的趋势，如图 3.5（b）所示。在冲蚀角为45°时，光伏组件输出功率最大。当冲蚀速度为25m / s时，不同冲蚀角的平均输出功率降低13%，在90°时达到最大，输出功率降低24.46%。造成输出功率降低的原因主要是沙粒对组件表面钢化玻璃造成破坏，导致玻璃透光率下降。在冲蚀角较小时，玻璃表面冲蚀轮廓呈现两边开口的椭圆形状，冲蚀面积较大，随着冲蚀角增大，玻璃表面冲蚀轮廓由量变开口的椭圆形状转变为较为完整的椭圆形状，冲蚀面积变小，因而输出功率变大。而随着冲蚀角进一步增大，沙粒冲击钢化玻璃表面会出现无规则反弹，造成更大的冲蚀面积，并产生严重磨损，造成输出功率急剧下降[97]。

当前，对风沙冲蚀作用的研究还是限于短时间内的影响，而由于冲蚀造成组件表面玻璃的损伤，在强烈光线的照射下是否会产生更多的损害目前没有明确。上述实验仅在辐照度为800W / m^2 的条件下进行，而在高海拔荒漠地区，辐照度一般都在1 500W / m^2，照射在损伤的玻璃表面上可能输出效率会进一步下降，而在长期工作中可能会造成一定程度上不可逆的损害，甚至形成局部的热斑效应。

3.2 光伏组件表面积灰成因

光伏组件裸露在室外，与空气中微颗粒接触，加上空气中的水汽、酸碱性物质等作用，就会沉积到电池板表面形成积灰。组件积灰成因与很多因素有关，尤其与其所处环境密切相关。本节结合柴达木盆地的环境对其积灰规律进行说明。

3.2.1 积灰的形式与沉积机理

电池板表面的微颗粒来源主要与所处的电池板周围环境因素有关。太阳能电池板表面积灰的原因笼统来说有两种。一种是物理黏附，由于空气中漂浮的微颗粒受到各种力的作用而沉积到电池板的表面。另一种是化学黏附，由于大气中的颗粒物与物体表面之间发生化学作用力从而黏附在物体表面。

空气中粒径大于10μm 的微颗粒由于自身的重力作用而沉降到地面。类似甘肃地区的黄土高坡的土质，长期受到风沙的侵蚀，水土流失严重，造成大量的微小沙粒漂浮在空气当

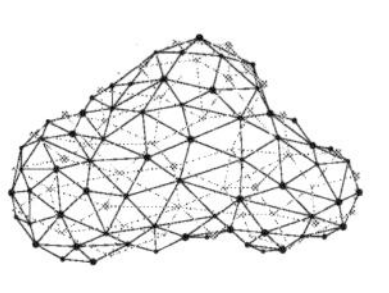

中，微颗粒再经过各种力的作用沉积到物质的表面形成积灰。粒径小于10μm的微颗粒由于自身重力比重小可长期漂浮在空气当中，一旦与电池板表面形成化学作用力被吸附也会形成积灰，这类灰尘多来自于石材开采、水泥或化肥制造、汽车尾气排放等。物理黏附没有选择性，黏附速度快，当大气中的灰尘颗粒靠近太阳能电池板表面时，灰尘被吸附于太阳能电池板表面。化学黏附性质较复杂，有选择性，只能黏附在特定的具有化学性质的太阳能电池板表面。物理黏附和化学黏附之间的区别如表3.2所示。

表3.2 物理黏附与化学黏附之间的区别

黏附性质	物理黏附	化学黏附
黏附力	范德华力	化学键力
黏附热	近于液化热（<40kJ/mol）	近于化学反应热（80～400kJ/mol）
黏附温度	较低	相当高
黏附速度	快	较慢
选择性	无	有
黏附层数	单层或多层	单层
脱附性质	完全脱附	脱附困难，伴有化学变化

太阳能电池板与灰尘颗粒之间的黏附力分为范德华力、电场力、化学键力和重力。化学键力的形成条件相比于其他力较为苛刻，而且太阳能电池板表面会定期进行清洁，灰尘在太阳能电池板表面不易形成化学键力。故电池板表面积灰多数由物理黏附机理形成，第4章将着重讨论电池板与灰尘颗粒之间的黏附作用力。

大气中的灰尘颗粒分布相对来说是比较均匀的，因此通过大气自然沉积到电池板表面的灰尘颗粒在电池板表面的分布也是相对比较匀称的，如图3.6（a）所示。这种均匀、松散的灰尘与光伏组件表面黏附力较小，容易清除。但大部分电池板表面的灰尘颗粒在受到雨水或水蒸气等作用后，灰尘颗粒呈现一种鱼鳞的片状分布，如图3.6（b）所示，以及被雨水冲刷后呈现一种沟壑的形状，如图3.6（c）所示。这两种灰尘，通常有较为坚固的外壳，较难清除，有时在盐碱环境中也会形成极难清除的盐碱渍（如在盐碱含量较高的柴达木盆地）。这些不同形貌特征的积灰形式都是由于地理与环境因素叠加的结果。

但无论怎样的环境，暴露在自然环境下的光伏阵列表面都会形成很稳定的灰尘—灰尘、灰尘—光伏组件的黏附接触系统，如图3.7所示。

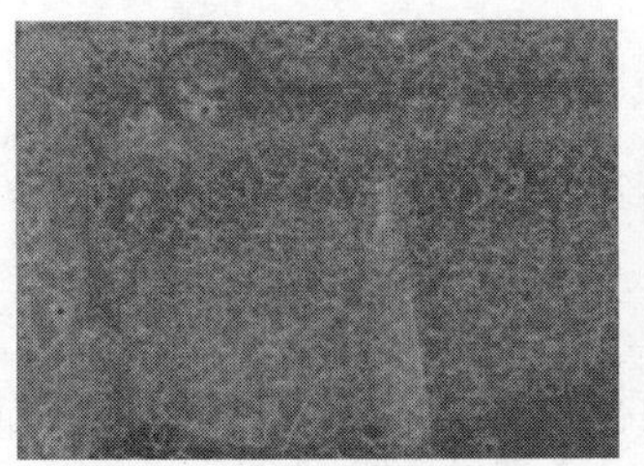

（a）均匀分布的灰尘

（b）鱼鳞状积灰

（c）沟壑状积灰

图 3.6　电池板表面积灰形貌

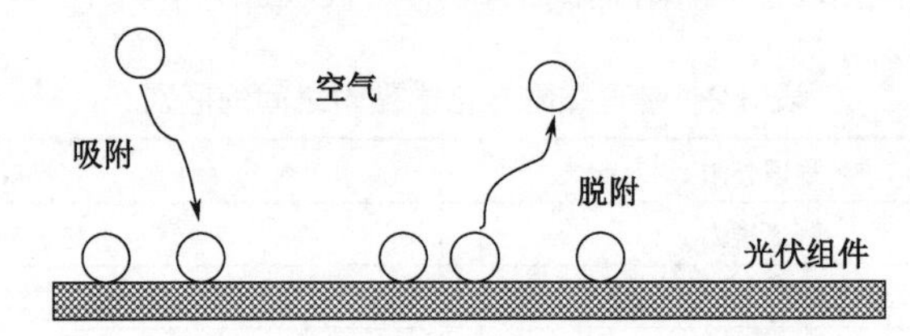

图 3.7　灰尘—光伏组件黏附循环系统

在图 3.7 中，漂浮在空气中的和沉积在组件表面的灰尘颗粒，都假设为圆形小球，但实际并非如此，关于灰尘颗粒形状将在第 4 章进一步详细讨论。灰尘与光伏组件之间不断作用，最终在电池板表面形成较为稳定的沉积灰尘，在没有外界力干扰的情况下这个稳定的系统很难被破坏。灰尘颗粒在空气中受到重力、空气阻力和浮力等作用而沉积到电池板上，且在沉降过程中受到灰尘颗粒自身的形状、数量，以及周围环境的温度、湿度和风速等因素的影响。

灰尘沉积到电池板表面的过程是十分复杂的，在此暂且忽略环境因素的影响，只考虑均匀分布形态下灰尘颗粒自身重力、空气阻力和浮力等作用力来分析电池板表面的积灰量和积灰速率。当灰尘颗粒为匀质小球时，其重力如式（3.2）所示。

$$G=\frac{\pi d_{\mathrm{p}}^{3}}{6}\cdot\rho_{\mathrm{p}}g \tag{3.2}$$

式中，G 为灰尘颗粒所受重力，单位为 N；d_{p} 为灰尘颗粒的直径，单位为 m，3.3.2 节将详细分析颗粒的直径；ρ_{p} 为灰尘颗粒的密度，单位为 $\mathrm{kg/m^3}$；g 为重力加速度，单位为 $\mathrm{m/s^2}$。

灰尘颗粒在空气中受到的浮力式为：

$$F_{\mathrm{b}}=\frac{\pi d_{\mathrm{p}}^{3}}{6}\cdot\rho_{\mathrm{a}}g \tag{3.3}$$

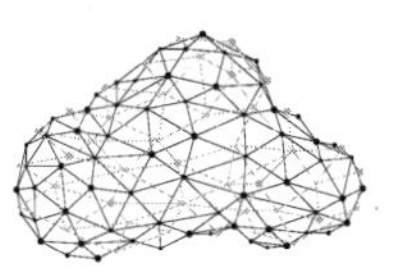

式中，G 为灰尘颗粒所受浮力，单位为N；ρ_a 为空气的密度，单位为 kg/m^3。

灰尘颗粒在空气中还受到空气阻力的作用，即：

$$F_s = \xi \cdot A_{dust} \frac{\rho_a \upsilon_o^2}{2} \tag{3.4}$$

式中，F_s 为空气对灰尘颗粒的阻力，单位为N；ξ 为空气阻力系数；A_{dust} 为灰尘颗粒在平行方向上的投影面积，单位为 m^2，小球颗粒的面积可表示为 $A_{dust} = \frac{\pi d_p^2}{4}$；$\upsilon_o$ 为灰尘颗粒沉积的速度，单位为 m/s。

灰尘颗粒在空气中下沉达到平衡状态时，灰尘颗粒重力与空气对其的浮力、阻力达到平衡，即 $F_p = F_b + F_s$。由式（3.2）、式（3.3）和式（3.4）可直接计算出灰尘颗粒沉积到电池板的速度，即：

$$v_o = \sqrt{\frac{4 \cdot g d_p \left(\rho_p - \rho_a\right)}{3 \cdot \xi \rho_a}} \tag{3.5}$$

由式（3.5）可知，在环境条件相同的情况下，灰尘颗粒沉降的速度与灰尘颗粒密度、灰尘数量以及粒径大小有着密切关系，另外灰尘颗粒形状对于灰尘的沉降也有着很大的影响。当然，空气的密度与环境温度、湿度和风力状况有着千丝万缕的联系，而灰尘颗粒形貌也千奇百怪，并与其来源有着斩不断的联系。由此可见，电池板表面积灰情况受到所处环境的严重影响，尤其在高海拔荒漠地带，复杂的气象条件使积灰过程变得更加复杂。

从全世界范围看，大型光伏电站都处在人烟稀少的地区，国内大型光伏电站主要分布在青海、西藏、新疆、内蒙古、甘肃等西北沙化地区，降水量稀少，风沙强烈，都对电池板表面积灰形成较大影响。下面以柴达木盆地为例讨论气象条件对组件表面积灰的影响。

3.2.2 积灰的影响因素

1. 灰尘积累的影响因素

影响光伏组件表面积灰的因素诸多，主要包括组件的安装结构特点、所处地带气象环境特点、位置特点、灰尘性质以及光伏组件表面玻璃的特性等，具体如表 3.3 所示。对于柴达木盆地的光伏电站，多处于荒漠深处，虽然也有在格尔木、德令哈、共和等城市的周

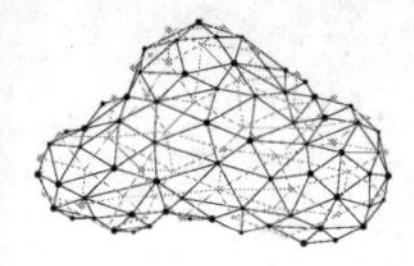

边，但距离也在30km之外，因此车辆较少、人烟稀少，城市的影响基本可以忽略。同时荒漠地区的植被基本为零，空气洁净度基本取决于空气质量。

表 3.3　光伏组件表面灰尘积累的影响因素

安装方式	位置特点	灰尘性质	环境特点	玻璃性质
倾角固定式	植被	化学性质	大气温度	玻璃表面纹理
倾角可调固定式	人流	生物静电特性	空气湿度	玻璃表面涂层
跟踪式	车辆交通	颗粒尺寸	风力强度	—
—	空气洁净度	颗粒形貌	风力方向	—
—	—	灰尘密度	降水量	—

光伏组件的安装特点在第 1 章中介绍过，对于固定场站，其安装倾角多在30°～40°，灰尘颗粒可停留在其表面，具体沉积受力情况将在第 4 章详述。光伏组件表面的玻璃，多采用表面纹理的钢化玻璃，容易吸附空气中漂浮的灰尘颗粒。柴达木盆地的天气四季分明，昼夜温差较大，空气湿度较小，降水量稀少而蒸发量较大，一定程度上影响灰尘颗粒的形貌、尺寸和成分等，这将在 3.3 节详细介绍。

对于柴达木盆地，风沙气象条件是影响电池板表面积灰的主要因素。由于特殊的地理条件，柴达木盆地拥有丰富的沙源，且伴有频繁的沙尘天气，导致光伏电站受到灰尘的严重污染。而由于存在狭管效应，强烈的空气对流更加剧了光伏电站的污染程度。

2. 风力对组件表面积灰的影响

如前所述，柴达木盆地富含沙土，再配合强风，沙尘就会笼罩住天空，沉降到电池板表面形成灰尘。而柴达木盆地恰恰就是不缺风的地方。柴达木盆地全年平均风速为3.70m/s，季节变化明显。春季风速最大，冬季最小，月平均风速最大值出现在 4 月，为4.91m/s，最小值出现在 12 月份，为2.75m/s。从季节变化看，平均风速最大值在春季，为4.62m/s，最小值出现在冬季，为2.94m/s。柴达木盆地常年以稳定的西北气流为主，东南气流作为次风向所占比例很小，仅出现在夏季。因此，风沙活动最强烈的季节为春节，并且从空间变化上表现为自西北向东南逐渐增强[98]。

如果是纯净的风，可以将组件表面灰尘吹走。但风与柴达木盆地的沙土混合，就很容易形成浮尘、沙尘甚至是沙尘暴，进而污染光伏组件。电池板的安装也需要考虑风向因素，

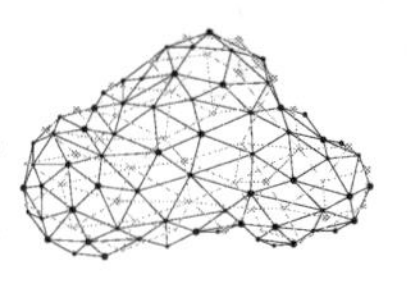

一般兼顾日光照射和风向，尽量使电池板平面迎风，相反则会导致强风对电池板及支架系统造成损毁。倾角固定的电池板在荒漠环境下，在风沙中有类似挡风墙的作用[99]，如图 3.8 所示。

（a）组件的挡风作用

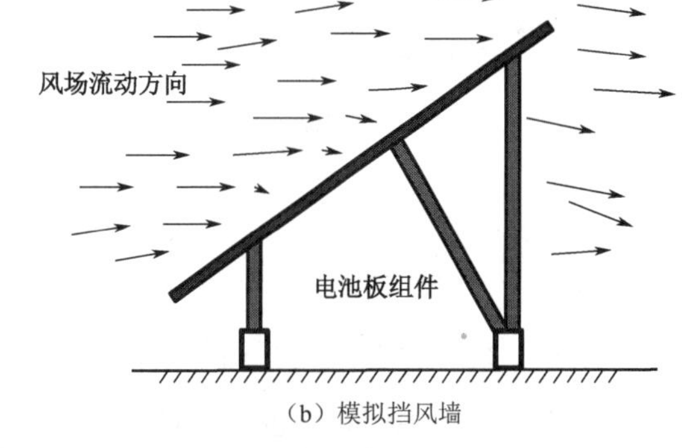

（b）模拟挡风墙

图 3.8　风场流动与电池板组件之间的关系

这样电池板对沙尘产生了阻挡作用，部分灰尘颗粒沉降速度达到平衡而附着在光伏组件表面，随着时间推移形成积灰。

由拜格诺（Bagnold）风沙理论，风场按三维不可压缩流场处理，电池板对风场的作用可用风场经过电池板的输沙率和风速的变化表征。由拜格诺风沙理论，输沙率与风场风速的关系为：

$$q = 8.70 \times 10^{-2}\left(V - V_{\mathrm{s}}\right)^{3} \tag{3.6}$$

式中，q 为输沙率，即单位时间风携带沙尘量体积，单位为m^3/s；V 为电池板挡风风场风速，单位为$\mathrm{m/s}$；V_{s}为荒漠地表平均起风速度，单位为$\mathrm{m/s}$。

电池板挡风风场的风速越大，则输沙率就越高，气流携带的沙尘就越多，被电池板阻挡的风沙就越多。积灰量在沙尘天气较少的冬季也相对较高，原因在于光伏电站阵列挡风风场风速与地表平均起风速度的差值大。

受电池板阻挡的沙尘有部分被风继续吹走，有部分弹离电池板，有部分从电池板滚落，还会有一小部分黏附到电池板表面，逐渐积累形成积灰，如图 3.9 所示。

其中，θ 为电池板与地面的水平倾角；v 表示颗粒的运动速度；v' 表示颗粒的撞击速度；v'' 表示颗粒被风吹走的速度；f 为颗粒滚动时的摩擦力；G 为重力；ω 为颗粒滚动角速度；F 为包括风力在内的其他作用力。

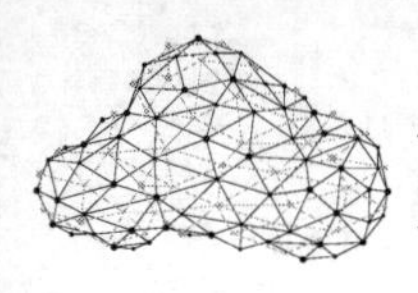

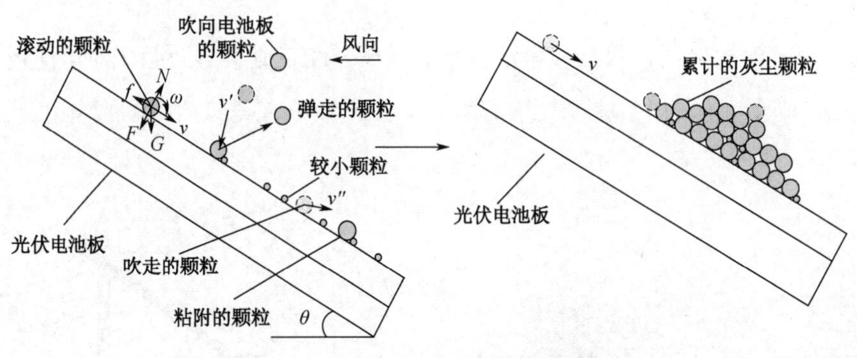

图 3.9　落在电池板表面的灰尘颗粒

风场十分复杂，加之颗粒间的相互作用，使得很难以数学形式描述出积灰形成的过程。通过现场观察和分析，对灰尘进行简单的动态描述。在风力作用下，灰尘颗粒向电池板表面运动，以一定角度与电池板表面接触碰撞。若风力较小，碰撞后的灰尘颗粒容易在电池板表面滚动，最后从倾斜的电池板上滚落；若吹来的风力较大，灰尘有较大的动量，碰撞后容易弹走。持续的风力作用还可以将原有的灰尘吹走，并形成新的灰尘。沙尘中有一部分颗粒，能在动态的变化中，在各个力包括重力、颗粒间相互作用力、静电力、风场力等的作用下达到受力平衡，并与电池板相互作用，牢牢附着在电池板表面。图 3.9 右图给出了灰尘颗粒黏附后灰尘层逐渐形成的过程。

风速大携带的沙尘就多，落到电池板上的灰尘就多，大风力又容易将灰尘从电池板吹落，风速大小与积灰量的具体关系还有待进一步研究。由于颗粒的重力沉降速度正比于颗粒直径的平方，所以粒径越大，下降速度越快，而颗粒的扩散力与颗粒直径成反比。因此组件倾角较小时，大粒径颗粒占比较大，而倾角较大时，小粒径颗粒占比较大。随着倾角的增大，一些大颗粒会滚落到组件下半部分甚至脱离光伏组件表面，积灰量也随之减少[94]，使积灰引起的光照损失降低，如图 3.10 所示[100]。

对于不同地区，由于纬度不同，组件倾角不同，因此光伏组件表面灰尘积累作用也略有不同。

另外积灰天数也会直接影响电池板表面积灰量的多少，二者的关系如图 3.11 所示。由图 3.11 可见，随着积灰天数增加，电池板表面灰尘变多，经过一个月的沉积，4 月、9 月和 12 月单块电池板上的积灰量分别达到 7.98g、4.50g 和 7.20g。当然，4 月是风沙最大的季节，积灰速度也是最快的。

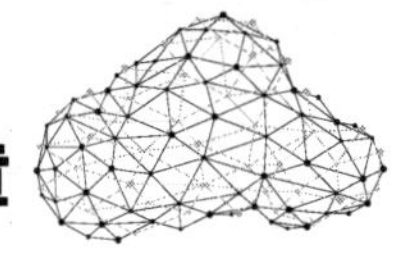

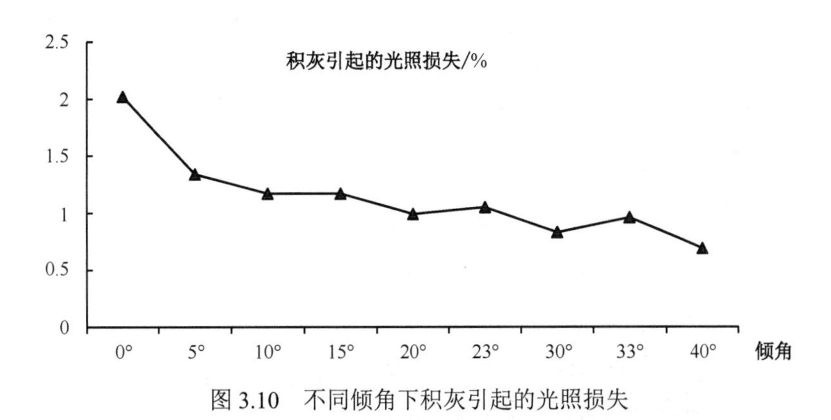

图 3.10 不同倾角下积灰引起的光照损失

说明：该数据是通过干净和污染组件之间数据对比而得到的，时间范围在 2011 年 1 月到 3 月。

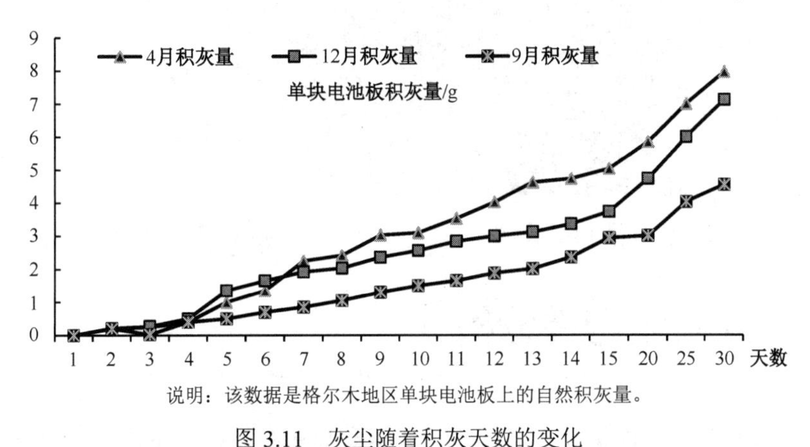

说明：该数据是格尔木地区单块电池板上的自然积灰量。

图 3.11 灰尘随着积灰天数的变化

大气中除了沙尘外，在有极小风力的作用下，电池板表面的灰尘还可能来自大气自然降尘——气溶胶，悬浮在大气中的固体颗粒。图 3.9 中的较小颗粒（直径小于1μm）即是在风力极小的情况下大气自然降尘的结果，这些颗粒吸附力强，更容易黏附在电池板表面形成初始积灰，也使得较大灰尘颗粒更容易停留在电池板表面。

积灰量与沙尘天数和风速有关，而灰尘分布主要受风向及电池板倾角影响。由于风力作用，电池板表面灰尘分布并不十分均匀。经观测，光伏电站电池板表面的灰尘分布情况，明显与风向相关。格尔木荒漠地区常年刮的是西北风，而图 3.12 所示的电池板表面灰尘分布恰恰显示了灰尘是受西北风力影响的。图片采自格尔木地区，电池板放置位置为正面朝南，与地面呈30° 左右的夹角。当风吹来时，受电池板阻碍的沙尘降落到电池板表面，由于西北风的作用，使得灰尘呈现右侧多，左侧少的不均匀分布现象。从外貌上看，电池板表面积灰形貌与图 3.6（c）类似，但沟壑宽度要窄，这可能是由于空气中水分的影响。空气相对湿度越高，灰尘黏结程度也增加，定量研究表明，相对湿度从40%提高到80%，其灰尘黏结程度提高约80%，同时也能促进灰尘黏结层的形成[102]。柴达木盆地年均相对湿度为30%～40%，最小可低于5%，这是不利于灰尘与组件表面形成黏结层的。但一旦形成黏结，由于含水量少，就会形成较硬的污垢。

图 3.12　风向对电池板表面灰尘分布的影响

3.3　灰尘颗粒特性分析

灰尘之所以黏附在电池板表面，气象条件毕竟是外部条件，而其自身特性才是主导原因，这些特性包括灰尘的成分、粒径、含水率、密度、颜色等。通过采集格尔木荒漠光伏产业园区光伏电站的灰尘样本和地表沙土样本，对其成分、粒径、形貌等进行分析。格尔木荒漠光伏产业园区位于格尔木以东距离约 25 千米的 109 国道附近。在该地区采集了几处不同地点的地表细沙土样本，并收集了不同电站不同类型组件表面的灰尘样本。

3.3.1　灰尘成分分析

采用 X 射线仪测试分析样本，测试条件为：室温 20℃，相对湿度 45%。经分析，电站地表细沙土的基本化学组成和平均百分含量如表 3.4 所示。从表中可以看出，电站地表细

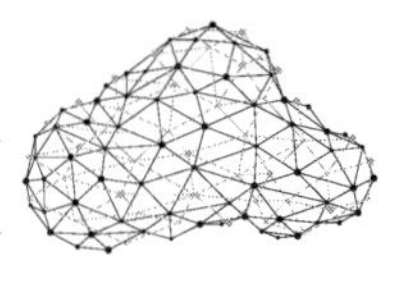

沙土的主要成分是石英，即地表的沙子，约占63%，其次是硅酸盐矿物质钠长石，约占15%，方解石即碳酸钙约占10%。柴达木盆地沙漠沙物质的来源途径包括河流冲、洪积产物和湖相沉积物。河流冲、洪积作用将高山剥蚀产物带入盆地腹地，后经风力吹蚀、分选形成沙漠。察尔汗盐湖退化后为湖相沉积物提供了丰富的沙源。因此，地表沉积物矿物质特征表现为以石英、长石为主，与石盐等不稳定组分并存[103]。湖相沉积物为沙土提供丰富的矿物质，从表 3.4 可见，沙土富含 Si 、 Na 、 Ca 、 K 、 Mg 等金属元素，在水作用下很容易形成相应的离子，同时伴有 OH^- 离子，使灰尘呈现明显的偏碱性。

表 3.4　光伏电站地表细沙土颗粒的化学成分组成及平均百分含量

成分名称	化学式	百分含量/%
石英（Quartz）	SiO_2	63
钠长石（Albite）	$NaAlSi_3O_8$	15
方解石（Calcite）	$CaCO_3$	10
白云母（Muscovite-2M1）	$KAl_3Si_3O_{10}(OH)_2$	6
白云石（Dolomite）	$CaMg(CO_3)_2$	1
斜绿泥（Clinochlore）	$(Mg,Fe)_5Al_2Si_3O_{10}(OH)_8$	<1
有机质（Organic Matter）	—	—

相同条件下，采用 X 射线仪测定电池板表面灰尘样本①，其基本化学成分组成及平均百分含量如表 3.5 所示。

表 3.5　电池板表面灰尘颗粒的化学成分组成及平均百分含量

成分名称	化学式	百分含量/%
石英（Quartz）	SiO_2	55
钠长石（Albite）	$NaAlSi_3O_8$	19
蒙脱石（Montmorillonite）	$(Al,Mg)_2[Si_4O_{10}](OH)_2\cdot nH_2O$	9
白云母（Muscovite-2M1）	$KAl_3Si_3O_{10}(OH)_2$	6
低镁方解石（Calcite, magnesium）	$(Mg_{0.03}Ca_{0.97})(CO_3)$	3
石膏（Gypsum）	$CaSO_4\cdot 2H_2O$	<1
白云石（Dolomite）	$CaMg(CO_3)_2$	—
有机质（Organic Matter）	—	—

由表 3.4 和 3.5 可知，电池板表面灰尘与地表细土组成成分十分相似，主要成分均为石

① 电池板表面灰尘样本是沉积在其表面的灰尘，时间约一个月，人工使用刮刀和刷子采集。

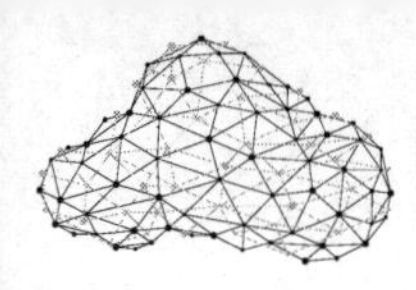

英和硅酸盐矿物质。不同于城市地区，电池板表面灰尘含有石化燃料燃烧后的灰烬、有机质、鸟粪及其他由人类活动造成的污染物（氮化物等）。经测定，灰尘及地表细沙土 pH 值均偏碱性，均呈棕灰色。将二者的组成成分和百分含量进行对比，绘制出如图 3.13 所示的物质成分百分含量图。地表沙土和电池板表面积灰的主要成分均为石英和钠长石，占比分别为78%和74%，主成分组成和含量比例都十分一致，说明电池板表面灰尘主要来源于地表沙土。

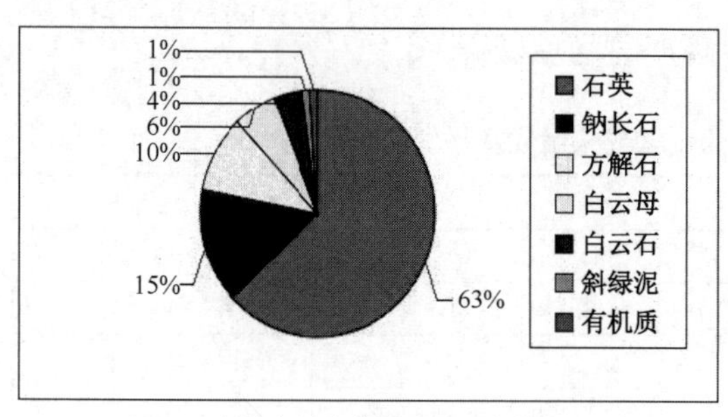

（a）地表细沙土物质成分百分含量

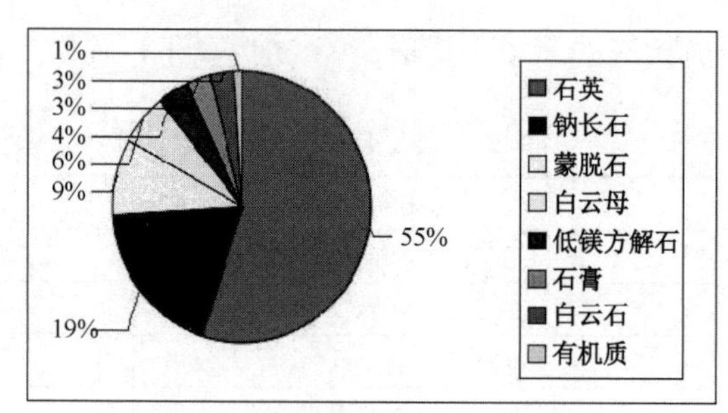

（b）电池板表面灰尘物质成分百分比

图 3.13　各物质成分百分含量对比

微观颗粒黏附在不同固体界面的顽固程度与固体界面的结构、物理性质及化学性质有着密切的关系。固体表面自由能（简称表面能）是固体产生吸附能力的主要原因。任何物体都是由很小的粒子组成的，而在这些粒子之间存在着各种力的作用，因此在固体内部由于这些粒子间相互力的吸引和排斥作用而保持一种动态的平衡，但在固体的边缘处（界面处）则破坏了这种对称效应，从而通过产生的固体表面能来吸附外界微观物质来保证能量的守恒，所以当微小颗粒做无规则运动碰撞到或接近固体界面的时候就会由于自由能的作用被吸附到固体界面上，且不同的固体其原子的组成和排列存在一定的差异，造成固体界面处的表面能数值不同，而且对于同种物质的吸附状况也有所差异。为保持表面能的平衡，电池板表面也要吸附空气无规则运动的微小灰尘颗粒，从而导致其表面形成积灰。由于表面能很难直接地进行定量的测定，研究者则通过固体物质单位面积内的黏附力大小来表征表面能的数值，其表达式为式（3.7）。

$$W = G^{s} - n^{s}\mu \tag{3.7}$$

式中，W 为过剩表面能；G^{s} 为单位面积上物质的表面能；n 为物质的量；$n^{s}\mu$ 为单位面积物质内部表面能。

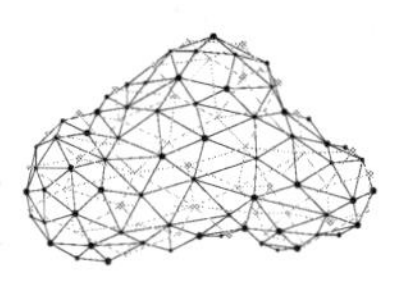

表 3.6 给出了部分灰尘组分的比表面能。不同成分组成的污染物，以及物理化学性质迥异的物质所形成的积灰性质也存在较大差异。电池板表面对不同成分的灰尘也表现出不同的吸附性能，显然除尘过程也会因为灰尘成分而有所区别。孟范平等人比较了不同化学成分的灰尘颗粒本身活泼性和酸碱性的差异，当这些灰尘颗粒沉积到固体界面时，对固体界面造成的破坏程度也存在差异[104]。因此，灰尘成分对电池板表面和支架系统也会产生影响，这不是本书的讨论范围，在此简单提及，供读者参考。

表 3.6　部分灰尘组分的比表面能

颗粒名称	比表面能（10^{-7} J / cm^2 ）	颗粒名称	比表面能（10^{-7} J / cm^2 ）
玻璃	1 200	石英	780
方解石	80	长石	360
石膏	40	碳酸钙	65～70
云母	2 400～2 500	-	-

以柴达木盆地光伏电站积灰为例，其成分组成显然具有碱性特性。加之格尔木地区地下水 pH 值在 7～8.6，水的硬度为 3～4mmol / L，属于典型硬水，水的矿化度为 850～1 000mg / L，也是典型的碱性水质[105]，即使当地的雨水也会携带一定的碱性物质。这种偏碱性的灰尘与雨水或清洁过程中的射流水混合作用附着在电池板表面，干燥后会形成明显的盐碱垢，不仅影响清洁维护的效果，也会一定程度地腐蚀光伏支架和组件表面的玻璃。

碱性的灰尘长期积攒在电池板表面时，将会直接侵蚀电池板表面，致使电池板表面呈现一种非镜面态，造成大量光线被漫反射出去，减少光伏组件对辐照量的吸收，降低光伏发电的效率。严重时，碱性硬垢长期遮挡致使组件表面形成热斑而衰减，甚至损毁。Kazem 等人研究了 5 种污染物，包括沙子（sand）、灰尘（fly-ash）、红土壤（red soil）、硅土和石灰质（主要成分为碳酸钙），对光伏组件光电转换输出电压的影响。这 5 种不同类型的污染物使光伏组件输出电压下降的范围达到 4%～24%[106,107]。这表明，在同等灰尘覆盖程度下，灰尘成分和性质直接影响着光伏组件的光电转换效率。

3.3.2　灰尘形貌与粒径分析

灰尘颗粒的大小也是灰尘自身重要的特性之一[108]。灰尘颗粒的形貌特征不仅影响灰尘颗粒在电池板表面的沉积状况，而且还影响着灰尘颗粒与电池板表面间的黏附机理。在自然界中的灰尘颗粒大部分呈现一种不规则的形态。为了定量描述灰尘特性，对颗粒粒径进行分析和测量。

1. 灰尘形貌

形貌能够最直观地展现出灰尘颗粒的外貌。首先用显微镜观察从格尔木地区采集的地表沙土样本和组件表面灰尘样本，其整体形貌如图 3.14 所示。

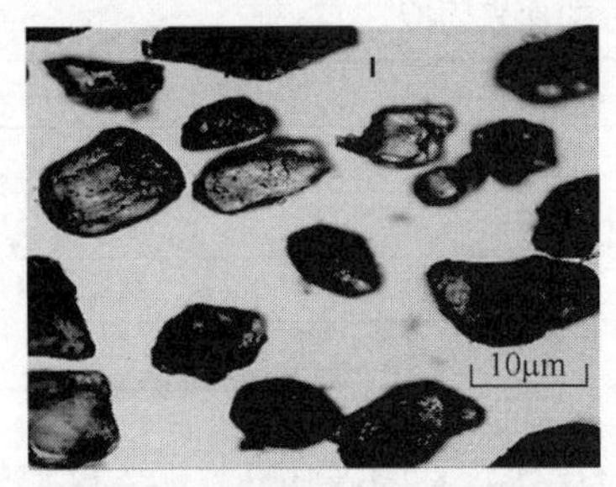

（a）10×10 倍显微镜下地表细土颗粒形貌

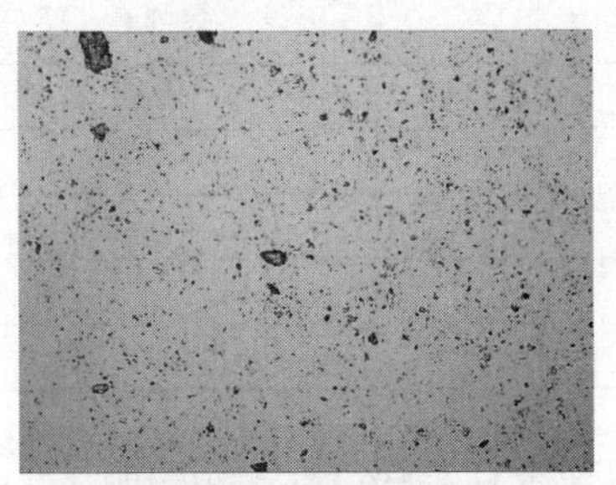

（b）10×10 倍显微镜下电池板表面灰尘颗粒形貌

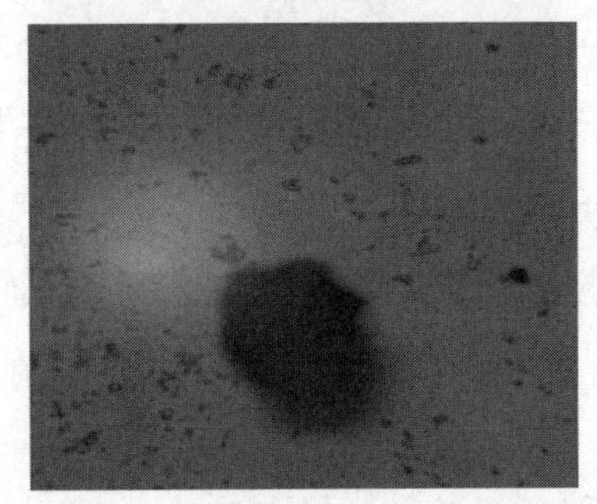

（c）10×40 倍显微镜下地表细土颗粒形貌

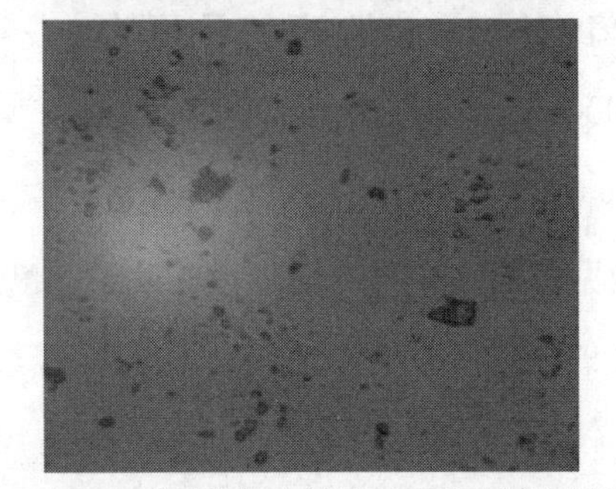

（d）10×40 倍显微镜下电池板表面灰尘颗粒形貌

图 3.14　显微镜下地表细土颗粒与电池板表面灰尘颗粒形貌对比

在相同倍数的显微镜下，可以清晰地看出地表与电池板表面灰尘颗粒之间的区别。地表细土颗粒较大，形状很不规则，而电池板表面灰尘颗粒较小，形状也很不规则。按照圆状、次圆状、次棱角状和棱角状 4 个圆度等级分，察尔汗盐湖北侧沙丘的沉积物颗粒以次棱角状石英颗粒为主，占 50% 以上，而圆状、次圆状、棱角状颗粒所占比例较低[109]。对比可知，颗粒较大的沙土颗粒由于自身重力原因，无法停留在电池板表面，而颗粒较小的颗粒易黏附在不光滑的玻璃表面逐渐沉积形成积灰。

沙土形貌不规则，是主要受到冰川作用、流水作用、风力作用和化学作用的综合结果，如图 3.15 所示。其中，横坐标为不同形貌的石英颗粒，1 为贝壳状断口，2 为阶梯状断口，3 为平行解理，4 为裂隙（纹），5 为平行擦痕或刻痕，6 为 V 形坑，7 为直撞击沟和弯撞击沟，8 为翻卷解理薄片，9 为蝶形坑，10 为小麻坑，11 为不规则撞击坑，12 为新月形撞击坑，13 为硅质球，14 为硅质薄膜，15 为硅质鳞片，16 为溶蚀坑与溶蚀沟，17 为方向性溶蚀坑，18 为二氧化硅结晶，19 为鳞片状剥落。由图 3.15 可知，沙土形貌的主要作用为风力作用。风成环境下石英颗粒表面的典型标志特征是碟形坑、不规则小麻坑、新月形撞击坑和硅质鳞片的平均出现频率都较高。沉积物以物理分解和机械搬运作用为主，化学作用、冰川作用和流水作用较低[109]。而落在电池板上的石英颗粒则更小，更加不规则。为了定量描述这些不规则灰尘颗粒，需要对其颗粒直径的尺寸进行分析。

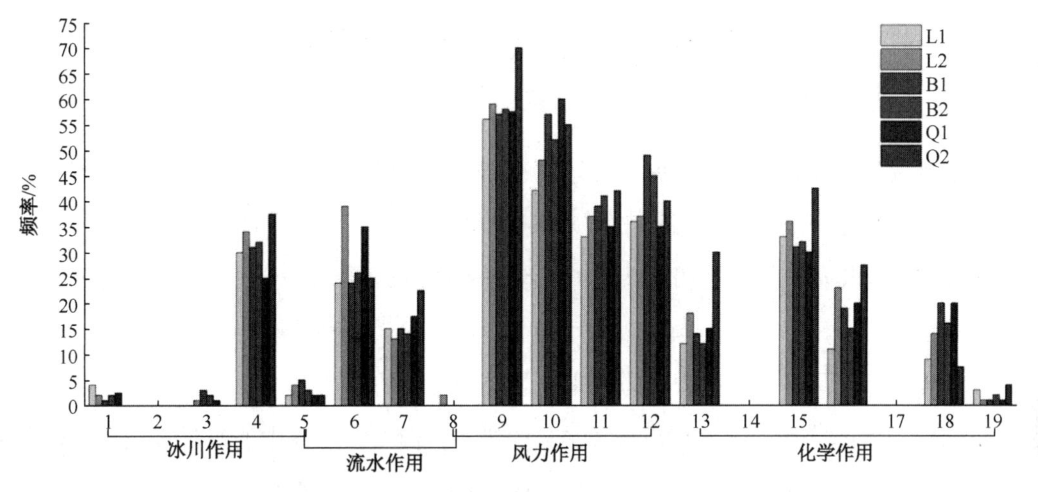

图 3.15　石英砂表面显微结构特征作用概率

2. 灰尘粒径分析

灰尘颗粒大小与其黏附特性直接相关，描述其尺寸大小的简单而有效方法就是测量灰尘颗粒的直径。但不规则的颗粒无法直接确定其粒径尺寸，因此研究者提出了各种不同的粒径定义方法来简化描述微颗粒的尺寸，主要包括等面积圆直径、等效长径和等效短径等方法。

下面用图 3.16 来说明不同的粒径定义方法。图 3.16（a）所示为一个不规则的灰尘颗粒。所谓**等面积圆直径**，就是假设不规则颗粒的投影面积与图 3.16（b）中规则圆的面积相同，则就以规则圆的直径 d 作为不规则颗粒的直径。

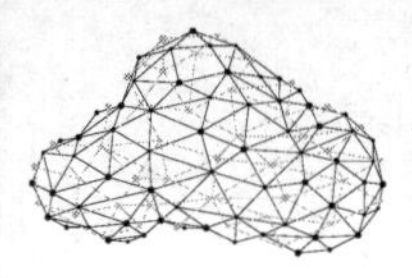

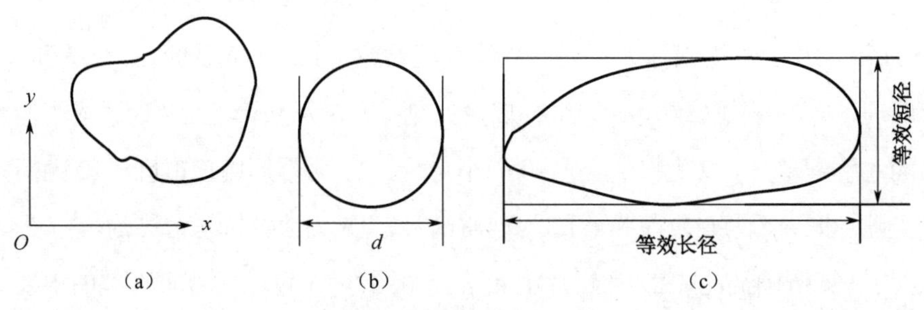

图 3.16　微颗粒粒径定义方法

然而不规则颗粒在 *yoz* 和 *xoy* 两个平面的投影是不一样的，若其不同面的投影差异较大，意味着颗粒在 *x* 和 *y* 两个方向上的尺寸差异较大。显然，选择不同的投影面对粒径尺寸有很大影响。因此，等面积圆直径适用于两个方向维度上差异不大的情况。假设其投影面积为 S，利用等面积的圆形，可以很直观地求出粒径等效直径 d，如式（3.8）。

$$d = 2 \cdot \sqrt{\frac{\pi}{S}} \tag{3.8}$$

所谓**等效长径**和**等效短径**，就是为了解决两个方向维度上差异较大的情况，如图 3.16（c）所示为其在 *xoy* 平面的投影，用其两端相距最远的长度作为颗粒的等效长径，而其在 *yoz* 平面的投影，以其投影的两端相距最远的长度作为颗粒的等效短径。由图 3.14 可见，地表细土形状很不规则，但大部分颗粒较为均匀，而电池板表面积灰则相对较为规则，多数呈椭圆状，因此，采用等面积圆直径方法来测量灰尘颗粒的直径。

虽然粒径表征单个颗粒大小是一种常见的描述，但是自然界中的灰尘颗粒都是以大量不规则形状的颗粒几何体而存在，因此单一的粒径定义方法很难全面反映微小颗粒的外貌形态分布，通常采用统计学方法来描述颗粒的整体形态分布，并用相应的表格和曲线来表示。粒径统计分析有两种，即粒度的颗粒数分布和粒度的体积（质量）分布，为了更好地揭示不同颗粒的分布情况及所占比例，通常采用微分分布与累积分布形式来描述粒径统计。

微分分布是将不同粒径范围的微颗粒按照一定的规则划分成不同的连续区间，并用各个区间上的颗粒分量来描述粒度的分布情况。累积分布是用累计值来描述粒度的整体分布情况，即表示粒径从小到大的累计（或者从大到小的累计）。其与微分分布之间的关系为式（3.9）。

$$Y_i\left(x_i\right) = \sum_{j=1}^{i} y_i\left(x_i\right) \tag{3.9}$$

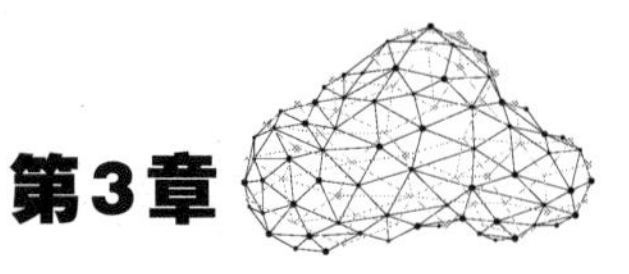

式中，Y_i 表示粒径为 x_i 的颗粒累积分布，$i=1,2,\cdots,m$，代表粒径小于 x_i 的所有颗粒的份量占总份量的百分比；y_i 表示粒径为 x_i 的颗粒微分分布。

首先采用粒度的体积分布来分析一下格尔木地区的灰尘颗粒分布情况。采用马尔文激光粒度分析仪 MS2000 进行测定，整理灰尘粒径数据，分别给出格尔木荒漠地区地表细土及电池板表面灰尘的粒径分布规律，如图 3.17 所示。

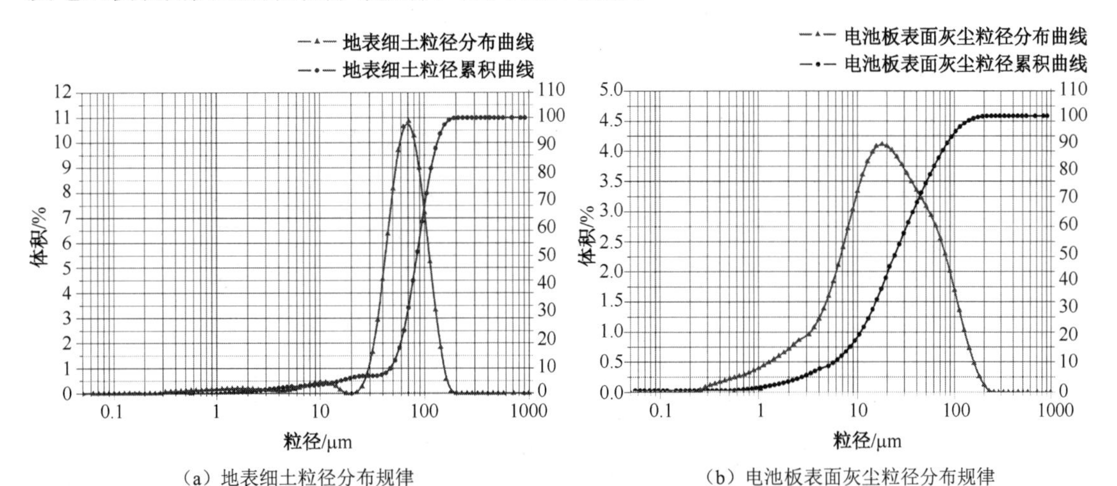

（a）地表细土粒径分布规律　　（b）电池板表面灰尘粒径分布规律

说明：图中带三角的曲线表示某一粒径下灰尘颗粒体积所占总颗粒体积的百分比；图中带圆点的曲线表示小于某粒径的灰尘颗粒的总颗粒体积占总量的百分比。

图 3.17　灰尘粒径分布规律

通过激光粒度分析仪测得，光伏电站地表细土粒径范围为0.283～158.866μm；光伏电池板表面灰尘粒径范围为0.355～126.191μm。二者粒径范围接近，进一步表明电池板表面灰尘可能源自地表。由图 3.17 的粒径分布和累积曲线的走势和范围可知，电池板表面灰尘颗粒较细，小粒径（0.1～20μm）颗粒所占百分比较大，地表细土粒径多集中在10～100μm。这可能是由于风力对较大的灰尘颗粒作用较大（大颗粒与风接触面积大，受力较大），容易将其吹落；再有小颗粒更容易受电池板的吸引作用而黏附在电池板表面，较大颗粒容易掉落电池板，这样电池板上的较大颗粒变得较少。对于电池板表面的灰尘颗粒，经测定灰尘粒径跨度较大，但粒径≤80μm 的累积体积百分比大于97%，粒径≤50μm 的累积体积百分比约为90%，粒径≤40μm 的累积体积百分比占80% 以上。由此可知，电池板表面黏附的大部分灰尘颗粒确实属于微米级灰尘颗粒。

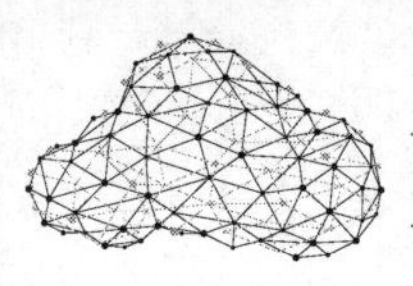

由上分析可知，格尔木地区地表细土颗粒的粒径分布整体上为2～70μm。为进一步分析微米级颗粒的分布情况，对0～70μm粒径的颗粒进行再分析，其微分分布和累积分布如图3.18所示。由图可见，在24～30μm的灰尘颗粒较为集中，从分布数据来看，格尔木地区的地表细土颗粒属于微小型颗粒，对于此类尺寸的灰尘颗粒沉积到电池板表面时很难利用简单的方法将其清除掉。研究表明，在微米级尺度下，电池板受光面积随着灰尘颗粒粒径的变大呈现出线性递减的变化趋势，该地区太阳能电池板表面上灰尘颗粒粒径相对较小（整体上低于70μm），这使得太阳能电池板表面的大量区域被遮挡，不仅造成该太阳能电池板的光电转化效率较低，而且给电池板的清洁带来很多限制。

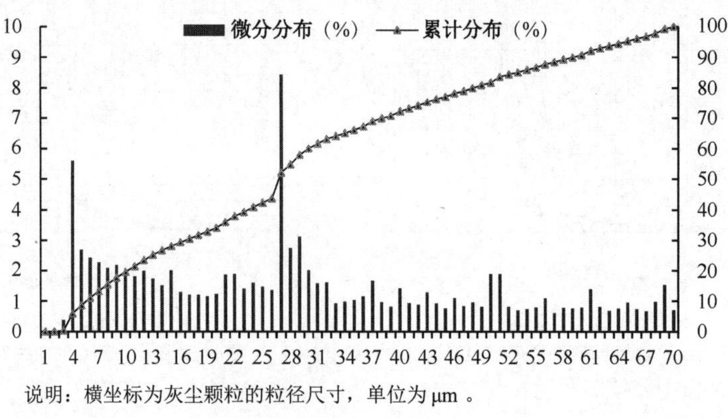

说明：横坐标为灰尘颗粒的粒径尺寸，单位为μm。

图3.18　0～70μm粒径灰尘分布

3. 不规则灰尘颗粒的形状分析

灰尘颗粒形状与土体母岩、风化作用、搬运沉积的环境条件关系密切，且颗粒形状也影响着宏观物理力学性质互作用。图 3.19 所示为传统的几何形状特征描述参数，通过圆度、占有率、宽长比和离心率等参数进行描述，方法简单，求解方便。

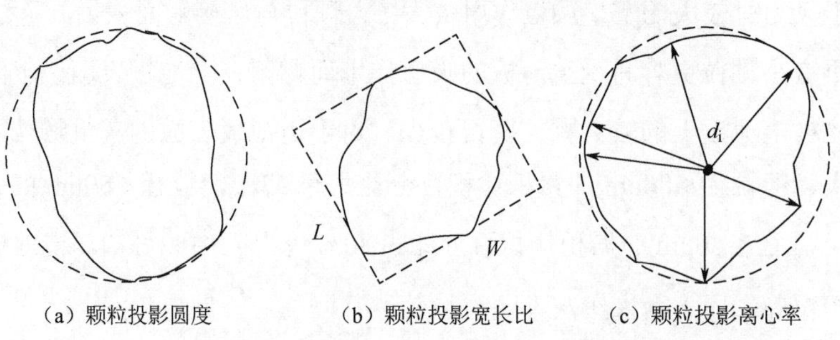

（a）颗粒投影圆度　（b）颗粒投影宽长比　（c）颗粒投影离心率

图3.19　灰尘颗粒几何形状特征描述参数

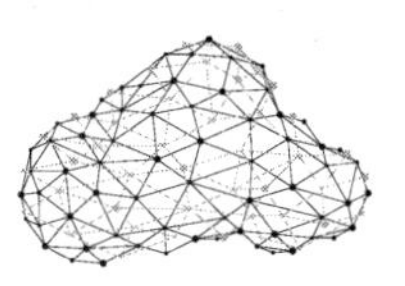

上面对灰尘颗粒进行了简单分析，难以描述灰尘颗粒的复杂性[110]。刘清秉等人描述了砂土颗粒的基本尺寸参数，包括面积、周长、费雷特（Feret）直径、长度、宽度、外接多边形面积、外接多边形周长、等效直径、外接圆半径和内切圆半径等[110]。但采用单一的几何形状描述参数只能表征颗粒整体与圆形的接近程度，却不能对颗粒的不规则程度进行描述；而通过多个几何形状描述参数进行形状描述虽然精确程度更高，但多个参数没有合理完备的耦合模型，难以进行颗粒间不规则程度的比较和衡量。Schwarcz 和 Shane 最早采用傅里叶分析方法表征平面砂土颗粒形状，该方法在极坐标平面内将颗粒形状统一表示为傅里叶系数序列，从而克服了表征颗粒形状时几何参数选取的困难[111,112]。电池板表面灰尘可采用傅里叶级数对不规则颗粒的形状进行描述。

二维条件下，岩土颗粒的形状可用闭合曲线来表示，它可通过数字图像的边缘检测、轮廓识别等手段得到，如图 3.20 所示。假设轮廓线可表示为一个坐标序列：$(x_m, y_m), m = 0,1,2,\cdots,M-1$，则可用式（3.10）给出其复数形式[113]。

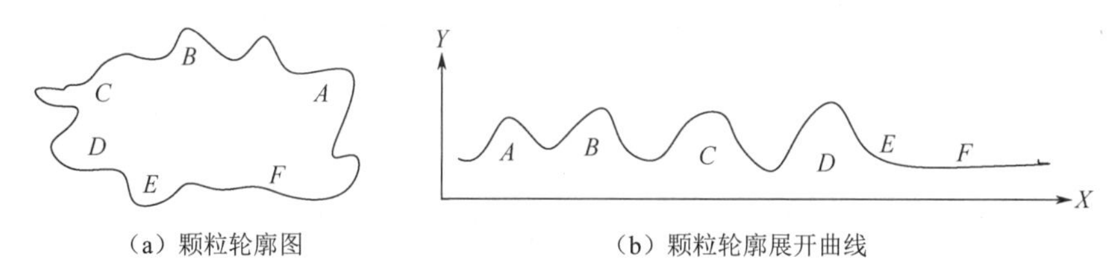

（a）颗粒轮廓图　　（b）颗粒轮廓展开曲线

图 3.20　不规则颗粒轮廓线展开图

$$z(m) = x_m + iy_m, m = 0,1,2,\cdots,M-1 \tag{3.10}$$

对于闭合曲线，其复数序列具有周期性，周期为 N；对于非封闭曲线，则可认为曲线首尾端点在逻辑上是相邻的，也可表示为周期为 N 的复数。那么颗粒轮廓展开曲线的复数序列可采用一维离散傅里叶变换表示为式（3.11）[113]。

$$Z(k) = \sum_{k=-\frac{N}{2}+1}^{+\frac{N}{2}} (x_m + iy_m)\left[\cos\left(\frac{-2\pi km}{N} + i\sin\left(\frac{-2\pi km}{N}\right)\right)\right] \tag{3.11}$$

式（3.11）的逆变换可表示为式（3.12）。

$$x_m + iy_m = \frac{1}{N}\cdot \sum_{k=-\frac{N}{2}+1}^{+\frac{N}{2}} Z(k)\left[\cos\left(\frac{-2\pi km}{N} + i\sin\left(\frac{-2\pi km}{N}\right)\right)\right] \tag{3.12}$$

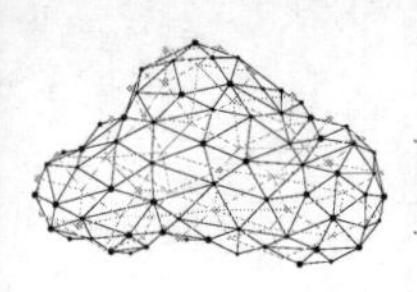

式中，k 为数字化频率；$Z(k)$ 为曲线复数序列 $z(m)$ 的傅里叶系数，又称曲线的傅里叶描述符；N 为傅里叶变化周期，为 2 的整数次幂；M 为封闭曲线轮廓点数目。

傅里叶描述法具有平移不变性、旋转不变性、尺度不变性和起点不变性等优点，能够更完整地描述颗粒形状信息。为简洁高效地描述平面颗粒形状，Mallon 和 Zhao 在平面直角坐标系内表征了颗粒形状，并采用傅里叶系数与平均粒径之比重新定义了傅里叶描述符[114]，其原理如图 3.21 所示[112]。

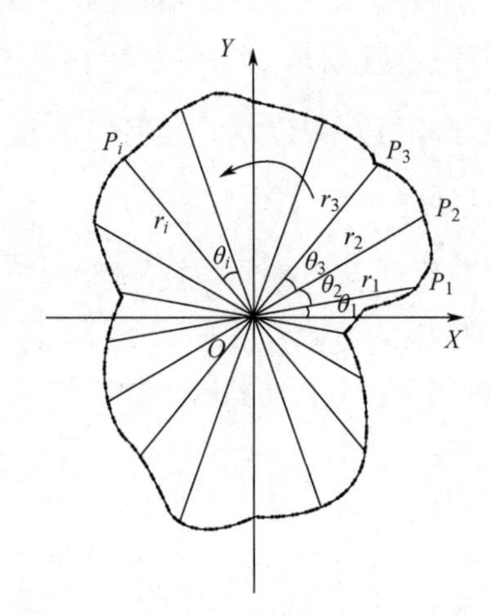

图 3.21　平面直角坐标系傅里叶描述原理

图 3.21 中，以颗粒中心点 O 为圆心建立平面直角坐标系，用等圆心角 θ 将颗粒轮廓划分为 N 份，$\theta=\dfrac{2\pi}{N}$，从 x 轴正向逆时针旋转，将各圆心角依次编号为 $\theta_1,\theta_2,\cdots,\theta_i,\cdots,\theta_N$，圆心角 θ_i 外边与颗粒轮廓交点为轮廓采样点 P_i，P_i 到圆心 O 的距离为半径 r_i，可用傅里叶级数表示为式（3.13）。

$$r_i = r_0 + \sum_{n=1}^{N}\left[A_n\cos(n\theta) + B_n\sin(n\theta)\right] \tag{3.13}$$

式（3.13）中，r_0 为颗粒平均半径，可用式（3.14）计算得到。

$$r_0 = \frac{1}{N}\cdot\sum_{i=1}^{N} r_i \tag{3.14}$$

式中，N 为圆心角等分数，即颗粒轮廓采样点总数，也称谐波总数；n 为谐波序号；A_n 和 B_n 均为傅里叶系数。A_n 和 B_n 可分别由式（3.15）和式（3.16）计算得到。

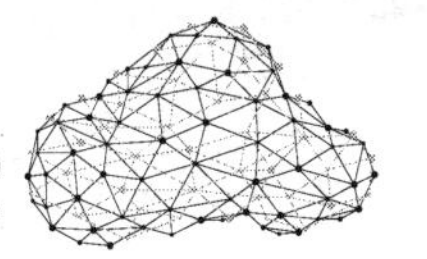

$$A_n = \frac{1}{N} \cdot \sum_{i=1}^{N} \left[r_i \cos\left(i \cdot \theta_i \right) \right] \tag{3.15}$$

$$B_n = \frac{1}{N} \cdot \sum_{i=1}^{N} \left[r_i \sin\left(i \cdot \theta_i \right) \right] \tag{3.16}$$

灰尘颗粒形状很大程度上影响着静电黏附性能[115]，当然不规则形状的灰尘颗粒也很大程度上影响着其与电池板的黏附作用。傅里叶级数对于不规则灰尘颗粒的形状描述则更为全面，对于不同接触角度下的同一颗粒也具有较好的描述效果。此外，在实际应用过程中，通常希望能够对不规则颗粒的轮廓形状进行详细描述，得到与轮廓相对应的数学解析式，以便对不规则形状颗粒的接触状态和受力情况进行理论分析和数值计算。因此，选用基于傅里叶理论的灰尘颗粒形状建模方法建立不规则灰尘颗粒的数学模型和接触力学模型。以JKR 接触模型为基础，结合基于傅里叶理论的不规则灰尘颗粒形状理论模型，构建不规则灰尘颗粒接触过程中法向接触力与形状参数间的关系。

灰尘颗粒形貌和粒径大小直接影响灰尘与电池板之间的作用力。灰尘颗粒与电池板的黏结机理研究可以归结到微颗粒与固体界面之间的接触作用。Hertz 在 1881 年提出了颗粒间的接触理论，将颗粒间的接触作用按照一种静态弹性的方式进行处理研究，形成一套研究颗粒间近似圆形接触面积与弹性变形关系的理论，为解决曲面接触问题提供了一种直观、有效的方法。1971 年，Johnson、Kendall 和 Robert 将 Hertz 接触理论进行延伸，得到了 JKR 接触理论，在考虑弹性材料和接触界面的特性基础上，认为颗粒间的黏附作用只存在于相互接触的面上。[116] Derjaguin、Muller 和 Toporov 在经典接触理论的基础上，考虑了接触面外微颗粒范德华力的作用[117]，得到了 DMT 接触理论。在很长的一段时间内，研究者对于JKR 接触理论和 DMT 接触理论的使用场合存在不同的争论，直到后来研究者将经典理论统一整合，并延伸出了 Maugis-Dugdale 和 double-Hertz 接触理论，研究者还通过对比接触模型中表面力与界面间隔的关系，揭示了这几个黏附理论间的关系和适用条件。为了能更数值化地描述微观颗粒间的黏附状况，1979 年 Cundall 和 Strack 首次提出了软球模型概念，运用软球模型来描述微观颗粒间的黏附关系，提出了对颗粒物质离散模拟分析的思想，将颗粒间的黏附作用通过更加数值化的方式来展示[118]。Walton 和 Perko 分别针对行星和月球表面的灰尘做了研究，发现灰尘颗粒主要受到静电力、范德华力和毛细作用力的作用，并且给出各个力的计算模型及模型的具体参数，使颗粒间原本复杂的黏附机理更加简化和清

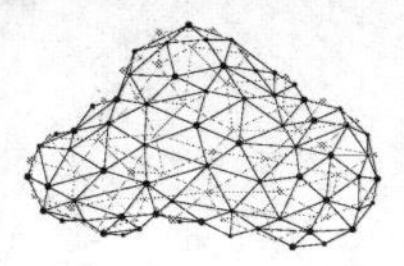

晰。第 4 章将详细讨论灰尘颗粒与电池板之间的黏附机理及各种模型。

当前各种清洁机器人最大的瓶颈就在于清洁执行器的效果和效率，而解决这一问题则必须了解灰尘与电池板之间的黏附机理。依据颗粒黏附理论对电池板表面灰尘黏附作用进行分析，首先就要了解灰尘颗粒的形貌和尺寸。从显微镜观察结果看，无论是电站地表灰尘还是电池板表面灰尘的形状都不规则，多呈次棱角状，而非规则的圆状。从颗粒粒径看，电池板表面灰尘颗粒粒径小于100μm 以下的约占95%。因此，从微观颗粒角度分析灰尘与电池板之间的黏附，以及灰尘颗粒之间相互黏附的机理，对改进光伏清洁机器人清洁执行器具有很重要的意义，也可为选择合适的清洁剂提供理论依据。

与此同时，还对电池板表面积灰的密度、含水量、弹性模量、泊松比，以及电池板表面弹性模量和表面摩擦系数等参数进行测量。电池板表面弹性模量为5 500MPa，电池板表面摩擦系数为0.4，灰尘颗粒弹性模量为5 300MPa，灰尘颗粒泊松比为0.42，灰尘颗粒密度为2 000kg / m^3。再通过含水量实验，测得灰尘颗粒含水量仅为0.26%，几乎不含自由水，这使得灰尘受力不存在毛细作用力。灰尘颗粒与电池板表面之间的黏附作用，是复杂的物理交互作用，与灰尘本身性质、灰尘所处环境，以及电池板表面材料性质等紧密相关。

3.4　灰尘对光伏发电的影响

灰尘颗粒对光伏组件的直接影响就是遮挡住了照射太阳能电池板的光线，造成光电转换效率降低。灰尘主要影响电池板吸收光子，荒漠地表颗粒物在风力作用下扬起，在风力和重力等作用下降落到电池板表面，对电池板表面形成覆盖和遮挡。颗粒对光的反射吸收和遮挡作用，影响光伏电池板对光的吸收，从而影响光伏发电效率。居发礼的研究指出，灰尘沉积在电池板组件受光面，首先会使电池板表面透光率下降；其次会使部分光线的入射角度发生改变，造成光线在玻璃盖板中不均匀传播。图 3.22 所示为灰尘对光线的遮挡和反射作用示意[119]。图中，太阳光线射向灰尘颗粒的总能量为ϕ，一部分被灰尘颗粒遮挡和吸收的能量为Φ'，另一部分被灰尘颗粒反射出去射向电池板的能量为Φ''，在玻璃盖板作用下被反射的一部分能量为$\triangle\Phi''$，因此整体上因为灰尘原因导致的光线损失为$\Phi'+\triangle\Phi''$。

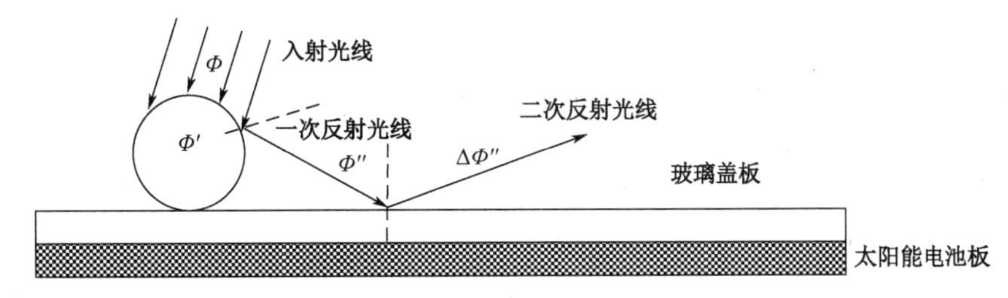

图 3.22 灰尘对光线的遮挡和反射作用示意

同时，电池板表面长期积累一层厚厚的灰尘会影响其散热，产生温度效应。目前光伏电站使用最多的是硅基太阳能电池组件。硅基太阳能电池对温度十分敏感，灰尘在太阳能电池组件表面积累，会增大光伏组件的传热热阻，就像是给光伏组件盖上了一层“棉被”，影响其光电转换效率。研究表明，太阳能电池温度上升1℃，输出功率约下降0.5%[120]。且太阳能电池组件在长久阳光照射下，被遮盖的部分升温远远大于未被遮盖部分，致使温度过高出现烧坏的暗斑。

下面详细分析一下，单层灰尘颗粒和多层灰尘颗粒对电池板的遮光效应，以及覆盖灰尘引起的电池板热效应。在此基础上，讨论一下灰尘给光伏/光热电站造成的危害。

3.4.1 灰尘颗粒对电池板受光面积的影响

灰尘会对光线产生遮挡作用。灰尘附着在电池板表面，会对光线产生遮挡、吸收和反射等作用，其中最主要的是对光的遮挡作用。现将电池板表面能够接受光子部分的面积称为受光面积，也即自由区域，将因被灰尘覆盖而不能吸收光子部分的面积称为遮挡面积，也即阴影区域。当太阳光线以一定角度照射电池板时，电池板表面灰尘颗粒遮挡和吸收光线产生阴影区域，阻碍电池板吸收光子。图 3.23 所示为灰尘颗粒对以一定角度射向电池板的光线的影响。其中阴影部分的椭圆形为单个灰尘颗粒在光线照射下遮挡电池板的面积。椭圆形的长轴中 L 的计算为式（3.17）。

$$\tan\frac{\alpha}{2}=\frac{R}{L}$$

$$L=R\cdot\cot\frac{\alpha}{2} \tag{3.17}$$

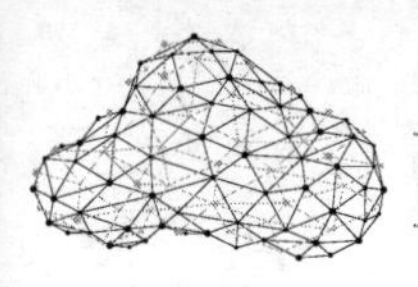

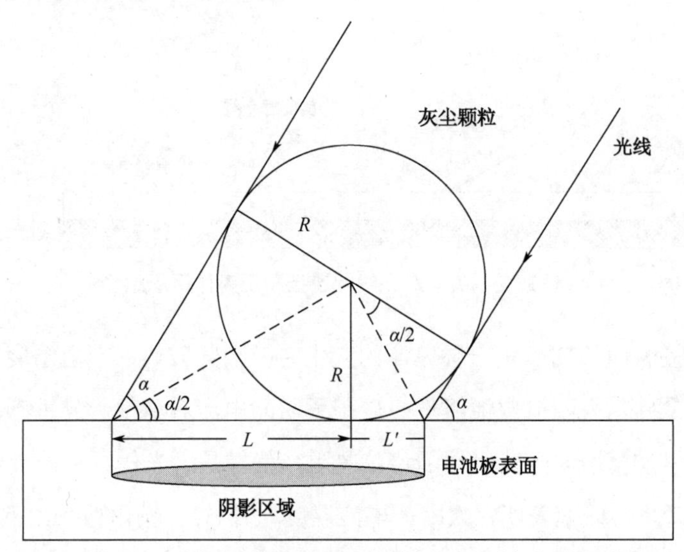

说明：α 为光线与电池板平面夹角，R 为灰尘颗粒半径。阴影区域为光线经过灰尘颗粒后在电池板上的投影，为一个椭圆形，其长轴长度为 $L+L'$，短轴长度为 $2R$。

图 3.23　灰尘颗粒对光线的遮挡

同理，长轴中 L' 的计算为式（3.18）。

$$\tan\frac{\alpha}{2}=\frac{L'}{R}$$

$$L'=R\cdot\tan\frac{\alpha}{2} \tag{3.18}$$

由此，椭圆形长轴的计算为式（3.19）。

$$L+L'=R\cdot\left(\tan\frac{\alpha}{2}+\cot\frac{\alpha}{2}\right) \tag{3.19}$$

由椭圆面积公式，可计算出灰尘颗粒阴影区域面积 A_s，如式（3.20）。

$$A_s=\pi R\left(\frac{L+L'}{2}\right)=\frac{\pi R^2}{2}\left(\tan\frac{\alpha}{2}+\cot\frac{\alpha}{2}\right) \tag{3.20}$$

对于单层灰尘颗粒覆盖在面积为 A 的光伏组件表面，不考虑灰尘间的相互干扰，其自由区域的面积 A_f（即受光面积）的计算为式（3.21）。

$$A_f=A-\frac{\pi}{2}\cdot\sum_{i=1}^{n}R_i^2\left(\tan\frac{\alpha}{2}+\cot\frac{\alpha}{2}\right) \tag{3.21}$$

式中，A 为电池板表面某一单位面积；A_f 为电池板表面单位面积的自由区域面积，即受光面积；n 为单位面积上灰尘颗粒的数量；R 为灰尘颗粒半径。其中，灰尘颗粒数量可通过

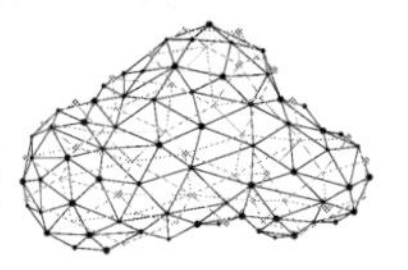

灰尘质量和灰尘半径估算出来。假设单位面积上灰尘质量为M，其与灰尘颗粒粒径和灰尘颗粒数量之间的关系为$M=\left(4\pi\rho\sum_{i=1}^{n}R_i^3\right)/3$。取灰尘颗粒平均半径为$\bar{r}$，则灰尘颗粒数量n可由式（3.22）得到。

$$M=\frac{4\pi\rho}{3}\cdot n\cdot\bar{r}^3$$

$$n=\frac{3M}{4\pi\rho\bar{r}^3} \tag{3.22}$$

则对于灰尘颗粒粒径较为接近的情况，可以采用平均粒径来推算其灰尘遮挡效果，其受光面积计算为式（3.23）。

$$A_{\mathrm{f}}=A-\frac{3M}{8\rho\bar{r}}\cdot\left(\tan\frac{\alpha}{2}+\cot\frac{\alpha}{2}\right) \tag{3.23}$$

对于电池板上的灰尘而言，其粒径分布在20～100μm范围内的约占85%以上，粒径变化较为平稳，采用平均粒径来估算颗粒数是可行的。

式（3.23）是不考虑灰尘颗粒之间互相干涉、互相重叠的理想情况，可以粗略估算单位质量灰尘遮挡下电池板表面的受光面积。但实际情况是灰尘颗粒之间会互相干涉，甚至是多层覆盖的，远比理想情况复杂。

为进一步精确预测其遮光面积，基于上述公式，以光线垂直入射（即$\alpha=90°$）来进一步讨论灰尘颗粒分布及遮光效果。取单位面积1cm^{2}的电池板表面区域，假设该区域灰尘颗粒半径一致，且单层平铺在电池板表面，紧密接触。紧密接触的灰尘颗粒分布应介于最松散排布和最密集排布之间，如图3.24所示。假设灰尘颗粒均为不透光的均匀球体，则单层灰尘颗粒遮光效果在这两种极限遮光效果之间。

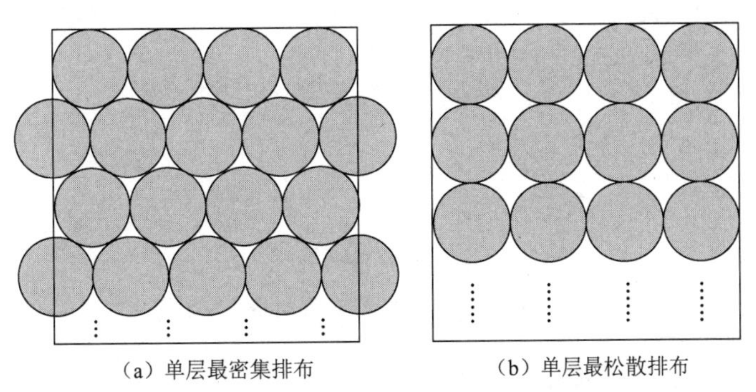

（a）单层最密集排布　　（b）单层最松散排布

图3.24　单层灰尘颗粒的两种极限排布状态

Al-Hasan 计算得出了图 3.24（a）中最密集排布时，$1cm^2$ 上的受光面积为 $0.09cm^2$，遮挡效果为91%。对于图 3.24（b）中灰尘最松散排布，同样可计算得出其 $1cm^2$ 上的受光面积为 $0.215cm^2$，遮挡效果为78.5%[121]。其最密集排布时，遮挡效果与灰尘颗粒粒径成反比关系，即灰尘颗粒越小，则遮挡效果越大。进而可得出以下结论：对于单层灰尘颗粒，根据式（3.21）和式（3.23）可知，随着灰尘颗粒半径和灰尘质量（或数量）的变大，电池板受光面积呈线性减少。当灰尘颗粒零散（未相互接触）分布时，灰尘对电池板的遮挡效果介于0%～78.5%，当灰尘颗粒紧密接触时，其遮挡效果介于78.5%～91%。

灰尘在电池板表面的覆盖实际上是不均匀的，而且灰尘颗粒也是有缝隙的，因此实际的遮挡效果与理想情况有很大差距。灰尘颗粒之间往往是重叠的，一定厚度的多层灰尘颗粒对受光面积的影响较为复杂，Beattie 等人给出了多层灰尘颗粒遮挡效果的经验公式，其受光面积计算为式（3.24）[122]。

$$A_{\mathrm{f}} = A - \mathrm{e}^{-A_{\mathrm{s}}^{\Sigma}} \tag{3.24}$$

式中，A_{s}^{Σ} 为灰尘颗粒遮挡的总面积，单位为 cm^2，用单层灰尘颗粒遮挡面积直接加总得出，即 $A_{\mathrm{s}}^{\Sigma} = \sum A_{\mathrm{s}}$。之所以遮挡面积成指数关系，是因为灰尘颗粒间有层叠和覆盖的关系。由式（3.23）和图 3.24 可知，单层灰尘颗粒受光面积随灰尘质量的增加而减少。单层灰尘颗粒时，受光面积变化是线性变化；多层灰尘颗粒时是指数变化。单位面积（$1cm^2$）上受光面积与灰尘质量的变化规律如图 3.25 所示。

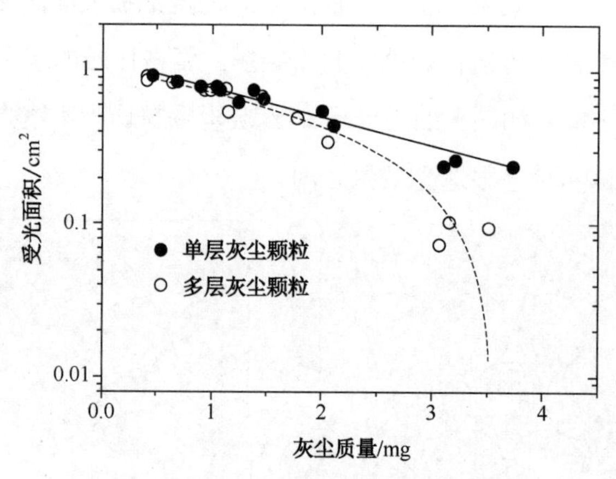

图 3.25　受光面积与灰尘质量的关系

由图 3.25 可见，单层灰尘颗粒对光的遮挡效果与灰尘质量成正比，积灰越多，受光面

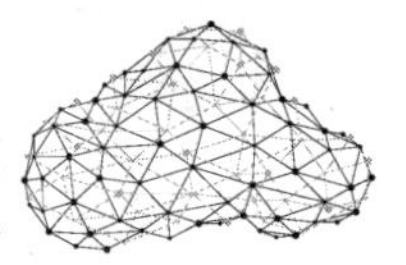

积越小，遮挡效果范围为0%～91%。随着灰尘质量的增加，单位面积上布满灰尘时，即达到最密集排布和最松散排布后，灰尘呈现多层现象，受光面积以指数变化规律急剧下降。在多层灰尘颗粒情况下，具有一定厚度的灰尘对电池板的遮挡效果相对复杂，还有待进一步研究。

受光面积直接与电池板接受的光子数量相关。受光面积减少，电池板吸收光子少，电池板的发电电流减少，电池板发电功率降低。由式（3.21）和式（3.23）可知，灰尘颗粒半径也影响电池板的受光面积。灰尘颗粒较大粒径和较小粒径相比，同样灰尘质量下，较小粒径的灰尘颗粒在电池板上的遮挡面积较大，对光伏发电影响更大。

3.4.2 灰尘量对光伏发电转换效率的影响

灰尘颗粒覆盖在电池板表面，阻挡光线照射太阳能电池，使电池发电的有效面积减小，降低光电转换效率。由光伏电池板的发电特性，电流大小主要由接收光子数量决定，而电压与自身材质和温度等相关。因此灰尘在电池板表面积累，产生阴影效应，主要影响电池板的电流大小，进而影响发电功率。对于确定规格和材质的光伏电池板，其电压较为稳定，积灰对其影响不大。

尽管光线遮挡理论为估算光伏组件因灰尘而产生的光电损失提供了参考，但灰尘量对光伏组件电流和电压的具体影响还需要实验确定。为了定量描述灰尘，将灰尘量定义为灰尘密度，即单位面积上的灰尘质量，也有定义为单位面积上的灰尘颗粒数，而颗粒数是在微观上实验观察得到的。灰尘密度分布形成类似于电场、磁场的密度场，实验中主要是对灰尘密度进行的分析计算。

假设电池板与地面的夹角为30°，电池板表面光滑，灰尘颗粒为均匀球形颗粒。将电池板的顶点作为坐标原点，电池板长为y轴，电池板宽为x轴，建立电池板直角坐标模型，如图3.26所示。

将电池板表面视作由无数小块组成的，则每块面积为$\Delta S = \Delta x \Delta y$。

电池板表面灰尘密度ρ表示为式（3.25）。

$$\rho = \frac{\Delta m}{\Delta S} = \frac{\Delta m}{\Delta x \Delta y} \tag{3.25}$$

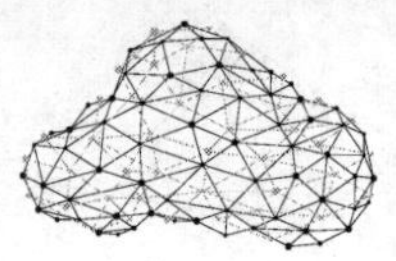

式中，Δm 为小面积 ΔS 上的灰尘质量。

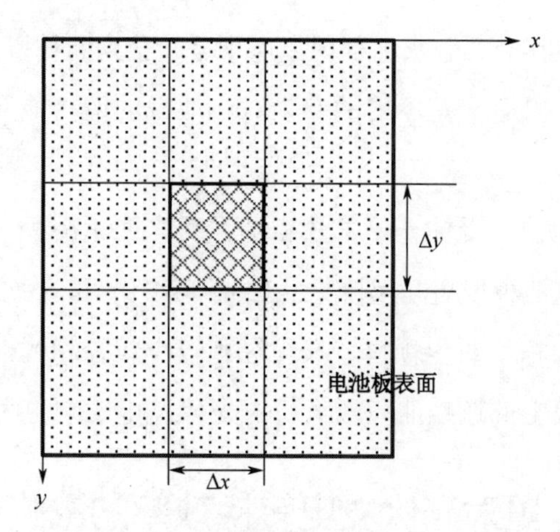

图 3.26　电池板表面灰尘分布的模型

在一定面积 S 上的灰尘平均密度 $\bar{\rho}$ 可表示为式（3.26）。

$$\bar{\rho}=\frac{1}{n}\sum_{i=1}^{n}\frac{\Delta m_i}{\Delta S_i} \tag{3.26}$$

式中，n 为电池板表面分割的小面积数量。

对于自然落尘，且没有风力影响下，长期累积的灰尘在斜置电池板表面，沿 x 轴方向的受力条件相同，灰尘在 x 方向均匀分布，则其在 x 方向的变化速率为0，即 $\frac{\partial \rho}{\partial x}=0$。

由于电池板是倾斜的，电池板表面积累的灰尘在雨水和重力的作用下，灰尘密度沿 y 轴分布是不均匀的，在 y 轴方向上的变化速率表示为式（3.27）。

$$\frac{\partial \rho}{\partial y}=F\left(x,y,t\right) \tag{3.27}$$

在 y 轴方向上，灰尘密度函数对 y 的偏导数是关于 x、y 及时间 t 的函数。在长期灰尘积累的情况下，灰尘密度基本是固定不变的，将 t 置为无穷大，F 函数中时间 t 以 $\frac{1}{t}$ 的形式存在，在 t 无穷大的情况下 $\frac{1}{t}=0$，F 函数简化为关于 x、y 的函数。在长期累积的情况下灰尘密度变化较小，因此可以将灰尘密度在 y 轴方向上的变化速率也假定为0，即采用平均密度的概念来分析。

给电池板电路加上不同阻值的负载后，不同灰尘量的电池板的输出电流将有较大变化，

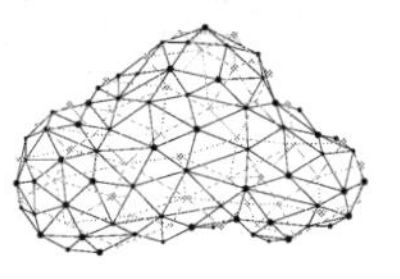

电压变化则较小，可通过测定可变负载两端电压和电流来研究灰尘量对光伏发电规律的影响。张风等人实验测试了灰尘对太阳能电池板的输出功率的影响，如图 3.27 所示。

从图 3.27 中可以清晰地看出，随着单位面积上灰尘量的增加，相同电压下其发电功率呈下降趋势。单位面积灰尘量每增加$1g/m^2$，发电功率约下降 5%。

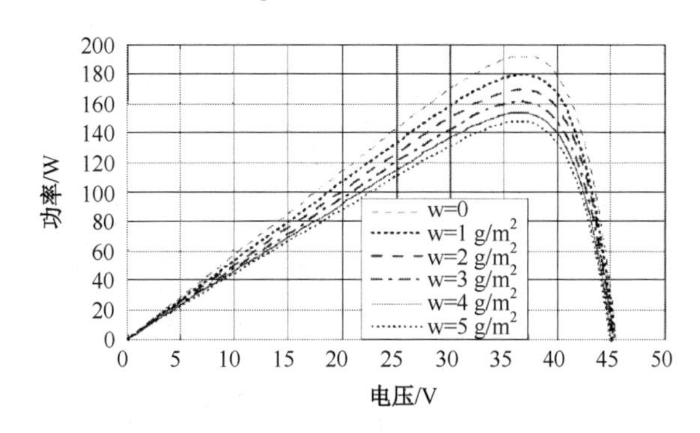

图 3.27 光伏组件在不同的灰尘量下功率—电压特性曲线

高海拔地区的灰尘影响与内陆地区略有不同。采用人为布置灰尘的方式，在西宁地区进行了灰尘量影响实验。灰尘采自格尔木地区，分别测试了电流—电压曲线和功率—电压曲线，如图 3.28 所示。实验采用的 GS-50 光伏电池板为多组5×2整列双结硅基薄膜电池板，长宽规格为$1\,245\times635$mm，面积约为$0.79m^2$，与水平地面呈夹角$30°$倾斜放置。GS-50 光伏电池板在标准测试条件下的主要参数为：额定功率 50W，峰值电压 43V，峰值电流 1.17A，开路电压 62V，短路电流 1.42A。

由图 3.28（a）可见，在电压为 0 时，此时的电流值为电池板在该条件下的短路电流，而在电流为 0 时，此时的电压代表电池板的开路电压。可以很明显地看出，灰尘主要影响电池板的短路电流，对开路电压的影响可以忽略不计。随着灰尘量的增加，太阳能电池板在同一电压对应的电流值就越低，同时，随着滑动变阻器阻值的增大，电压随之增加。电流值在刚开始时减小非常缓慢，在电压值增加到 35V 左右时电流值急剧减小。因此，在灰尘量逐渐增大而透光率逐渐降低的过程中，太阳能电池板的短路电流的减小速度非常明显。说明灰尘量对短路电流的影响要远远大于对开路电压的影响，从另一方面也证明了短路电流受光照强度影响较大。

由图 3.28（b）可见，随着灰尘量的增加，太阳能电池板的输出功率明显下降，当灰尘量从0增加到24.5g / m^2时，最大输出功率从38.182 2W下降到23.155 7W，输出功率明显下降。在灰尘量增加时，太阳能电池板最大功率点所对应的电压值有所增加，但不是很明显。太阳能电池板的输出功率取决于负载电阻，输出功率在最佳负载电阻时达到最大值，最佳负载电阻近似等于电池板的内阻。通过对图形以及测量数据的分析可以得到在负载电阻阻值约为30Ω时，对应的输出功率值达到最大。

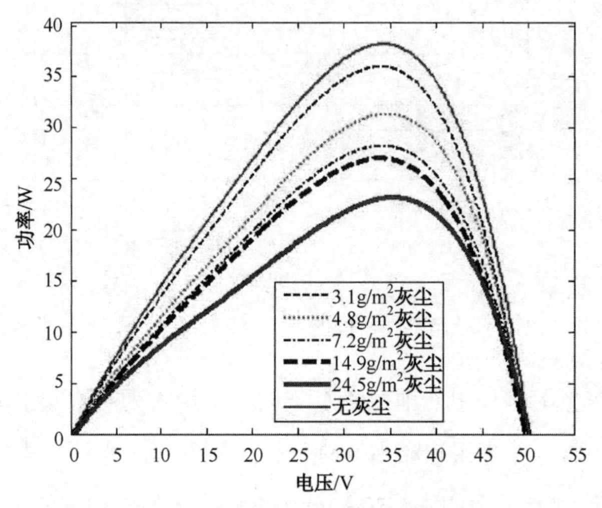

（a）不同灰尘量对应的电流—电压曲线

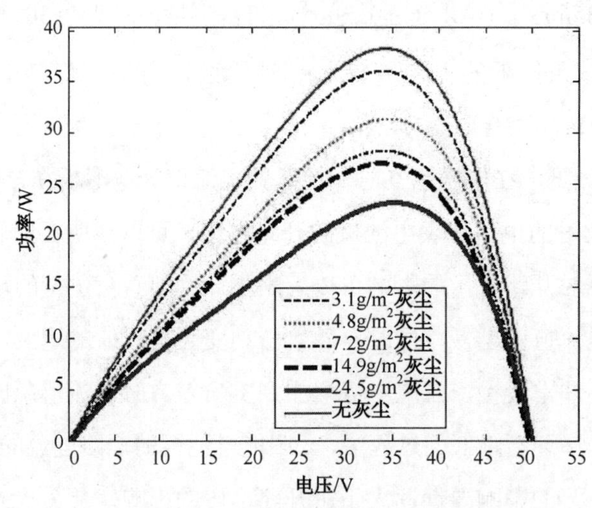

（b）不同灰尘量对应的功率—电压曲线

图3.28　不同灰尘量对应的功率和电流曲线

相比电流和功率变化规律，我们更关心灰尘对发电效率和损失率的变化。光伏发电效

率（记为η）是指，在相同条件下电池板积灰后的最大输出功率（记为P_{out}）与积灰前的最大输出功率（记为P_{max}）的比值，则其光伏发电效率可表示为式（3.28）。

$$\eta = \frac{P_{out}}{P_{max}} \times 100\% \tag{3.28}$$

进一步可以得到太阳能电池板的损失率η_f，其计算为式（3.29）。

$$\eta_f = \left(1 - \frac{P_{out}}{P_{max}}\right) \times 100\% \tag{3.29}$$

在功率、电流分析的基础上，可以通过实验数据得出不同积灰量下的损失率。在有负载的情况下，通过测定电池板除尘前后的电流与电压值，可计算得出电池板的P_{out}和P_{max}值，进而可得到光伏发电效率和太阳能电池板的损失率。

图 3.29 所示为格尔木荒漠地区电池板积灰量对光伏发电效率的影响。

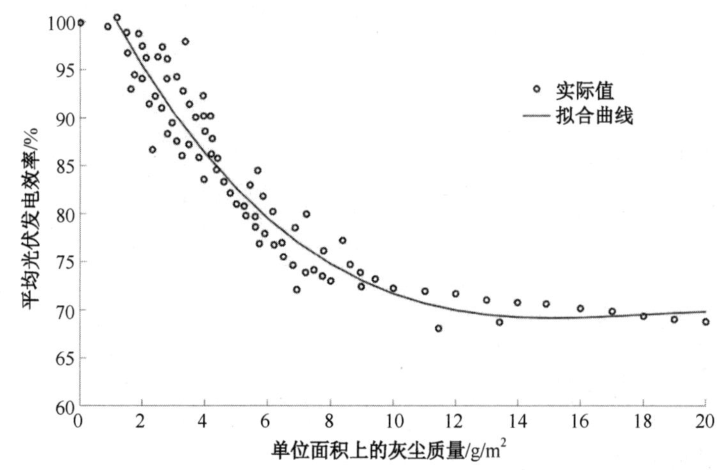

说明：平均光伏发电效率是通过测定多组光伏阵列（26×2 块阵列，每组取 8 块电池板数据）得到的平均值；单位面积上的灰尘质量也是一个平均值，且假设电池板表面灰尘分布均匀。

图 3.29 光伏发电效率与电池板表面灰尘量的关系

实验采用多晶硅电池板，额定功率为250W。图 3.29 对实际值的拟合曲线为一条近似指数变化的曲线，这与 Beattie 等人对灰尘颗粒对电池板的遮挡效果的研究结果一致。由图 3.29 可知，平均光伏发电效率随电池板表面灰尘量的增多而逐渐减少，灰尘量较少时平均光伏发电效率减速较快，随着灰尘量的增多平均光伏发电效率的变化趋于缓和。图 3.29 中较为密集的点说明在格尔木地区，灰尘量在$1\sim8\text{g}/\text{m}^2$区间的电池板较多，而灰尘量在其他区间的电池板则相对较少。由图 3.29 可知，格尔木荒漠地区光伏发电效率受灰尘的影响较大，其发电效率一般会降低5%～25%，甚至更多。经测定，一个月不清洁电池板，全年光伏发电效率平均降低15%左右，这与光伏电站维护人员的前期测试结果（电站受积灰的影响总发电效率会平均降低10%～20%）相吻合。

与前述电流—电压和功率—电压曲线测试相同条件下，对不同灰尘量下的太阳能电池板损失率进行分析，其最大输出功率和损失率如表 3.7 所示。

表 3.7　不同灰尘量对应的最大输出功率及损失率

灰尘量/g/m^2	0	3.1	4.8	7.2	14.9	24.5
最大输出功率/W	38.18	36.00	31.37	28.21	26.96	23.16
损失率/%	0	5.73	17.84	26.11	29.37	39.35

由表 3.7 可知，随着灰尘量的增加，太阳能电池板的最大输出功率明显下降，损失率明显上升，如图 3.30 所示。

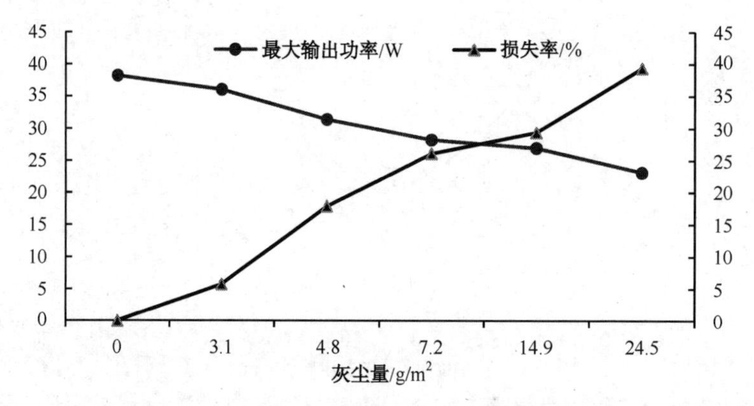

图 3.30　不同灰尘量下的最大输出功率和损失率

在灰尘量为24.5g / m^{2}时，损失率达到39.35%，在太阳能电池板自身的转化效率很低的情况下，灰尘的影响就显得非常严重。从不同灰尘量的最大输出功率及损失率可以看出，灰尘量与太阳能电池板的损失率并不是简单的线性关系，而是指数关系，这与上面的发电效率是一致的。在开始灰尘较少时（灰尘量低于7.2g / m^2），损失率的增速较快；当灰尘量增加到约7.2g / m^{2}时，损失率的增速开始变小，继续增加灰尘量，损失率的增速又较之前的变大，但增幅略微降低。

很容易从实验中得到灰尘引起光电转换效率降低的事实，而且损失率达40%。但实验

采用人工布灰，灰尘是经过处理的较为均匀的尘土，与电站组件表面的积灰是有一定区别的，尽管在成分上、粒径上大致相当。受到大气水蒸气、酸碱性物质等影响，凝结在电池板表面的灰尘不仅会降低光电转换效率，而且会使电池板表面吸热不均匀，而导致局部温度升高，甚至是热斑等损害。而这种对光伏组件造成的间接效率损失或不可逆的损伤，是荒漠环境中灰尘更大的危害。

3.4.3 灰尘对衰减寿命的影响

青藏高原常年的干旱、风沙气候使组件长期处于蒙尘状态。实地调研表明，格尔木、共和等地光伏组件的实际寿命不足 12 年，功率衰减现象很严重[123]。王平等人根据 Peck 泄漏电流方程推导出组件最大功率点功率衰减模型，如式（3.30）。

$$\frac{P_{\max t}}{P_{\max 0}}=1-A_{\mathrm{P}}\cdot \mathrm{e}^{-E/k_{\mathrm{b}}T}\cdot {R_{\mathrm{H}}}^{B_P}\cdot t^2 \tag{3.30}$$

式中，t 为光伏组件衰减时间；$P_{\max t}$ 为洁净组件在衰减时间 t 后在标准光照和一定温湿度条件下的最大功率点功率；$P_{\max 0}$ 为在 $t=0$ 时刻洁净组件的最大功率点功率；E 为组件的活化能参数，与组件本身性质和环境状态有关；k_{b} 为玻尔兹曼常数；T 为环境温度；R_{H} 为环境湿度百分比；A_{P} 和 B_{P} 为积灰组件经验参数。

进一步推导积灰组件的功率衰减特性，其与洁净组件之间的相关系数 λ 表示为式（3.31）。

$$\lambda=\left(1-\frac{P_{\max t}}{P_{\max 0}}\right)_{\text{polluted}}\Bigg/\left(1-\frac{P_{\max t}}{P_{\max 0}}\right)_{\text{clean}}=\frac{A_{\mathrm{P}}}{A_{\mathrm{c}}}\cdot \mathrm{e}^{(E_{\mathrm{c}}-E_{\mathrm{d}})/k_{\mathrm{b}}T}\cdot {R_{\mathrm{H}}}^{B_{\mathrm{P}}-B_{\mathrm{c}}} \tag{3.31}$$

式中，E_{c} 和 E_{d} 分别为洁净和积灰组件的等效活化能系数；下标 polluted 和 clean 表示积灰和洁净组件的功率衰减方程；A_{c} 和 B_{c} 分别为经验系数。

王平等人选用直径为 25～50μm，成分为 SiO_2（47.17%）、Fe_2O_3（18.57%）、Al_2O_3（26.21%）等组成的红土颗粒作为灰尘，使用 540×670mm 小尺寸组件在环境箱内模拟实验。采用太阳能模组测试仪 PROVA-200A 测量单晶硅和多晶硅两种组件的最大功率点，并计算了最大功率点功率的衰减百分比，如表 3.8 所示[123]。

实际上，表 3.8 中所列的功率衰减并非是不可逆的，只是效率损失。从表 3.7 和 3.8 可知，灰尘对组件遮光引起的效率损失是很明显的。模拟箱中对高密度的灰尘覆盖反映不明显，但在自然太阳光下高密度灰尘覆盖依然产生较大损失。而灰尘在不同光照强度下，也呈现出非线性的特点。

表 3.8　不同灰尘密度下功率衰减

灰尘密量 g/m^2	0	2.15	4.69	9.05	13.69	19.93
多晶硅功率衰减率/%	0.00%	9.14%	11.76%	16.30%	19.12%	23.41%
单晶硅功率衰减率/%	0.00%	7.86%	16.74%	19.91%	21.97%	22.93%

王平等人采用衰减模型，计算得到不同密度下灰尘对组件活化能系数 E_a 和组件衰减的影响，如图 3.31 所示。图 3.31（a）中，随着灰尘量增加，其活化能系数 E_a 中位值从 0.753eV 下降至 0.565eV，组件对环境湿度的灵敏度逐渐减小，等效湿度逐渐增加，更容易发生功率衰减。图 3.31（b）中，在衰减 96h 后，洁净组件的最大功率点功率衰减为初始值的 82.1%，而覆灰后的光伏组件衰减为初始值的 46.7%（<80%，已不符合国际 PID 衰减要求）。光伏组件覆灰问题会极大地提高光伏组件的衰减速率，严重影响组件的使用寿命[123]。

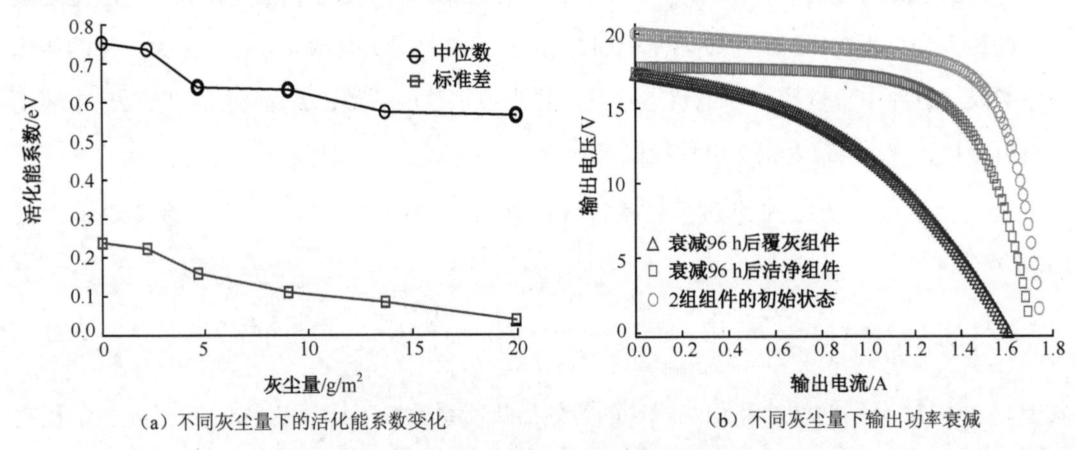

（a）不同灰尘量下的活化能系数变化　　（b）不同灰尘量下输出功率衰减

图 3.31　不同灰尘量下活化能和衰减情况

上述模拟实验仅考察了灰尘量对光伏组件活化能系数和衰减的影响，实际上灰尘成分性质对组件活化能系数 E_a 的影响很大，同时带来组件表面玻璃腐蚀等问题，更加剧组件的衰减和老化。

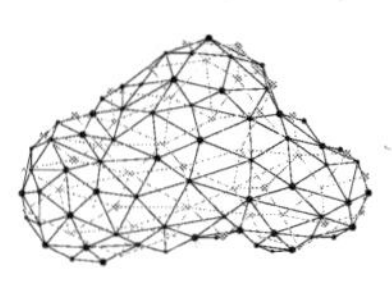

3.4.4 灰尘引起的其他效应

硅基太阳能电池组件对温度十分敏感，积灰组件表面相当于沉积了一层导热系数较低的材料，导致散热情况变差，表面温度升高[125]。灰尘在组件表面的积累增大了光伏组件的传热热阻，成为光伏组件上的隔热层，影响其散热，导致太阳能电池板温度升高，降低其光电转换效率。研究表明，太阳能电池板温度上升1℃，输出功率约下降0.5%。且电池组件在长久阳光照射下，被遮盖的部分升温速度远大于未被遮盖的部分，致使温度过高出现烧坏的暗斑。正常照度情况下，被遮盖部分的电池板会由发电单元变为耗电单元，被遮蔽的光伏电池会变成不发电的负载电阻，消耗相连电池产生的电力，即发热，这就是热斑效应。此过程会加剧电池板老化，减少出力，严重时会引起组件烧毁，形成暗斑、焊点熔化、封装材料老化等永久性损伤，甚至导致安全隐患[76]。

另一方面，电池板表面温度也对积灰产生影响，Jiang 等人对不同表面温度下的灰尘积累做了研究。研究表明，随着温度升高，电池板表面积灰密度从0.85g / m^2 下降到0.50g / m^2，其趋势如图 3.32 所示[126]。造成这一现象的原因是，灰尘沉积受到热泳力（thermophoresis force）影响，而热泳力随着组件表面温度与环境之间温度梯度加大而提高[126]。如果这一实验结果是正确的，那么就为高海拔荒漠地区冬季积灰严重（图 3.32 中冬季沙尘天气较轻，但电池板表面积灰依然很严重）提供了一种解释，即冬季电池板表面因吸热产生较高温度，可达到30℃，而环境温度则在 –20℃ 以下，温度差很大，致使灰尘沉积严重。

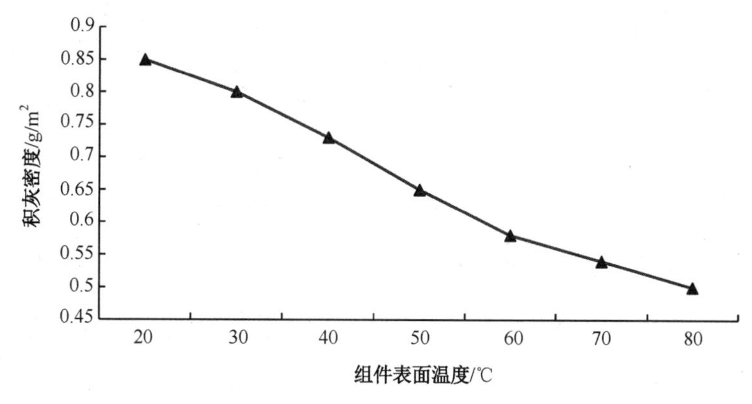

图 3.32　积灰密度与组件表面温度的关系

光伏面板表面大多为玻璃材质，玻璃的主要成分是二氧化硅和石灰石等，当湿润的酸性或碱性灰尘附着在玻璃盖板表面时，玻璃盖板中的成分物质能与酸或碱发生化学反应。随着玻璃在酸性或碱性环境里的时间增长，玻璃表面会慢慢被侵蚀，从而使表面变得坑坑洼洼，导致光线在盖板表面形成漫反射，在玻璃中的传播均匀性受到破坏，光伏组件盖板越粗糙，折射光的能量越小，实际到达光伏电池板表面的能量也会越小，导致光伏电池发电量减小。并且粗糙的、带有残留物的黏滞表面比光滑的表面更容易积累灰尘。而且灰尘本身也会吸附灰尘，一旦有了初始灰尘，就会导致更多的灰尘累积，加速光伏电池发电量的衰减①。柴达木盆地由于降水稀少，蒸发量很大，使得盐分不断沉积，形成大面积的盐碱地，其中德令哈地区和格尔木地区的土壤pH分别达到8.39和8.86[127]。沉积在电池板表面的灰尘也呈现较为明显的碱性，而且在清洗过程中所使用的地下水和自然雨水都呈碱性。柴达木地区的光伏电站实际上处在很严重的碱性环境中，电池板表面上的灰尘积累时间过长，必然会在表面形成腐蚀小坑或划痕，玻璃盖板变成不光滑，增强了盖板的漫反射效应，如图 3.33 所示。经过多次反射和折射后，进入玻璃盖板的能量为$E_1 + E_{21}$。根据能量守恒定律，入射到光伏组件表面的光强满足式（3.32）。

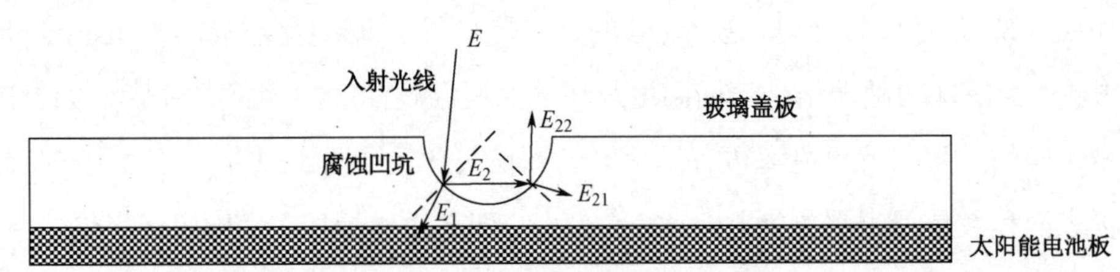

图 3.33　受腐蚀的光伏组件光线传播示意

$$I_{\mathrm{i}} = I_{\mathrm{d}} + I_{\mathrm{s}} + I_{\mathrm{t}} + I_{\mathrm{v}} \tag{3.32}$$

式中，I_{i}为入射光强；I_{d}为漫反射光强；I_{s}为镜面反射光强；I_{t}为透射光强；I_{v}为被物体吸收的光强。

其中，漫反射光强遵循 Lambert 定律$I_{\mathrm{d}} = I_{\mathrm{i}} \cdot K_{\mathrm{d}} \cos\theta$（其中$\theta$为入射光线与其法线之间的夹角），而漫反射系数$K_{\mathrm{d}}$与物体表面粗糙度相关（$0 < K_{\mathrm{d}} < 1$），表面粗糙度越高，$K_{\mathrm{d}}$越大，漫反射光强越大。灰尘对玻璃盖板不断腐蚀，漫反射光强逐渐增强，从而降低太阳能

① 资料来源：https://www.dgzj.com/guangfu/103328.html

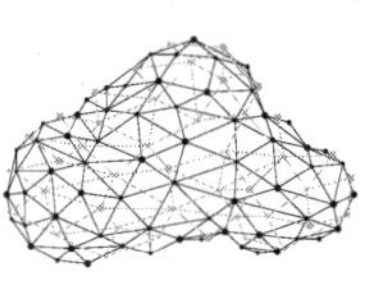

电池吸收的能量，导致光伏组件光电转换效率衰减。

灰尘本身给电池板造成的遮光、升温效应，是其中的一部分影响，另一部分影响则来自清洁灰尘的过程。上一章提到当前灰尘清洁的主流方式是半自动化的车载水射流喷淋方法。这种方法不仅耗费大量的水资源，而且清洁过程中主要采用当地的地下水，而地下水偏碱性，在喷淋过后很容易在电池板表面形成一层难以去除的污垢，形成二次污染。图 3.34 中电池板表面白色块状和条状的痕迹即为用水冲洗并干燥后留下的污垢。经测定，这些物质成分多为碳酸盐、硫酸盐和硅酸盐。这些污痕长期附着在电池板上，难以清除，不仅遮挡光线，还可能与电池板表面玻璃发生化学反应，进而影响电池板寿命。

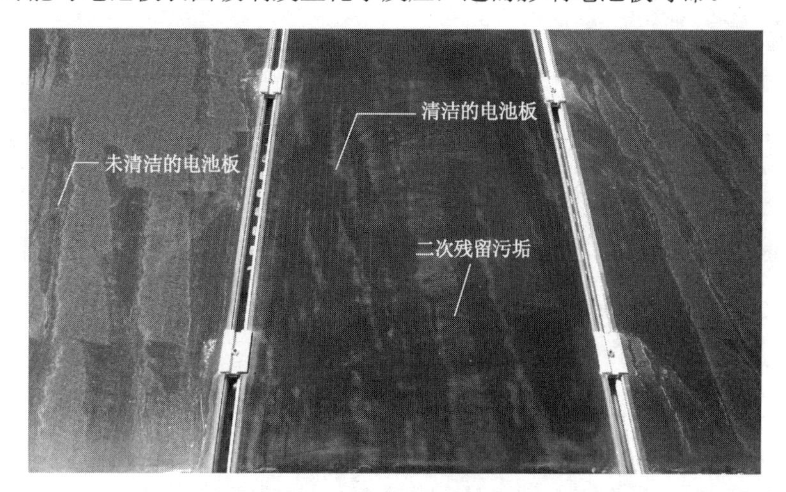

图 3.34　水冲洗后的电池板表面存在二次残留污垢

电池板表面污垢的产生与残留，与冲洗用水中所含的离子有关。通过检测当地地下水中的各种离子含量，反映了格尔木地下水的特性，如表 3.9 所示。经测定，格尔木地区地下水 pH 值为 7.0～8.6；水的硬度为 3～4mmol / L，属于硬水；水的矿化度为 850～1 000mg / L。这种地下水喷洒到电池板表面在干燥后，就会形成如图 3.34 所示的盐碱垢。这层盐碱垢又会腐蚀组件表面的玻璃，长时间侵蚀会增大玻璃表面的粗糙度，这将加剧灰尘积累，增加光线漫反射效应，进一步降低光电转换效率，甚至破坏电池板的发电性能。

表 3.9　格尔木地区地下水所含离子成分（质量浓度单位为 mg / L）

K^+	Na^+	Ca^{2+}	Mg^{2+}	Cl^-	SO_4^{2-}	HCO_3^-	CO_3^{2-}
19.44	208.10	61.20	30.00	308.00	224.30	90.84	<0.10

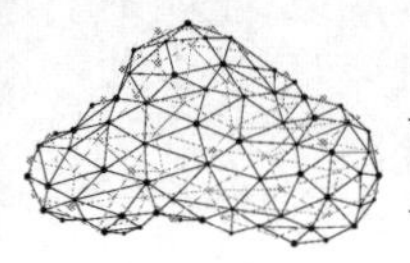

另一种重要的清洁方法是机械擦除，采用软硬程度不同的条刷、盘刷，经滑动摩擦或旋转摩擦把尘垢从电池板表面剥离。首先，为了达到一定的摩擦力，刷丝与电池板表面需要有一定的压力，这个压力过大就会造成电池板发生挠曲，长期反复施加，容易形成玻璃表面的隐裂，甚至导致太阳能电池板的隐裂。在大型车辆的带动下，由于压力控制不好，很容易造成大面积电池板的损毁。其次，在压力合适的情况下，刷子剥离灰尘的过程中，反复与玻璃表面接触，对玻璃表面也会造成划痕损伤，划痕在碱性灰尘作用下，加剧其伤害，严重时可引起电池板表面形成热斑。

3.5 本章小结

本章系统地介绍了太阳能电池板表面灰尘的来源、性质及其对光伏发电的影响，重点结合柴达木盆地光伏电站说明了灰尘的来源和性质。由于高海拔荒漠条件下，降水量稀少，蒸发量较大，风沙频繁，且沙尘源丰富，导致这一地区的光伏电站长期经受灰尘覆盖的困扰。

柴达木地区的光伏组件表面积灰主要是物理黏附作用，也伴有一定的化学作用，在强风的配合下，在电池板表面形成了窄沟壑状的积灰。通过对灰尘成分、形貌、粒径等性质的分析，可知电池板表面灰尘颗粒较为不规则，粒径多在20～100μm范围内。灰尘黏附在电池板表面，导致发电效率下降，同时也带来一些附加作用，包括电池板局部热效应、清洗形成二次危害等。

尽管我们对光伏电站的积灰做了一个较为详尽的描述，但不得不说对于光热系统，尤其是聚光器表面灰尘的状况并没有介绍。如第 1 章所述，光热系统使用聚光器收集阳光，并聚焦到电池上，所以只能吸收太阳光直射部分，其表面形成积灰后就会有相当一部分光线被散射而无法收集。因此，光热系统比普通光伏组件对灰尘的影响更加敏感，更需要高效的光电转换效率。但如槽式、碟式、太阳帆式等光热系统，其表面形状不规则，灰尘积累状况更加复杂，而且涉及双轴跟踪系统的密封问题。

研究表明，对于 3 个月没有清理的平板太阳能收集器来说，会有高达5%的输出功率损失。置于一个位于恶劣环境下（如高海拔荒漠地区）的抛物面聚光器，由于低降雨量和

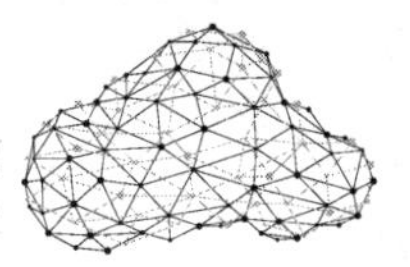

较多的大气尘埃，电量的输出会下降更多，在 20 天没有清理的情况下，输出功率损失大约会达到12%。由于目前光热系统集中式电站规模不大，没有引起研究者的足够重视，相信在未来研究光热系统积灰状况的人会越来越多。而光热系统的跟踪系统性能，受到荒漠地区风沙的影响更大，尤其在春季风沙较大，细小的微米级沙尘颗粒在强风带动下，很容易进入密封良好的传动系统中，从而加剧传动齿轮与其他部件之间的磨损，降低光热系统的使用寿命，增加系统的不可靠性。

研究灰尘的来源、性质及其对光伏发电的影响，就是为了更加了解灰尘与电池板之间的黏附机理。灰尘与电池板之间究竟是如何黏附在一起的，它们之间的黏附力有什么特点呢？这些将在下一章中讨论。

第4章 灰尘颗粒黏附机理

上一章对灰尘颗粒及其性质做了详细的描述。之所以需要研究如何清洁灰尘，是因为灰尘颗粒与光伏组件表面之间存在黏附作用。要想回答采用什么工具除尘？如何选择除尘工艺？如何高效、高质量地除尘？等有关清洁的核心问题，首先要了解灰尘颗粒/颗粒群与光伏组件之间的黏附机理及其黏附力大小。

国内外学者对光伏组件表面灰尘对其发电效率影响的研究很多，但较少研究灰尘黏附作用机理，尤其是灰尘颗粒与电池板之间的作用力。固体表面颗粒黏附机理是理解灰尘颗粒与光伏组件表面之间作用力的关键。国内外诸多研究机构都认识到灰尘黏附机理的重要性，早期 Perko 和 Walton 等人分别研究了行星和月球表面上灰尘在光伏组件表面的黏附情况，研究了灰尘的受力情况，指出灰尘主要受到范德华力、静电力和毛细作用力等，并给出了受力参数[128,129]。吴超等人对城市和室内灰尘黏附力做了大量实验，并研究了灰尘的受力情况[130,131]。但对于气候干燥、风沙频繁的高海拔荒漠地区灰尘与电池板之间的黏附作用研究还十分匮乏[132]。

本章针对高海拔荒漠地区光伏组件表面黏附灰尘，详细分析灰尘颗粒与电池板之间的黏附机理，考虑理想规则圆球形灰尘颗粒在非接触不变形、接触不变形和接触变形条件下，建立起灰尘黏附力学模型，并依据上一章中所分析灰尘的性质，结合受力模型参数计算灰尘颗粒与电池板表面之间的范德华力、静电力、重力及合力的数量级。然后详细介绍了在接触变形条件下的 Hertz、JKR、DMT 等模型，在此基础上基于弹簧阻尼理论建立灰尘与电池板之间的黏附接触模型，并确定了黏附力的数量级。为了更精确地分析灰尘颗粒的黏附力，提出了将分形理论应用于分析灰尘粗糙表面，并建立单颗粒和颗粒群与电池板

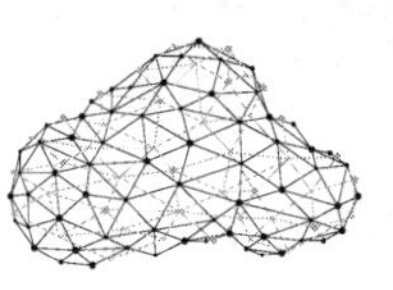

表面之间的接触载荷模型。最后介绍了灰尘黏附力学的测量方法。

范德华力是分子间的作用关系。微颗粒间接触的话存在多个分子的范德华力作用，多个分子的范德华力可能会引起接触变形，接触后的颗粒间黏附力不能按照分子间范德华力的简单叠加或积分来计算。Hertz、Dmt、Jkr、Maugis-Dugdale 等属于静态接触理论，是法向接触力。Hertz 接触理论没有考虑黏附力（即分子间的范德华力的合力），适用于大颗粒弹性接触，Hertz 接触理论的法向外载荷和接触变形量关系式十分明确。

微颗粒小尺度的接触范德华力作用明显，必须考虑，Bradley 理论首先考虑了微颗粒间接触的范德华力作用，但是没考虑范德华力合力（黏附力）引起的颗粒变形。随后出现了 JKR 接触理论。JKR 接触理论结合前面的理论，在低载荷状态下，给出法向力与接触变形的关系式，该式一部分是 Hertz 理论计算式，另一部分就是范德华力合力作用引起的变形。DMT 接触-理论考虑了接触区外的黏附力，但是忽略了接触区内黏附力引起的变形。

因此，分别用 DMT 与 JKR 接触-理论计算接触力会产生矛盾。之后这一矛盾被新引入的无量纲数 Tabor 数化解，JKR 接触理论适合 Tabor 数较大的情形（颗粒曲率半径较大，刚度较小的情形）；DMT 接触理论适合 Tabor 数较小的情形（颗粒曲率半径较小，刚度较大的情形）。Maugis-Dugdale 接触理论建立了适用于任何 Tabor 数的模型，但方程只有数值解。

以上理论均假设颗粒为规则物体。考虑实际物体表面均为粗糙表面，所以两个粗糙表面的接触（如齿轮间的接触）可采用三维分形理论进行研究。粗糙表面接触点可由单个微凸体等效，而每个微凸体仍可采用上述经典接触理论来研究。最后每个微凸体的力的叠加就构成了粗糙表面的接触力。

傅立叶模型是将粗糙表面轮廓曲线用傅立叶展开，比粗糙表面等效成多个微凸体在某些情况下要更合理。

4.1 不考虑接触变形的力学分析

如 3.3.2 节所述，尽管灰尘颗粒形状很不规则，且圆状、次圆状比例较低，但其颗粒

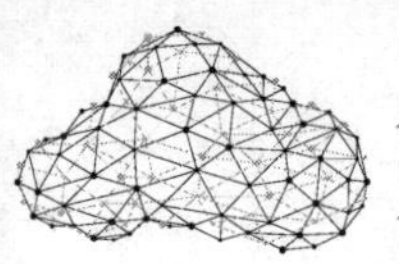

尺寸较小，宏观形貌可简化为球形颗粒。在不考虑灰尘颗粒与电池板表面接触变形的前提下，结合电池板表面灰尘主要成分和粒径组成，计算灰尘颗粒所受的范德华力、静电力及重力，给出了灰尘受力参数，得出灰尘颗粒的具体黏附力范围和变化规律，为光伏电池板灰尘清洁提供理论依据，进而提高光伏发电效率。

4.1.1 灰尘黏附的能量角度分析

灰尘颗粒与电池板的黏附机理研究可以归结到微颗粒与固体界面的研究当中去。物体表面都存有表面自由能，有些物质的表面自由能较高，而有些物质的表面自由能相对较低。表面自由能相对较高的表面非常不稳定，很容易吸附其周围的一些粒子来降低它表面的自由能，从而使表面变得相对稳定[133]。表征物质表面黏附能力的强弱，可以采用单位面积过剩自由能W，如式（4.1）。

$$W=\frac{G^{\mathrm{s}}}{A}-\frac{n^{\mathrm{s}}}{A}\mu \tag{4.1}$$

式中，$\frac{G^{\mathrm{s}}}{A}$表示物质单位面积表面自由能；$\frac{n^{\mathrm{s}}}{A}\mu$表示物质单位面积内部自由能。

电池板表面玻璃有较高的比表面自由能，约为$1\,200\mathrm{erg/cm^2}$ [134]，而灰尘颗粒的比表面自由能相对较小，所以为了使电池板表面变得相对稳定，电池板表面黏附灰尘颗粒是不可避免的。这从本质上揭示了灰尘在电池板表面黏附的原因，但不能直观表述灰尘在电池板表面的黏附，且表面自由能的研究和测量都相对较为复杂，所以一般研究灰尘受力作用。

求物体间宏观相互作用力与表面自由能关系，可采用 Dcrjaguin 近似法[135]。现假定灰尘颗粒是球形弹性颗粒，密度均匀；电池板是光滑刚性平板且密度均匀，则灰尘与电池板宏观相互作用力与表面自由能关系可表示为式（4.2）。

$$F(z)=\frac{\delta W(z)}{\delta z} \tag{4.2}$$

式中，$W(z)$为将物体 1 由与物体 2 从相距z推到无穷远时所需的可逆功，也即黏附功；$F(z)$即为灰尘与电池板表面间的相互作用力。

4.1.2 灰尘在电池板上的宏观分子受力

20 世纪 60 年代初，Lifishitz 提出了宏观分子理论[136]。此理论适用于比原子间距离更大的范围，用来计算灰尘与电池板间的作用更合理。Lifishitz 给出了单位面积上平行板间的相互作用能表达式，如式（4.3）。

$$W_{\text{surface}}(z)=\frac{h_{\varpi}}{16\pi^2 z^2} \tag{4.3}$$

式中，z 为两个平行板之间的距离；h_{ϖ} 为 Lifishitz 常数。

假设灰尘颗粒为球状，可推导出灰尘颗粒与电池板之间的宏观分子力模型。

1. 灰尘颗粒与电池板之间的宏观分子力模型

任露泉等人研究了灰尘颗粒与固体材料间的黏附力，在不考虑接触变形的情况下，给出了半球形灰尘颗粒微凸体与固体物质间的黏附模型，由此可得出灰尘整体球形颗粒与电池板间的黏附模型[137]。物质间相接触并存在相互作用时，物质必然变形，就灰尘颗粒与电池板表面而言，二者刚性较好，接触时变形非常小，因此接触变形暂不予考虑。图 4.1 所示为不考虑接触变形时灰尘与电池板表面黏附模型。其中，O 为灰尘颗粒与电池板表面的接触点，O' 为灰尘颗粒的球心；X 和 Z 为灰尘颗粒与电池板所组成的 XOZ 平面内的坐标；z_0 为灰尘颗粒与电池板接触时分子间的平均间距；z 为灰尘颗粒与电池板表面间距；x 为在灰尘颗粒球面上某点的 X 方向距离；R 为灰尘颗粒半径。

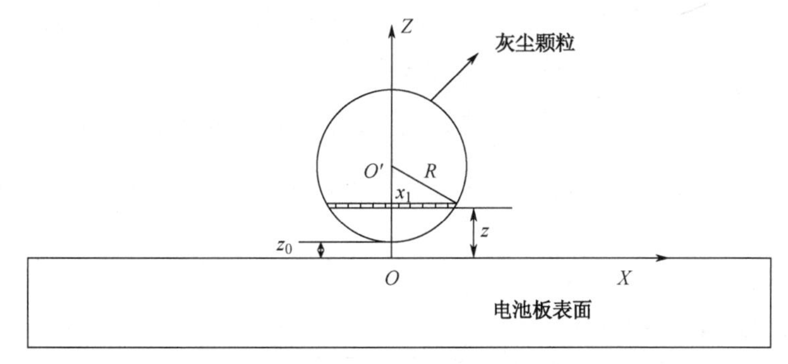

图 4.1 不考虑接触变形时灰尘与电池板表面黏附模型

结合 Derjaguin 法，由式（4.3）和图 4.1 可以得到灰尘颗粒与电池板间的相互作用能

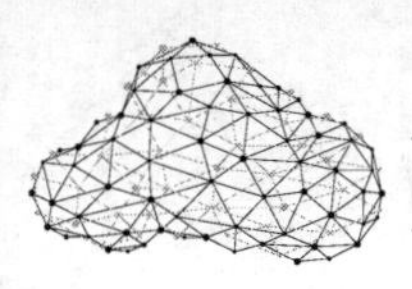

$W_{\text{sphere}}(z)$，如式（4.4）。

$$W_{\text{sphere}}(z)=\int_0^{2R}2\pi x W_{\text{surface}}(z)\mathrm{d}x \tag{4.4}$$

式中，R 为灰尘颗粒半径；x 为在灰尘颗粒球面上某点的 X 方向距离。

由图 4.1 可表达出灰尘颗粒与电池板表面间距 z 与灰尘颗粒球面上某点的 X 方向距离 x 之间的关系，如式（4.5）。

$$z-z_0=R-\sqrt{R^2-x^2} \tag{4.5}$$

进一步可计算出 z 与 x 之间的微分关系式，如式（4.6）。

$$\begin{gathered}\mathrm{d}z=\frac{x}{\sqrt{R^2-x^2}}\mathrm{d}x\\ x\mathrm{d}x=\left(R-z+z_0\right)\mathrm{d}z\end{gathered} \tag{4.6}$$

综合式（4.3）、式（4.4）和式（4.6），可计算出灰尘颗粒与电池板之间的相互作用能 $W_{\text{sphere}}(z)$，如式（4.7）。

$$\begin{aligned}W_{\text{sphere}}(z)&=\frac{h_{\varpi}}{8\pi}\int_{z_0}^{2R+z_0}\frac{R-z+z_0}{z^2}\mathrm{d}z\\ &=\frac{h_{\varpi}}{8\pi}\left[\frac{R}{z_0}+\frac{R}{z_0+2R}-\ln\left(\frac{2R+z_0}{z_0}\right)\right]\end{aligned} \tag{4.7}$$

式中，z_0 为灰尘颗粒与电池板紧密接触时分子间的平均间距；z 为灰尘颗粒与电池板表面间距。

若不考虑接触变形及外力，则灰尘颗粒与电池板间的范德华力 F_{vdw} 可由式（4.8）计算得到。

$$F_{\text{vdw}}=-\frac{\mathrm{d}W_{\text{shpere}}(z)}{\mathrm{d}z_0}=-\frac{h_{\varpi}}{8\pi}\left[\frac{R}{z_0^2}+\frac{R}{\left(z_0+2R\right)^2}-\frac{2R}{z_0\left(z_0+2R\right)}\right] \tag{4.8}$$

式中负号代表引力，由于 $R>>z_0$，所以通常范德华力表达式可简化为式（4.9）。

$$F_{\text{vdw}}=-\frac{h_{\varpi}R}{8\pi z_0^2} \tag{4.9}$$

其中，z_0 的表达式为式（4.10）。

$$z_0=\sqrt{\frac{2}{3}}\sqrt[6]{2}\sqrt[3]{\frac{M}{N_{\text{A}}L\rho}} \tag{4.10}$$

式中，M 为分子量；L 为灰尘每个分子中原子数；N_A 为阿伏加德罗常数；ρ 为灰尘颗粒密度。

式（4.8）准确给出了灰尘颗粒与电池板间的宏观范德华力，计算方便。

这里需要指出的是，Lifishitz 常数 h_ϖ 一般取值为 $0.96 \sim 14.4\text{eV}$，虽然是常数，但由式（4.3）可知 Lifishitz 常数与物质的表面自由能相关。Lifishitz 给出了一些物质的 h_ϖ 常数[138]，其中 SiO_2/真空/SiO_2 系统 Lifishitz 常数理论值为 $2.09 \sim 2.61\text{eV}$，由于灰尘颗粒和电池板表面玻璃大部分物质由 SiO_2 组成，又测得灰尘颗粒密度约为 $2\,000\text{kg}/\text{m}^3$，所以可用该式进行近似计算。分子间平均间距 z_0 与物质的分子组成有关，显然不同的物质之间 z_0 不同，z_0 一般取值为 $10^{-9} \sim 10^{-7}\text{m}$。以 SiO_2 为例，式（4.10）中取 $L = 3$，$\rho = 2\,000\text{kg}/\text{m}^3$，可计算得到 z_0 的值，如式（4.11）。

$$z_0 = \sqrt{\frac{2}{3}}\sqrt[6]{2}\sqrt[3]{\frac{60.084 \times 1\,000}{6.022 \times 10^{23} \times 3 \times 2\,000}} = 2.343 \times 10^{-8}\text{m} \tag{4.11}$$

研究分子间平均间距对灰尘受力的影响时，z_0 可取 $1.5 \times 10^{-8}\text{m}$、$2 \times 10^{-8}\text{m}$、$2.5 \times 10^{-8}\text{m}$、$3 \times 10^{-8}\text{m}$、$3.5 \times 10^{-8}\text{m}$ 等接近 SiO_2 分子间距的值来进行研究。

由 MS2000 激光粒度分析仪测得格尔木和共和地区光伏产业园区电池板表面灰尘粒径范围分别为 $0.12 \sim 61.5\mu\text{m}$ 和 $0.17 \sim 63.1\mu\text{m}$，粒径范围十分接近。虽然灰尘粒径跨度较大，但两地区粒径小于 $40\mu\text{m}$ 的灰尘体积百分比大于 97%，粒径小于 $25 \times \mu\text{m}$ 的灰尘体积百分比约为 90%，粒径小于 $20\mu\text{m}$ 的灰尘，体积百分比约为 80%，两地区电池板上黏附的大部分灰尘颗粒是微米级灰尘颗粒，且分布十分接近。因此，在研究电池板表面灰尘颗粒半径对灰尘受力的影响时可取 $0.2\mu\text{m}$、$0.2\mu\text{m}$、$1\mu\text{m}$、$10\mu\text{m}$、$20\mu\text{m}$、$40\mu\text{m}$ 等一些具体值进行研究。下面分别讨论范德华力与 Lifishitz 常数、灰尘颗粒半径及分子间平均间距等参数的关系。

2. 范德华力与 Lifishitz 常数的关系

首先研究 Lifishitz 常数 h_ϖ 对灰尘与电池板间的范德华力 F_{vdw} 的影响。设灰尘颗粒半径 R 为 $20\mu\text{m}$，分子平均间距 z_0 为 $2.343 \times 10^{-8}\text{m}$，则范德华力与 Lifishitz 常数的关系如图 4.2 所示。

Lifishitz 常数 h_ϖ 与范德华力 F_{vdw} 成正比例的线性关系，在所有 h_ϖ 取值范围内，F_{vdw} 变化近一个数量级。结合式（4.3），该线性关系间接说明了电池板相对表面自由能越大，对

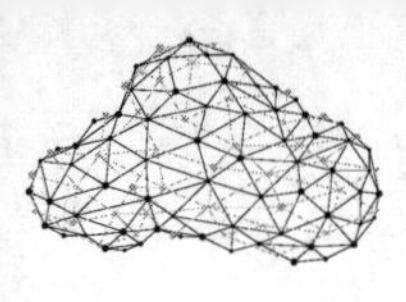

灰尘的黏附力也就越强。

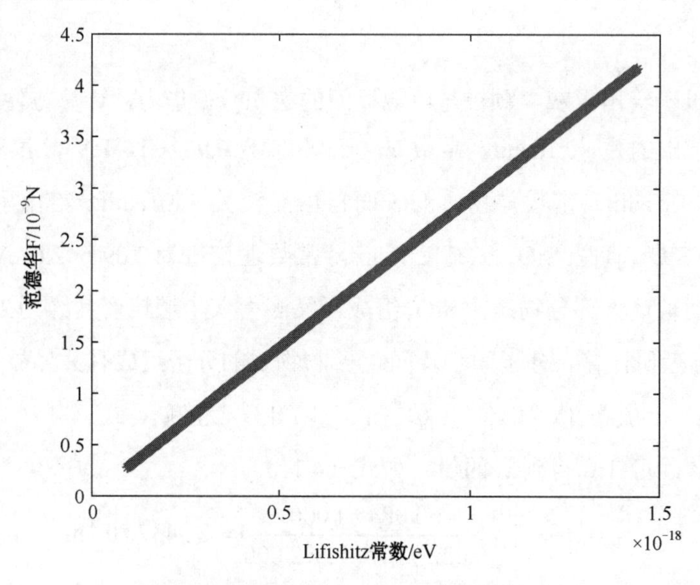

图 4.2　范德华力与 Lifishitz 常数的关系

3. 范德华力与灰尘颗粒半径的关系

取灰尘颗粒半径 R 为 $0.2 \sim 40\mu m$，Lifishitz 常数 h_{ϖ} 为 2.3eV，z_0 分别取 1.5×10^{-8}m、2.0×10^{-8}m、2.5×10^{-8}m、3.0×10^{-8}m、3.5×10^{-8}m 这 5 个不同的值，研究范德华力与灰尘颗粒半径的关系，如图 4.3 所示。

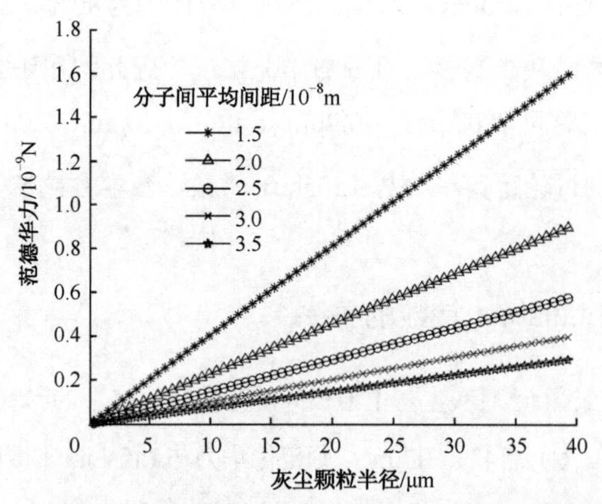

说明：仅考虑灰尘颗粒与电池板间的范德华力作用。下同。

图 4.3　范德华力与灰尘颗粒半径的关系

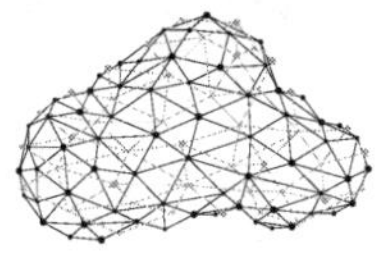

由图 4.3 可知，灰尘颗粒与电池板分子间的范德华力与灰尘颗粒半径成近似的线性关系，且随着灰尘颗粒半径的逐渐增大，范德华力也逐渐增大。由 5 条不同曲线可以看出，分子间平均间距越大，范德华力越小，范德华力数量级与灰尘半径数量级变化相同。

4. 范德华力与分子间平均间距的关系

取分子间平均间距 z_0 为$10^{-9}\sim 8\times10^{-8}$m，灰尘颗粒半径 R 分别取0.2m、1m、10m、20m、40m这 5 个不同的值，研究范德华力与分子间平均间距的关系，如图 4.4 所示。

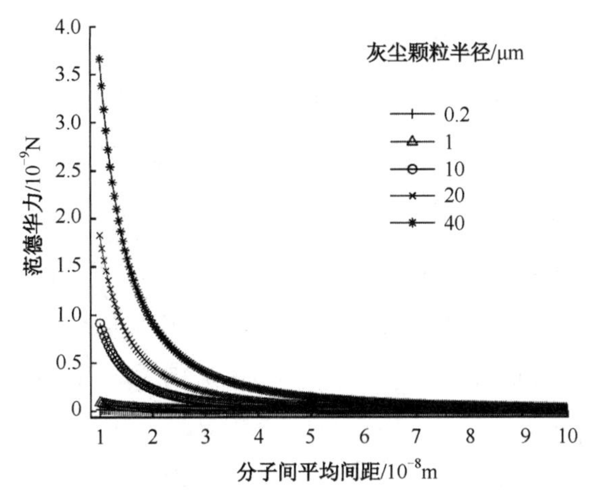

图 4.4 范德华力与分子间平均间距的关系

图 4.4 中的 5 条曲线分别由灰尘颗粒半径的 5 个不同取值得到。由图 4.4 可知，随着 z_0 的增大，灰尘与电池板间宏观分子间的范德华力急剧减小后减速逐渐变缓，这一结论符合经典的分子间引力受力规律。灰尘颗粒半径的变化对范德华力的影响不如分子间平均间距的变化对范德华力的影响明显，即分子间平均间距对范德华力的影响相对较大。由图 4.2、图 4.3、图 4.4 可知，灰尘在电池板上所受的宏观分子间作用力即范德华力的平均取值为10^{-9}N数量级。

颗粒之间（或颗粒与壁面之间）的范德华力正比于粒径 R，而颗粒重力正比于 R^3。随着粒径尺寸的减小，范德华力相对于重力的影响以$1/R^2$的关系迅速增强，在不考虑静电力、液桥力等作用时，粒径尺寸在1mm及以上的颗粒通常不会发生在壁面上或颗粒间的黏附，而100μm以下的颗粒则恰好相反。范德华力是细颗粒流的主要影响因素之一。在

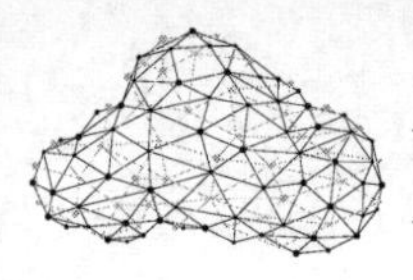

颗粒接触区形状未知的情况下，将无法通过两颗粒的分子间范德华力积分来得到颗粒间总的黏附力。

为了准确描述黏附性接触下颗粒受力与变形的关系，研究者提出了多个黏附接触模型。下面对几个经典接触力学模型进行介绍。

4.2 经典接触力学模型

颗粒接触研究由来已久，早在 1881 年 Hertz 就提出了颗粒间的接触理论，假设颗粒间的接触作用为静态弹性，形成了一套研究颗粒间近似圆形接触面积与弹性变形关系的理论，为解决曲面接触问题提供了一种直观、有效的方法；1971 年，Johnson、Kendall 和 Robert 将 Hertz 接触理论进行延伸，得到了 JKR 接触理论，充分考虑了弹性材料和接触界面的特性；Derjaguin、Muller 和 Toporov 在经典接触理论的基础上，考虑了接触面外微颗粒范德华力的作用，得到了 DMT 接触理论。而后在 JKR 和 DMT 接触理论基础上延伸出了 Maugis-Dugdale 和 double-Hertz 接触理论。下面采用接触力学模型对灰尘颗粒与电池板之间的黏附作用加以分析。

4.2.1 基于 Hertz 接触理论的黏附接触模型

Hertz 接触理论解释了当两个固体颗粒在微小的载荷作用下，接触点附近发生形变，使得灰尘颗粒间在一个有限的区域上发生接触并形成相互的黏附作用。两个半径分别为 R_1、R_2 的颗粒发生接触变形，形成半径为 a 的圆形接触区域。当颗粒 R_2 的半径趋向于无穷大时，可以将其视为颗粒 R_1 与固体平面的接触模型，等效于灰尘颗粒与电池板间的黏附接触模型，如图 4.5 所示。

由图 4.5 可见，灰尘颗粒在外力 P 的作用下，形成半径为 a 的圆形接触区域。在图 4.5 中建立坐标系：沿接触中心向右设为 X 轴正方向，沿接触中心垂直向下为 Y 轴正方向，隐藏的 Z 轴正方向垂直于纸面向外。则在接触区（$|r| \leqslant a, y=0$）范围内，利用 Hertz 接触理论可得到接触区内的法向应力分布 $p(r)$、压入量 δ 和法向外载荷 P，如式（4.12）[139]。

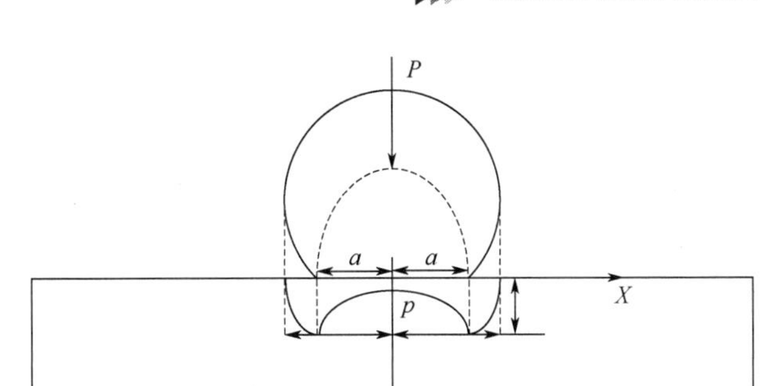

图 4.5 灰尘颗粒与电池板间的黏附接触模型

$$p(r)=\frac{E^*}{2R}\cdot\left(a^2-r^2\right)^{\frac{1}{2}}\quad \delta=\frac{a^2}{R}\quad P=\frac{4E^*a^3}{3R} \tag{4.12}$$

式中，E^*表示等效弹性模量；r为变形区的法向截面半径，$r^2=x^2+z^2$。

其中，等效弹性模量与灰尘颗粒、电池板的弹性模量与泊松比的关系式如式（4.13）。

$$\frac{1}{E^*}=\frac{1-\nu_1^2}{E_1}+\frac{1-\nu_2^2}{E_2} \tag{4.13}$$

式中，E_1、ν_1、E_2、ν_2分别为灰尘、电池板的弹性模量和泊松比。

黏附在电池板表面的灰尘颗粒只受到自身重力的作用，此时的外力大小P即为灰尘颗粒的重力G，进一步可求出变形半径a，如式（4.14）。

$$P=G=m\mathrm{g}=\frac{4}{3}\rho\pi R^3g$$

$$a^3=\frac{\rho\pi R^4g}{E^*} \tag{4.14}$$

式中，ρ为灰尘颗粒的密度；R为灰尘颗粒的半径。

整个接触区受到的应力F_S可积分得到，如式（4.15）。

$$F_S=\int_S p(r)\mathrm{d}\sigma=\frac{E^*}{2R}\cdot\int_{\frac{\pi}{2}}^{-\frac{\pi}{2}}\int_0^{a\cos\theta} r\left(a^2-r^2\right)^{\frac{1}{2}}\mathrm{d}r\mathrm{d}\theta \tag{4.15}$$

式中，S表示接触区的面积。

综合式（4.12）、式（4.14）和式（4.15），可以得到接触区内应力F_S，即接触黏附力，如式（4.16）。

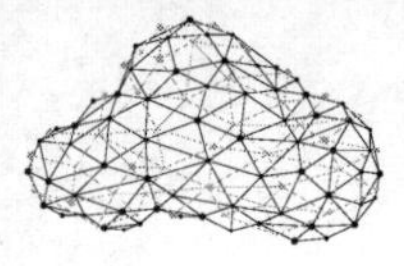

$$F_S = \frac{\rho \pi R^3 g}{6}\left(\pi - \frac{4}{3}\right) \tag{4.16}$$

对如图 3.18 所示的样本灰尘粒径分布进行分析可知，灰尘粒径在 28～29μm 的分布最为集中，取灰尘粒径 $R = 14\mu m$，计算得到黏附力 $F_S = 4.85 \times 10^{-12} N$。取粒径在 28～70μm 的灰尘颗粒，可得到黏附力与灰尘颗粒半径的变化关系，如图 4.6 所示。

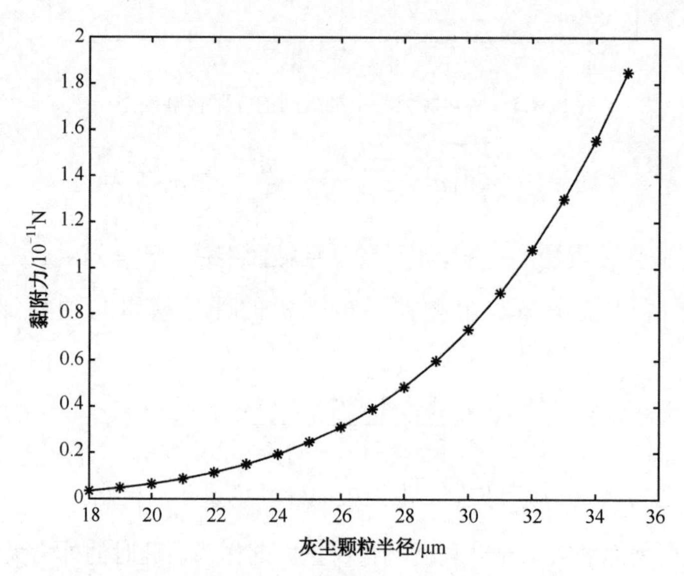

图 4.6　黏附力与灰尘颗粒半径的变化关系

由图 4.6 可见，随着灰尘颗粒粒径的增大，灰尘颗粒与电池板间的黏附力也越大，且黏附力的数值范围为 10^{-14}～$10^{-11}N$。

对于粗大颗粒的弹性接触，Hertz 接触理论的合理性已经得到了普遍公认。而对于小尺度的接触问题，当两表面靠近接触时，范德华力的作用将发挥明显作用，但 Hertz 接触理论没有考虑接触体间黏附力的作用，因此不适用于分析微颗粒的黏附。

4.2.2 DMT 接触理论

Hertz 接触理论没有考虑接触体的自由能、表面能所产生的黏附对接触力的影响。当两表面靠近接触时，两固体颗粒会相互黏附接触而构成界面，其 Dupre 黏附能 $\Delta\gamma$ 表示为式（4.17）。

$$\Delta\gamma = \gamma_1 + \gamma_2 - \gamma_{12} \tag{4.17}$$

式中，γ_1和γ_2分别为两颗粒表面的自由能；γ_{12}为界面能。

基于 Lennard-Jones 定律，对两刚性球之间的单位面积上的范德华力积分得出 Bradley 方程，如式（4.18）。

$$\sigma(h) = \frac{8\pi R^* \Delta\gamma}{3} \cdot \left[\frac{1}{4}\left(\frac{h}{z_0}\right)^{-8} - \left(\frac{h}{z_0}\right)^{-2}\right] \tag{4.18}$$

式中，h和z_0分别表示两表面间距和平衡间距。

以上两式中，R^*为有效颗粒半径，其值可由式（4.19）求得。

$$\frac{1}{R^*} = \frac{1}{R_1} + \frac{1}{R_2} \tag{4.19}$$

式中，R_1和R_2分别为两颗粒半径。

光伏电池板相对于灰尘颗粒可视为半径无穷大的圆，因此计算光伏电池板与灰尘颗粒黏附力时，可求得有效颗粒半径R^*与灰尘颗粒半径R相等。

当$h_0 = z_0$时，由 Bradley 方程可得出颗粒间最大黏附力F_0，如式（4.20）。

$$F_0 = -2\pi R^* \Delta\gamma \tag{4.20}$$

Derjaguin、Mulla 和 Toporov 在 1975 年提出了计算变形、接触面积及硬表面球体接触黏附脱开力的接触理论[117]，后来被称为 DMT 接触理论。DMT 接触理论基于式（4.18），考虑了由范德华力引起的接触黏附效应，如图 4.7 所示。

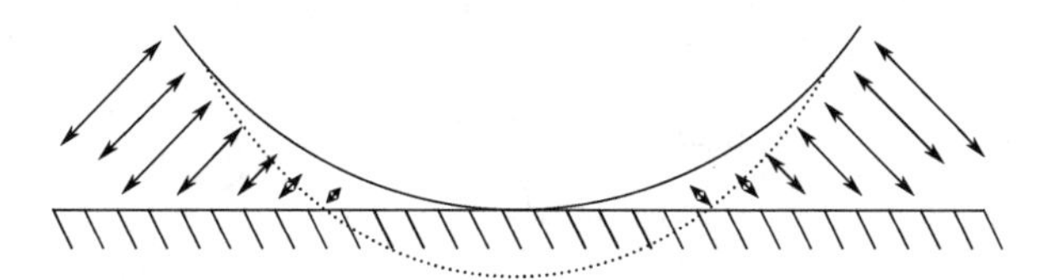

图 4.7　DMT 接触理论中球形颗粒与平壁接触变形示意

图中，箭头表示在接触区外存在的范德华力，虚线表示在不考虑变形的情况下，灰尘颗粒表面所处的位置，实线表示考虑灰尘颗粒由于范德华力吸引后灰尘颗粒变形后所处的位置。

对 Hertz 理论予以修正，得到了接触力P和接触面半径a的关系，如式（4.21）。

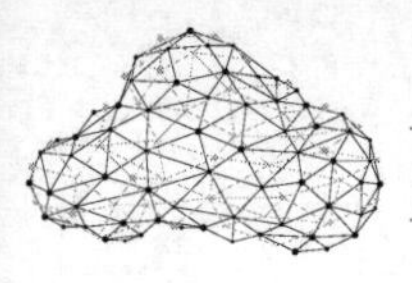

$$a^3 = \frac{3R^*}{4E^*} \cdot \left(P + 2\pi R^* \Delta\gamma\right) \tag{4.21}$$

从式（4.21）得到载荷 P 的最小值，也就是促使颗粒表面分开（接触面半径 $a=0$）的最大拉力 P_c，可表示为式（4.22）。

$$P_c = 2\pi R^* \Delta\gamma \tag{4.22}$$

DMT 接触理论考虑了接触面外颗粒表面间的范德华力，当颗粒表面分离时则简化为 Bradley 接触模型。Bradley 接触模型视颗粒为刚性，不考虑颗粒由于吸引力引起的表面变形。

4.2.3 JKR 接触理论

Roberts 和 Kendall 等人在研究接触力学的实验中发现，在低载荷状态下，两接触体间的接触面积要比按 Hertz 接触理论计算的结果大；而且当接触载荷减少至零的时候，接触面积趋向一个确定的有限值，特别是在接触表面处于清洁而干燥的状态时，能够观察到强烈的黏附现象发生，而在高的接触载荷作用时，接触实验的结果更接近于 Hertz 接触理论。在此基础上 Johnson、Kendall 和 Roberts 通过理论分析和实验验证，在 1971 年确定了被称为 JKR 接触理论的颗粒间接触与表面黏附的关系，其接触示意如图 4.8 所示。

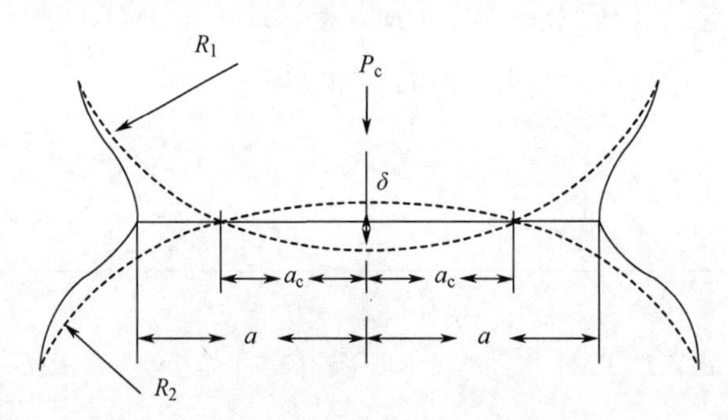

图 4.8　JKR 接触理论中颗粒间接触示意

当两颗粒在无外载荷的情况下相互接触时，两表面间的吸引力作用使接触面产生一个半径为 a 的有限接触面。此时能量平衡的关系表现为，两接触表面所具有的表面能转化为接触面变形的弹性能。所损失的表面能 U_s 可写为式（4.23）。

$$U_s = -\pi a^2 \Delta\gamma \tag{4.23}$$

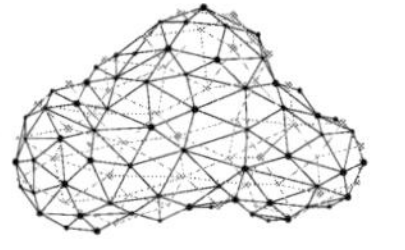

在外部接触载荷 P_1 的作用下，在接触界面间存在着能量之间的转换，其总能量 U_T 由 3 部分能量组成：外载荷对接触体所做的功 U_M（机械能），两接触体产生形变所转化的弹性势能 U_P 和两接触体的表面自由能 U_s。在 JKR 接触理论的分析中运用了最小势能原理，即 $\mathrm{d}U_T / \mathrm{d}a = 0$ 或 $\mathrm{d}U_T / \mathrm{d}P = 0$，确定平衡方程，进而求得 P_1（考虑黏附能时，产生接触体变形的当量载荷）与外载荷 P 之间的关系如式（4.24）。

$$P_1 = P + 3\pi R^*\Delta\gamma + \sqrt{\left(3\pi R^*\Delta\gamma\right)^2 + 6\pi R^*\Delta\gamma P} \tag{4.24}$$

由此可求得两颗粒接触时，接触面半径 a 与外载荷 P 的关系可写为式（4.25）。

$$a^3 = \frac{3R^*}{4E^*}\left(P + 3\pi R^*\Delta\gamma + \sqrt{\left(3\pi R^*\Delta\gamma\right)^2 + 6\pi R^*\Delta\gamma P}\right) \tag{4.25}$$

式中，E^* 为有效弹性模量，其计算式详见式（4.13）。

两颗粒重叠量 δ 可表示为式（4.26）。

$$\delta = \frac{a^2}{R^*} - \left(\frac{2\pi a\Delta\gamma}{E^*}\right)^{\frac{1}{2}} \tag{4.26}$$

重叠量增量为 $\Delta\delta$，法向增量 ΔP 可写为式（4.27）。

$$\Delta P = 2aE^*\Delta\delta\left(\frac{3\sqrt{P_1} - 3\sqrt{P_c}}{3\sqrt{P_1} - \sqrt{P_c}}\right) \tag{4.27}$$

通过分析式（4.23）可以得到以下结论。

- 当 $\Delta\gamma = 0$ 时，则简化为不考虑表面黏附的 Hertz 接触力，即 $a^3 = \dfrac{3R^*P}{4E^*}$。
- 当外载荷 $P = 0$ 时，由于表面能的存在，颗粒与电池板依然发生黏附接触，接触表面依然存在变形。此时的接触面半径计算可以简化式（4.25），得到式（4.28）。

$$a^3 = \frac{9\pi\left(R^*\right)^2\Delta\gamma}{2E^*} \tag{4.28}$$

- 当 $\left(3\pi R^*\Delta\gamma\right)^2 + 6\pi R^*\Delta\gamma P \geqslant 0$ 时，式（4.24）有解，可以得到 $P \geqslant -\dfrac{3}{2}\pi R^*\Delta\gamma$。

其物理意义是，当外载荷 P 为负，即拉颗粒时，接触面半径减小；当 $P \geqslant -\dfrac{3}{2}\pi R^*\Delta\gamma$ 时，颗粒间黏附处于临界状态；如拉力再增加则两颗粒被分开。因此使得两颗粒分开的最大拉力 P_c 可表示为式（4.29）。

$$P_c = \frac{3}{2}\pi R^*\Delta\gamma \tag{4.29}$$

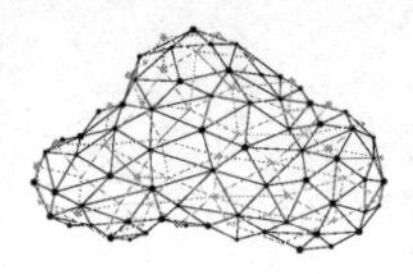

相应的接触面半径 a_c 可以表示为式（4.30）。

$$a_c^3 = \frac{3R^* P_c}{4E^*} = \frac{9\pi R^* \left(R^*\right)^2}{8E^*} \tag{4.30}$$

P_c 和 a_c 之间的关系可表示为式（4.31）。

$$\left(\frac{P}{P_c} - \frac{a^3}{a_c^3}\right)^2 = 4 \cdot \left(\frac{a}{a_c}\right)^3 \tag{4.31}$$

a/a_c 随着 P/P_c 的变化如图 4.9 所示。从中可以看出，当逐渐减小外载荷 P 时，接触面半径逐渐降低，直到外载荷压力降低为零时，颗粒间表面仍黏附在一起，对应 A 点，此时 $\frac{a}{a_c}|_{P=0} = \sqrt[3]{4} = 1.587$ 。

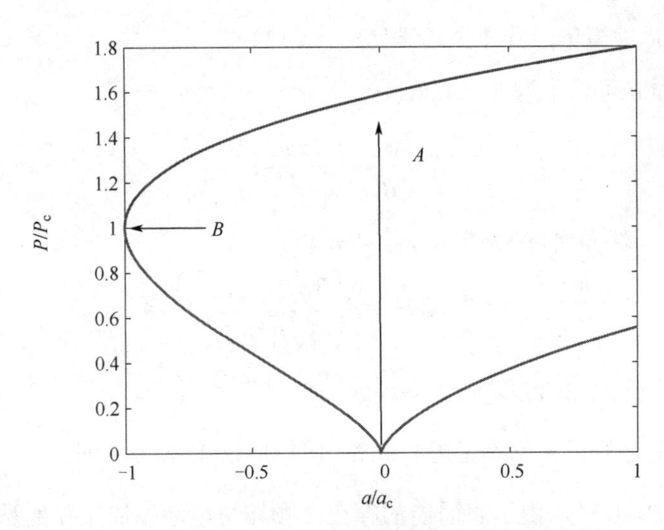

图 4.9 JKR 接触理论中接触面接随载荷的变化

当施加拉力载荷时，接触面半径进一步收缩，在 B 点拉力达到最大，$P = -P_c$，$a = a_c$。颗粒间的接触开始不稳定，但是表面仍然黏附在一起，如果保持 P_c 的拉力则颗粒必然会被立即拉开；如果此时逐渐减小拉力，接触面半径则稳定地逐渐缩小，直至完全分离。

JKR 接触理论将黏附因素的影响引入接触问题，是目前分析复合材料、高分子材料和生物材料接触问题的重要理论，在微/纳米尺度的接触问题研究中也得到了广泛的应用。

从式（4.26）和式（4.29）可以看出，基于 DMT 接触理论和 JKR 接触理论计算得到

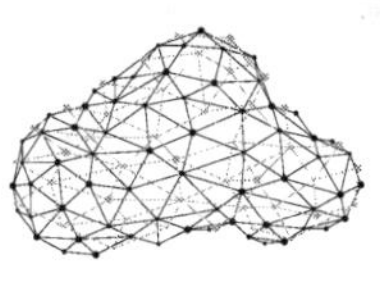

的最大拉力 P_c 不依赖于颗粒弹性模量 E，适用于刚性球体接触，但两者的系数不一致。

4.2.4 Maugis–Dugdale 接触理论

DMT 接触理论认为黏附力存在于接触区之外，并假设其不引起表面形变（即 $a \sim P$，$\delta \sim P$ 仍符合 Hertz 理论），给出了拉开力为 $P_c = -2\pi\Delta\gamma R^*$。与 JKR 接触理论相反，由于 DMT 接触理论忽略了接触区内的黏附力，因此只有当接触区面积很小，同时黏附力的有效作用距离相对重叠率很大时才适用（即硬球且平衡间距 z_0 相对较大）。应当注意，DMT 接触理论并不是 JKR 接触理论的发展，JKR 接触理论和 DMT 接触理论的结果是相互冲突的。JKR 接触理论忽略了接触区外黏附力，同时在接触区边界上应力奇异，而 DMT 接触理论没有考虑接触区内的黏附力，并且假设黏附力不引起形变。这种矛盾在当时引起了激烈的争论，事实上 Derjaguin 在文章中就明确指出，Johnson 的热力学思路很早就已被其采用，而 Johnson 却似乎完全没有注意到这些工作。DMT 接触理论和 JKR 接触理论之间的不一致在引入无量纲数 Tabor 数 μ_{Tabor} 之后得到正确解释，Tabor 指出 JKR 接触理论和 DMT 接触理论实际上代表了两个极限情况[140]。Tabor 数 μ_{Tabor} 定义为式（4.32）。

$$\mu_{\text{Tabor}} = \left[\frac{R^* \cdot \Delta\gamma^2}{\left(E^*\right)^2 \cdot z_0^3} \right]^{\frac{1}{3}} \tag{4.32}$$

式中，z_0 表示两表面范德华作用平衡间距。

μ_{Tabor} 可以理解为由黏附引起弹性变形力与表面力的有效作用范围之比。当 $\mu_{\text{Tabor}} < 0.1$ 时，即曲率半径小、高黏附能和高弹性模量的颗粒，DMT 接触理论适用；当 $\mu_{\text{Tabor}} > 5$ 时，即曲率半径大、低黏附能和低弹性模量的颗粒，JKR 接触理论适用。Maugis 引入了一个和 Tabor 数等价的无量纲数 λ，其定义为式（4.33）[141]。

$$\lambda = \sigma_0 \cdot \left[\frac{9R^*}{2\pi\Delta\gamma\left(E^*\right)^2} \right]^{\frac{1}{3}} \tag{4.33}$$

其中，$\sigma_0 = \dfrac{16}{9\sqrt{3}} \cdot \dfrac{\Delta\gamma}{z_0}$，进一步可以得到 $\lambda = 1.16\mu_{\text{Tabor}}$。

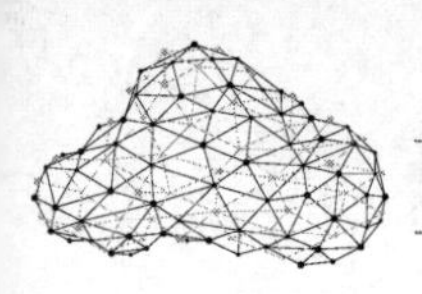

Maugis-Dugdale 接触理论将接触面划分为两部分。$r<a$ 的圆形区域为外力和表面力联合作用下的实际接触面。而环形区域 $a<r<c$，两表面逐渐分开，距离从 0 到 $0.971z_0$ 的范围，此距离使得 Maugis-Dugdale 接触理论中的表面作用力与利用 Lennard-Jones 势时力的最大值一致[141]。

对两球之间的圆形接触区域用有效半径 $R^*\left(\frac{1}{R^*}=\frac{1}{R_1}+\frac{1}{R_2}\right)$，按照 Maugis-Dugdale 理论，中心部分半径为 a 的区域接触如图 4.10 所示，黏附力的强度 σ_0 使其延伸至半径 c 的区域。在环形区域 $a<r<c$ 中，接触表面间的距离从 0 增加至 h_0 发生微小变化使其分离时，表面力的分布由两部分构成。图 4.10 中 Maugis-Dagdale 接触力的表面分布由两部分构成：Hertz 压力 P_1 作用于半径为 a 的区域，黏附张力 P_a 作用于半径为 c 的区域。

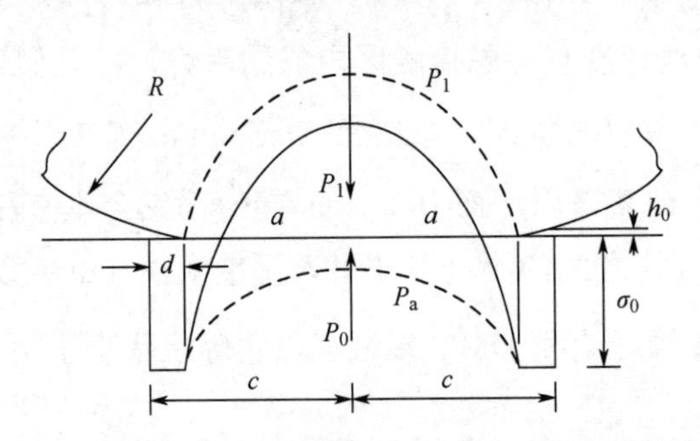

图 4.10　Maugis-Dugdale 接触理论给出的表面收缩情况

P_1 为作用在半径为 a 的区域上的 Hertz 压力；P_a 为作用在半径为 c 的区域上的黏附力。Hertz 压力 P_1 作用于半径为 a 的区域，压力与接触面半径 a 的关系由式（4.12）推出，如式（4.34）。

$$P_1(r)=\frac{3P_1}{2\pi a^2}\cdot\left[1-\left(\frac{r}{a}\right)^2\right]^{\frac{1}{2}} \tag{4.34}$$

式（4.34）中的 P_1 可表示为式（4.35）。

$$P_1=\frac{4E^*a^3}{3R^*} \tag{4.35}$$

弹性压缩量 δ_1 表示为式（4.36）。

$$\delta_1=u_{z1}(0)=\frac{a^2}{R^*} \tag{4.36}$$

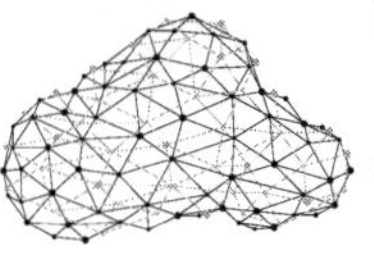

$u_{z1}(0)$为在$r=c$处的垂直位移，可表示为式（4.37）。

$$u_{z1}(0)=\left(\frac{1}{\pi R^*}\right)\cdot\left[\left(2a^2-c^2\right)\sin^{-1}\left(\frac{a}{c}\right)+a\sqrt{c^2-a^2}\right] \tag{4.37}$$

两表面之间的间隔h_0表示为式（4.38）。

$$h_c(0)=\frac{c^2}{2R^*}-\delta_1+u_{z1}(c) \tag{4.38}$$

黏附应力P_a与半径r之间的关系表示为式（4.39）。

$$P_a(r)=\begin{cases}-\dfrac{\sigma_0}{\pi}\cdot\cos^{-1}\left(\dfrac{2a^2-c^2-r^2}{c^2-r^2}\right) & r\leqslant a\\ -\sigma_0 & a\leqslant r\leqslant c\end{cases} \tag{4.39}$$

则黏附力为式（4.40）。

$$P_a=2\sigma_0\cdot\left[\cos^{-1}\left(\frac{a}{c}\right)+a\sqrt{c^2-a^2}\right] \tag{4.40}$$

接触体的压缩量δ_a（远处点的接近量）为式（4.41）。

$$\delta_a=-\frac{2\sigma_0\sqrt{c^2-a^2}}{E^*} \tag{4.41}$$

则在$r=c$处的接触面间的间隔$h_a(c)$，可表示为式（4.42）。

$$h_a(c)=\frac{4\sigma_0}{\pi E^*}\cdot\left[\left(c^2-a^2\right)\cos^{-1}\left(\frac{a}{c}\right)+a-c\right] \tag{4.42}$$

作用在接触面上的牵扯力$P(r)$是上述两部分力的和，即$P(r)=P_1(r)+P_a(r)$，$P_1(r)$和$P_a(r)$见式（4.34）和式（4.39）。同理，接触面的接触载荷$P=P_1+P_a$。

由 Maugis-Dugdale 接触理论可得到载荷、重叠量和接触面半径的关系，可表示为式（4.43）。

$$\frac{1}{2}\lambda\bar{a}^2\left[\left(m^2-2\right)\operatorname{arccos}\left(\frac{1}{m}\right)+\sqrt{m^2-1}\right]+\frac{4}{3}\lambda^2\bar{a}\left[\left(m^2-2\right)\operatorname{arccos}\left(\frac{1}{m}\right)-m+1\right]=1 \tag{4.43}$$

$$\delta=\frac{a^2}{R^*}-2\cdot\frac{\sigma_0}{E^*}\cdot\sqrt{c^2-a^2} \tag{4.44}$$

$$\bar{\delta}=\bar{a}^2-\frac{4}{3}\cdot\lambda\bar{a}\sqrt{m^2-1} \tag{4.45}$$

$$\bar{a}=a\cdot\left[\frac{4E^*}{3\pi\Delta\gamma\left(R^*\right)^2}\right]^{\frac{1}{3}} \tag{4.46}$$

$$\overline{N}=\frac{N}{\pi R^{*}\Delta\gamma} \tag{4.47}$$

$$\overline{\delta}=\delta\cdot\left[\frac{16\cdot\left(E^{*}\right)^{2}}{9\pi^{2}\Delta\gamma^{2}R^{*}}\right]^{\frac{1}{3}} \tag{4.48}$$

$$\overline{N}=\overline{a}^{3}-\lambda\overline{a}^{2}\cdot\left[m^{2}\arccos\left(\frac{1}{3}\right)+\sqrt{m^{2}-1}\right] \tag{4.49}$$

式中，$m=\frac{c}{a}$，$c=a+0.971z_0$。

4.2.5 接触理论总结

从表面力物理机制上看，JKR 接触理论只考虑接触面内黏附力的影响，DMT 接触理论只考虑接触面以外区域黏附力的影响，Maugis-Dugdale 接触理论则用方阱势来描述黏附力的影响。表 4.1 列出了这些接触理论的假设及局限性。

表 4.1 4 种接触理论的比较

接触理论	基本假设	局限性
Hertz	不考虑表面力	在有表面力且载荷较低时不适用
JKR	接触面有短程力	适用于较大 λ，低估了外载大小
DMT	接触面有长程力	适用于较小 λ，低估了接触面积
Maugis-Dugdale	用方阱势来描述接触面表面能	适用于各种情况下 λ。方程若有若干参数，可得分析解

Maugis-Dugdale 接触理论是普适理论，可用来描述几乎所有材料的接触问题，JKR 接触理论和 DMT 接触理论分别是 Maugis-Dugdale 接触理论的上下限，如图 4.11 所示。但是 Maugis-Dugdale 接触理论无分析解，通常采用近似解。图 4.11 中，横坐标为重叠量 $\overline{\delta}$ 无量纲量，纵坐标为接触力 $\overline{p}$ 无量纲量，Maugis-Dugdale 接触理论的 λ 取值分别为 0.01、0.1、0.5、1 和 3。

从图 4.11 可以看出，各理论中随着接触力 $\overline{p}$ 的增加重叠量 $\overline{\delta}$ 也在增大。在重叠量与接触力的关系中，无量纲 Maugis 数 λ 越大，Maugis-Dugdale 接触理论越接近 JKR 接触理论（$\lambda=3$ 时，与 JKR 接触理论基本一致），无量纲 Maugis 数 λ 越小，Maugis-Dugdale 接触理论越接近 DMT 接触理论（$\lambda=0.01$ 时，与 DMT 接触理论基本一致）。

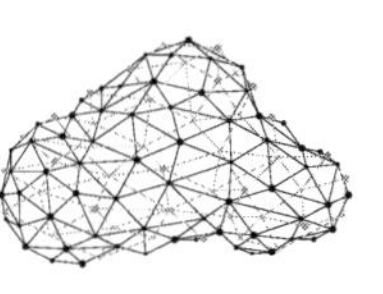

从图 4.11 可以看出，当接触面有黏附作用时，Maugis-Dugdale 接触理论算出的接触变形量要大于 Hertz 接触理论的计算值。在零载荷甚至负载荷下也能产生一定大小的变形量。当载荷确定时，变形量随着无量纲 Maugis 数 λ 的减小而增大，也就是黏附作用更加明显。

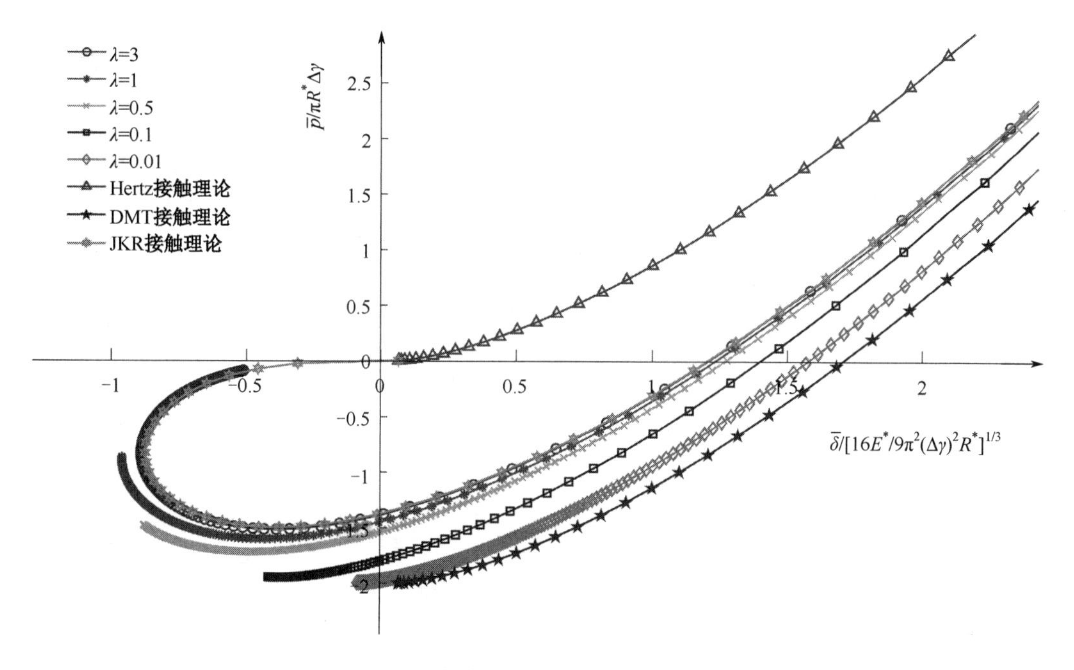

图 4.11　几种接触理论中重叠量与接触力的关系

下面研究重叠量与接触面半径的关系，如图 4.12 所示。图 4.12 中，接触面半径 $\bar{a}$ 为无量纲量。Hertz 接触理论与 DMT 接触理论的重叠量与接触面半径的关系无量纲表达式相同。由图 4.12 可以看出，在重叠量与接触面半径的关系中，无量纲 Maugis 数 λ 越大，Maugis-Dugdale 接触理论越接近 JKR 接触理论，无量纲 Maugis 数 λ 越小，Maugis-Dugdale 接触理论越接近 DMT(Hertz)接触理论。

再来看接触力与接触面半径的关系，如图 4.13 所示。由图 4.13 可以看出，在接触力 $\bar{p}$ 与接触面半径 $\bar{a}$ 的关系中，Maugis-Dugdale 接触理论中无量纲 Maugis 数 λ 越大，越接近 JKR 接触理论，无量纲 Maugis 数 λ 越小，Maugis-Dugdale 接触理论越接近 DMT 接触理论。

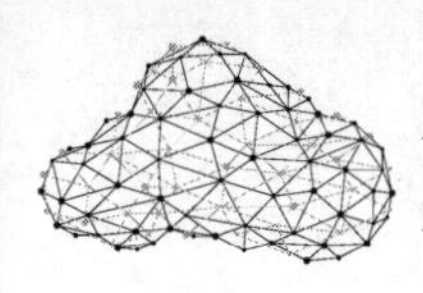

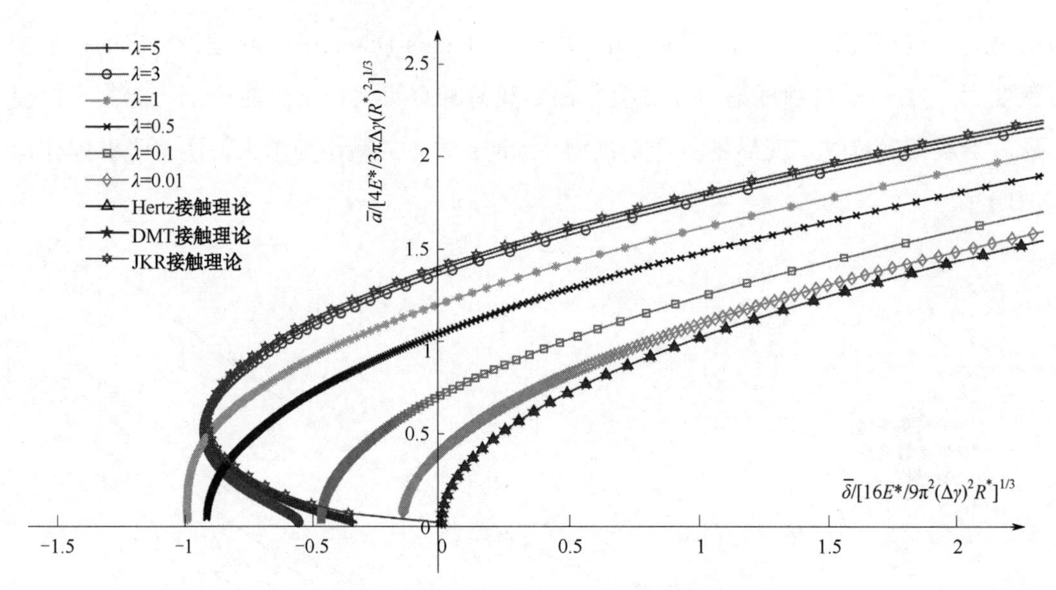

图 4.12　几种接触理论中重叠量与接触面半径的关系

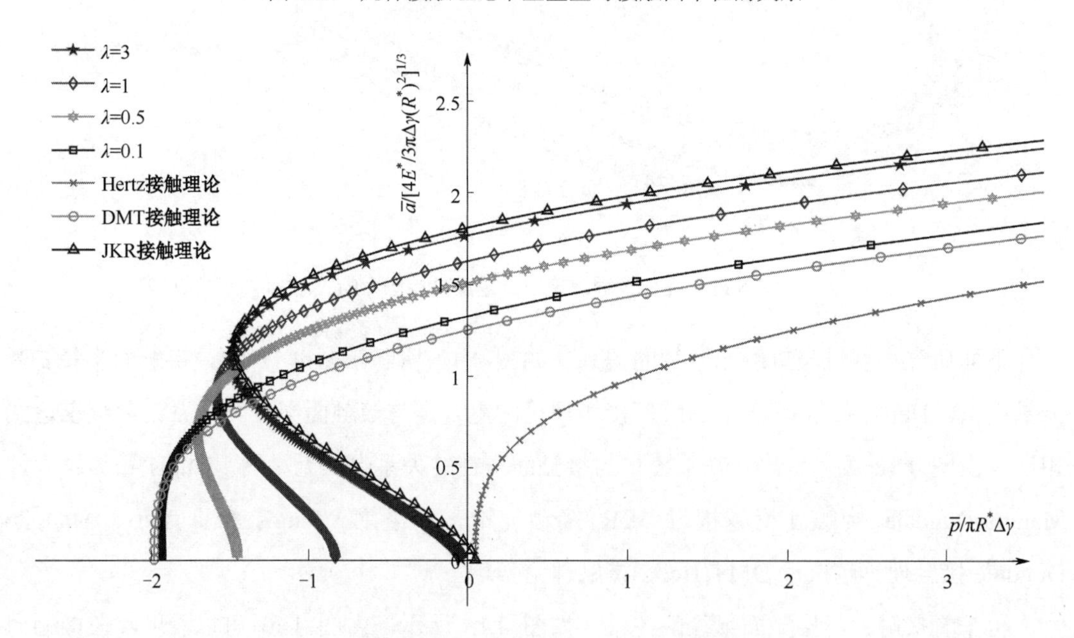

图 4.13　几种接触理论中接触力与接触面半径的关系

通过对接触理论各物理变量关系的分析，总结各接触理论的适用范围，如图 4.14 所示。从图 4.14 可以看出，在高载荷时，如 $\lg\left(P/\pi R^*\Delta\gamma\right)\approx 1.5 \sim 4$ 时，Hertz 接触理论适

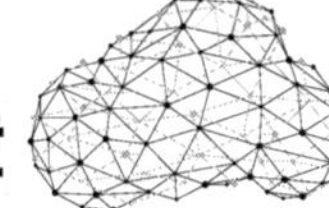

用。Maugis-Dugdale 区域位于 DMT 区域和 JKR 区域之间，Maugis-Dugdale 区域过渡到 DMT 区域的条件是黏附变形小于 $0.05z_0$，Maugis-Dugdale 区域过渡到 JKR 区域的条件是黏附变形大于 $20z_0$。这 3 个理论都适用于弹性接触、重叠量远小于颗粒粒径且不计切向运动的情况，各接触理论的适用情况总结如表 4.2 所示。表中给出了各经典接触理论的适用情况，但其使用也受限于经典黏附接触理论中的两个基本假设。第一，在 Hertz、JKR、DMT 和 Maugis-Dugdale 接触理论中假设接触区域内两表面之间的间距为恒定值。从严格意义上讲，这一假设难以成立，因为表面之间的间距与颗粒之间的黏附作用力存在强非线性的关系。当然，在 Tabor 数及黏附作用力足够大使得变形显著的情况下，这一假设基本合理。第二，经典接触理论均假设颗粒的尺寸足够大，使得其外部轮廓可以用抛物面来近似，且两物体之间的黏附可以用它们相邻表面之间的相互作用来代替。因此，当颗粒尺寸足够大时，如果黏附作用力足够小，则 Bradley 接触理论成立；如果黏附作用力足够大，则 Hertz、JKR、DMT 和 Maugis-Dugdale 接触理论有效。然而，当颗粒半径减小到一定尺度时，抛物面近似不再成立，并且接触物体之间的黏附作用也不能仅用其相邻表面之间的相互作用来描述，这是因为物体本身可能已完全处于相互作用比较显著的区域内。因而需要发展更完善的黏附接触理论，构建适用于更广尺度的黏附模型。

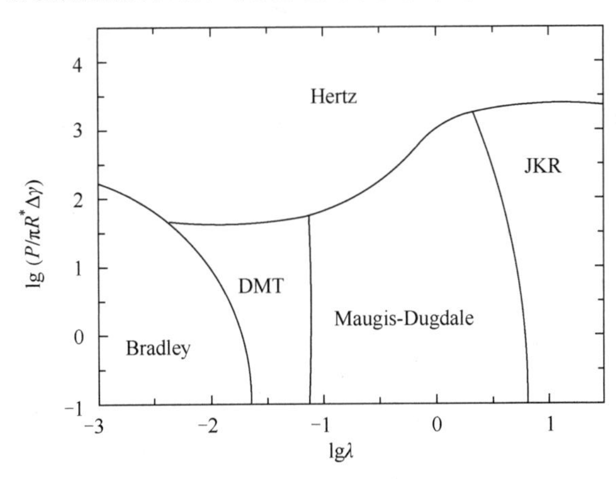

图 4.14 各接触理论的适用范围

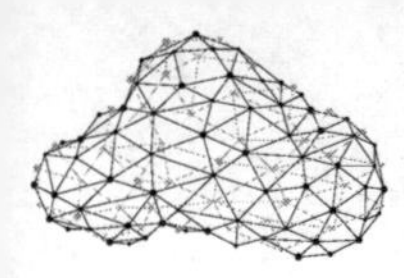

表 4.2　各接触理论的总结

模型	Hertz	JKR	DMT	Maugis-Dugdale
共同假设	接触体表面光滑； 物体之间的黏附作用可用相邻表面之间的相互作用代替； 材料各向同性、线弹性； 接触区域内两表面之间间距恒定； 接触面轮廓可用抛物面近似			
特点	忽略黏附	考虑接触区内短程力，忽略了外载荷大小	考虑接触区内短程力，忽略接触面积	Dugdale 描述表面力
		适于 Tabor 数较大	适于 Tabor 数较大	适于任意 Tabor 数
		$P_c = 1.5\pi R * \Delta\gamma$， 接触面积不为 0	$P_c = 2\pi R * \Delta\gamma$， 接触面积为 0	$P_c = 1.5 - 2\pi R * \Delta\gamma$， 接触面积不为 0
无量纲公式	$\bar{\delta} = \bar{a}^2$	$\bar{\delta} = \bar{a}^2 - \frac{2}{3}\sqrt{6\bar{a}}$	$\bar{\delta} = \bar{a}^2$	$\bar{\delta} = \bar{a}^2 - \frac{4}{3}\lambda\bar{a}\sqrt{m^2-1}$
	$\bar{N} = \bar{a}^3$	$\bar{N} = \bar{a}^3 - \sqrt{6\bar{a}^3}$	$\bar{N} = \bar{a}^3 - 2$	$\bar{N} = \bar{a}^3 - \lambda\bar{a}^2\left[m^2\arccos\frac{1}{m} + \sqrt{m^2-1}\right]$

下一小节将采用 JKR 接触理论对灰尘颗粒与电池板之间的黏附作用进行建模，并考虑灰尘变形建立灰尘颗粒间的弹簧阻尼模型和多颗粒黏附电池板的模型。

4.3　基于弹簧阻尼的黏附接触模型

4.3.1　基于 JKR 接触理论的灰尘与电池板的黏附模型

Hertz 接触理论没有考虑接触体的自由能、表面能所产生的黏附对接触力的影响，而对于小尺度的接触问题，当两表面靠近接触时，范德华力的作用将发挥明显[142]。Bradley 最先考虑两个刚性球体间范德华力的作用[143]。但黏附接触受力，物体往往发生变形，Johnson、Kendall 和 Robert 等人利用弹性能和表面能的 Griffith 能量平衡关系，提出了 JKR 接触理论[144]。Muller 指出，具有低杨氏模量、高表面能和大粒径的接触应运用 JKR 接触理论[145]。灰尘颗粒粒径较大，杨氏模量较低，与电池板间的接触应运用 JKR 接触模型分析，如图 4.15 所示。

结合 Tsai 给出的考虑颗粒变形受力公式[146]，可得出在考虑变形后灰尘与电池板间的作用力，如式（4.50）。

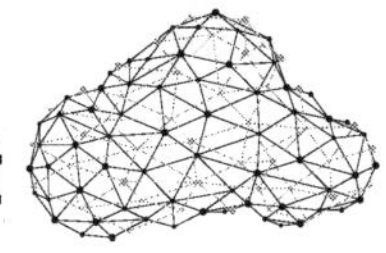

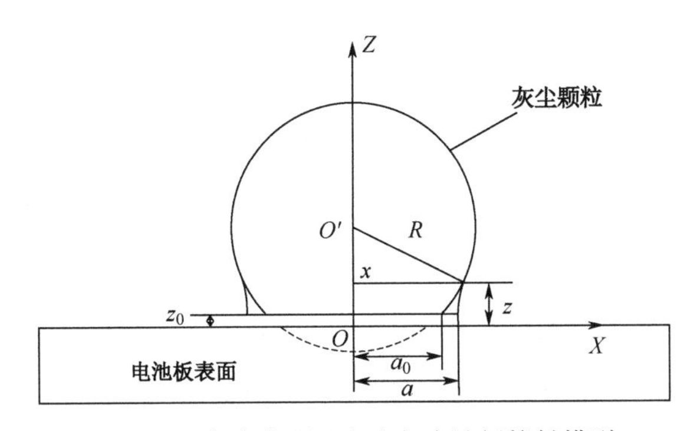

图 4.15 考虑变形下灰尘与电池板接触模型

$$F_{\text{vdw}}=-\left\{\frac{h}{8\pi}\left[\frac{R}{z_0^2}+\frac{R}{\left(z_0+2R\right)^2}-\frac{2R}{z_0\left(z_0+2R\right)}\right]+\frac{h_{\varpi}R\alpha_{\text{d}}}{8\pi z_0^3}\right\} \tag{4.50}$$

式中，负号表示引力。a 为接触面半径，α_{d} 为灰尘变形量，在不考虑电池板玻璃表面变形及外力作用的情况下分别由式（4.51）和式（4.52）给出。

$$a=\frac{3}{2}\sqrt[\frac{1}{3}]{\frac{\pi W_{\text{sphere}}R^2\left(1-\nu_1^2\right)}{E_1}} \tag{4.51}$$

$$\alpha_{\text{d}}=\frac{a^2}{R}-\sqrt{\frac{3\pi W_{\text{sphere}}a\left(1-\nu_1^2\right)}{2E_1}} \tag{4.52}$$

式中，ν_1 为灰尘颗粒泊松比；E_1 为灰尘颗粒弹性模量。

灰尘颗粒与电池板间的黏附属于小变形量的黏附，一般变形量不超过10%[147]。因此灰尘颗粒与电池板之间的黏附范德华力仍可由式（4.8）做近似计算。

由于颗粒并非理想的弹性材料，在接触变形的同时，颗粒间还存在黏附的作用。利用 Hertz 接触理论分析颗粒间的关系时，只考虑了颗粒间的接触变形，而忽略了颗粒间未接触区域的相互作用。1979 年，Cundall 和 Strack 首次将软球模型应用于颗粒间接触力的研究[148]，并提出了类似于灰尘颗粒这种微小物质进行离散模拟研究的方法，这不仅使微颗粒的相关研究更进一步，还解决了过去实验方法很难获得的颗粒体系内部力学关系的难题。

4.3.2 弹簧阻尼模型

在灰尘的沉积过程或清除过程中，灰尘颗粒与灰尘颗粒、灰尘颗粒与电池板间的这种黏附接触可以等效简化成弹簧振子的振动[148]，其运动方程可写为式（4.53）。

$$m\dot{x} + \eta\dot{x} + kx = 0 \tag{4.53}$$

式中，m 表示灰尘颗粒的质量；x 表示颗粒间的压缩量；η 表示阻尼系数；k 表示弹簧弹性系数。

弹簧阻尼模型将颗粒与颗粒间的黏附关系用弹簧、阻尼器、滑动器和耦合器来表示，将颗粒间的接触变形关系分为法向和切向分别进行分析。由式（4.53）可知，弹性力大小与颗粒间的重叠量（即颗粒的形变量）成正比，阻尼力与颗粒的相对速度成正比，则法向与切向的黏附接触力可由式（4.54）计算得到。

$$\begin{cases} F_{\mathrm{n}} = -\left(k_{\mathrm{n}}x_{\mathrm{n}} + \eta_{\mathrm{n}}\dot{x}_{\mathrm{n}}\right) \\ F_{\mathrm{t}} = -\left(k_{\mathrm{t}}x_{\mathrm{t}} + \eta_{\mathrm{t}}\dot{x}_{\mathrm{t}}\right) \end{cases} \tag{4.54}$$

式中，F_{n} 和 F_{t} 分别为法向和切向的黏附接触力；k_{n} 和 η_{n} 分别为法向的弹簧弹性系数和阻尼系数；k_{t} 和 η_{t} 分别为切向的弹簧弹性系数和阻尼系数；x_{n} 和 x_{t} 分别为法向和切向的灰尘颗粒重叠量（变形量）。

图 4.16（a）和（b）所示为两个圆形颗粒（颗粒半径分别为 R_1 和 R_2）黏附接触的法向和切向的模型。灰尘颗粒在法向上由于弹簧阻尼振动产生法向的黏附力 F_{n}，发生切向位移时产生切向的黏附力 F_{t}，以及颗粒间发生滑动产生的摩擦力 F_{f}。其摩擦力 F_{f} 可表示为式（4.55）。

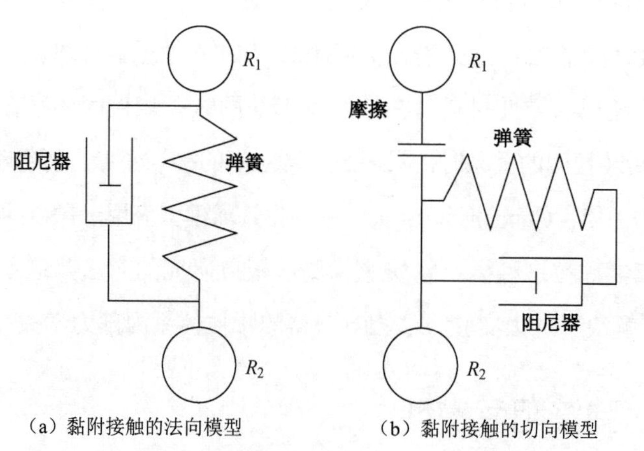

（a）黏附接触的法向模型　　（b）黏附接触的切向模型

图 4.16　弹簧阻尼模型

$$F_{\mathrm{f}} = \mu \cdot N \tag{4.55}$$

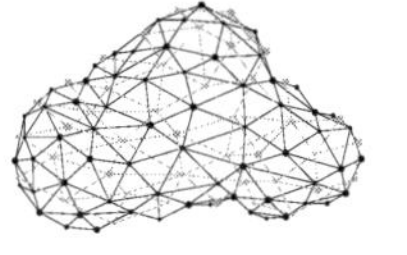

式中，N 表示法向正压力；μ 表示接触界面的摩擦系数。

4.3.3 弹簧系数和阻尼系数的确定

黏附接触模型当中的弹性系数和阻尼系数与灰尘、电池板的材料属性以及接触的曲率半径有关。由 Hertz 接触理论确定法向弹性系数 k_n [148]，如式（4.56）。

$$k_n = \frac{4}{3} \cdot \left(\frac{1-\nu_1^2}{E_1} + \frac{1-\nu_2^2}{E_2} \right)^{-1} \cdot \left(\frac{R_1+R_2}{R_1 R_2} \right)^{-\frac{1}{2}} \tag{4.56}$$

式中，R_1 和 R_2 表示相互作用的两颗粒的半径。

切向弹性系数 k_t 由 Mind-Deresiewicz 黏附接触理论获得，如式（4.57）[148]。

$$k_t = 8x_t^{\frac{1}{2}} \cdot \left(\frac{1-\nu_1^2}{G_1} + \frac{1-\nu_2^2}{G_2} \right)^{-1} \cdot \left(\frac{R_1+R_2}{R_1 R_2} \right)^{-\frac{1}{2}} \tag{4.57}$$

式中，x_t 表示灰尘颗粒的法向压缩量；G_1 和 G_2 分别对应半径为 R_1 和 R_2 的两颗粒的剪切模量，可由对应的弹性模量和泊松比确定，如式（4.58）。

$$G_1 = \frac{E_1}{2(1+\nu_1)} \quad G_2 = \frac{E_2}{2(1+\nu_2)} \tag{4.58}$$

当半径为 R_2 的颗粒趋于无穷大时，即 $R_2 \gg R_1$，可将其视为等效的电池板平面。则灰尘颗粒与电池板之间的法向和切向弹性系数 k_n 和 k_t 可由式（4.56）和式（4.57）推导得到式（4.59）和式（4.60）。

$$k_n = \frac{4}{3} \cdot \left(\frac{1-\nu_1^2}{E_1} + \frac{1-\nu_2^2}{E_2} \right)^{-1} \cdot \left(\frac{1}{R_1} \right)^{-\frac{1}{2}} \tag{4.59}$$

$$k_t = 8x_t^{\frac{1}{2}} \cdot \left(\frac{1-\nu_1^2}{G_1} + \frac{1-\nu_2^2}{G_2} \right)^{-1} \cdot \left(\frac{1}{R_1} \right)^{-\frac{1}{2}} \tag{4.60}$$

黏附接触模型中引入的阻尼，是为了使灰尘颗粒的能量不断降低，当阻尼位于临界值时，灰尘颗粒的动能将会急速降低，直到灰尘颗粒静置在电池板表面。由 Hertz 接触理论可以确定颗粒的法向和切向阻尼系数，如式（4.61）。

$$\eta_t = \eta_n = 2 \cdot \sqrt{m k_n} \tag{4.61}$$

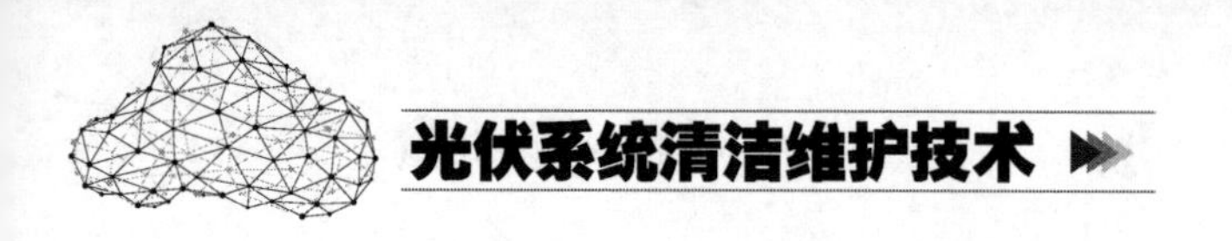

4.3.4 接触力计算方法

弹簧阻尼模型就是利用弹簧和阻尼的简谐振动，当存在阻力时能量不断消耗，直到灰尘颗粒能量消耗完处于静置状态。弹簧和阻尼在发生简谐振动时，每一时刻的合力都是变化的，计算起来很烦琐，因此计算时多采用数值算法进行处理，常见的算法为欧拉算法和 Verlet 算法等[148]。本书采用欧拉算法进行计算，利用微分的思想，假设在极短的时间步长内灰尘颗粒状态恒定。

取差分计算的时间步长 Δt，则灰尘颗粒在 i 时刻位置和速度的一阶泰勒级数为式（4.62）。

$$\begin{aligned} x_i(t+\Delta t) &\approx x_i(t)+v_i(t)\Delta t \\ v_i(t+\Delta t) &\approx v_i(t)+\frac{F[x_i(t)]}{m_i}\Delta t \end{aligned} \tag{4.62}$$

式中，x_i 为 i 时刻灰尘颗粒发生的形变；v_i 为 i 时刻灰尘颗粒的速度；$F\left[x_i(t)\right]$ 为 i 时刻灰尘颗粒受到的合力；m_i 为 i 时刻灰尘颗粒的质量。

则在一个时间步长 Δt 内，灰尘颗粒受到的力不变。通过给定的初始条件就能得到灰尘颗粒沉积时的某一时刻，灰尘颗粒的形变量和速度大小。取灰尘颗粒体系的最小振动周期为一个时间步长 Δt，则 Δt 可表示为式（4.63）。

$$\Delta t \leqslant \min\left(C\cdot\sqrt{\frac{m}{k_{\mathrm{n}}}}\right) \tag{4.63}$$

式中，C 是基于弹簧、阻尼等作用的影响而引入的常数，根据实际的问题而定。

4.3.5 接触力分析

灰尘颗粒在沉积过程中，从与组件表面接触开始，逐渐滑落与组件表面发生接触变形，最终处于受力平衡状态。图 4.17 所示为灰尘颗粒与电池板表面接触变形的过程。在环境温度为20℃、空气相对湿度为15%、无风的条件下，假如半径为 R（$R<3.5\mu\mathrm{m}$）的灰尘颗粒以 $v_0=2.4\times10^{-5}\mathrm{m/s}$ 的速度沉积到安装倾角 $\theta=53°$ 的光伏组件表面上，灰尘颗粒受到的合力 F_{Result} 包括法向黏附接触力 F_{n}、切向黏附接触力 F_{t}、重力 G 及摩擦力 F_{f}，

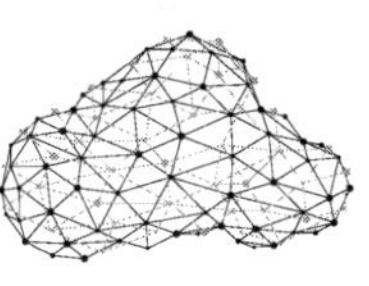

如式（4.64）。

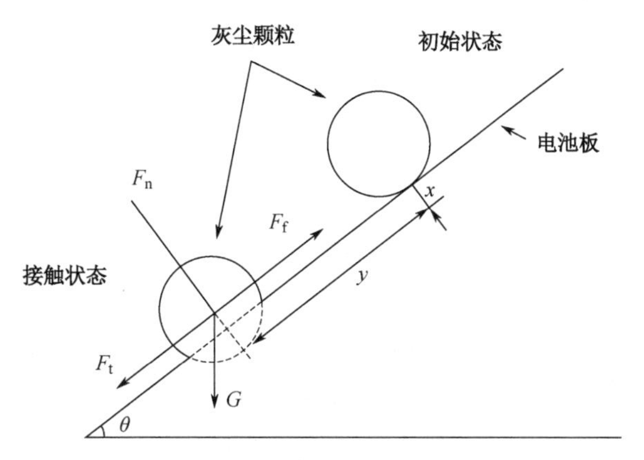

图 4.17　灰尘颗粒与电池板表面接触变形的过程

$$F_{Result}=F_n+F_t+F_f+G \tag{4.64}$$

在合力共同作用下，灰尘颗粒在太阳能电池板表面上发生法向形变和切向位移。

本书通过 MATLAB 软件对弹簧阻尼模型进行仿真计算，得到灰尘颗粒与太阳能电池板之间黏附接触力的取值范围，以及灰尘颗粒与太阳能电池板之间的黏附接触力随灰尘颗粒粒径变化的规律。利用式（4.54）、式（4.55）、式（4.59）～（4.64）可计算出各个时间步长下，灰尘颗粒与太阳能电池板之间的黏附接触力，得到对于不同常数 C 时，灰尘颗粒与太阳能电池板之间的法向黏附接触力 F_n、切向黏附接触力 F_t 及合力 F_{Result} 随灰尘颗粒半径 R 的变化情况，如图 4.18 所示。

由图 4.18（a）可知，F_n 值的取值范围为 10^{-8}～10^{-6} N。在叠加计算的过程中，当弹簧阻尼叠加到一定的时间步长时，由于重力法向分量的作用，使得灰尘颗粒受到的法向合力逐渐减小，此时继续叠加时，弹簧的拉伸量或压缩量（即灰尘颗粒的形变量）远远大于灰尘颗粒的半径 R，此时弹簧阻尼模型将会失效，因此，通过计算得到 F_n 的值不会超过 10^{-7} N 的数量级。由式（4.55）可知，F_f 取决于法向正压力和太阳能电池板表面的粗糙程度。太阳能电池板表面越粗糙，F_n 越大，则 F_f 越大。由图 4.18（b）可知，F_f 的取值范围为 10^{-9}～10^{-8} N，在弹簧阻尼模型进行叠加时，由于切向摩擦力始终是作为阻力，因此，灰尘颗粒切向合力的衰减速度比法向合力的衰减速度更快。由图 4.18（c）可知，F_{Result} 的取值范围为 10^{-9}～10^{-6} N。

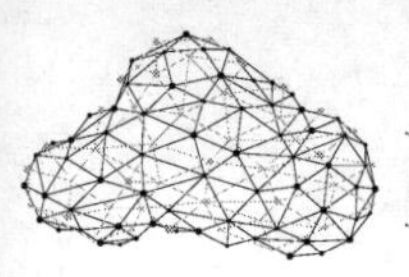

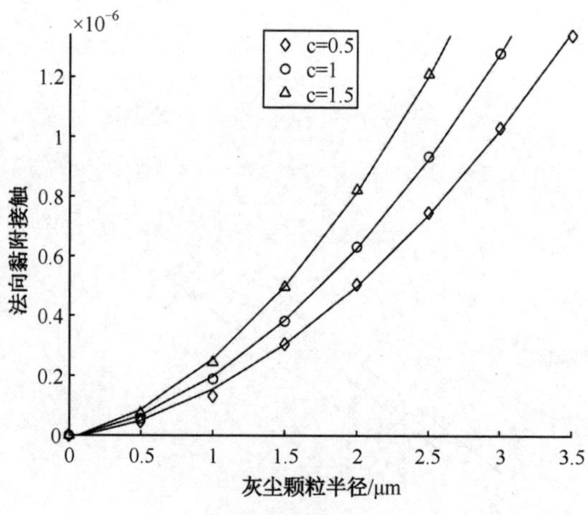

（a）法向接触力与半径的关系

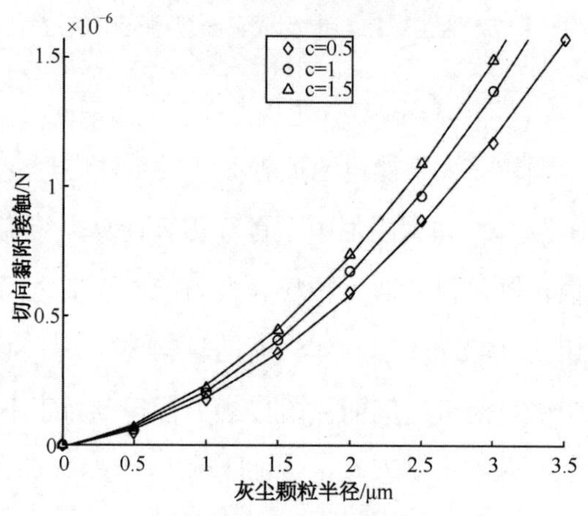

（b）切向接触力与半径的关系

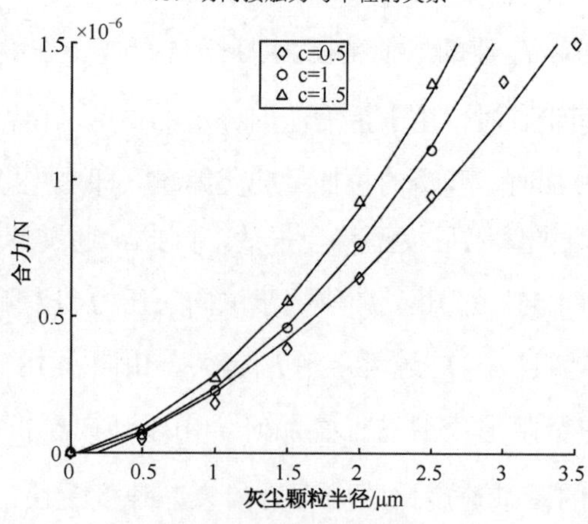

（c）合力与半径的关系

图 4.18　黏附力与灰尘颗粒半径的关系

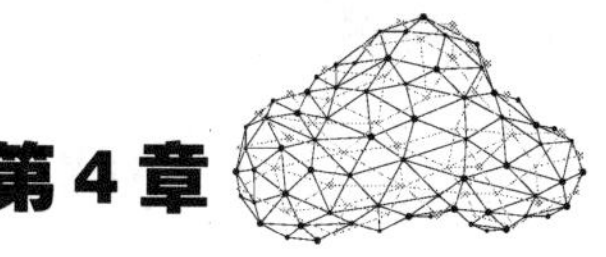

整体上看，随着 R 的增大，法向黏附接触力 F_n，切向黏附接触力 F_t 及合力 F_{Result} 均随之增大。由式（4.63）可知，随着 C 值逐渐的增大，时间步长 Δt 也会逐渐增大。当 $C=1.5$（Δt 较大）时，F_{Result} 较大，且随着 R 逐渐增大，F_{Result} 变化得更加明显；当 $C=0.5$（Δt 较小）时，随着 R 逐渐增大，F_{Result} 变化得较为平缓；当 $C=1$ 时，随着 R 逐渐增大，F_{Result} 的变化幅度比 $C=1.5$ 时要相对平滑，此时弹簧阻尼模型的叠加次数较多，此时的计算精度较好，但此时的计算量比 $C=0.5$ 时少。因此，当利用差分法进行叠加计算时，时间步长的选取直接影响模拟结果的精确度，时间步长取值过大，模拟结果精确度较差；时间步长取值过小，虽然计算精度有所提高，但计算量会骤增。因此，在计算过程中需要根据实际情况来选择 C 值的大小。

4.3.6 多灰尘颗粒黏附接触模型

在实际环境中，灰尘颗粒都是以集群的形式堆积在电池板上的，当多个灰尘颗粒相互作用并黏附在电池板时则会形成灰尘堆积的情况，此时形成的多灰尘颗粒黏附情况相当复杂。为了能更好地完成电池板表面灰尘的清洁，将基于单灰尘颗粒与电池板间的黏附模型延伸到多灰尘颗粒与电池板间的黏附情况。在此将多灰尘颗粒与电池板表面黏附情况分为3种进行分析，即单层、双层和多层，如图4.19所示。

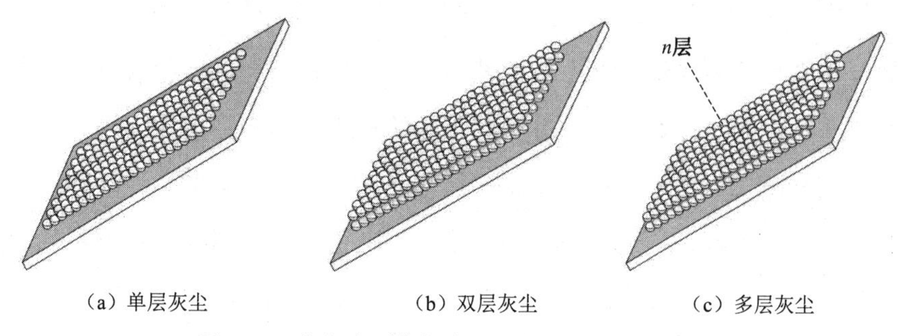

（a）单层灰尘　（b）双层灰尘　（c）多层灰尘

图4.19　多灰尘颗粒与电池板表面黏附接触模型

假设电池板的积灰层数为 n 层，且灰尘颗粒均匀分布，则单位面积内电池板表面的灰尘与电池板间黏附力的大小为式（4.65）。

$$F_{M-layer}=M_{M-layer}\cdot g+N\cdot F_{Result} \tag{4.65}$$

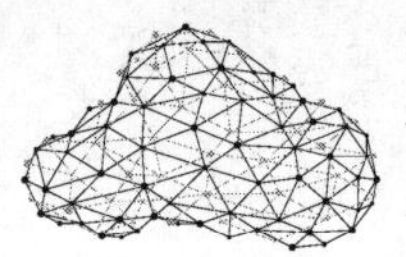

式中，$F_{\text{M-layer}}$ 表示多灰尘颗粒与电池板间的黏附力；g 为重力加速度；N 表示单层灰尘颗粒的数量；F_{Result} 表示单灰尘颗粒与电池板间的黏附力；$M_{\text{M-layer}}$ 表示单位面积内灰尘颗粒的总质量，为 $\sum_{\text{i}=1}^{N} m_i$，其中，$m_i$ 为第 i 个灰尘颗粒的质量。

图 3.11 分析了格尔木光伏产业园区电池板表面积灰情况，以 9 月积灰量作为该地区单块电池板的平均月积灰量。9 月该地区的月积灰量为 4.5g，电池板的规格为 $1640\times992\times40\text{mm}$，因此可以得到单位面积内电池板的积灰量为 $2.77\text{g}/\text{m}^2$，即为单位面积内灰尘颗粒的总质量，而单灰尘颗粒的质量可由式（4.14）推算。当电池板表面为图 4.19（c）所示的 n 层积灰，单位面积内灰尘颗粒的总质量为 $2.77\text{g}/\text{m}^2$ 时，由式（4.65）可计算得到灰尘颗粒与电池板间黏附力的大小在 $10\sim10^2\text{N}$ 的数量级内。

通过单灰尘颗粒与电池板间的黏附状况延伸到多灰尘颗粒的黏附存在一定误差的影响，产生误差的原因主要包括：实际灰尘颗粒的形貌分布是不均匀的；灰尘颗粒间的黏附状况要更加复杂，存在单个灰尘颗粒与多个灰尘颗粒黏附的状况；同一个电池板表面的不同区域，灰尘颗粒分布和黏附状况存在差异。但是通过对多灰尘颗粒与电池板间黏附接触的分析，可以为电池板表面灰尘颗粒的清洁提供一定的参考。

4.4 分形接触模型

前面述及模型均采用光滑表面假设，然而灰尘颗粒表面在风沙、酸碱等作用下会不同程度地产生凹凸不平的表面峰谷，即有不同程度的表面粗糙度。研究表明，表面粗糙度与黏附接触问题密切相关[149,150]，因此有必要考虑表面粗糙度对灰尘黏附性能的影响。1982 年，Mandelbrot 发现粗糙表面的轮廓形貌呈现出连续性、不可微与自相似特性，满足分形理论的几何特征。并采用 WM 函数模拟出具有分形特性的二维粗糙表面轮廓形貌。研究表明，粗糙表面的分形特征与尺度无关，可以提供存在于分形表面上所有尺度范围的全部粗糙度信息。因此利用分形粗糙表面建立的接触模型，得到的表面接触性能具有唯一性。1991 年，Majumdar 和 Bhushan 首次建立了基于分形理论的粗糙表面接触模型，通过 WM 函数模拟了二维粗糙表面轮廓形貌，基于 Hertz 接触理论，推导得到单个微凸体的弹性与塑性接触变形的力学模型。在该模型中，认为微凸体的曲率半径是不相等的。在接触过程

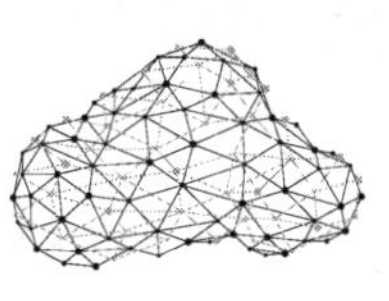

中，微凸体先发生塑性变形，当接触载荷大于临界接触载荷时，微凸体变形从塑性转化为弹性变形。当给定微凸体的最大接触面积时，通过微凸体的面积密度分布函数，可以确定在名义接触面积上接触微凸体的个数，以进一步分析分形维数与分形粗糙度对总的接触载荷与真实的接触面积的影响。下面采用分形接触模型对光伏组件表面单灰尘颗粒和多灰尘颗粒的黏附性能进行分析。

4.4.1 单灰尘颗粒黏附力建模

灰尘颗粒形状不规则，在宏观上可视作是具有一定粗糙度的球形颗粒，其实际接触呈锯齿状。图 4.20（a）和（b）分别为单凸体和多凸体的颗粒接触状态示意图。其中，单凸体为 Hertz 模型下的颗粒接触状态，该模型将接触颗粒简化为两个球形颗粒；多凸体为 M-B 分形接触模型下的颗粒接触状态。M-B 分形接触理论认为，在粗糙表面与光滑平面的接触问题中，实际接触只发生在微凸体上，可简化为多凸体与平面接触问题，即可以通过多个单凸体接触叠加的方式进行计算。

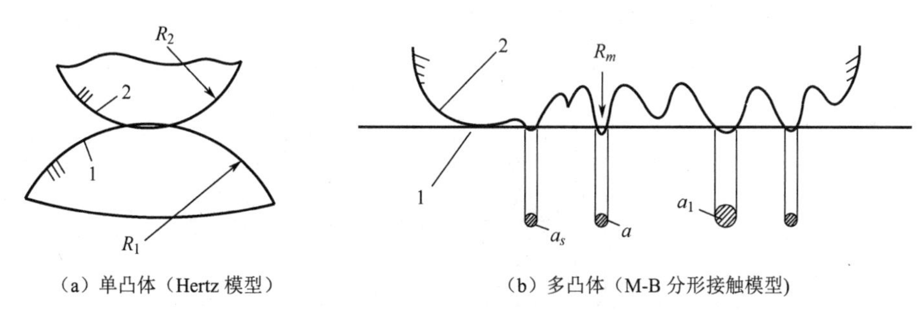

（a）单凸体（Hertz 模型）　　（b）多凸体（M-B 分形接触模型）

图 4.20　颗粒间实际接触状态示意

假设粗糙颗粒粗糙表面上的微凸体是由一系列不同频率等级的单个微凸体叠加而成，如图 4.21（a）所示。频率等级为 n 的单个微凸体的轮廓可表示为如图 4.21（b）所示。图 4.22（b）中，n 为微凸体频率等级由范围为 $n_{\min}$ 至 $n_{\max}$；H 为微凸体高度；H_I 表示完整微凸体第 I 层的高度。最小频率等级的单个微凸体处于完整微凸体的底部，其高度为 $H_{I_{\min}}$，最大频率等级的单个微凸体处于完整微凸体的顶部，其高度为 $H_{I_{\max}}$，完整微凸体最顶层层数 $I = n_{\max} - n_{\min} + 1$。

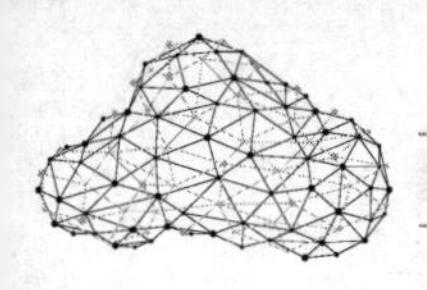

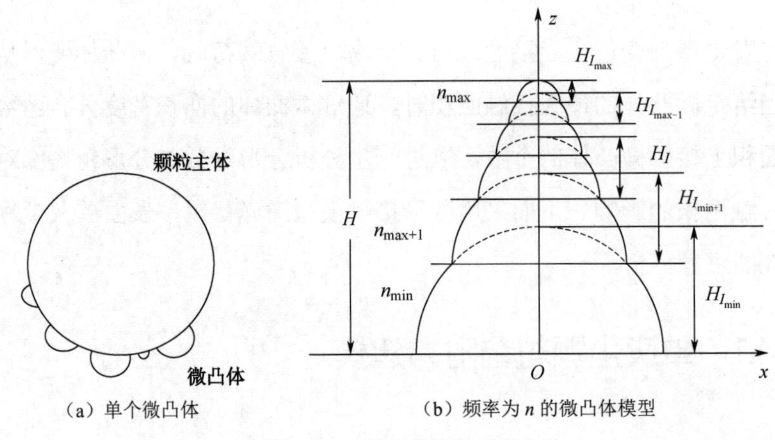

（a）单个微凸体　　（b）频率为 n 的微凸体模型

图 4.21　球形颗粒微凸体

研究整个粗糙表面的接触力学性能，首先要研究粗糙表面中单个微凸体的接触力学性能。灰尘与光伏组件表面的接触相当于是两粗糙表面之间的接触。两粗糙表面之间的接触可以用一个等效的粗糙表面与一个刚性光滑平面的接触来代替。假设光伏组件表面相对于灰尘颗粒是无限大的平面。单个微凸体与刚性光滑平面的接触状态如图 4.22 所示[151]。

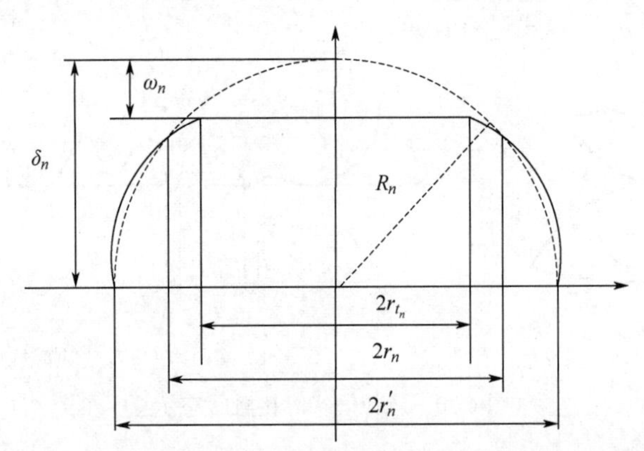

图 4.22　单个微凸体与刚性光滑平面的接触状态

图 4.22 中，$2r_n'$ 为微凸体的基底长度；$2r_n$ 为微凸体的截断长度；$2r_{t_n}$ 为微凸体的真实接触长度；R_n 为变形前微凸体的峰顶曲率半径；δ_n 为微凸体的高度；ω_n 为加载过程中微凸体的实际变形量，取值范围为 $0 \leqslant \omega_n \leqslant \delta_n$，具体大小与其所受的外载荷有关。单个微凸体的基底长度 $2r_n'$ 对应微凸体的频率指数等级 n 可由式（4.66）计算得到。

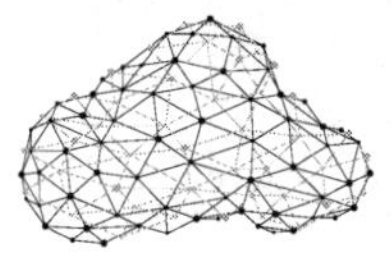

$$n = \frac{\ln\left(L/2r_n'\right)}{\ln\gamma} \tag{4.66}$$

频率等级为 n 的微凸体顶端曲率半径 R_n 可由式（4.67）计算得到。

$$R_n = \left|\frac{\left(1+z'^2\right)^{\frac{3}{2}}}{z''}\right|_{x=0} = \frac{\left[L/2\gamma^n\right]^{D-1}}{2^{3-D}\pi^2 G^{D-2}\left(\ln\gamma\right)^{\frac{1}{2}}} \tag{4.67}$$

式（4.66）和式（4.67）中，L 为取样长度；D 为三维粗糙表面分形维数 $(2<D<3)$；G 为粗糙表面特征尺度参数；γ 为灰尘颗粒微凸体表面自由能。

两固体相互黏附接触而构成界面后，其 Dupre 黏附能 $\Delta\gamma$ 可由式（4.68）计算得到。

$$\Delta\gamma = \gamma_1 + \gamma_2 - \gamma_{12} \tag{4.68}$$

式中，γ_1 和 γ_2 分别为两颗粒表面的自由能；γ_{12} 为界面能，与颗粒组成成分有关。

根据 JKR 接触理论，接触载荷 F 和接触面积 a_n 可表示为式（4.69）和式（4.70）。

$$F = P + 3\pi R_n\Delta\gamma + \sqrt{\left(3\pi R_n\Delta\gamma\right)^2 + 6R_n\Delta\gamma P} \tag{4.69}$$

$$a_n = \left(\frac{3\pi R_n}{4E^*}\cdot F\right)^{\frac{2}{3}} \tag{4.70}$$

式（4.69）中，P 为外力，即其他颗粒给底层颗粒的合力；R_n 为等级 n 的微凸体顶端曲率半径；$\Delta\gamma$ 为两固体相互黏附接触而构成界面后的 Dupre 黏附能，可通过查阅颗粒表面自由能及界面能由式（4.68）计算得到。

则单灰尘颗粒与电池板之间的接触载荷 F 可由式（4.71）计算得到。

$$F = \frac{a_n^{\frac{3}{2}}}{\pi}\cdot\frac{4E^*}{3R_n} \tag{4.71}$$

4.4.2 多灰尘颗粒黏附力估算

多灰尘颗粒黏附力无法直接测量出来，可通过单灰尘颗粒的面积分布密度函数来计算。粗糙表面中接触面积为 a 的微凸体的整体面积分布密度函数 $n(a)$ 可由式（4.72）计算得到。

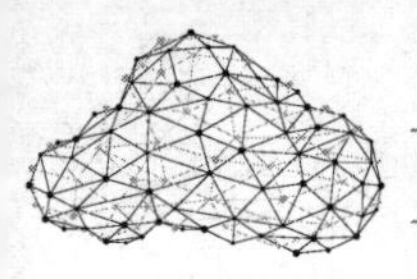

$$n(a)=\frac{D-1}{2}\cdot\varphi^{\frac{3-D}{2}}\cdot a_1^{\frac{D-1}{2}}\cdot a^{-\frac{D+1}{2}} \tag{4.72}$$

式中，a_1为微凸体的最大接触面积；φ为分形区域扩展系数。φ与轮廓分形维数D之间的函数表达式为式（4.73）。

$$\varphi^{\frac{3-D}{2}}-\left(1+\varphi^{\frac{1-D}{2}}\right)^{\frac{D-3}{D-1}}=\frac{D-3}{D-1} \tag{4.73}$$

接触面积为a的微凸体的真实接触面积可由式（4.74）计算得到。

$$A_r=\int_0^{a_1}a\cdot n(a)\mathrm{d}a=\frac{D-1}{3-D}\cdot\varphi^{\frac{3-D}{2}}\cdot a_1 \tag{4.74}$$

每个频率等级为n的微凸体的面积分布密度函数与微凸体整体面积分布密度函数的关系为$n_n(a)=Q_n(a)$，则真实接触面积A_r可表示为式（4.75）。

$$A_r=\sum_{n=n_{\min}}^{n_{\max}}\int_0^{a_{n_1}}an_n(a)\mathrm{d}a=\sum_{n=n_{\min}}^{n_{\max}}\int_0^{a_{n_1}}aQ_n n(a)\mathrm{d}a=\frac{D-1}{3-D}\varphi^{\frac{(3-D)}{2}}\sum_{n=n_{\min}}^{n_{\max}}Qa_{n_1} \tag{4.75}$$

式中，$n_n(a)$为粗糙表面中等级为n的微凸体的整体面积分布密度函数；a_{n_1}为频率等级为n的微凸体的最大接触面积；Q_n表示频率等级为n的微凸体的面积分布密度函数占整个粗糙表面微凸体面积分布密度函数的比例系数。

由式（4.74）和式（4.75）可得到Q和a_1之间的关系，如式（4.76）。

$$Q\cdot\sum_{n=n_{\min}}^{n_{\max}}a_{n1}=a_1 \tag{4.76}$$

式中，$a_1=\max\{a_{n1}\}$，$n_{\min}\leqslant n\leqslant n_{\max}$。

假设微凸体与电池板间接触为弹性变形，则可得到多灰尘颗粒的黏附力P，如式（4.77）。

$$P=F\cdot A_r=\frac{a_n^{\frac{3}{2}}}{\pi}\cdot\frac{4E^*}{3R_n}\cdot\frac{D-1}{3-D}\varphi^{\frac{(3-D)}{2}}\sum_{n=n_{\min}}^{n_{\max}}Qa_{n_1} \tag{4.77}$$

4.5 灰尘与电池板间的静电作用力

灰尘颗粒带有一定量的电荷，与同时带有一定量电荷的电池板接触后会产生静电作用力。Bowling 指出使颗粒附着在平面上的静电作用力有两种形式[152,153]，包括“镜像”接触静电力和双电层静电力。

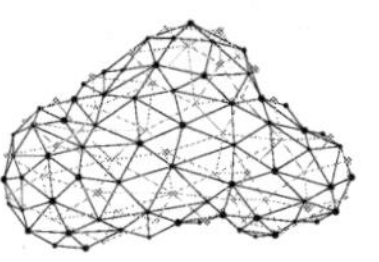

4.5.1 “镜像”接触静电力

静电作用力的一种形式是“镜像”静电力。由于灰尘颗粒上剩余电荷产生的“镜像”接触静电力，即假设与灰尘颗粒接触的电池板表面为一个与之相同的灰尘颗粒，如图 4.23 所示。图 4.23 中，灰尘带负电荷，其在电池板表面的镜像带正电荷。

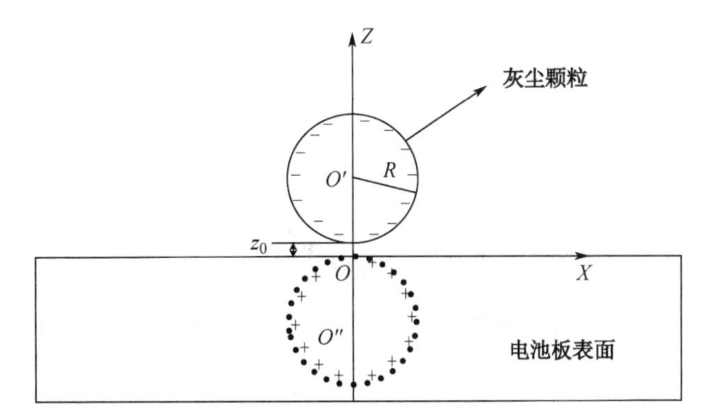

图 4.23 灰尘颗粒与电池板表面产生的“镜像”接触静电作用

灰尘颗粒与电池板之间产生的“镜像”接触静电力 F_{es} 可由式（4.78）计算得到。

$$F_{es}=\frac{Q_{sphere}^2}{4\cdot\varepsilon\cdot\varepsilon_0\left(2R+Z_0\right)^2} \tag{4.78}$$

式中，ε 为介质间介电常数，灰尘与电池板间在干燥环境下取空气介电常数 $\varepsilon=1$；ε_0 为绝对介电常数，一般取 $\varepsilon_0=8.85\times10^{-12}\mathrm{F/m}$；$Q_{sphere}$ 为灰尘颗粒带电量。

对于较小灰尘颗粒（$R\leqslant2.5\mu\mathrm{m}$），考虑半径对灰尘颗粒带电量的影响，高锦春等人给出了经验公式，如式（4.79）[152]。

$$Q_{sphere}=1.02\cdot R^3+8.72\times10^{-6}\cdot R^2-7.54\times10^{-13}\cdot R+1.58\times10^{-18} \tag{4.79}$$

高锦春等人算出当灰尘颗粒半径在 0.5μm 和 2.5μm 之间时，其所带的电荷在 1.3×10^{-18}～1.1×10^{-16}C 范围内。由式（4.78）和式（4.79）可得到式（4.80）。

$$F_{es}=\frac{\left(1.02\cdot R^3+8.72\times10^{-6}\cdot R^2-7.54\times10^{-13}\cdot R+1.58\times10^{-18}\right)^2}{4\cdot\varepsilon\cdot\varepsilon_0\left(2R+Z_0\right)^2} \tag{4.80}$$

灰尘颗粒半径 R 取 0.5～2.5μm，分子间平均间距 z_0 分别取 $1.5\times10^{-8}\mathrm{m}$、$2\times10^{-8}\mathrm{m}$、

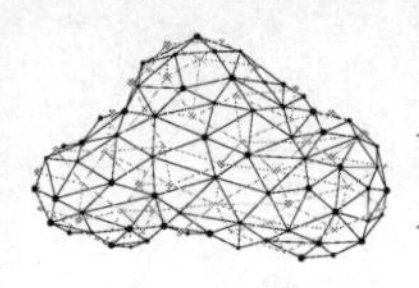

$2.5\times10^{-8}\text{m}$、$3\times10^{-8}\text{m}$、$3.5\times10^{-8}\text{m}$ 五个不同值，从而由式（4.80）得到“镜像”接触静电力与灰尘颗粒半径之间的关系曲线，如图 4.24 所示。

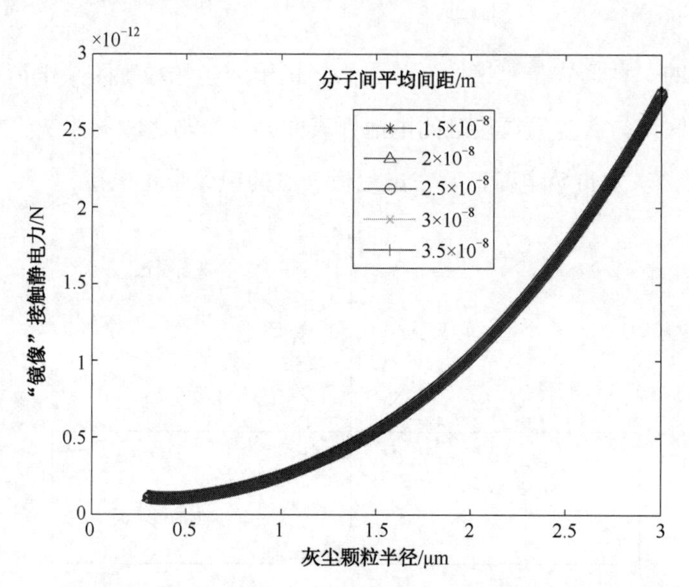

图 4.24　高氏经验公式下“镜像”接触静电力与灰尘颗粒半径的关系曲线

由图 4.24 可知，分子间距 z_0 变化对“镜像”接触静电力 F_{es} 影响不大，不同分子间距下，“镜像”接触静电力近乎相同。这是由于 $R \gg z_0$，所以 z_0 变化曲线比较集中，对 F_{es} 影响不大。随着 R 的增加，有效间距 $2R+z_0$ 变大，F_{es} 本应变小，但 R 的增大也使电荷量增加且增量较大，所以使 F_{es} 仍变大。

对于一般微米级灰尘颗粒吴超也给出了灰尘带电量与半径关系的经验公式，如式（4.81）。

$$Q_{\text{sphere}}=\frac{4\pi\rho g R^3}{3\times0.7\times10^5} \tag{4.81}$$

得出微米级灰尘颗粒带电量为 $7.34\times10^{-17}\text{C}$，一般取灰尘带电量为 $Q_{\text{sphere}}=10^{-18}$～$10^{-16}\text{C}$。由式（4.78）和式（4.81）可得到式（4.82）。

$$F_{es}=\frac{4\pi^2\rho^2R^6}{4.41\times10^{10}\cdot\varepsilon\cdot\varepsilon_0\cdot\left(2R+z_0\right)^2} \tag{4.82}$$

灰尘颗粒半径 R 取 0.5～2.5μm，分子间平均间距 z_0 分别取 $1.5\times10^{-8}\text{m}$、$2\times10^{-8}\text{m}$、$2.5\times10^{-8}\text{m}$、$3\times10^{-8}\text{m}$、$3.5\times10^{-8}\text{m}$ 五个不同值，从而由式（4.82）得到“镜像”接触静电力与灰尘颗粒半径之间的关系曲线如图 4.25 所示。

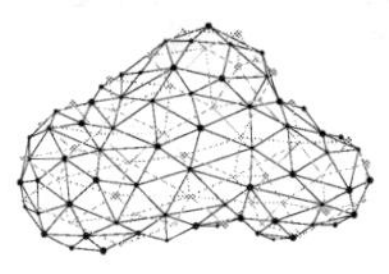

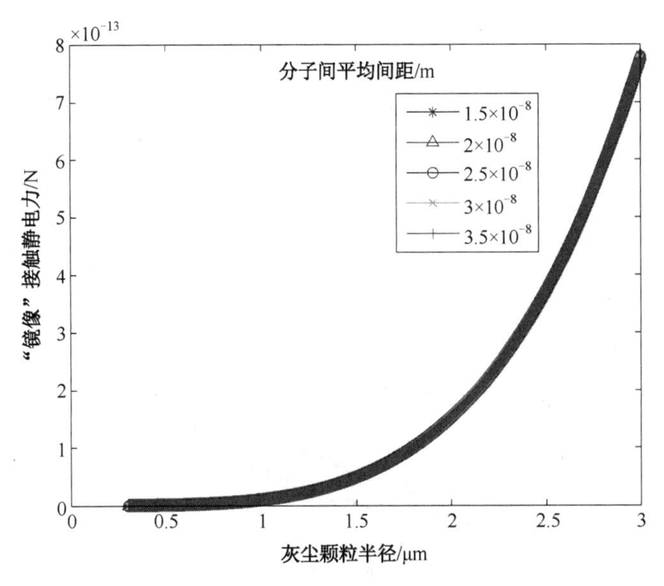

图 4.25　吴氏经验公式下"镜像"接触静电力与灰尘颗粒半径的关系曲线

微米级灰尘颗粒带电量的多少主要取决于灰尘颗粒半径的大小，而对于较大的灰尘颗粒其带电量与许多其他因素相关，甚至可能随灰尘颗粒半径的增大而减少[154,155]。灰尘颗粒半径 R 取 0.2～6μm，分子间平均间距 z_0 分别取 1.5×10^{-8}m、2×10^{-8}m、2.5×10^{-8}m、3×10^{-8}m、3.5×10^{-8}m 五个不同值，由式（4.80）和式（4.82）整合比较，得到"镜像"接触静电力与灰尘颗粒半径之间的关系曲线，如图 4.26 所示。

图 4.26（a）所示曲线较密集，无法看出"镜像"接触静电力随分子间平均间距的变化规律，对灰尘颗粒半径小范围取值 2.73～2.78μm，得到局部放大图 4.26（b），可以明显观察到"镜像"接触静电力随分子间平均间距的变化规律。

由图 4.26 可知，随着分子间平均间距 z_0 的增加"镜像"接触静电力 F_{es} 稍有增加，增量较小，这是由于 $R \gg z_0$，故 z_0 变化曲线比较集中，对 F_{es} 影响不大。随着 R 的增加，有效间距 $2R+z_0$ 变大，F_{es} 本应变小，但由经验公式（4.79）和式（4.81），显然可以得出 R 的增大使电荷量增加且增量较大，所以使 F_{es} 仍变大。显然两经验式得出的"镜像"静电力随着灰尘颗粒半径变化的规律非常相似，只是数值上稍有差异。进而可总结出，"镜像"接触静电力会随着灰尘颗粒半径的增加而增大，而分子间平均间距对"镜像"接触静电力影响不大，一般微米级灰尘颗粒所受的"镜像"接触静电力数量级

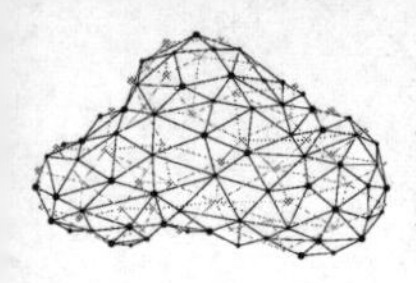

约为10^{-12} N。

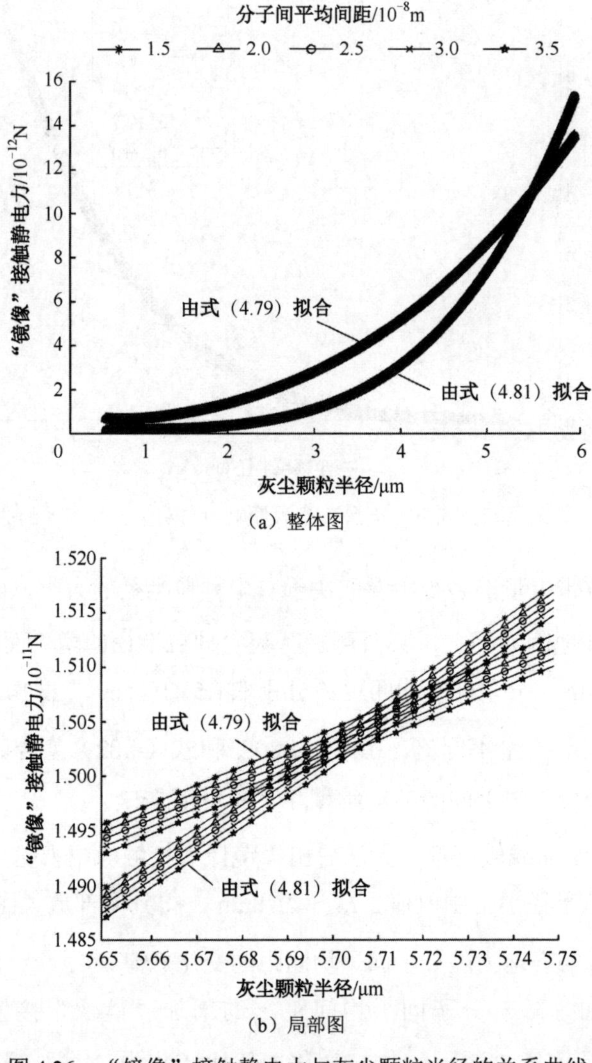

（a）整体图

（b）局部图

图 4.26　"镜像"接触静电力与灰尘颗粒半径的关系曲线

4.5.2　双电层静电力

对于灰尘颗粒而言，另一种形式的静电作用力为静电接触电位引起的双电层静电力。由于不同的能量状态和功函数，灰尘颗粒与电池板表面接触会产生接触电势。电子从一个物质转移到另一个物质直到达到平衡，即电流在两个方向上相等，此时产生的电势差称为

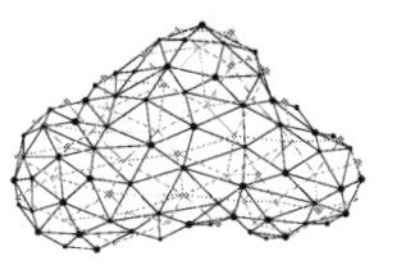

接触电势差，记为U，一般取值范围为$0\sim0.5\text{V}$[153]。假设只有表面层带有接触电荷，则对于灰尘颗粒与电池板表面间的双电层静电力F_{el}可由式（4.83）得到。

$$F_{\text{el}}=\frac{\pi\cdot\varepsilon\cdot\varepsilon_0 RU^2}{R+z_0} \tag{4.83}$$

灰尘颗粒半径R取$0.2\sim40\mu\text{m}$，分子间平均间距z_0取$2.343\times10^{-8}\text{m}$，绝对介电常数$\varepsilon_0$取$8.85\times10^{-12}\text{F/m}$，$\varepsilon=1$，接触电势差$U$分别取0.1V、0.2V、0.3V、0.4V、0.5V，则双电层静电力随灰尘颗粒半径的变化关系如图4.27所示。

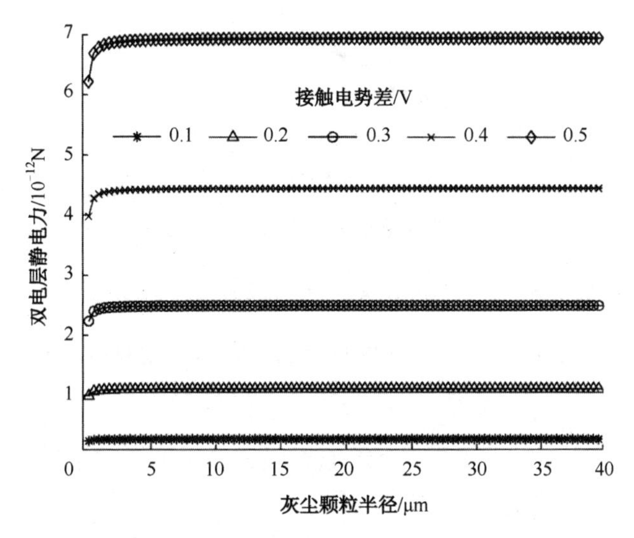

图4.27　双电层静电力随灰尘颗粒半径的变化关系

由图4.27可知，F_{el}随着接触电势差U的增大而增大，而由于$R\gg z_0$，灰尘颗粒半径R的变化对双电层静电力F_{el}的影响不大，所以只需要研究接触电势差U对双电层静电力F_{el}的影响。因此可取灰尘颗粒半径均值为60μm，分子间平均间距z_0为$z_0=2.343\times10^{-8}\text{m}$，绝对介电常数$\varepsilon_0$为$8.85\times10^{-12}\text{F/m}$，$\varepsilon=1$，则可得到双电层静电力随接触电势差的变化关系，如图4.28所示。

由图4.28可知，随着接触电势差U的增大，双电层静电力也增大，近似二次曲线且增长较快。

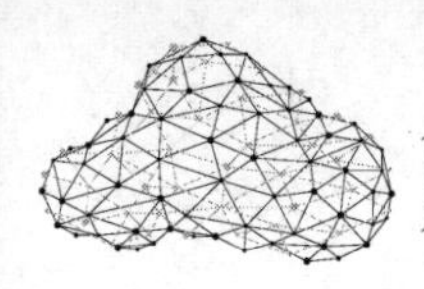

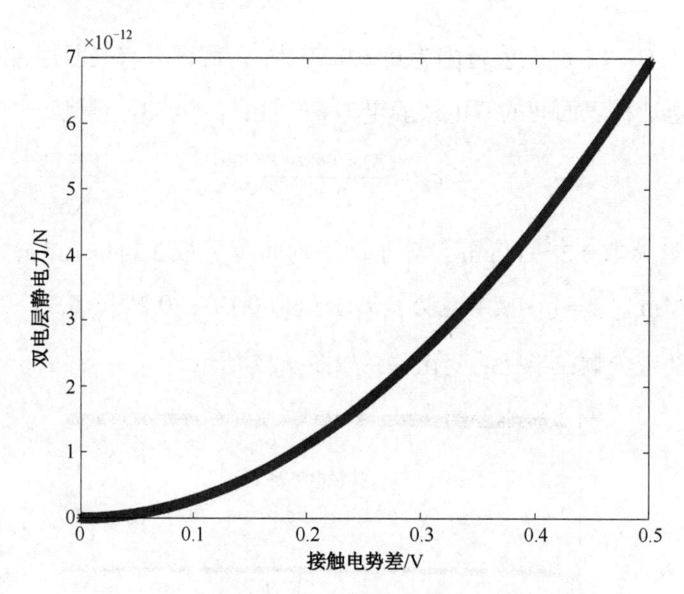

图 4.28　双电层静电力随接触电势差的变化关系

由图 4.27 和图 4.28 可知，接触电势差是影响双电层静电力大小的主要因素，灰尘颗粒半径与分子间平均间距对双电层静电力的影响不大，一般双电层静电力的取值数量级为 $10^{-13}\sim10^{-12}$ N。

考虑电池板相对于灰尘颗粒是一个近似无限大的平面，即电池板可看成是一个半径 R_1 无限大的圆盘[156]，如图 4.29 所示。

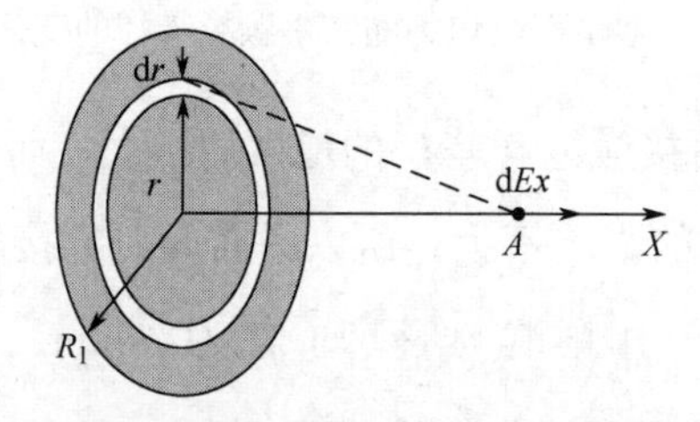

图 4.29　带电圆盘在某点产生电场

电池板上带有电荷，假设电池板上的电荷 q 均匀分布，设电池板表面电荷面密度为 σ，则电池板上电荷可通过式（4.84）求得。

$$\mathrm{d}q=\sigma\mathrm{d}S=2\pi\sigma r\mathrm{d}r \tag{4.84}$$

式中，r 为带电区域半径，$r\leqslant R_1$；S 为带电区域面积。

电池板形成的带电圆环电场在距离圆盘 x 处的强度 E 可由式（4.85）求得。

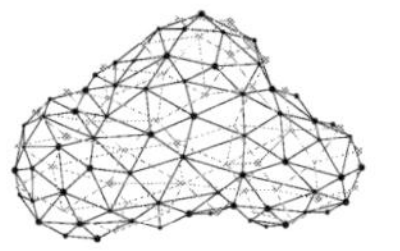

$$E_x = \frac{qx}{4\pi \cdot \varepsilon_0 \left(x^2 + r^2\right)^{\frac{3}{2}}} \tag{4.85}$$

将式（4.84）代入式（4.85），可得到距离圆盘为x处的微元电场强度$\mathrm{d}E_x$，如式（4.86）。

$$\mathrm{d}E_x = \frac{\sigma}{2\varepsilon_0} \cdot \frac{xr\mathrm{d}r}{\left(x^2 + r^2\right)^{\frac{3}{2}}} \tag{4.86}$$

进一步对圆盘的半径积分，可得到距离圆盘x处的场强E_x，如式（4.87）。

$$E_x = \int \mathrm{d}E_x = \frac{\sigma x}{2\varepsilon_0} \cdot \int_0^{R_1} \frac{r\mathrm{d}r}{\left(x^2 + r^2\right)^{\frac{3}{2}}} \tag{4.87}$$

进一步积分可以得到E_x，如式（4.88）。

$$E_x = \frac{\sigma}{2\varepsilon_0} \cdot \left(1 - \frac{x}{x^2 + R_1^2}\right) \tag{4.88}$$

由于$R_1 \gg x$，则式（4.88）可简化为$E_x = \frac{\sigma}{2\varepsilon_0}$。

由式（4.88）的简化式可以看出，圆盘在某一点电场强度与该点到圆盘的距离无关，且$R_1 \gg R + z_0$，所以灰尘颗粒相对于电池板表面可看成是点电荷，从而考虑电池板电场作用下的灰尘颗粒所受的电场力F_e可由式（4.89）计算得到。

$$F_\mathrm{e} = \frac{\sigma \cdot Q_{\mathrm{sphere}}}{2\varepsilon_0} \tag{4.89}$$

由式（4.89）可得出电场力F_e与灰尘带电量Q_{sphere}成简单的线性关系，Q_{sphere}越大，F_e也越大。Behrens 等人给出了玻璃表面电荷面密度σ为$-0.32\times10^{-6}\,\mathrm{C/m^2}$[157]，由高锦春[152]和吴超[158]等人的物质带电量经验公式，可取灰尘颗粒带电量Q_{sphere}为10^{-18}～$10^{-16}\,\mathrm{C}$，绝对介电常数ε_0为$8.85\times10^{-12}\,\mathrm{F/m}$，从而可计算出电场力的数量级约为$10^{-13}\,\mathrm{N}$。虽然由式（4.88）的简化式可知电场强度$E$与灰尘颗粒半径$R$无关，但由经验式表明，灰尘带电量$Q_{\mathrm{sphere}}$随灰尘颗粒半径$R$的增大而增大，因此电场力$F_\mathrm{e}$也随灰尘颗粒半径$R$的增大而增大。

4.6 灰尘颗粒重力及合力作用

由于高海拔荒漠地区气候干燥，降水量低，经测定电池板上灰尘含水量仅为0.26%，所以暂不考虑灰尘所受的毛细作用力。而灰尘在电池板表面必然受到重力和空气浮力的作用，灰尘重力及浮力作用可表示为式（4.90）。

$$G = \frac{4}{3} \cdot \pi \left(\rho - \rho_a\right) g R^3 \tag{4.90}$$

式中，G 为灰尘颗粒净重力；ρ 为灰尘颗粒密度，取 $2\,000\text{kg/m}^3$；ρ_a 为空气密度，取海拔3km左右的荒漠地区空气密度 0.95kg/m^3，g 为重力加速度，取北纬36.5°的重力加速度 9.79m/s^2。一般电池板与地面呈一定角度放置，设该角度为 θ，灰尘颗粒与电池板之间的范德华力、静电作用力都是垂直于电池板表面向下，而净重力是竖直向下，则净重力与范德华力、静电作用力之间也呈 θ 夹角，它们的位置关系如图 4.30 所示。图 4.30 中，O' 为灰尘颗粒球心；X 为平行于电池板表面且过球心的坐标，Y 为垂直于电池板表面且过球心的坐标；θ 为电池板与水平面夹角；R 为灰尘颗粒半径，单位为m；G 为灰尘颗粒净重力，单位为N；G_x 和 G_y 分别为重力在 X 和 Y 方向上的分量，单位为N；T 为灰尘颗粒间相互作用力，单位为N；T_x 和 T_y 分别为 T 在 X 和 Y 方向上的分量，单位为N；F_E 为总静电力，单位为N；F_{vdw} 为范德华力，单位为N。

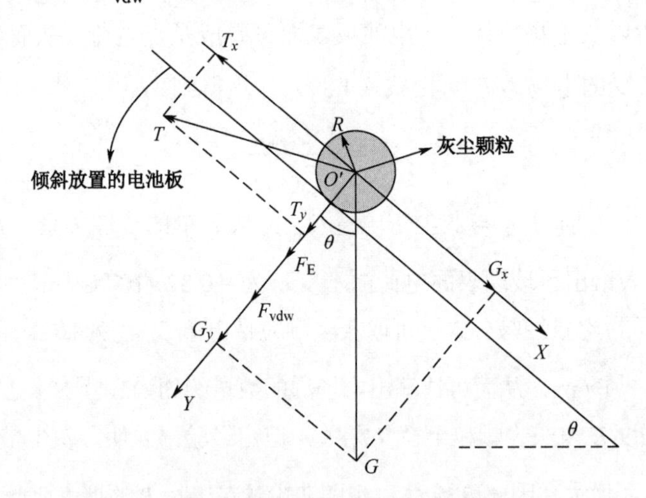

图 4.30　灰尘颗粒所受的力的位置关系

图 4.30 中的 F_E 表示静电力的矢量和，即总静电力 F_E 由式（4.91）计算得到。

$$F_E = F_{es} + F_{el} + F_e \tag{4.91}$$

F_E 的数量级由 3 种静电力的大小决定，由前面的分析可知，F_E 取值为 10^{-13}～10^{-12} N。现研究垂直于电池板表面的灰尘受到的重力 G_y，由图 4.30 得到式（4.92）。

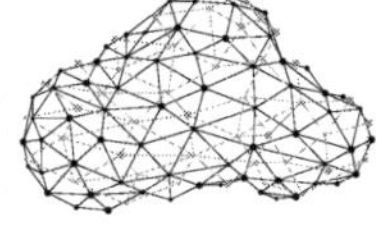

$$G_y = G \cdot \cos\theta \tag{4.92}$$

考虑灰尘颗粒之间也存在相互作用力T（包括压力、支持力、范德华力、静电力、摩擦力等）。该相互作用力可在图 4.30 所示的X、Y方向上分别分解为T_x和T_y。由灰尘颗粒受力平衡可知，在X方向上T_x与G_x相等，其大小随灰尘颗粒半径的变化而变化。

在Y方向上，由可得出灰尘颗粒在电池板表面垂直的方向上所受的合力F，如式（4.93）。

$$F = G_y + F_{\text{vdw}} + F_{\text{E}} + T_y \tag{4.93}$$

F即灰尘黏附力的合力，单位为N。合力F与灰尘颗粒间的相互作用力T在Y方向上的分量T_y有关，但T_y却十分复杂，其大小与灰尘颗粒数量、灰尘颗粒孔隙比及灰尘颗粒半径等相关。该力对灰尘在电池板上黏附的作用还有待进一步研究。

显然黏附力的合力F及重力分量G_y与R有关，电池板与地面夹角θ取30°，灰尘颗粒半径 R 取0.2～40μm，分子间平均间距z_0取SiO_2分子间平均间距，即2.343×10^{-8}m，Lifshitz 常数h_ϖ取2.3eV，由于范德华力要远大于静电作用力，现比较合力、范德华力及净重力三者之间的关系。由式（4.8）、式（4.92）和式（4.93）可得合力、范德华力与净重力分量随灰尘颗粒半径的变化关系，如图 4.31 所示。

图 4.31 中，合力F为未考虑颗粒间相互作用力的分量T_y时灰尘颗粒与电池板间的黏附力；静电力F_{E}较小，图中未给出。图 4.31（a）为灰尘颗粒半径小于10μm 时的灰尘受力图；（b）为半径取值10～20μm 时的灰尘受力图；（c）为灰尘受力整体图。

由图 4.31 可知，灰尘净重力随灰尘颗粒半径的增大而迅速增大，增速明显快于随灰尘颗粒半径线性变化的范德华力。由图 4.31（a）可知，起初范德华力大于净重力分量，范德华力是主要黏附力；由（b）可知，灰尘颗粒半径在约10～20μm 时，范德华力和净重力分量对合力的影响都比较大；由（c）可知，随着灰尘颗粒半径的增大（大于约20μm），净重力分量大于范德华力，净重力分量逐渐起主导作用。由图 4.31 和式（4.93）分析可知，当灰尘颗粒半径R较小时，小于约10μm 时，合力F数量级由范德华力分量的数量级决定，所取的数量级约为10^{-10}N；灰尘颗粒半径R在10～20μm 时，合力F数量级由范德华力和净重力同时决定，取值范围约为10^{-10}～10^{-9}N；灰尘颗粒半径R较大时，大于约 20μm 时，合力F数量级由净重力分量的数量级决定，取值范围约为

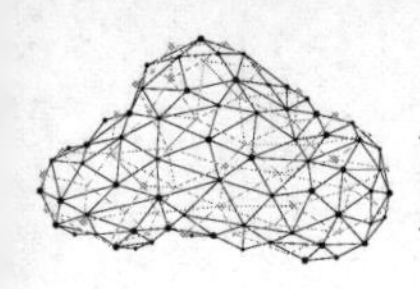

10^{-9}～10^{-8}N。因此可知，在所有灰尘颗粒半径取值范围内，合力 F 的取值范围一般在 10^{-10}～10^{-8}N。

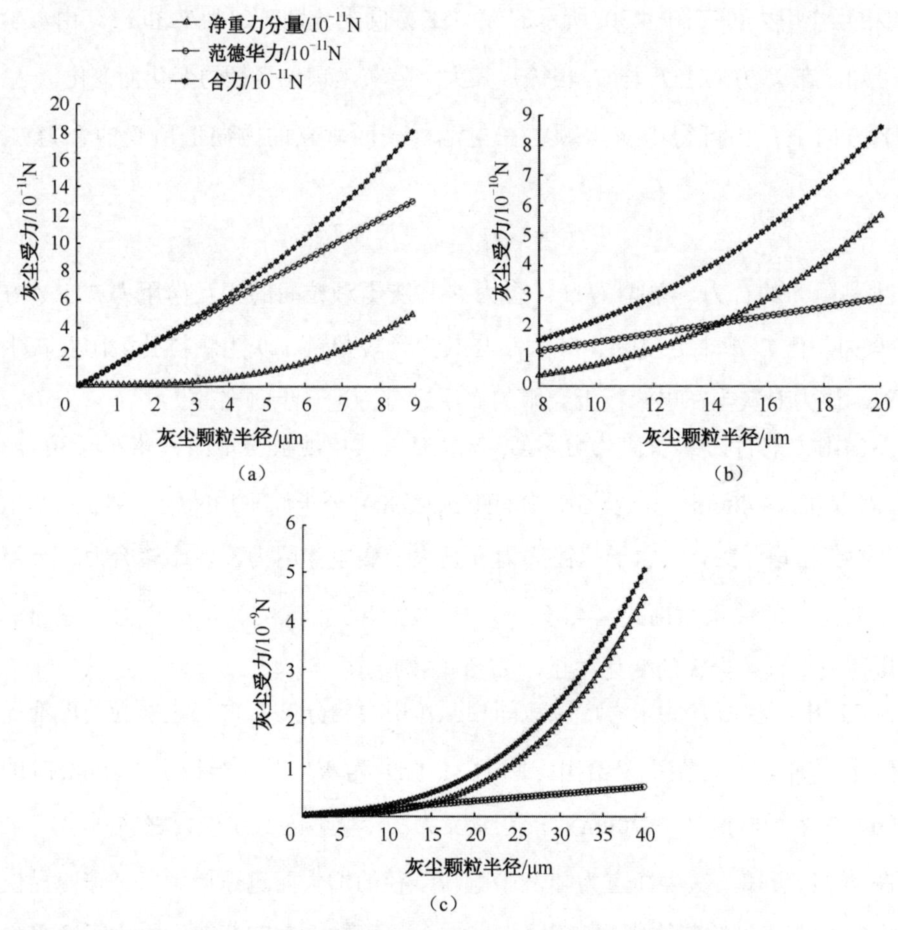

图 4.31　合力、范德华力及净重力分量与灰尘颗粒半径的变化关系

当分子间平均间距 z_0 取 SiO_2 分子间的平均间距时，即 2.343×10^{-8}m 时，以青海省共和县光伏园电池板表面灰尘颗粒为例，由于灰尘颗粒半径 $R\leqslant40\mu m$ 的体积累积百分比占97% 以上，结合可知，大部分灰尘颗粒所受的净重力先是小于范德华力后又大于范德华力，且两个力的取值范围均为10^{-10}～10^{-9}N。又由于灰尘颗粒所受的静电力较小，因此研究灰尘颗粒黏附受力要同时考虑范德华力和净重力。

4.7 灰尘颗粒与电池板之间的毛细作用力

弯曲液面所产生的附加压力称为毛细作用力，毛细作用力主要是由于液体的表面张力引起的。微颗粒黏附于固体表面时，由于表面形貌的不规则性，微颗粒与固体表面、微颗粒团之间存在大量微空间或微裂隙，在液体作用下产生毛细作用力[139]。灰尘颗粒与电池板之间由于雨水或清洗时水流作用下，接触表面之间的间隙可产生凝结的水蒸气，从而产生毛细作用力，如图 4.32 所示。

图 4.32 中，阴影部分为接触面之间的液体膜，R 为灰尘颗粒半径，d_L 为灰尘颗粒与电池板表面之间的距离。

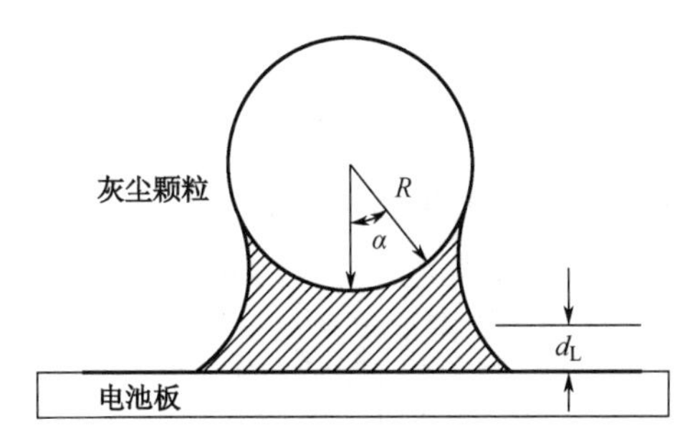

图 4.32　灰尘与电池板之间毛细作用力示意

由于空气潮湿，在两个接触物体间的间隙里可产生水蒸气的凝结，在间隙中形成的这种弯月面将微颗粒拉向表面。对微颗粒的拉力来源于两方面：一是表面张力；二是毛细作用减小了液体对外界的压力。这个拉力也就是给微颗粒增加的附着力，就是毛细黏附力，它可以写成两部分之和，如式（4.94）[159]。

$$F_c = F_{LV} + F_p \tag{4.94}$$

式中，F_c 为由于水的存在产生的总黏附力；F_{LV} 为表面张力引起的作用力；F_p 为毛细现象产生的压力或拉普拉斯压力。进一步将 F_c 写成式（4.95）。

$$F_c = 4\pi R\gamma_{LV}\sin\alpha\sin\left(\alpha+\theta\right) + 4\pi R\gamma_{LV}\cos\theta \tag{4.95}$$

式中，θ 为接触角，α 角通常很小，因此第一项并不重要。对于浸润液体 $\cos\theta \to 1$，故有 $F_c = 4\pi R\gamma_{LV}$。γ_{LV} 为液体表面张力，水的表面张力为 $0.072\,8\text{N}/\text{m}$，对于直径为 $1\mu\text{m}$ 的灰

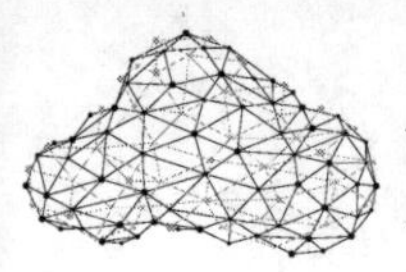

尘颗粒，其毛细黏附力 F_c 约在 10^{-7} N 的数量级，比范德华力 F_{vdw} 要明显[159]。毛细作用力产生的条件不是很苛刻，只要在潮湿的环境或有水的条件下很容易发生，而且力还很大，所以有这个力的存在，微颗粒会很容易黏附到基体表面。因此，在湿润环境下灰尘颗粒在电池板表面垂直方向受到的合力 F 可以写为式（4.96）。

$$F = G_y + F_{vdw} + F_E + T_y + F_c \tag{4.96}$$

可以利用毛细作用力的原理，通过喷淋的方式消除毛细作用力，进而移除电池板表面黏附的灰尘。

4.8 灰尘黏附力测量技术

目前原子力学显微镜测量法已被用于测量灰尘颗粒与介质表面间的黏附力。柳冠青等人对 6μm 的带电灰灰颗粒在石墨表面的黏附力进行了测量[160]，并给出了黏附力和分子间平均间距的关系。研究表明，实验室环境下灰尘黏附力的大小为 9.5×10^{-8} N，与本书得出的黏附力取值范围 10^{-10}～10^{-8} N 相吻合，且黏附力随分子间平均间距的增大而减小的规律与本书得出的结论也一致。Tanaka 等人用 AFM 法测量了碳粉微颗粒的黏附力[161]，探究了黏附力的影响因素，也得出了类似的结果。不同的环境条件，不同的相关参数，也能得到近似的黏附力变化规律。

灰尘颗粒与电池板间的黏附接触属于微观力学作用，从宏观的角度很难直接去测量这种黏附接触力的大小。无论是通过理论模型的分析，还是现有的黏附测算技术都有各自的优缺点，理论分析是实验研究的基石，实验验证是理论分析的反馈，彼此间相辅相成。针对黏附力的计算，前面已经根据经典的黏附理论给出一种简便、精确的计算方法，下面补充介绍国内外已有的黏附力测算技术以供参考。

大量国内外研究者通过近似或放大的方法来测算这种微观力的数值大小。现有的检测微观黏附力的技术主要包括 AFM 测量、微机械分离测量、静电测试、离心分离测量和激光分离测量等技术。这些技术各有优缺点，在使用这些技术时需要根据它们自身的优缺点选取合适的技术进行测量。

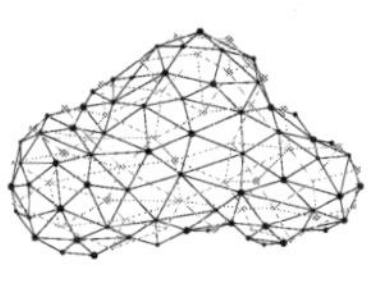

4.8.1 AFM 测量技术

1986 年，G.bining、C.F.Quate 和 C.Gerber 发明了原子力学显微镜（Atomic Force Microscope, AFM），用于测量微观原子、分子级别颗粒间的作用力[161~163]，揭开了微米颗粒间力测算技术的序幕。AFM 测量技术是利用光学手段将微颗粒的形变转换成光束的偏转。其主要原理是将微颗粒的形变通过光束的偏转来进行放大，从而测量出微颗粒形变的大小，再根据特定的黏附模型来得到黏附力的大小，其原理如图 4.33 所示。

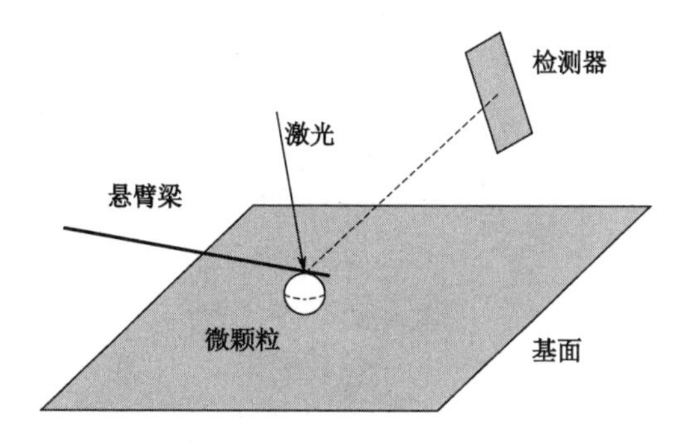

图 4.33　AFM 测量技术原理

利用微观操作技术将微颗粒黏附到探针尖端，通过计算机操作将基面向上移动使得微颗粒与悬臂梁上的探针接触并造成微颗粒的形变，然后控制基面向下移动使得微颗粒与基面发生脱落，在脱落的同时悬臂梁需要产生一定的回复力，就以这种产生的回复力来表示微颗粒与基面间的黏附力大小。回复力的测量是通过悬臂梁产生的形变，带动悬臂梁上激光束的偏移，来反馈到检测器上光束的偏移，最终用检测器上光束的偏移程度与悬臂梁形变的数学关系，以及黏附力与微颗粒形变量间的关系间接得到黏附力的大小。

AFM 测试技术需要在悬臂梁尖端固定颗粒，工艺要求很高，颗粒与平面材料间的距离为设定值，不能反映颗粒与材料接触的真实情况。而且，AFM 设备对工作环境有要求，难以调节与灰尘黏附环境相符合的环境条件，也不能真实反映灰尘颗粒黏附的情况。

4.8.2 微机械分离测量技术

微机械分离测量技术和 AFM 测量技术的原理存在一定的相似性[131,164]，其原理如

图 4.34 所示。

该技术也是利用悬臂梁的形变来间接计算微颗粒与固体界面间黏附力的大小。微机械分离测量技术的机构包括两个分置在两侧的操纵器，在两个操纵器终端分别装有带有试样架的悬臂梁，而在两个试样架的尖端分别装载微颗粒样本和不锈钢的金属。在测量时通过计算机移动操纵器，将微颗粒黏附到悬臂梁的终端，使得微颗粒与另一个试样架的终端基面发生黏附接触，静置一段时间后，然后移动操纵器使微颗粒与基面渐渐分离，在微颗粒与基面脱离的时刻记录下悬臂梁的位移量，再利用悬臂梁的弹性系数与形变量乘积的数值来表征微颗粒与基面间黏附力的数值。在测量过程中利用高倍数字显微镜来观察微颗粒与基面间的脱离情况。

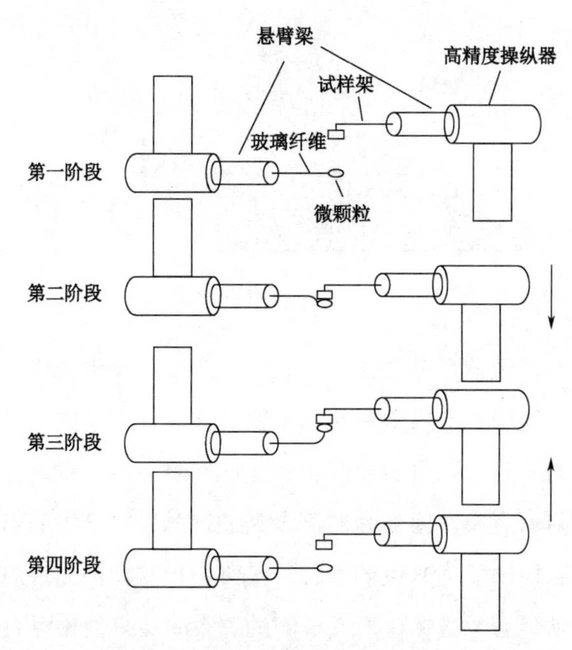

图 4.34　微机械分离测量技术原理

4.8.3　静电测试方法

静电测量微颗粒黏附力的基本原理是将带电颗粒置于均匀电场中，根据微颗粒带电极性合理设置电场极性，使微颗粒受到垂直向上的电场力[165]，如图 4.35 所示。当电场强度增加到一定数值时，微颗粒所受电场力可克服重力和黏附力而垂直向上运动。图 4.35 中

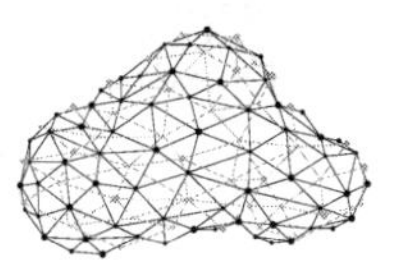

两个平行电极板提供均匀电场，基面表面黏附的微颗粒（带负电）在电场作用下向上运动，通过信号调节器控制电场强度，使微颗粒受到电场力能够克服黏附作用。众多微颗粒运动产生的电流可通过电流计测量，从而间接得到微颗粒的黏附力。

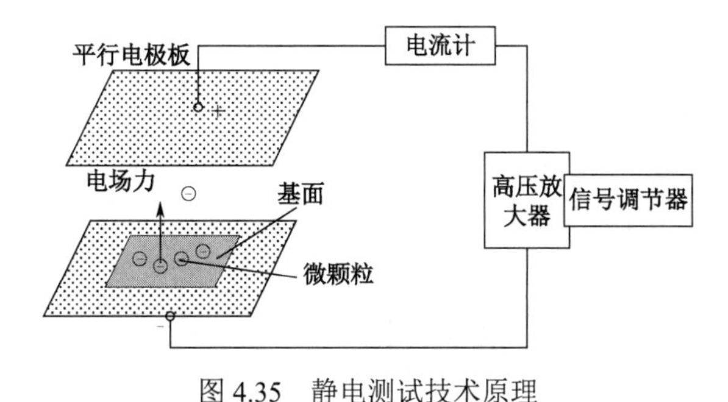

图 4.35 静电测试技术原理

静电测量黏附力的关键在于微颗粒必须带电，而且需要测量带电颗粒的电量，否则无法根据电压值计算其黏附力。

4.8.4 离心分离测量技术

离心分离测量技术是利用离心脱离原理来检测微颗粒与固体界面间黏附力的大小[131,166]，其原理如图 4.36 所示。

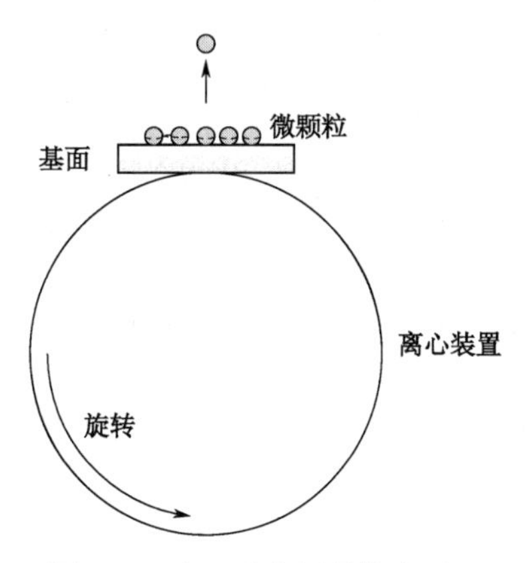

图 4.36 离心分离测量技术原理

离心分离测量技术的基本原理就是使微颗粒与其所黏附的平面材料一起选装，在离心力作用下脱离基面[165]。该技术的主要装置是一个圆形离心装置，在离心装置外侧再安装一个金属基面，用于放置微颗粒。测量前首先对微颗粒和基面进行一定的处理，保证不会受到其他因素的干扰。将微颗粒黏附到基面上，离心装置进行高速旋转，当达到某一转速时基面上的微颗粒将发生脱离，在基面上方安装有高精度的照相机用于拍摄微颗粒脱离状况，用微颗粒脱离时微颗粒与基面间的分离力表示微颗粒与基面间的黏附力。该技术是通过高精度照相机拍摄的微颗粒脱离前后照片的对比，来判断微颗粒的脱离情况。

离心分离测量技术是在高速转动的条件下记录灰尘颗粒脱离，所需处理数据量大，对于粒径太小的颗粒，离心力可能不足以克服黏附力作用[165]。

4.8.5 激光分离测量技术

激光分离测量技术是利用激光脉冲自身所携带的能量来进行黏附力测量的[131,167]，其原理如图 4.37 所示。

脉冲激光照射微颗粒，使微颗粒受到瞬间的光压力。当光压力能够克服微颗粒黏附力时，微颗粒发生移动，通过记录微颗粒发生移动时的脉冲激光光压来间接测量黏附力[165]。脉冲激光由于自身携带有能量，能够让黏附在基面上的微颗粒瞬间分离，然后通过高精度照相机判断微颗粒分离的状况。当某一时刻微颗粒与基面间发生分离时，就用该时刻的脉冲激光能量数值来表征微颗粒与基面黏附力的大小。

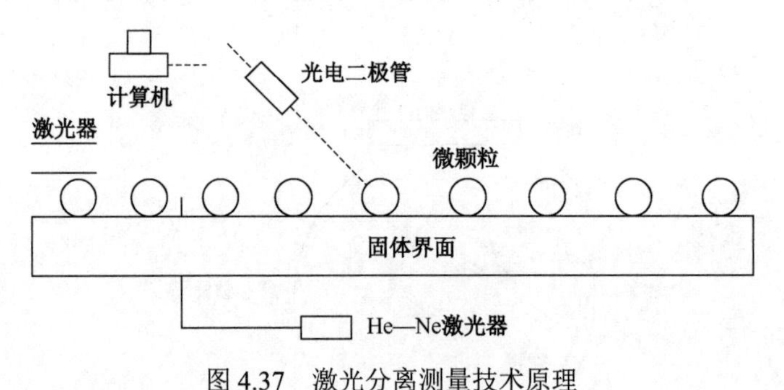

图 4.37　激光分离测量技术原理

4.9 本章小结

本章梳理了灰尘颗粒与电池板之间的黏附机理相关的 Hertz、JKR、DMT、Maugis-

Dugdale 等经典接触理论，在不考虑接触变形的情况下，从能量角度根据 Lifishitz 理论建立了灰尘颗粒与电池板之间的宏观范德华力模型。对于半径在 100μm 以下的灰尘颗粒，随着粒径尺寸的减小，范德华力相对于重力的影响迅速增强，灰尘颗粒与电池板表面之间（或颗粒与颗粒之间）的范德华力正比于灰尘颗粒半径。在实际的颗粒接触中往往存在着变形，在考虑颗粒间接触变形时，颗粒间的黏附力将不能用范德华力积分来计算。经典 Hertz 接触理论解释了当两个固体颗粒在微小的载荷作用下，接触点附近发生形变，使得颗粒间在一个有限的区域上发生接触并形成相互的黏附作用，给出了外力与接触面半径的关系。本章考虑以重力为主要外力时，29μm 以下粒径的灰尘颗粒黏附接触力的数值范围为 10^{-10}～10^{-11}N。但 Hertz 接触理论没有考虑接触体的自由能、表面能所产生的黏附对接触力的影响，而对于小尺度的接触问题，当两表面靠近接触时，范德华力的作用将发挥明显，以重力为主要外力分析灰尘颗粒的黏附时 Hertz 接触理论不再适合。Bradley 最先考虑两个刚性球体间范德华力的作用，Bradley 接触模型视颗粒为刚性，未考虑颗粒由于吸引力引起的表面变形。DMT 接触理论基于 Bradley 接触理论，考虑了由范德华力引起的接触黏附效应，得出颗粒表面分开的最大拉力为 $2\pi\Delta\gamma R^*$。Johnson、Roberts 和 Kendall 等人通过理论分析和实验验证，形成了 JKR 接触理论，得出颗粒表面分开的最大拉力为 $1.5\pi\Delta\gamma R^*$。基于 DMT 接触理论和 JKR 接触理论计算得到的最大分开拉力不依赖于颗粒弹性模量，适用于刚性球体接触，但两者的系数不一致。Tabor 对于 DMT 接触理论和 JKR 接触理论之间的不一致，引入了无量纲数 Tabor 数，指出 JKR 接触理论和 DMT 接触理论实际上代表了两个极限情况，使得两者矛盾得到了正确解释。Tabor 认为，曲率半径小、高黏附能和高弹性模量的颗粒，DMT 接触理论适用；对于曲率半径大、低黏附能和低弹性模量的颗粒，JKR 接触理论适用。随后 Maugis 和 Dugdale 引入了一个和 Tabor 数等价的无量纲数 Maugis 数，Maugis-Dugdale 接触理论用方阱势来描述黏附能的影响，认为 JKR 接触理论只考虑接触面内黏附力的影响，DMT 接触理论只考虑接触面以外区域黏附力的影响，得出颗粒表面分开的最大拉力在 $1.5\pi\Delta\gamma R^*$和 $2\pi\Delta\gamma R^*$之间。Maugis-Dugdale 接触理论具有普适性，可用来描述大部分材料的接触问题，无量纲数 Maugis 数越大，Maugis-Dugdale 接触理论越接近 JKR 接触理论，无量纲数 Maugis 数越小，Maugis-Dugdale 接触理论越接近 DMT 接触理论，但是 Maugis-Dugdale 接触理论无分析解，通常采用近似解。

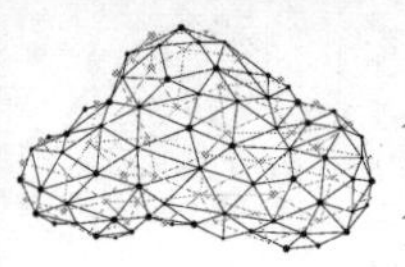

Hertz、JKR、DMT、Maugis-Dugdale 等经典接触理论均假设：接触体表面光滑；物体之间的黏附作用可用相邻表面之间的相互作用代替；材料各向同性、线弹性；接触区域内两表面之间间距恒定；接触面轮廓可用抛物面近似。由于颗粒并非理想的弹性材料，在接触变形的同时，颗粒间还可能存在黏附作用。Cundall 和 Strack 首次将软球弹簧阻尼模型应用于颗粒间接触力的研究，提出了微颗粒物质离散模拟研究的方法，将颗粒与颗粒间的黏附关系用弹簧、阻尼器、滑动器和耦合器来表示，将颗粒间的接触变形关系分为法向和切向分别进行分析，本章通过模拟计算得出灰尘颗粒黏附力范围为10^{-9}～10^{-6} N。灰尘颗粒弹簧阻尼模型解决了过去实验方法很难获得的颗粒体系内部力学关系的难题，使微颗粒的相关研究更进一步。

实际中，灰尘颗粒都是以集群的形式堆积在电池板上的，有必要将单颗粒灰尘与电池板间的黏附模型延伸到多颗粒灰尘与电池板间的黏附情况。如果假设灰尘颗粒为球形且均匀分布，则灰尘颗粒黏附的合力的计算将变得简单，但实际灰尘颗粒大小不一、分布并不均匀，且具有不同程度的表面粗糙度。Majumdar 和 Bhushan 基于 Hertz 接触理论，通过 WM 函数首次建立了基于分形理论的粗糙表面 M-B 接触模型。本章采用 JKR 接触理论和分形接触理论，模拟了二维粗糙表面轮廓形貌，推导得到单个微凸体的弹性与塑性接触变形的力学模型和多颗粒灰尘黏附力表达式，为精确揭示灰尘黏附机理奠定良好基础。对于多颗粒的离散耦合力学分析还有待进一步研究。

除了对基于分子间的相互作用而产生的各个力学模型的分析，本章还对灰尘颗粒的“镜像”接触静电力、双电层静电力、电场力进行了探究，为后续清洁方法使用和清洁试剂选择提供理论依据。

在干燥的环境下，综合灰尘颗粒受到的范德华力、总静电力和重力得出了单颗粒灰尘附着在具有一定倾斜角度的电池表面上所受到的合力，单颗粒灰尘所受合力的数量级范围为10^{-10}～10^{-8} N。在潮湿、浸润等有水环境下，灰尘颗粒与电池板间的力学作用要充分考虑毛细作用力，当浸润角较小时，经测算，粒径 1μm 的灰尘颗粒在润湿情况下，将产生数量级为10^{-7} N 的黏附力。当浸润角较大或完全浸润时，毛细作用力将变为灰尘颗粒脱离电池板表面的拉力，因此对于灰尘颗粒的清洁可以考虑有水清洁方式。

本章介绍的固体表面灰尘颗粒黏附力的测量技术包括 AFM 测量、微机械分离测量、

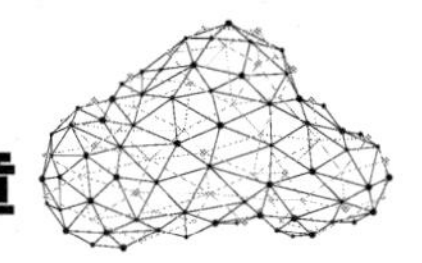

静电测试、离心分离测量和激光分离测量等技术，可用来检测模型计算中灰尘颗粒黏附力的数量级，但微观力学的测量结果会受到诸多因素的影响，很难有精确的结果，灰尘颗粒微观黏附力学测量设备精密，测量手段有待进一步挖掘。

本章内容承上启下，是在分析灰尘颗粒性质的基础上研究灰尘与电池板之间的黏附作用力。精确分析出黏附作用力是高效高质量清除灰尘的前提，也是选择高效清洁工具、清洁工艺、清洁材料的基础。下一章将对电池板表面灰尘有水和无水清洁机理展开详细研究。

第5章 电池板表面灰尘清洁机理

第 2 章已经介绍了各种清洁方式和工具，但无论是手动清洁还是自动化清洁，甚或是机器人清洁，其执行灰尘清洁的工艺，主要是水射流冲洗和毛刷机械擦除（或辅助以气流）两种方式。目前清洁装备的局限在于清洁效率、清洁效果和空间适应性等问题。高压水射流清洁效率高，但用水量大，环境影响大，而且受到水源、光伏电站空间布局等限制。干式毛刷（或辊刷、盘刷）清洁效果不好，而且对玻璃表面有损伤。无论是高压水射流还是干式清洁，目前的清洁车都很难适应复杂形貌的光热聚光系统，而能够适应各种场合的清扫机器人清洁效率较低，而且效果也差强人意。

如何改善光伏清洁工艺，使清洁效率、清洁效果都能够达到光伏/光热电站的要求，需要从工艺物理作用入手研究。本章深入探讨水射流、毛刷擦除和气流等除尘工艺的物理机理，结合实验来定量描述各种工艺的参数影响，为优化光伏组件清洁工艺，研制新型清洁设备提供理论基础。

5.1 表面微颗粒物理清除机理

电池板表面玻璃是没有自清洁功能的。按照普通疏水表面特性，倾斜电池板表面上的水滴主要以滑动方式移动，难以夹带灰尘颗粒离开，达不到清洁效果。因此，清洁电池板表面需要水流、气流、毛刷和抹布等工具对灰尘颗粒施加外力实现。

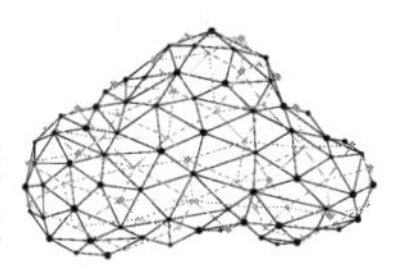

5.1.1 灰尘颗粒清除方式

清洁工具与组件表面黏附灰尘颗粒之间有 3 种情况，一是与表面灰尘颗粒没有接触，二是与表面灰尘颗粒部分接触，三是与表面灰尘颗粒充分接触，如图 5.1 所示[139]。

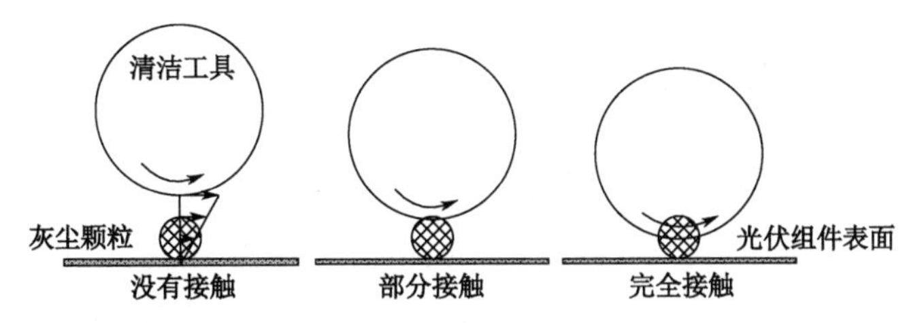

图 5.1 清洁工具与组件表面黏附灰尘颗粒之间的 3 种情况

对于没有接触的清洗方式，主要指气流、水流等冲洗方式。水流/气流在灰尘颗粒表面快速流动，受到表面摩擦阻力、气/液黏性作用影响而不能直接作用于灰尘颗粒，而是其周围空气和液流作用于灰尘颗粒，从而将灰尘颗粒从组件表面剥落。非接触方式的清洁效率较低。

部分接触的清洗方式能够对组件表面灰尘颗粒直接作用，当作用力大于灰尘颗粒黏附作用力时，灰尘颗粒发生位移，随着清洁工具位置变化其接触方式发生变化，由部分接触转换成非直接接触的方式，致使部分灰尘颗粒无法清除，清洗效率下降。

完全接触方式能够直接作用于灰尘颗粒，效率较高，只要清除作用力大于黏附力，灰尘颗粒就会发生位移从而脱离组件表面。

5.1.2 灰尘颗粒清除运动方式

灰尘颗粒黏附在固体表面，物理清洗需要克服黏附作用才能将颗粒清除。从灰尘颗粒自身清除过程运动方式出发，可分为 3 种：拉升（lifting）、滑动（sliding）、滚动（rolling），如图 5.2 所示。实际清除过程中，一个灰尘颗粒的移动形态总是伴随着两种或三种机制的共同存在[139]。

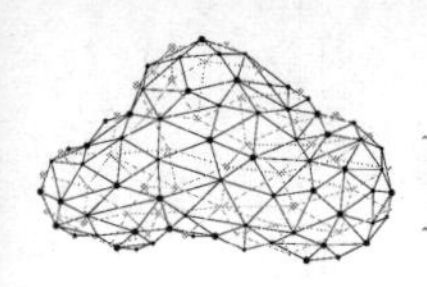

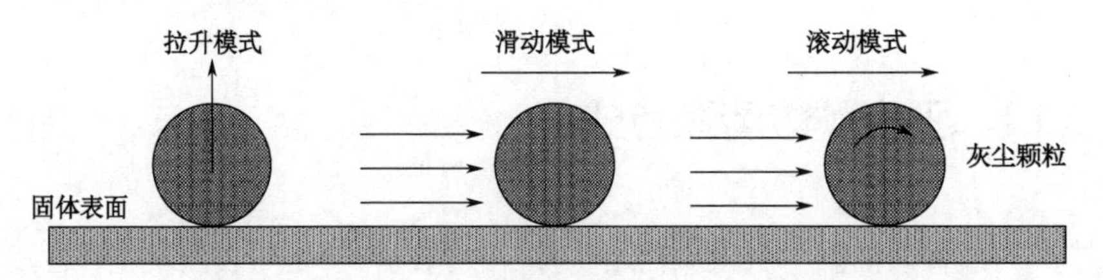

图 5.2　固体表面微颗粒清除的 3 种机理

所谓拉升机理，对于黏附于固体表面的微颗粒，当施加在灰尘颗粒上的力沿黏附表面的法向方向，且大于颗粒黏附力时，即满足式（5.1）

$$F_{\text{Lifting}} > F_{\text{Adhesion}} \tag{5.1}$$

则黏附在固体表面的灰尘颗粒可通过拉升作用被移除。其中，F_{Lifting} 为施加在灰尘颗粒的法向拉升力；F_{Adhesion} 为灰尘颗粒与固体表面间的黏附力。定义拉升系数 $R_{\text{L}} = F_{\text{Lifting}} / F_{\text{Adhesion}}$，若 $R_{\text{L}} > 1$ 则灰尘颗粒被拉升移除，$R_{\text{L}} < 1$ 则不可拉升移除。对于产生形变的颗粒，JKR 和 DMT 模型都给出了通过拉升移除颗粒所需的最小力。

所谓滑动机理，当施加在灰尘颗粒的水平力 F_{Drag} 大于颗粒的静摩擦力 F_{Static} 时，即满足式（5.2）

$$F_{\text{Drag}} > F_{\text{Static}} \tag{5.2}$$

则灰尘颗粒就可被水平力移除。一旦颗粒产生滑动后，维持此运动的条件则变为式（5.3）。

$$F_{\text{Drag}} > F_{\text{Static}} = K_{\text{s}}\left(F_{\text{Adhesion}} - F_{\text{Lifting}}\right) \tag{5.3}$$

其中，K_{s} 为滑动摩擦系数。对未受拉升力的灰尘颗粒来说，定义水平牵引力与吸附力的比值 $R_{\text{S}} = F_{\text{Drag}} / F_{\text{Static}}$。当 $R_{\text{S}} > K_{\text{s}}$ 时，灰尘颗粒可通过滑动移除；$R_{\text{S}} < K_{\text{s}}$ 时，灰尘颗粒不能滑动移除。

所谓滚动机理，当施加在灰尘颗粒上所形成的清除力矩 M_{Cleaning} 大于吸附力所引起的阻抗力矩 $M_{\text{Resisting}}$ 时，灰尘颗粒即可通过滚动机理被移除，即满足式（5.4）。

$$M_{\text{Cleaning}} > M_{\text{Resisting}} \tag{5.4}$$

定义两力矩比值 $R_{\text{M}} = M_{\text{Cleaning}} / M_{\text{Resisting}}$。当 $R_{\text{M}} > 1$ 时，灰尘颗粒可通过滚动机理移除；$RM < 1$ 时。灰尘颗粒不能通过滚动机理移除。

对于标准球形颗粒而言，当颗粒受到水平方向的作用力时，滚动条件较滑动条件容易

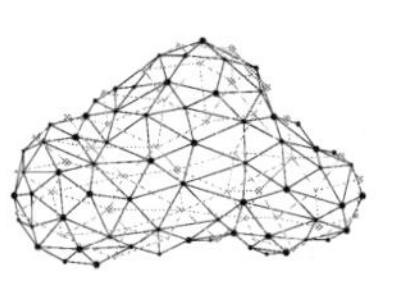

实现。但在球形颗粒的移除过程中往往伴随有颗粒滚动的存在。当灰尘颗粒为非完整球形或接触面存在塑性变形时，滚动机制则较为复杂。如前所述，电池板表面的灰尘颗粒形貌多为不规则的，而不是标准球形，同时也存在塑性变形，因此移除机理较为复杂。

对于黏附在光伏组件表面的灰尘颗粒而言，其去除过程是拉升、滑动和滚动综合作用的结果。下面从清洁工具与灰尘之间的作用角度来分析高压水射流和机械擦除工艺对灰尘的清洁过程。

5.2 高压水射流清洗机理

前面述及的射流式清洁车以及一部分清洁机器人，均是采用纯水射流方式，通过水动能打击光伏组件表面积灰进行除尘。清洁车辆通过自身液压系统，或者车载高压水射流清洗机形成高压水射流。水射流方式是目前应用最广泛、最有效的清洁方式。高压水射流是利用水为载体，通过液体增压原理经特定喷嘴或增压设备将机械能转化为压力能，再经由喷嘴小孔形成较高能量的射流，将压力能转化为动能[168]，具有清洗成本低、速度快、清净率高、不损坏被清洗物、无污染等诸多优点。在发达国家，水射流清洗已占工业清洗的80%左右，应用极为广泛[169]。水射流的动力学效应主要有两种：一种是以水在污垢内的渗透为主，包括裂纹扩散、压缩与剪切作用、成坑和水楔等过程的破碎方式；另一种则是以压缩与剪切为主，包括裂纹扩散、成坑和水楔等过程的破碎方式[170]。

前已述及，对于高海拔地区的组件表面灰尘主要成分是石英、方解石和绿泥石，来自荒漠中的细沙，在风力、雨水等作用下形成胶体，附着在电池板表面，其硬度 $HB<200$，是典型的可渗透软质垢。因此，可以认为水射流电池板清洗灰尘是以渗透为主的破碎机理。通过水射流作用，水可以渗入灰尘颗粒之间的孔隙，对颗粒施加压力，当压力大于颗粒之间引力时，产生裂纹且裂纹逐步扩散，后面的射流发挥压缩、剪切和水楔作用，使污垢产生裂缝、凹坑，直到全部剥落。

5.2.1 扇形喷嘴清洁过程

为实现大面积清洁，选择可形成大面积扫射面积的扇形喷嘴对太阳能电池板进行清洗。清洗过程中，扇形扫射平面与电池板阵列边缘成一定角度，即冲击角α，同时扇形扫射平面与电池板表面也或一定角度，即冲洗角θ，如图 5.3（a）所示。经扇形喷嘴，水射流形成扩散角为β的扇形扫射区域，如 5.3（b）所示。冲击角和冲洗角既可使水射流扫射平面对电池板表面灰尘形成冲击、挤压及水楔等综合作用，又可使附着在电池板表面的灰尘破碎后，受自身重力影响而脱落，离开电池板而不易形成堆积，达到清扫效果。

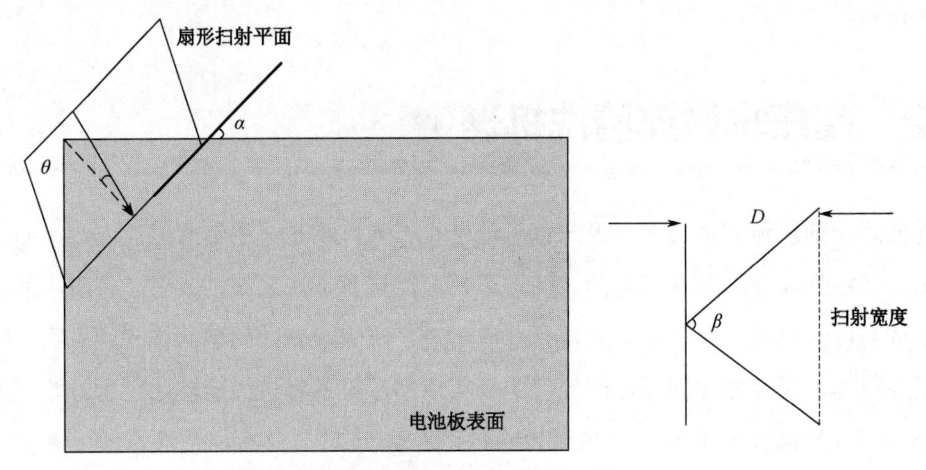

图 5.3　扇形喷嘴扫射光伏组件表面清洁示意图

图 5.3 中，θ为入射角，即电池板平面与扇形扫射平面之间的夹角；β为扩散角，即扇形扫射区域所形成的角度；α为冲击角，即扇形扫射平面与电池板交线与水平面所成角；D为喷嘴与电池板之间的距离，其与喷嘴直径之间的关系约为$D = k \cdot d_{\mathrm{n}}$，$k$为常量影响因子，范围为$150 \sim 300$。单个喷嘴的扫射宽度（ScanLength）计算如式（5.5）。

$$ScanLength = 2 \cdot k \cdot d_{\mathrm{n}} \cdot \tan\frac{1}{2}\beta \tag{5.5}$$

采用n个喷嘴扫射光伏组件表面灰尘时，电池板宽度（FilmWidth）与扫射宽度之间的关系如式（5.6）。

$$FilmWidth = n \cdot ScanLength \cdot \sin\alpha \cdot \mu \tag{5.6}$$

式中，μ为喷嘴扫射重叠比率。

单个喷嘴形成的水雾扫射区域边缘打击力变小，因此相邻喷嘴扫射区域重叠，以增强射流边缘灰尘的打击和冲刷效果，通常情况下设计重叠比率不小于 0.3。单个喷嘴的单位时间内水流量q_{t}计算如式（5.7）。

$$q_t = 2.1 \cdot d_n^2 \cdot \sqrt{P} \tag{5.7}$$

对于采用n个相同喷嘴的光伏清洁过程，其单位时间内的水流量$\dot{\Omega} = n \cdot q_t$，进一步可以计算出清洗全程所需要的水量$\Omega$，如式（5.8）。

$$\Omega = \frac{T}{60v} \cdot 2.1nd_n^2\sqrt{P} \tag{5.8}$$

式中，T为太阳能电池板全部行程长度，单位为m；v为清洁过程中清洁车的行进速度，单位为m/s。

这里计算出来的水量是没有任何损耗的最小量，实际用水量要计算其中的损耗。

以0.6×1.2m的电池板阵列为例，冲击角取60°，常量影响因子k取250，多喷嘴时扫射重叠比率μ取0.3，变化喷嘴数量、扩散角和喷嘴直径等参数，按照式（5.7）可计算出多喷嘴射流系统在单位时间内的水流量Q，如表5.2所示。

表5.1　多喷嘴单位时间内水流量估算

喷嘴数量（n）/个	扫射重叠比率（μ）	扩散角（β）/（°）	喷嘴直径（d_n）/mm	水流量（Q）/$L\cdot min^{-1}$
1	1	135	3	29.88
2	0.3	113	3	59.77
3	0.3	90	3	89.65
4	0.3	74	3	119.54
3	0.3	113	2	39.84
4	0.3	99	2	53.12
5	0.3	84	2	66.41

从上述的分析可知，在相同压力条件下，采用直径小的扇形喷嘴不仅能够获得较大的打击能量，而且也能节约水资源。当然高压水射流清洗机工作压力越高，也会获得高的打击能量，但高压水射流需要配备耐高压的胶管，增加了清洗成本，同时高压胶管需要缠绕钢丝圈数增多，胶管内径也就越细，其阻力损失增大，会导致出口压力减小，清洗效率降低。

5.2.2　水射流清洗力和能量分析

1. 清洗力分析

水射流清洁组件表面灰尘过程中，起决定性作用的是水的渗透引起作用于灰尘颗粒的水压力。为清洁电池板表面灰尘，需要水射流压力大于某一灰尘破碎的临界压力值，以克服灰尘颗粒与电池板表面的附着力。为分析水射流过程中电池板表面灰尘受力情况，建立如图 5.4 所示的坐标系。坐标原点为高压水射流喷嘴位置，$P'(x,y)$为光伏组件表面任意位置(x,y)处的压力值，根据经验公式（5.9）计算求得。

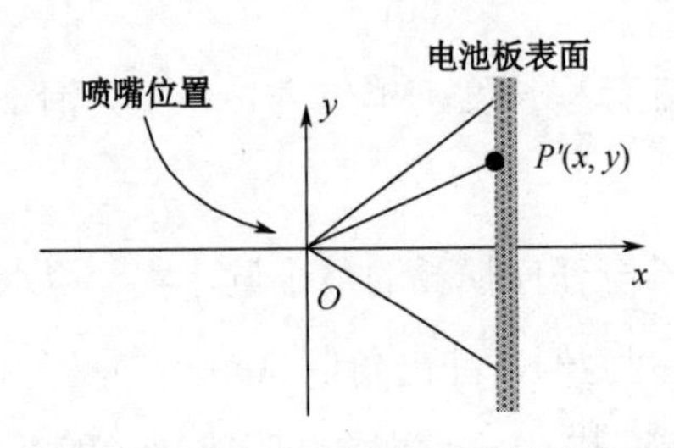

图 5.4　高压水射流作用在光伏组件表面的压力坐标系

$$P'(x,y)=P\cdot \mathrm{e}^{-0.0165y}\mathrm{e}^{-(ax)^2} \qquad (5.9)$$

式中，P为清洗机水泵工作压力。

当水射流垂直射到光伏组件表面时，其在点(x,y)处的打击力$F(x,y)$最大，可由经验公式（5.10）计算得到。

$$F(x,y)=1.56\cdot P\cdot d_{\mathrm{n}}^2\cdot \mathrm{e}^{-0.0165y}\mathrm{e}^{-(ax)^2} \qquad (5.10)$$

式中，x为喷嘴到光伏组件表面的距离，在光伏清洁过程中通常为恒定值；y为组件扇形扫射区域的半径，边缘处所受打击力变小。

从式（5.10）可知，作用在光伏组件表面的打击力受到清洗机出口压力和喷嘴参数影响。打击力需要达到剥落灰尘，但又不能损毁组件表面玻璃的程度，因此需要合理配置压力和喷嘴参数。清洗过程中，扇形水雾与光伏组件表面呈一定角度，即冲洗角θ，打击力$F(x,y)$可分解为正面的打击力$F(x,y)\cdot\sin\theta$和切向冲刷力$F(x,y)\cdot\cos\theta$。灰尘颗粒是在打击力和冲刷力的双重作用下从电池板上剥离的，因此合理选择冲洗角度能够提高灰尘清洁效率。扫射平面与电池板的交线与水平面所成的冲击角α则利于使剥离的灰尘在自身重力和水流冲击下滑落，但在实际清洗过程中，大型清洗车通常采用提高喷射压力，而冲击角则选择$90°$，冲洗角也为$90°$。

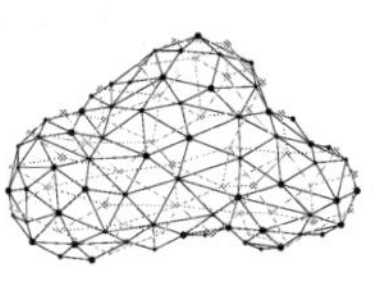

2. 喷嘴能量转化

喷嘴能量主要由 3 部分构成：动能、位能和压力能。为更好地量化能量概念，引入能量高度（energy height）概念对喷嘴能量转换进行分析。根据能量守恒定律，喷嘴进水口能量 $E_{1\Sigma}$ 和出水口能量 $E_{2\Sigma}$ 应保持一致，如式（5.11）。

$$E_{1\Sigma} = E_{2\Sigma} \tag{5.11}$$

其展开式可以写成 $E_{1d} + E_{1w} + E_{1y} = E_{2d} + E_{2w} + E_{2y} + E_s$。其中，$E_{1\Sigma}$ 和 $E_{2\Sigma}$ 分别为进水口和出水口的总能量高度；E_{1d} 和 E_{2d} 分别为进水口和出水口的动能能量高度，$E_{1d} = \dfrac{v_1^2}{2g}$，$E_{2d} = \dfrac{v_2^2}{2g}$；$E_{1w}$ 和 E_{2w} 分别为进水口和出水口的位能能量高度，实际运算中，其值较小可以忽略；E_{1y} 和 E_{2y} 分别为进水口和出水口的压力能能量高度，进水口处水在喷嘴压力下形成较大压力能，可以由 $P_1 / \rho_w g$ 进行计算，而出水口处由于水流自由，其压力能为零；E_s 为进水口到出水口损失的能量高度，在各项参数一定的条件下，其可以视为常数。压损主要来自高压胶管，高压胶管钢越长，胶管内径越细，其压损越大，当胶管长度为 50m 时，高压胶管内径由13mm 减小到10mm 时，其压力损失由 4.3% 增加到17.1%，而水射流打击力减小程度则达到20% [171]。式（5.11）可具体展开为式（5.12）。

$$\frac{v_1^2}{2g} + \frac{P_1}{\rho_w g} = \frac{v_2^2}{2g} + E_s \tag{5.12}$$

式中，v_1 为进水口水射流速度；g 为当地重力加速度，约 $9.8\text{m}/\text{s}^2$；P_1 为进水口压力，由于输水管道压力损失，约为水泵工作压力的 80%；ρ_w 为水的密度；v_2 为出水口水射流速度。

对于图 5.5 所示的高压水射流喷射机构，其进水口和出水口的射流速度可采用式（5.13）所示的两个经验公式来计算。

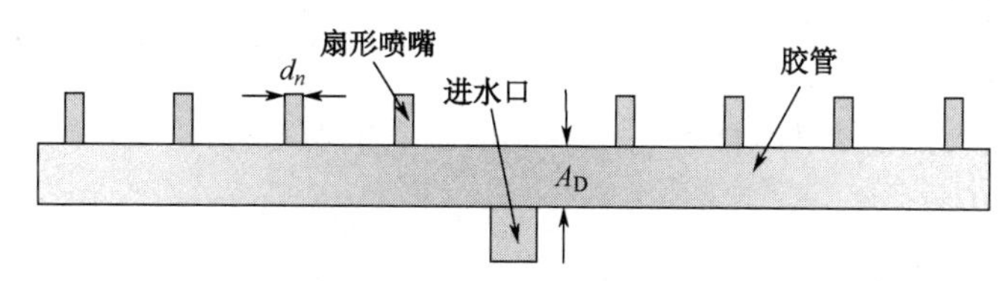

图 5.5 高压水射流喷射机构

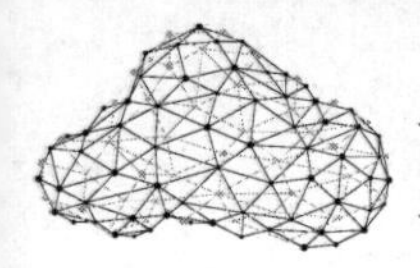

$$\begin{cases} v_1 = \dfrac{Q}{A_{\mathrm{D}}}\left(A_{\mathrm{D}} = 0.25\pi D^2\right) \\ v_2 = \dfrac{Q}{A_{\mathrm{d}}\mathrm{n}}\left(A_{\mathrm{d}} = 0.25\pi d_{\mathrm{n}}^2\right) \end{cases} \quad Q = 2.1 \cdot D^2 \cdot \sqrt{P} \tag{5.13}$$

式中，A_{D} 和 A_{d} 分别为喷射机构钢管的直径（见图 5.5）和喷嘴的截面积；Q 为单位时间内的水流量。进一步代入式（5.12）中，可计算出喷嘴出水口的水的动能，如式（5.14）。

$$E_{2\mathrm{d}} = \frac{4.41 \cdot D^4 \cdot P}{2 \cdot A_{\mathrm{d}}^2 \cdot n^2 g} \tag{5.14}$$

通过分析高压水射流机理可知，清洗效果的好坏与清洗机水泵工作压力、喷嘴直径、喷嘴数量、水流量、清洗角度、喷嘴和电池板间距等因素有关。下面将计算确定高压水射流清洗设备相关的技术参数。在光伏清洁过程中，合理配置高压清洗机流量和压力是实现低功耗、节约水资源的关键。

5.2.3 水射流清洁效果

实验采用压力为250MPa的高压清洗机带动扇形喷嘴，冲击角 α 选择60°，冲洗角 θ 选择90°，对面积为 $0.6\mathrm{m} \times 1.2\mathrm{m} = 0.72\mathrm{m}^2$ 的光伏组件构成的阵列进行清洗。扇形喷嘴直径 d_{n} 为2mm，喷嘴扩散角 β 为80°，喷嘴与电池板表面的距离 x 为0.5m，扇形喷嘴扫射区域重叠率 μ 为0.3。为适应宽度为1.2m的电池板，则需要用 4 个扇形喷嘴。

实验过程中，对 20 块光伏组件组成的阵列清洗前后电压和电流进行测量，为防止水柱晶体折射对发电效率产生影响，在清洗 20 分钟后等残留水珠晾干后进行测量。实验时间选在夏季晴天13:00—14:00进行，环境温度约为23～25℃，灰尘为自然落尘。图 5.6 所示为高压水射流清洗前后功率的变化。清洗后比清洗前功率平均提高约9%，其最大提高13.5%。水射流清洗能够提高发电效率，一方面由于表面尘垢清除提高了电池板受光面积，另一方面水降低了电池板表面温度。清洗 1h 后电池板表面温度回升，其功率提高平均值约为7%。荒漠地区夏季风沙小，组件表面附着的灰尘易于清除，但水射流清洁后在其表面会形成一层水垢，如图 5.7 所示。通过清洗前后对比可知，纯水高压射流对光伏组件表面积灰具有很好的清洁效果，这也是诸多光伏电站采用高压水枪清洁电池板的原因。从表 5.1 可知，高压水射流的用水量是很大的，对于荒漠地区宝贵的水资源而言，纯水射

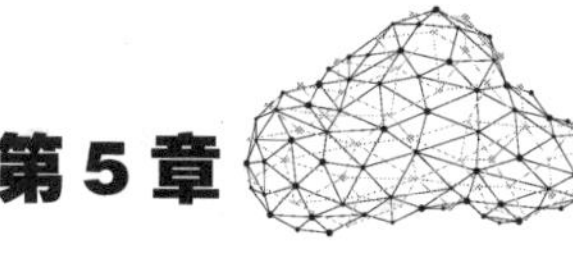

流清洁一定程度上增大了清洁成本。

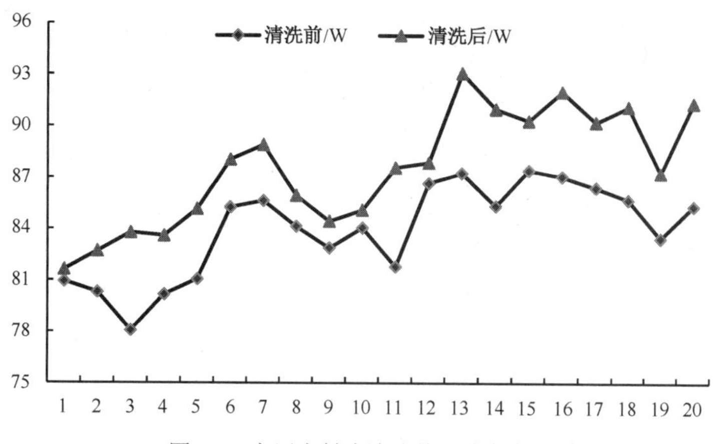

图 5.6 高压水射流清洗前后功率变化

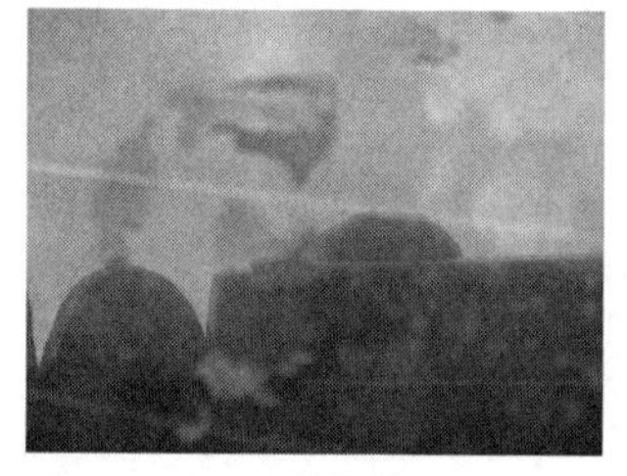

（a）清洗前

（b）残留水珠未干燥

（c）干燥后

图 5.7 电池板水射流清洁效果前后对比

5.2.4 高压气流辅助清洁工艺

高压气流除尘属于非接触式除尘，一般采用高速稳流来清除表面吸附颗粒，在食品清洁、机械加工车间清洁等场合应用广泛。为了提高气流除尘的清洁率，研究者探索了脉冲空气射流技术对微小粒径颗粒进行清除，可以实现表面灰尘的无水清洁。

浙江理工大学研究了两款基于高压气流的组件除尘装置，如图 5.8 所示。图 5.8（a）为基于多级扩张腔喷头的喷气清洁装置，主要由空气压缩机及管道、多级扩张腔喷头、步进电机及其传动机构组成[172]。图 5.8（b）为基于超级风刀的除尘系统，主要包括空气压缩机及管道、定制超级风刀、步进电机及传动系统等[173]。

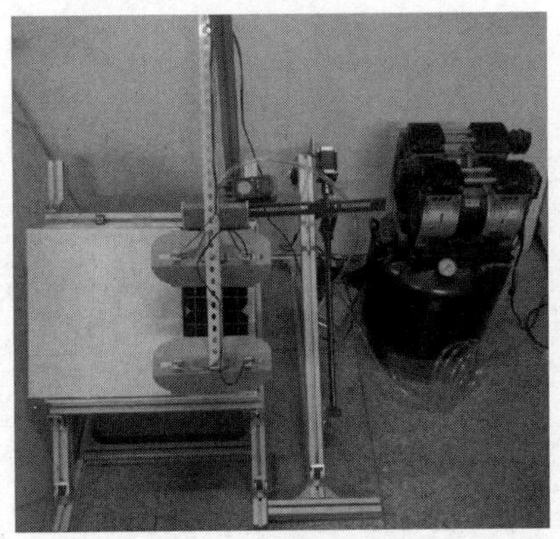

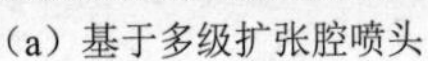

（a）基于多级扩张腔喷头

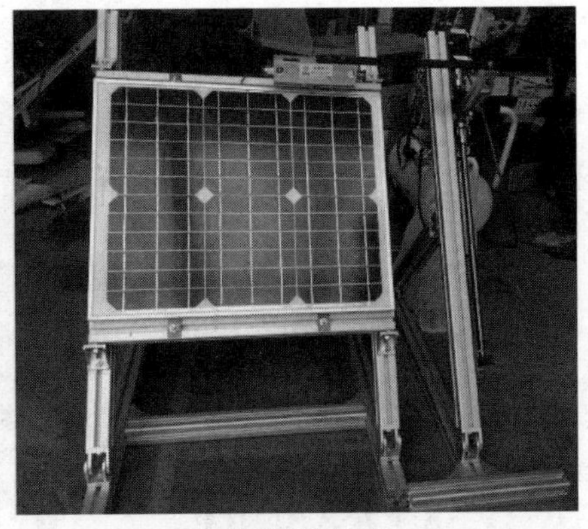

（b）基于超级风刀

图 5.8　基于高压气流的组件除尘装置

杜小强等人也对多级扩张腔喷头和超级风刀在干燥环境（热力学功 $Wa = 0.0141\mathrm{J/m^2}$ ）和湿润环境（热力学功 $Wa = 0.53\mathrm{J/m^2}$ ）下的除尘效果做了对比，其结果如图 5.9 所示[172]。

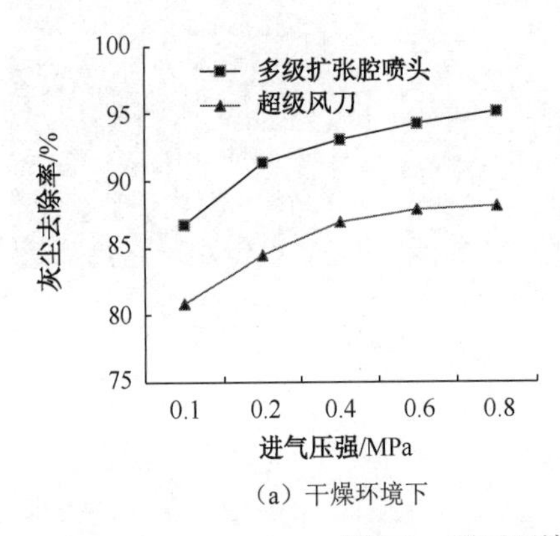

（a）干燥环境下

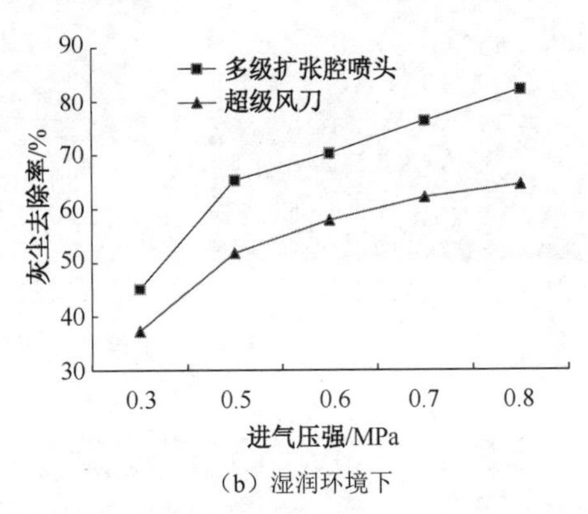

（b）湿润环境下

图 5.9　不同环境下气流式除尘效果对比

实验表明，干燥环境中灰尘颗粒去除力较大，进气压强为 0.2MPa 时多级扩张腔喷头和超级风刀可达到 91.35% 和 84.47% 的灰尘去除率，但是在湿润环境中在 0.8MPa 时也仅能达到 82.16% 和 64.46% 的去除率。原因在于湿润环境中灰尘颗粒黏附力较大，实验中采用的中级试验粉在湿润条件下更利于黏附，干燥环境中灰尘为浮尘。实验也表明，多级扩张腔喷头比超级风刀有更好的除尘能力，而且具有非接触式的优点，能够避免损伤光伏组件表面。但实际条件，尤其在高海拔环境中，干燥灰尘与电池板之间的黏附力更大，气流难以带起灰尘并从组件表面剥落，需要高压气流形成较强的切割力才能实现灰尘剥离。程智锋等人提出了一种由高压气泵、电机、压力调节阀、输气管道等构成的气流喷射清洁电

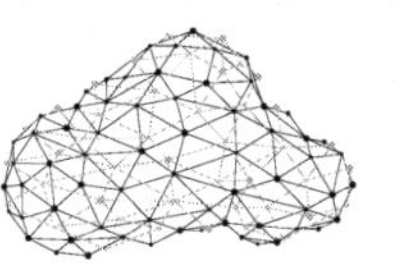

池板灰尘的装置，控制5～30MPa的高压气流从孔径为0.2～0.4mm的喷头均匀喷出，形成高速微细气体射流，将灰尘从组件表面剥离[174]。

纯气流方式清洁电池板，很难达到很高的清洁效果，而且高压气流与电池板作用会发热，也会影响电池板发电性能。前面述及，纯水高压水射流清洁后会留下较为明显的水痕，一定程度上降低了清洁效果，高压气流除尘可以辅助水射流或机械擦除，一方面减少擦除的水痕，另一方面可起到干燥作用，辅助灰尘脱离电池板表面。高压气流清洁需要有空气压缩机的辅助，一般安装在大型清洁车辆上与水射流结合使用。对于小型的光伏清洁机器人，实现吹、扫、吸 3 种方式结合，即“气流式+机械擦除式”的清洁工艺，更有利于改善清洁效果和提高清洁效率。

5.3 机械擦除实验研究

机械擦除工艺主要以毛刷清洁为主，前面提及刷子形式主要包括条刷、辊刷和盘刷 3 种，其清洁原理如图 5.10 所示。图 5.10 中，→表示刷子的清洁运动方向。3 种刷子均在一定正面压力下与组件表面产生摩擦力以去除表面灰尘颗粒。其中，条刷在行进过程中依靠刷丝与组件表面之间的摩擦力将灰尘剥落，盘刷主要依靠其旋转过程中产生的摩擦力将灰尘剥落，辊刷则在行进过程中绕固定轴旋转，进而产生摩擦力将灰尘剥落。3 种刷子在光伏组件表面清洁过程中都有应用。其中，辊刷常用在大型清洁车（见图 2.16 和图 2.17），在机械臂带动下清洁灰尘，一般体积较大，清洁效率较高。盘刷常用在城市街道清洁中，配合气流吸尘器，将地表杂物去除，也应用在光热系统清洁中（见图 2.19（a））。盘刷体积较小，通过旋转产生的摩擦力较大，对组件表面污垢有较好的清洁效果，但清洁效果不一致。条刷类似扫把可以将组件表面浮尘带起，与盘刷组合应用在扫地机器人中（也可退化成表面粗糙的布条），也应用在光伏组件表面的爬行机器人中。

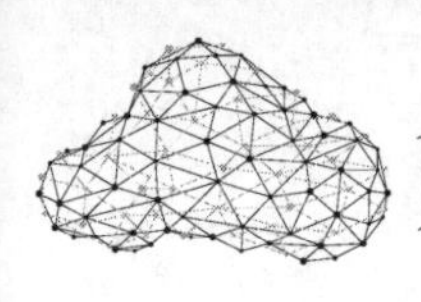

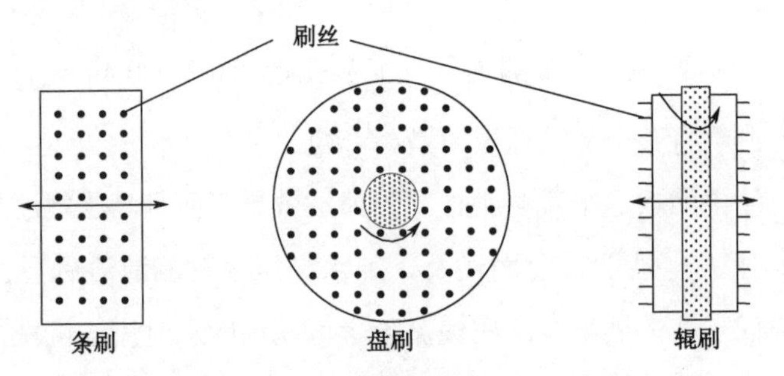

图 5.10　3 种毛刷清洁原理示意图

5.3.1　实验材料和装置

为了探索条刷、盘刷和辊刷对光伏组件表面灰尘的清洁效果，设计了清洁实验，对不同刷型、不同压力、不同速率下的清洁效果进行研究。大量实验表明，不同材质的刷毛对组件表面灰尘的擦除效果区别很大。图 5.11 给出了不同材质刷毛擦除后组件表面的残留效果。由图 5.11 可见，海绵（吸水后）擦除后会留下明显的条纹，尼龙毛刷擦除效果较为均匀，而尼龙、海绵和纯棉毛巾合成的混合刷毛清洁效果最佳。但条刷安装海绵和纯棉毛巾刷毛较为困难，因此实验中条刷和盘刷都采用尼龙刷毛。

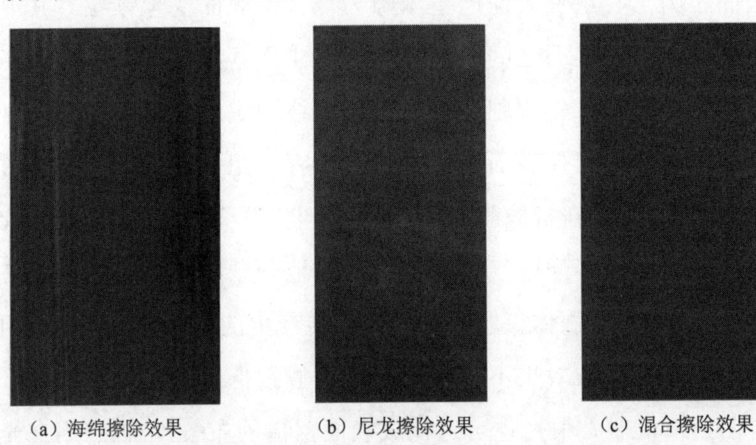

（a）海绵擦除效果　（b）尼龙擦除效果　（c）混合擦除效果

图 5.11　不同材质刷毛擦除效果

实验中采用的光伏组件是 GS-50 双结非晶硅薄膜太阳能电池板，其额定功率为 50W，峰值电压为 43V、峰值电流为 1.17A。所采用的清洁机构为导轨式除尘装置，主要包括框架、滑块、导轨、复合条刷、盘刷、盘刷驱动电机、牵引电机，以及线盘等，如

图 5.12 所示。

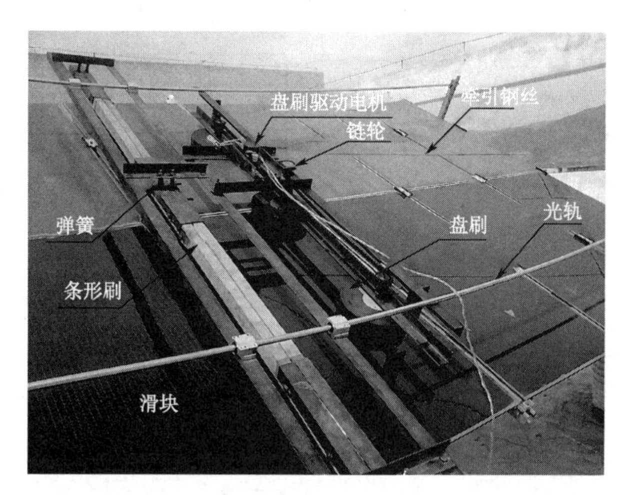

图 5.12 实验采用导轨式除尘装置

复合条刷装有电阻应变式压力传感器，用于测量刷子（而非刷丝）与电池板表面的压力值。盘刷采用链式传动，由永磁同步电机驱动盘刷转动清除组件表面灰尘。盘刷工作要求在 1s 内达到稳定转速 60r / min ，盘刷重约 1.5kg 。之所以采用条刷实验，是因为相对于盘刷和辊刷，条刷清灰运动单一，仅靠柔性刷丝与电池板表面的滑动摩擦力实现清洁，而盘刷和辊刷都是圆周运动和直线运动相结合，对灰尘形成一定剪切力来实现清洁。为保证实验过程中数据的准确性，所有测量数据均在同种条件下 3 次测量，取平均值作为实验结果。

实验中灰尘采用涂抹方式布置，将采自格尔木荒漠地区的细沙用水搅拌均匀，用刷子在电池板表面涂抹，尽量保持灰尘涂抹均匀。采用电子天平称量出清洁实验前后的灰尘质量。实验采用电流电压实时测量装置采集实验过程中的光伏发电参数，并通过辐照仪采集辐照量，并计算出组件的发电效率。

5.3.2 清洁实验分析

实验过程中，变量主要包括清洁压力、清洁次数、清洁速率等，同时对比条刷、盘刷，以及木条刷和盘刷构成的组合刷之间的清洁效果。在清洁压力和速率影响的实验中，

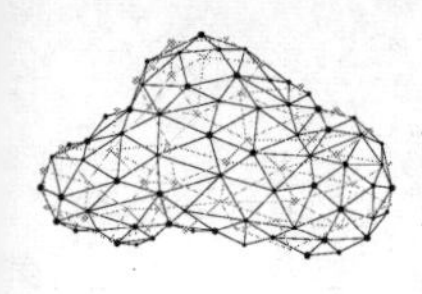

采用条刷进行实验。清洁实验示意图如图 5.13 所示。

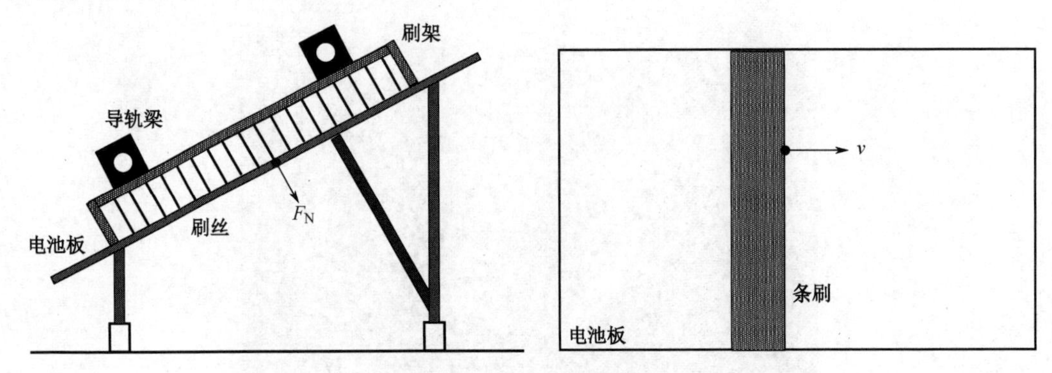

图 5.13　清洁实验示意图

条刷在行进过程中，刷丝与电池板表面产生一定的摩擦力，在摩擦力作用下灰尘颗粒从组件表面脱落。电池板表面对刷丝产生支撑力，导轨梁与刷子安装架（简称刷架）也会产生摩擦力和支撑力。因此，实验过程中压力传感器测得压力 F_N 为刷架重力与导轨作用力沿垂直于电池板方向的分力，可通过调整安装在刷架上的弹簧来改变刷丝对电池板表面的压力值。清洁刷的清洁速率 v 为刷子沿导轨的运动速度，可通过调节驱动电机来改变速度。

为了保证实验数据对比的可靠，实验均选择在太阳辐照度和天气情况相近的条件下进行。实验天气均选在晴朗天气的中午（14:00—16:00），西宁地区的辐照度约在 1 200～1800W / m^2。

1. 不同压力下的除尘效果

由于刷架重力和导轨梁支撑作用，刷毛受到电池板表面的支持力，导致刷丝挠曲。挠曲的刷丝产生弹力，作用于电池板表面的灰尘颗粒。严格地说，传感器测到的压力并不是刷丝弹力，而是其反作用力。假定刷丝变形遵循胡克定律，那么刷丝形变量 Δx 与传感器测得压力 F_N 之间的关系可表示为 $F_N = k\Delta x$。刷丝变形是一个复杂的过程，5.4 节将详细分析刷丝变形以及刷丝与电池板之间的交互作用。这里测量得到的压力值仅作为衡量清洁效果的一个参考量。

实验中，刷子的压力可通过手动调节，压力值选取 50N、100N、150N、200N 和 250N 五种。通过对比除尘前后的灰尘质量和电池板发电量，得到不同压力下的清除灰尘质量和发电效率提升，如图 5.14 所示。

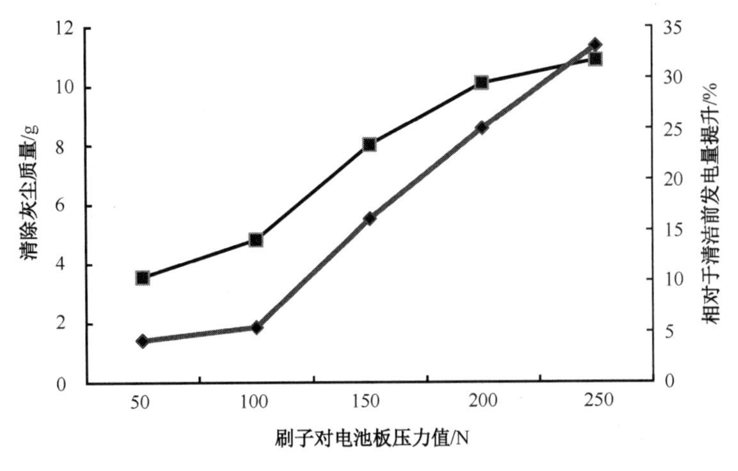

图 5.14　不同清洁压力下清洁效果

图 5.14 中，清除的灰尘质量是通过称量清洁前后的电池板表面灰尘质量而得到的，见图中较细折线；发电量则直接由电流、电压测量值计算得到，见图中较粗折线。

从图 5.14 可以看出，条刷去除电池板表面的灰尘质量随着压力值的增大而增大，表明刷丝对电池板的压力对清洁灰尘有较大影响。从图中清除灰尘质量的斜率看，压力从 50N 增加到 200N 的过程中，斜率约为 0.040g / N ，而从 200N 增加到 250N 的过程中，斜率约为 0.015g / N ，在 200N 处出现明显的斜率变小，这表明刷丝变形达到某一极限量，其除尘效果将下降。

组件表面覆灰直接影响电池板发电功率，清洁压力增大，清除灰尘质量逐步增大，电池板发电功率也相应提高。当清洁压力增至 200N 时，组件转换效率也趋于平缓。相对于清洁前发电量提升随着清洁压力增大而逐渐增加，在压力在 50～100N 范围内时，转换效率相对于清洁前提高的较低，仅在 5% 左右，而压力增加到 200N 时，相对于清洁前太阳能电池板发电量提升达到 25%，表明清洁压力对清洁工况有重要影响。

清洁压力直接影响刷丝形变量，进而改变刷丝对灰尘颗粒的作用力而改善清洁效果。因此，清洁压力越大，清洁效果越好，但清洁效果提升量逐渐减小。但随着清洁压力的增大，电池板表面承受更大的压力（实验所用的 GS-50 双结非晶硅薄膜太阳能电池板表面最大承重为 40kg ），会导致组件表面玻璃变形甚至发生隐裂。因此，在后续的速率和次数实验中，均采用清洁压力为 250N ，既保证清洁效果，也保证电池板的安全承压。

2. 不同速率下的除尘效果

除尘装置在电机驱动下沿电池板表面运动，通过改变电机参数调节运动速度，实验中清洁速率分别为0.121m/s、0.170m/s、0.374m/s和0.997m/s。在不同清洁速率下，清除灰尘质量和光伏组件转换效率提升量的变化如图 5.15 所示。从清除灰尘质量和光伏组件转换效率提升看，都与清洁速率之间没有明显的线性关系。不同清洁速率下，清除灰尘质量差值较小，仅有1～2g之差，清洁速率对电池板表面灰尘的清洁效果影响较小，见图中较粗折线。而不同清洁速率下光伏组件转换效率提升则保持在4%左右，变化范围较小（仅为0.35%），对组件表面除尘效果影响较小，见图中较细折线。

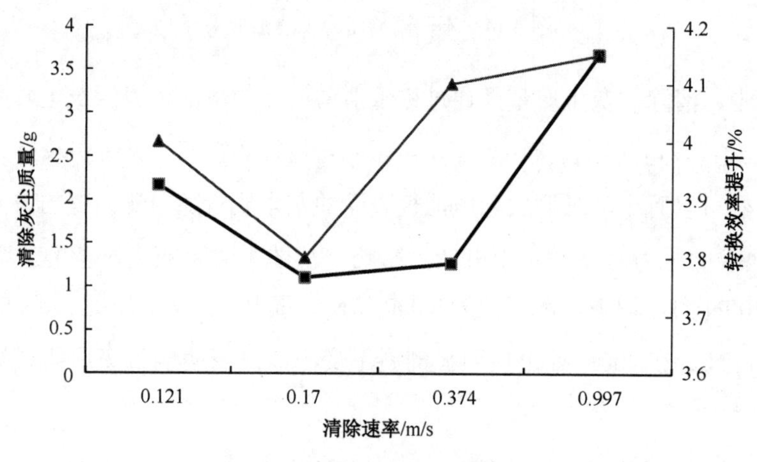

图 5.15　不同清洁速率下清洁效果

清洁速率与清洁效率之间存在直接的关系，主要是因为采用条刷清洁时刷丝与电池板之间的正压力起主导作用，其清洁速率影响较小；在多数清洁车或自动清洁系统中，较少采用清洁刷，因为条刷需要与电池板之间接触力较大，不易控制。对于盘刷而言，其清洁过程是在盘刷轴向旋转运动与沿电池板直线运动之间的协同完成的。因此，清洁速率对清洁效果影响较大。对于装备盘刷的大型清洁车或小型清洁机器人，清洁速率与圆盘旋转速度之间的协调直接关系到清洁效果和效率。辊刷清洁过程是辊刷旋转运动与沿电池板直线运动之间的协同，因此，装备辊刷清洁车的清洁效果与清洁速率存在直接联系。

实验过程中，清洁速率受到电机性能限制，不能测试高速运动条件下的清洁效果。在电站清洁过程中，清洁速率的选择需要根据清洁刷型、电池板表面覆灰情况和气候条件等

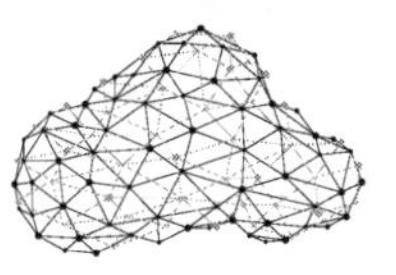

因素进行综合判断。后面实验为了测试清洁次数和刷型的影响，均采用0.5m/s。

3. 不同清洁次数下的除尘效果

实验中，清洁次数是指除尘装置清除灰尘的次数，除尘装置从一边移动到另一边为清洁一次，清洁完一次，隔5分钟再进行下一次的清洁，且前一次清洁后不更换刷子，尽量消除前一次清洁对后一次清洁的影响。清洁后5～10分钟对电池板的电压电流值进行测量。通过清洁压力和清洁速率实验，已确定相对较好的清洁参数，这里取清洁压力为250N，清洁速率为0.5m/s，实验中除尘次数选择为1次、2次、3次和4次。

不同清洁次数的平均输出功率以及光伏，组件转换效率提升如图5.16所示。

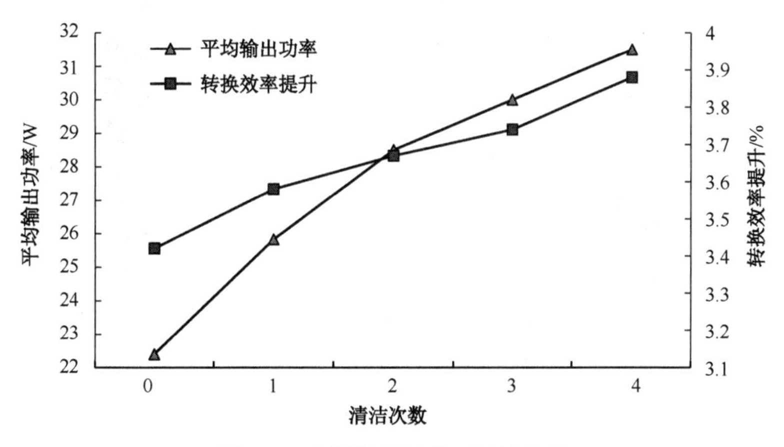

图5.16 不同清洁次数下清洁效果

图5.16中，转换效率提升是清洁前后的对比值。从实验结果可直观看出，随着清洁次数增加，灰尘量明显减少，组件表面清洁度提高，组件平均输出功率呈线性增加。但清洁次数为3次和4次时，光伏组件平均输出功率提升趋于平稳。光伏组件转换效率也随着清洁次数增加而增加，在清洁2次后，转换效率提升趋于平缓。而相对于未清洁组件的提高程度，随着清洁次数增加，其最大值也仅为12%（而压力在250N时，一次性擦除就可提升30%），远比清洁压力的影响要小。

从实验结果看，清洁次数为2时，其清洁效果较好。但实际清洁过程中，重复清洁将大大影响清洁维护的效率。而且部分清洁车辆也很难实现往复移动来二次清洁。对大规模电站来说，清洁次数也带来用水量、车辆费用和毛刷等消耗材料的成倍增长，进而带来成

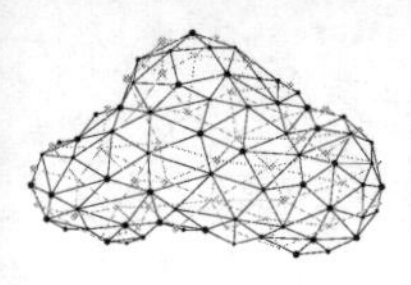

本的增加。因此，大规模光伏电站的清洁工作要综合考虑清洁维护效率和清洁效果，选择合适的刷型、清洁速率，保证一次性清洁能提高工作效率。

4. 不同刷型下的除尘效果

为了了解刷型对清洁效果的影响，选择了条刷、盘刷，以及条刷与盘刷构成的组合刷，在清洁压力为250N、清洁速率为0.5m/s、盘刷旋转速率为60r/min，往复清洁一次的条件下进行实验。3种刷型清除灰尘质量和平均输出功率如图5.17所示。

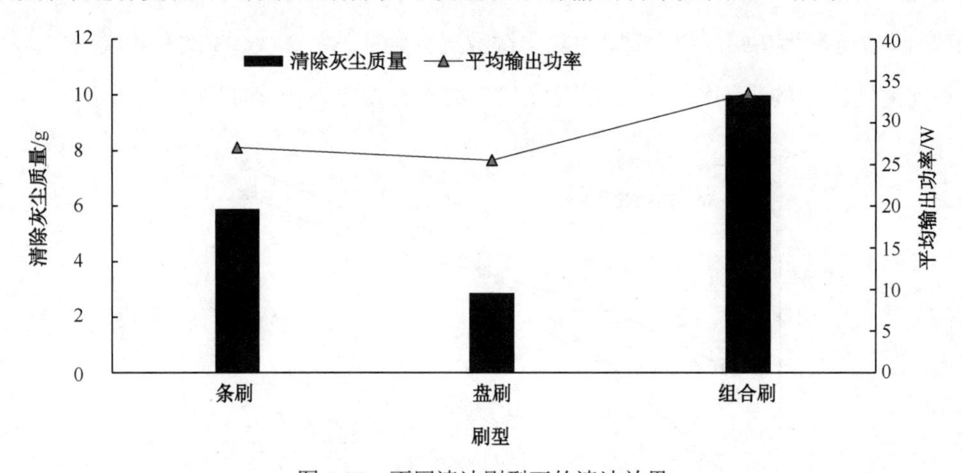

图5.17 不同清洁刷型下的清洁效果

由图5.17可见，条刷与盘刷构成的组合刷清除的灰尘质量最大，达到10g左右，而单独用盘刷除尘效果最差，清除灰尘质量不足3g。从输出功率看，组合刷可以达到33.5W，而盘刷为25.5W，条刷为27W。组合刷相对条刷，清除灰尘质量提高约70%，平均输出功率提高约24%。由图 5.12 可见，盘刷安装较为稀疏，中间留用较大空隙，在前进过程中，电池板表面灰尘无法得到清洁，因此单独的盘刷除尘效果较差。

实验中盘刷单独清洁组件表面灰尘时，由于圆盘之间有一定间隙，导致组件表面部分区域无法清洁。即使盘刷安装时不留空隙（见图 2.19（a）），也会有部分区域得不到清洁，盘刷真正的清洁能力无法全部发挥；图 2.19（a）中设备利用水射流来弥补盘刷的缺陷，提高整体的清洁效果。但旋转摩擦和前进滑动摩擦共同作用于灰尘颗粒，其清洁效率是很高的，加上条刷的补充作用，组合刷清洁效果和清洁效率都得到明显提升。因此，许多小型的扫地机器人均是采用旋转刷和布条刷的组合，而更多的光伏组件表面清洁机构都采用条刷和盘刷的组合。

5. 辊刷清洁实验分析

在光伏电站的清洁设备中多采用辊刷，其基本结构如图 2.13 所示，刷子通常由辊轴、辊套和刷丝 3 部分构成。刷丝材料对清洁效果有很大影响。实验选用 EVA 发泡材料，以及直径为0.4mm和0.8mm的 PA66 尼龙丝，如图 2.14 所示。实验过程中，接通辊刷旋转开关后，让刷丝与电池板慢慢接触，辊刷旋转速度增加至200r / min时对电池板表面进行清洁。EVA 发泡材料和0.4mm尼龙刷丝与电池板表面接触良好，对电池板拍打响声较小；而0.8mm尼龙刷丝与电池板表面接触时基本保持硬直状态，并产生很大的拍打声响，对电池板表面有损毁趋向，拍打 2 小时以上在电池板表面产生明显的划痕。

实验结果如图 5.18 所示。实验结果表明，EVA 发泡材料的清洁效果一般，电池板表面清洁部分和未清洁部分可清楚辨别（图 5.18（a）左边为未清洁电池板，右边为清洁后电池板），但是清洁部分依然有很多黏附的灰尘。PA66 尼龙材料的清洁效果相对较好，直径为0.4mm的 PA66 尼龙材料清洁效果较优（如图 5.18b），基本清除了黏附在电池板表面的灰尘，而直径为 0.8mm 的 PA66 尼龙材料清洁效果较差，基本上未清除掉灰尘。

（a）EVA 发泡材料清洁效果

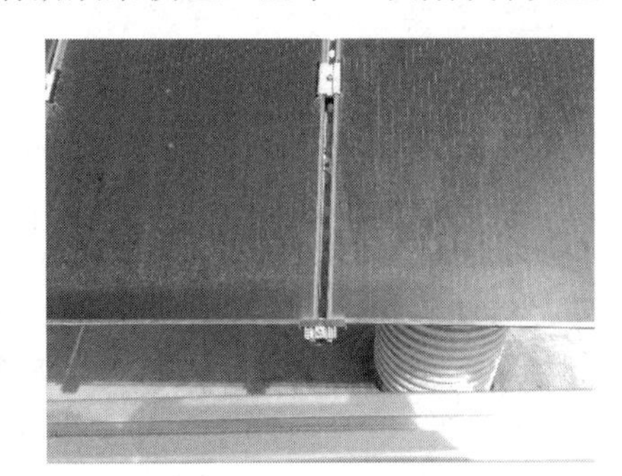

（b）直径为 0.4mm 的 PA66 尼龙材料清洁效果

图 5.18 不同材质刷毛的辊刷清洁效果

进一步分析 3 种材料刷丝对光伏组件发电效率的影响，直径为0.4mm的 PA66 尼龙材料清洁后电池板的发电效率提高了12.20%；EVA 发泡材料清洁后发电效率提高了10.45%；直径为0.8mm的 PA66 尼龙材料的清洁效果较差，发电效率仅提高了8.56%。在 5.4 节中，通过对刷丝与灰尘颗粒之间的作用力分析可知，刷丝材料、刷丝直径是影响清洁效果的重要参数。实验过程中，辊刷与电池板表面摩擦去除灰尘，没有通入加水或水射

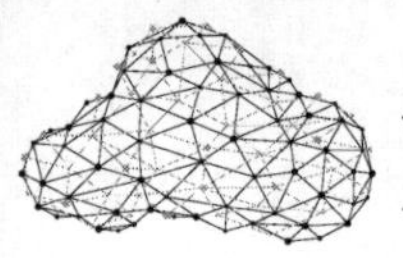

流辅助，因此在清洁过程中高速旋转的辊刷带动灰尘剥离电池板，很容易造成扬尘，造成对周围电池板的二次污染。而图 2.13 所示的辊刷设计有出水孔，可用水辅助清洁，一定程度上可以抑制扬尘。但由于水流辅助下剥落的灰尘容易黏附在刷丝上，尤其对于 EVA 发泡材料或布条等材料，导致清洁效果逐渐变差，最终造成电池板表面二次黏附灰尘。

5.4 毛刷清洁作用机理

由上述实验可知，刷丝材料、刷丝长度和刷丝变形量等因素严重影响着清洁效果。如何设计高效清洁刷是光伏场站系统清洁的关键问题。通过分析刷丝与灰尘颗粒间的相互作用，考虑刷丝材料、刷丝变形量等因素对灰尘清洁力进行分析，为优化光伏组件清洁刷提供理论依据。

5.4.1 刷丝清洁力学建模

无论哪种清洁刷，去除灰尘都是依靠刷丝末端对灰尘颗粒切削而使其从组件表面剥落。刷丝与灰尘颗粒接触过程中，刷丝接触组件表面的一端产生微小变形，并与灰尘颗粒产生交互作用。在清洁过程中，刷丝与灰尘颗粒相互接触，此时刷丝对灰尘产生一个正压力，从而产生切削灰尘的力。假设灰尘为均质的刚性小球体，刷丝为均质的柔性梁，建立刷丝与灰尘之间的力学模型，如图 5.19 所示。

F 为刷丝对灰尘颗粒的正压力，单位为N；x、y 坐标按照悬臂梁轴向和径向定义；F_x、F_y 分别为 F 在 x 和 y 方向上的分量，单位为N；f_1 为正压力 F 作用下的刷丝对灰尘颗粒的摩擦力，单位为N；f_2 为太阳能电池板对灰尘颗粒的摩擦力，单位为N；f_{1x}、f_{1y} 分别为 f_1 在 x 和 y 方向上的分量，单位为N；F_Σ 表示灰尘颗粒所受力的矢量合，称之为刷丝对灰尘颗粒的有效清洁力，简称清洁力，单位为N；θ_B 为刷丝末端的偏转角，单位为rad；F_N 为受到刷丝作用力的太阳能电池板对灰尘颗粒的支持力，单位为N。刷丝在清洁过程中，根据刷丝末端偏转角 θ_B 的不同可以分为 3 种清洁状态，即小挠度清洁状态、大挠度清洁状态和临界清洁状态。

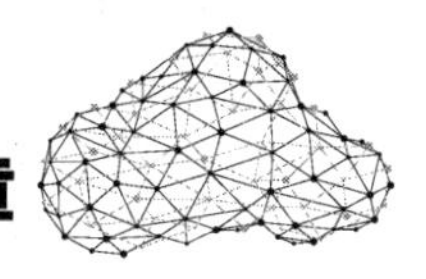

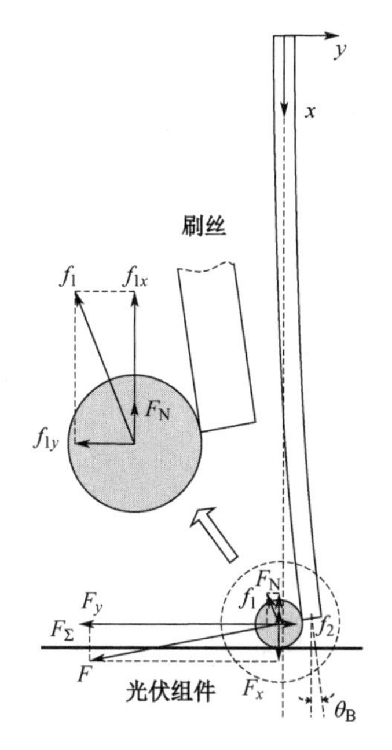

图 5.19 刷丝与灰尘颗粒作用力模型

灰尘颗粒所有合力矢量，即清洁力 F_Σ 可表示为式（5.15）。

$$F_\Sigma = F + f_1 + f_2 + F_N \tag{5.15}$$

式中，f_1 为刷丝对灰尘颗粒的摩擦力矢量，是清洁灰尘的驱动力，所以称为驱动摩擦力；f_2 为太阳能电池板对灰尘的摩擦力矢量，是阻碍刷丝清洁的摩擦力，称为阻碍摩擦力。

驱动摩擦力 f_1 和阻碍摩擦力 f_2 可由刷丝正压力 F 和电池板支持力 F_N 推导得出，如式（5.16）。

$$f_1 = \mu_1 \cdot F \quad f_2 = \mu_2 \cdot F_N \tag{5.16}$$

式中，μ_1 为刷丝与灰尘之间的摩擦系数。通常采用的刷丝包括植物类刷丝、动物类刷丝、塑料刷丝等。本书后面实验采用的刷丝材质为尼龙刷丝，其与灰尘之间的摩擦系数约为0.3，故取 $\mu_1 = 0.3$。μ_2 为光伏组件与灰尘之间的摩擦系数。

灰尘颗粒的量级在10^{-5}m，其自身重力为10^{-10}～10^{-9}N[95]，远小于电池板对灰尘颗粒的支持力 F_N。图 5.19 中，忽略灰尘颗粒的重力影响，F_N 可由式（5.17）计算得出。

$$F_N = F_x - f_{1x} \tag{5.17}$$

综合式（5.18）、式（5.16）和式（5.17），清洁力 F_Σ 由式（5.18）计算得出。

$$
\begin{aligned}
F_{\Sigma} &= F_y + f_{1y} - f_2 \\
&= (1+\mu_1\mu_2)F\cdot\cos\theta_{\mathrm{B}} + (\mu_1-\mu_2)F\cdot\sin\theta_{\mathrm{B}}
\end{aligned} \tag{5.18}
$$

由式（5.18）可知，清洁力 F_{Σ} 的值取决于刷丝对灰尘颗粒正压力 F 和刷丝末端偏转角 θ_{B}。

5.4.2 灰尘对刷丝的作用力分析

刷丝在受到灰尘的正压力下，发生弹性弯曲，在刷丝弯曲程度较小时，即小挠度清洁状态，可以理想地将刷丝的受力分析假设为悬臂梁模型下的受力分析；当刷丝变形较大时，即大挠度清洁状态，悬臂梁模型就不适用，而采用大挠度下的柔性梁分析，将其称为柔性梁模型。本节柔性梁分析的刷丝末端偏转角在 0 至 $\frac{\pi}{2}$ 之间，包括 0 和 $\frac{\pi}{2}$。

1. 悬臂梁模型作用力分析

根据梁结构的挠曲线微分方程，如式（5.19）。

$$EI\frac{\mathrm{d}\theta}{\mathrm{d}s} = M \tag{5.19}$$

式中，E 为弹性模量，取 2 830MPa；I 为惯性矩，$I = \pi D^4/64$；$\mathrm{d}\theta/\mathrm{d}s$ 为梁的曲率，即刷丝偏转角 θ 对挠曲刷丝长度 s 的变化率；M 为弯矩，$M = -Fx = Fx$，其中 F 为灰尘颗粒对刷丝的正压力，根据作用力与反作用力，灰尘颗粒对刷丝的正压力大小等于刷丝对灰尘颗粒的正压力，x 为坐标系中的轴向距离。

在小挠度下，挠曲刷丝长度 s 与轴向距离 x 相同，而刷丝偏转角 θ_{B} 与斜率 $\mathrm{d}y/\mathrm{d}x$ 相同，因此，$\mathrm{d}\theta/\mathrm{d}s$ 可以用 $\mathrm{d}^2y/\mathrm{d}x^2$ 逼近。将 $\mathrm{d}\theta/\mathrm{d}s = \mathrm{d}^2y/\mathrm{d}x^2$ 代入式（5.19），得到式（5.20）。

$$EI\frac{\mathrm{d}^2 y}{\mathrm{d}x^2} = -Fx \tag{5.20}$$

通过积分，可求出刷丝末端位置的变形量，如式（5.21）。

$$
\begin{cases}
y_{\mathrm{B}} = \dfrac{F'L^3}{6EI} \\[2ex]
\theta_{\mathrm{B}} = \dfrac{F'L^2}{2EI}
\end{cases} \tag{5.21}
$$

式中，L 为刷丝的长度，单位为m；y_B 为刷丝的径向位移量，单位为m。

2. 柔性梁模型作用力分析

Frisch-fay 的专著对弹性线性问题进行了系统性概述[175]。本节中刷丝在大挠度下，服从于柔性梁模型，其受力模型如图 5.20 所示。

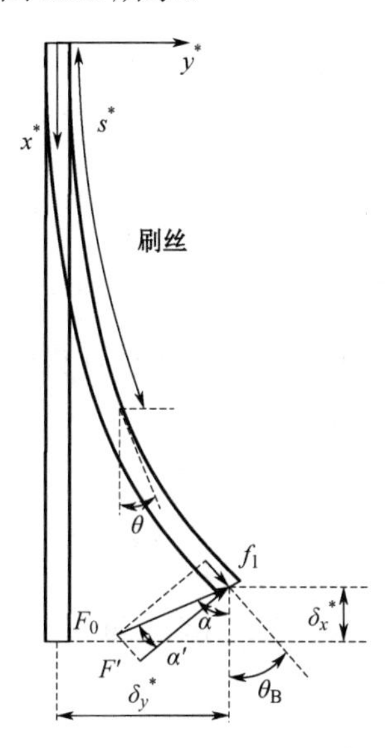

图 5.20　刷丝受力柔性梁模型

在这一阶段，不能采用悬臂梁模型，必须解式（5.19），由此方程得出的弹性曲线的精确形式（称为柔软弹性线），即服从 Elastica 规律，解得其方程组为式（5.22）。

$$\begin{cases} \dfrac{\mathrm{d}\theta}{\mathrm{d}s^*}=\dfrac{M^*}{EI}=\dfrac{F_0}{EI}\left[\cos\alpha\left(\delta_y^*-y^*\right)+\sin\alpha\left(L-\delta_x^*-x^*\right)\right] \\ \dfrac{\mathrm{d}x^*}{\mathrm{d}s^*}=\cos\theta,\ \dfrac{\mathrm{d}y^*}{\mathrm{d}s^*}=\sin\theta \end{cases} \tag{5.22}$$

式中，θ 为刷丝的偏转角；s^* 为弧长（$0\leqslant s^*\leqslant L$）；$x^*$、$y^*$ 坐标取法如图 5.20 所示；δ_x^* 和 δ_y^* 分别为自由端的轴向位移和径向位移，单位为m；f_1' 是灰尘颗粒对刷丝的摩擦力，$f_1'=f_1$，单位为N；F_0 为灰尘颗粒对刷丝的正压力 F' 与摩擦力 f_1' 的合力，单位为N；α' 为灰尘颗粒对刷丝的正压力 F' 与摩擦力 f_1' 之间的摩擦角，$\alpha'=\arctan\mu_1$；α 为合力 F_0 与 x^* 轴的夹角，$\alpha=\dfrac{\pi}{2}-\theta_B+\alpha'$。

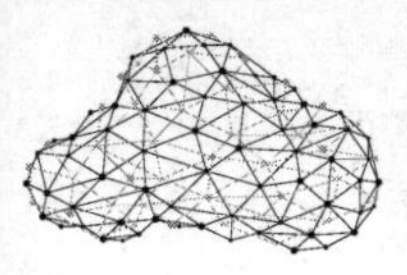

将式（5.22）无量纲化，可以得到式（5.23）。

$$\begin{cases}\dfrac{\mathrm{d}\theta}{\mathrm{d}s}=\beta f\left[\cos\alpha\left(\delta_y-y\right)+\sin\alpha\left(1-\delta_x-x\right)\right]\\ \dfrac{\mathrm{d}x}{\mathrm{d}s}=\cos\theta,\ \dfrac{\mathrm{d}y}{\mathrm{d}s}=\sin\theta\end{cases}\tag{5.23}$$

式中，无量纲参数 $s=s^*/L$，$x=x^*/L$，$y=y^*/L$，$\delta x=\delta x^*/L$，$\delta y=\delta y^*/L$，$m=M/M_e$，$f=F_0L/M_e$，$\beta=M_eL/EI=2\sigma L/ED$，$M=F_0L\cdot[\cos\alpha(\delta_y-y)+\sin\alpha(1-\delta_x-x)]$。其中 β 是用于反映刷丝的几何尺寸及其材料属性的参数，表示梁的柔度，$\beta=\dfrac{1}{m}\cdot\dfrac{\mathrm{d}\theta}{\mathrm{d}s}$；$L=20\mathrm{mm}$；$M_e$ 为圆形截面梁的最大弹性弯矩，$M_e=\sigma\pi D^3/32$；σ 为刷丝屈服强度，取54.88MPa；D 为刷丝直径，单位为mm。

柔性梁模型下梁结构的变形全部在弹性变形区，根据Elastica方程组得到式（5.24）。

$$\begin{aligned}\frac{\mathrm{d}^2\theta}{\mathrm{d}s^2}&=\frac{\mathrm{d}}{\mathrm{d}s}\cdot(\beta m)\\&=\beta f\left[\cos\alpha\left(-\frac{\mathrm{d}y}{\mathrm{d}s}\right)+\sin\alpha\left(-\frac{\mathrm{d}x}{\mathrm{d}s}\right)\right]\\&=\beta f\left[\cos\alpha\left(-\sin\theta\right)+\sin\alpha\left(-\cos\theta\right)\right]\\&=-\beta f\sin\left(\alpha+\theta\right)\end{aligned}\tag{5.24}$$

由 $\left(\mathrm{d}\theta/\mathrm{d}s\right)^2$ 对 $\mathrm{d}\theta$ 进行求导，可得式（5.25）。

$$\begin{aligned}\frac{\mathrm{d}\left(\dfrac{\mathrm{d}\theta}{\mathrm{d}s}\right)^2}{\mathrm{d}\theta}&=2\cdot\frac{\mathrm{d}\theta}{\mathrm{d}s}\cdot\frac{\mathrm{d}\left(\dfrac{\mathrm{d}\theta}{\mathrm{d}s}\right)}{\mathrm{d}s}\cdot\frac{\mathrm{d}s}{\mathrm{d}\theta}\\&=2\cdot\frac{\mathrm{d}^2\theta}{\mathrm{d}s^2}\end{aligned}\tag{5.25}$$

将式（5.24）代入式（5.25），可得到 $\mathrm{d}\left(\mathrm{d}\theta/\mathrm{d}s\right)^2$，如式（5.26）。

$$\mathrm{d}\left(\frac{\mathrm{d}\theta}{\mathrm{d}s}\right)^2=-2\beta f\sin\left(\theta+\alpha\right)\mathrm{d}\theta\tag{5.26}$$

对式（5.26）在 $[\theta_{\mathrm{B}},\theta]$ 区间内积分，可计算得到 $\mathrm{d}\theta/\mathrm{d}s$，如式（5.27）。

$$\begin{aligned}\left(\frac{\mathrm{d}\theta}{\mathrm{d}s}\right)^2&=2\beta f\cdot\left[\cos\left(\theta+\alpha\right)-\cos\left(\theta_{\mathrm{B}}+\alpha\right)\right]\\\frac{\mathrm{d}\theta}{\mathrm{d}s}&=\sqrt{2\beta f}\cdot\left[\cos\left(\theta+\alpha\right)-\cos\left(\theta_{\mathrm{B}}+\alpha\right)\right]^{\frac{1}{2}}\end{aligned}\tag{5.27}$$

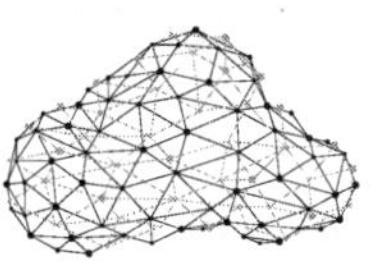

当$\theta=\theta_{\rm B}$时，$s=1$，则有

$$1=\int_0^1 {\rm d}s=\int_0^{\theta_{\rm B}}\frac{{\rm d}\theta}{\sqrt{2\beta f}\cdot\left[\cos(\theta+\alpha)-\cos(\theta_{\rm B}+\alpha)\right]^{\frac{1}{2}}}$$
$$=\int_0^{\theta_{\rm B}}\frac{{\rm d}\theta}{2\sqrt{\beta f}\cdot\left[\sin^2\frac{(\theta_{\rm B}+\alpha)}{2}-\sin^2\frac{(\theta+\alpha)}{2}\right]^{\frac{1}{2}}} \tag{5.28}$$

令$\varPhi=\theta+\alpha$，$k=\sin\left(\frac{\theta_{\rm B}+\alpha}{2}\right)$，$\sin\frac{\varPhi}{2}=k\sin\varphi$，则有${\rm d}\theta={\rm d}\varPhi$，进一步可以得到式（5.29）。

$$\frac{{\rm d}\left(\sin\frac{\varPhi}{2}\right)}{{\rm d}\varPhi}=\frac{{\rm d}(k\sin\varphi)}{{\rm d}\varphi}\cdot\frac{{\rm d}\varphi}{{\rm d}\varPhi}$$
$${\rm d}\varPhi=\frac{2k\cos\varphi}{\cos\frac{\varPhi}{2}}{\rm d}\varphi \tag{5.29}$$

将上面的系列变换代入式（5.28），可以得到式（5.30）。

$$1=\int_{\alpha}^{\alpha+\theta_{\rm B}}\frac{{\rm d}\varPhi}{2\sqrt{\beta f}\left[k^2-k^2\sin^2\varphi\right]^{\frac{1}{2}}}$$
$$=\int_{\varphi}^{\frac{\pi}{2}}\frac{{\rm d}\varphi}{\sqrt{\beta f}\left[1-\sin^2\varphi\right]^{\frac{1}{2}}\cdot\frac{\cos\frac{\varPhi}{2}}{\cos\varphi}}=\int_{\varphi}^{\frac{\pi}{2}}\frac{{\rm d}\varphi}{\sqrt{\beta f}\left(1-k^2\sin^2\varphi\right)^{\frac{1}{2}}}$$
$$=\int_0^{\frac{\pi}{2}}\frac{{\rm d}\varphi}{\sqrt{\beta f}\left(1-k^2\sin^2\varphi\right)^{\frac{1}{2}}}-\int_0^{\varphi}\frac{{\rm d}\varphi}{\sqrt{\beta f}\left(1-k^2\sin^2\varphi\right)^{\frac{1}{2}}} \tag{5.30}$$
$$=\frac{1}{\sqrt{\beta f}}\left[F(k)-F(k,\varphi)\right]$$
$$\sqrt{\beta f}=\left[F(k)-F(k,\varphi)\right]$$

式中，$F(k)$和$F(k,\varphi)$分别为第一类完全和非完全椭圆积分，根据$\alpha=\frac{\pi}{2}-\theta_{\rm B}+\alpha'$，则$k$和$\varphi$可表示为式（5.31）。

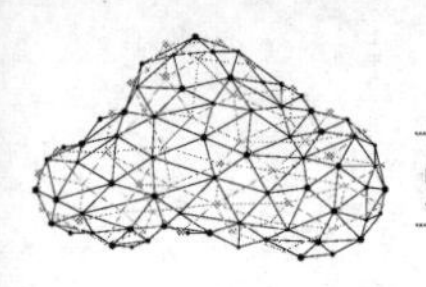

$$\begin{cases} k=\sin\dfrac{\theta_{\mathrm{B}}+\alpha}{2}=\sin\left(\dfrac{\pi}{4}+\dfrac{\alpha'}{2}\right) \\ \varphi=\arcsin\left(\dfrac{\sin\left(\dfrac{\pi}{4}+\dfrac{\theta-\theta_{\mathrm{B}}+\alpha'}{2}\right)}{\sin\left(\dfrac{\pi}{4}+\dfrac{\alpha'}{2}\right)}\right) \end{cases} \tag{5.31}$$

$F(k)$和$F(k,\varphi)$的具体形式如式（5.32）。

$$\begin{cases} F(k)=\displaystyle\int_0^{\frac{\pi}{2}}\frac{1}{\sqrt{(1-k^2\sin^2\varphi)}}\mathrm{d}\varphi \\ F(k,\varphi)=\displaystyle\int_0^{\varphi}\frac{1}{\sqrt{(1-k^2\sin^2\varphi)}}\mathrm{d}\varphi \end{cases} \tag{5.32}$$

将$f=F_0L/M_e$，$\beta=M_eL/EI$代入式（5.30），可获得超越方程，如式（5.33）。

$$\sqrt{\frac{F_0L^2}{EI}}=\left[F(k)-F(k,\varphi)\right] \tag{5.33}$$

式（5.33）是一个关于F_0、k和φ的超越方程，k为定常数，φ的值随末端偏转角θ_{B}变化而变化，并且$F'=F_0\cos\alpha'$。所以，式（5.33）可确定灰尘颗粒对刷丝的正压力F'与刷丝末端偏转角θ_B的关系。

结合$\mathrm{d}y/\mathrm{d}s=\sin\theta$，可得到径向位移，如式（5.34）。

$$\delta_y=\int_0^{\delta_y}\mathrm{d}y=\int_0^1\sin\theta\mathrm{d}s \tag{5.34}$$

将式（5.30）代入式（5.34），用$\mathrm{d}\varphi$代替$\mathrm{d}s$，并对$\sin\theta$进行分解，可以得到式（5.35）。

$$\begin{aligned} \delta_{\mathrm{y}}&=\int_{\varphi}^{\frac{\pi}{2}}\frac{\sin(\theta+\alpha)\cos\alpha-\cos(\theta+\alpha)\sin\alpha}{\sqrt{\beta f}\left(1-k^2\sin^2\varphi\right)^{\frac{1}{2}}}\mathrm{d}\varphi \\ &=\int_{\varphi}^{\frac{\pi}{2}}\frac{2\sin\dfrac{\theta+\alpha}{2}\cdot\cos\dfrac{\theta+\alpha}{2}\cos\alpha}{\sqrt{\beta f}\cos\dfrac{\theta+\alpha}{2}}\mathrm{d}\varphi-\int_{\varphi}^{\frac{\pi}{2}}\frac{\left(1-2\sin^2\dfrac{\theta+\alpha}{2}\right)\sin\alpha}{\sqrt{\beta f}\left(1-k^2\sin^2\varphi\right)^{\frac{1}{2}}}\mathrm{d}\varphi \\ &=\frac{2\cos\alpha}{\sqrt{\beta f}}\int_{\varphi}^{\frac{\pi}{2}}k\sin\varphi\,\mathrm{d}\varphi+\frac{\sin\alpha}{\sqrt{\beta f}}\int_{\varphi}^{\frac{\pi}{2}}\left(\frac{2k^2\sin^2\varphi}{\left[1-k^2\sin^2\varphi\right]^{\frac{1}{2}}}-\frac{1}{\left[1-k^2\sin^2\varphi\right]^{\frac{1}{2}}}\right)\mathrm{d}\varphi \end{aligned} \tag{5.35}$$

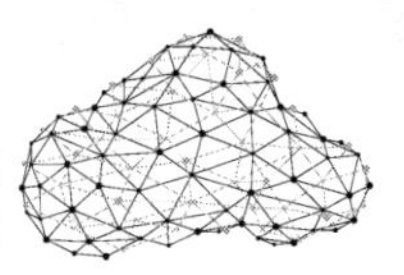

利用不完全和完全椭圆积分形式，将式（5.35）写成式（5.36）的形式。

$$\begin{aligned}\delta_y=&\frac{2\cos\alpha}{\sqrt{\beta f}}\cdot\left[\sin^2\frac{\theta_{\mathrm{B}}+\alpha}{2}-\sin^2\frac{\theta+\alpha}{2}\right]^{\frac{1}{2}}\\&-\frac{2\sin\alpha}{\sqrt{\beta f}}\left[E(k)-E(k,\varphi)\right]+\frac{\sin\alpha}{\sqrt{\beta f}}\left[F(k)-F(k,\varphi)\right]\end{aligned}\tag{5.36}$$

$E(k)$ 和 $E(k,\varphi)$ 分别为第二类完全和非完全椭圆积分，是一个关于 β 、f 、k 、φ 和 δ_y 的超越方程，其具体形式如式（5.37）。

$$\begin{cases}E(k)=\int_0^{\frac{\pi}{2}}\sqrt{\left(1-k^2\sin^2\varphi\right)}\,\mathrm{d}\varphi\\E(k,\varphi)=\int_0^{\varphi}\sqrt{\left(1-k^2\sin^2\varphi\right)}\,\mathrm{d}\varphi\end{cases}\tag{5.37}$$

结合式（5.30）和式（5.36）可以确定灰尘颗粒对刷丝的正压力 $\vec{F}'$ 与径向位移 δ_y 的关系。同理，结合 $\mathrm{d}x/\mathrm{d}s=\cos\theta$ ，可得到轴向位移，如式（5.38）。

$$\begin{aligned}\delta_x&=\int_0^{\delta_x}\mathrm{d}x=\int_0^1\cos\theta\mathrm{d}s\\&=2\frac{\sin\alpha}{\sqrt{\beta f}}\cdot\left[\sin^2\frac{\theta_B+\alpha}{2}-\sin^2\frac{\theta+\alpha}{2}\right]^{\frac{1}{2}}\\&\quad+\frac{2\cos\alpha}{\sqrt{\beta f}}\left[E(k)-E(k,\varphi)\right]-\frac{\cos\alpha}{\sqrt{\beta f}}\left[F(k)-F(k,\varphi)\right]\end{aligned}\tag{5.38}$$

式（5.38）同样是一个关于 β 、f 、k 、φ 和 δ_x 的超越方程，结合式（5.30）和式（5.38）可以确定灰尘颗粒对刷丝的正压力 $\vec{F}'$ 与轴向位移 δ_x 的关系。

灰尘颗粒与刷丝之间的摩擦系数 $\mu_1=0.3$ ，$\alpha'=\arctan\mu_1$ 。根据第一类、第二类完全椭圆积分表，当 $k=\sin\left(\frac{\pi}{4}+\frac{\alpha'}{2}\right)=0.802\,293$ 时，$F(k)=1.999\,778\,189\,95$ ，$E(k)=1.274\,282\,899\,9$ 。

根据 $\vec{F}'=\vec{F}$ ，以及 $\vec{F}'$ 与刷丝末端偏转角、轴向和径向位移的关系，得出刷丝对灰尘颗粒的正压力与刷丝末端偏转角的关系，如图 5.21 所示。

在初始位置时，直接用初始值来替代，即正压力 $\vec{F}$ 为 0、刷丝末端偏转角 θ_{B} 为 0、径向位移 δ_y 为 0、轴向位移 δ_x 为 1。刷丝的直径取 0.2mm 、0.3mm 和 0.4mm 三种，刷丝长度均为 20mm 。由图 5.21 可知，刷丝对灰尘颗粒的正压力与刷丝末端偏转角成正比关

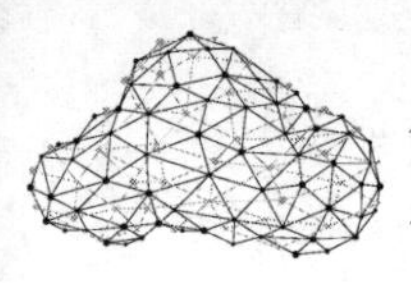

系，刷丝末端偏转角越大，刷丝对灰尘颗粒的正压力越大，一直到临界位置$\theta=\frac{\pi}{2}$处。

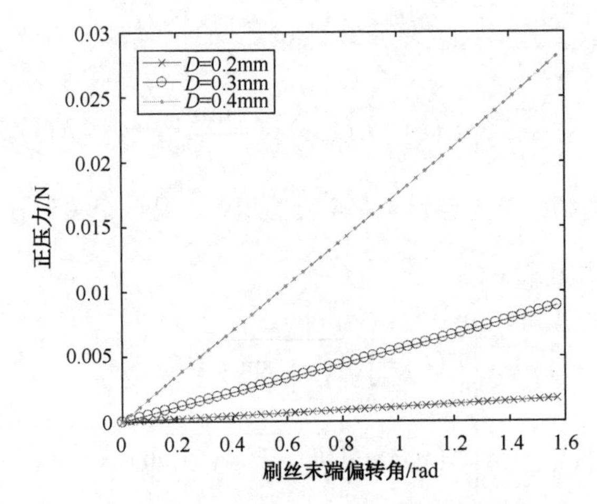

图 5.21　刷丝对灰尘颗粒正压力与刷丝末端偏转角的关系

根据式（5.33）可以确定作用力$\vec{F}_0$与刷丝末端偏转角的关系，结合$\vec{F}_0$与刷丝末端的夹角α，得出不同刷丝末端偏转角的轴向力与径向力的大小，如图 5.22 所示。

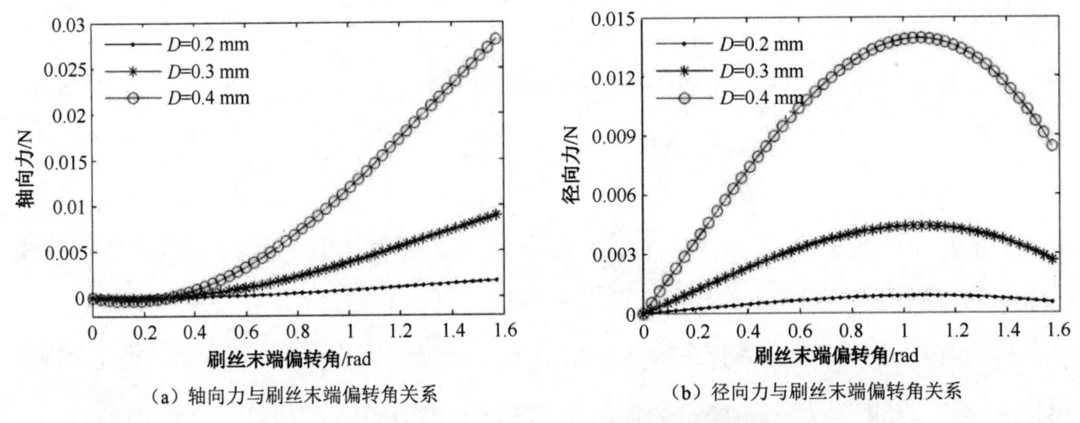

（a）轴向力与刷丝末端偏转角关系　　（b）径向力与刷丝末端偏转角关系

图 5.22　刷丝径向力和轴向力与刷丝末端偏转角的关系

由图 5.22（a）可知，刷丝的轴向力在初始阶段由于摩擦力的反向作用，轴向合力较小，变化不明显；从偏转角 0.4rad 开始变化较为明显，基本上成线性关系，此时的轴向力主要是灰尘颗粒对刷丝的正压力在轴向的分量。由图 5.22（b）可知，刷丝的径向力在初始阶段呈现线性递增，整个曲线呈一条抛物线，初始阶段较大是由于在初始阶段的径向力主要是灰尘颗粒对刷丝的正压力的分量，后期径向力逐步变小是由于正压力的分量逐渐变

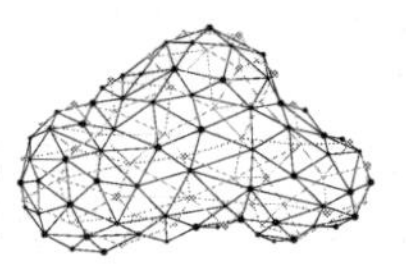

小，此时的径向力主要是摩擦力。无论轴向力还是径向力，都随着刷丝直径增大而增大。

进一步分析刷丝对灰尘颗粒的正压力 $\vec{F}$ 与刷丝径向位移 δ_y、刷丝轴向位移 δ_x 之间的关系，如图 5.23 所示。

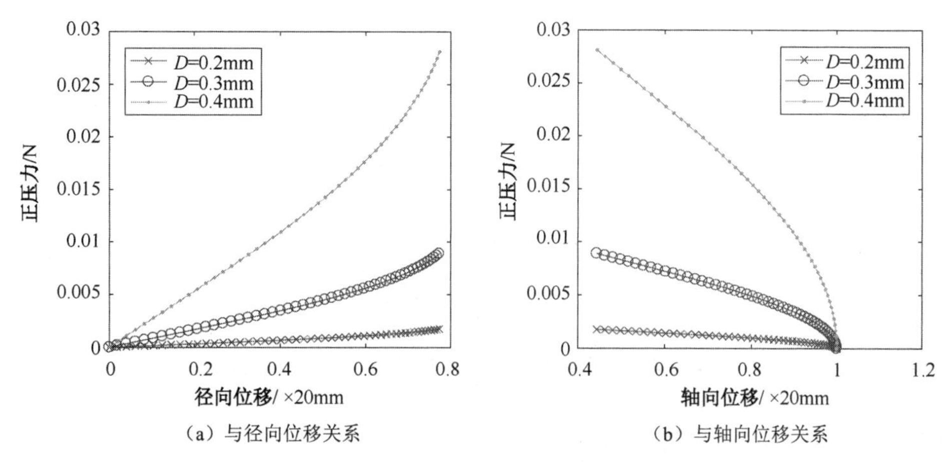

（a）与径向位移关系　　（b）与轴向位移关系

图 5.23　刷丝对灰尘颗粒的正压力与径向位移和轴向位移的关系

由图 5.23（a）可知，刷丝对灰尘颗粒的正压力随径向位移的增大而增加，当径向位移小于12mm 时，刷丝对灰尘颗粒的正压力与径向位移成正比关系；当径向位移大于12mm 时，刷丝对灰尘颗粒的正压力随径向位移的增大而大幅度增加，而不严格于比例关系。由图 5.23（b）可知，在初始阶段刷丝对灰尘颗粒的正压力随轴向位移变化剧烈，当位移小于18mm 时，两者成反比关系，即正压力随刷丝轴向位移变大而减小。同种材质下，刷丝对灰尘颗粒正压力随着直径增大而增大。当刷丝直径过小时，刷丝对灰尘的正压力太小，清洁效果太差，当刷丝直径过大时，虽然刷丝对灰尘的正压力较大，但是可能会对太阳能电池板表面造成损伤。

3. 临界分析

刷丝在清洁太阳能电池板的过程中，刷丝首端与主动机构相连接，首端的偏转角为0，与太阳能电池板表面相垂直，清洁过程中刷丝末端的偏转角最大为$\frac{\pi}{2}$。当刷丝末端的偏转角为$\frac{\pi}{2}$时，即为刷丝的临界状态。

长度为 L 的刷丝刚刚达到临界位置时，称之为初始临界位置；刷丝能够达到临界位置的最小有效清洁长度的位置状态，称之为最终临界位置。临界位置如图 5.24 所示。

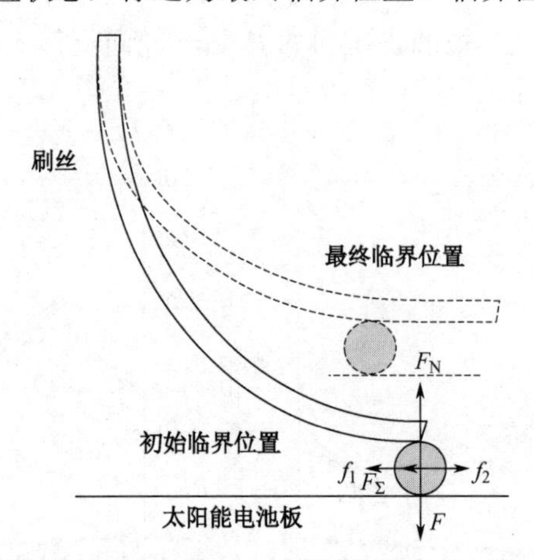

图 5.24　临界状态下刷丝与灰尘颗粒作用力关系

此时刷丝对灰尘颗粒的合力为式（5.39）。

$$F_\Sigma = \mu_1 F - \mu_2 F_N = (\mu_1 - \mu_2) \cdot F \tag{5.39}$$

刷丝对灰尘颗粒的正压力 F 等于太阳能电池板对灰尘颗粒的支持力 F_N。当 $\beta = M_e L / EI = 2\sigma L / ED = \dfrac{\pi}{2}$ 时，此时 L 为刷丝能够达到最终临界位置的最小值 $L_{\min} = \dfrac{\pi DE}{4\sigma}$。直径越大时，刷丝需要达到最终临界位置的最小长度越长，本节中刷丝的最大直径为0.4mm，当 $D_{\max} = 0.4\text{mm}$ 时，$L_{\min} = \dfrac{\pi DE}{4\sigma} = 16.2\text{mm}$，小于刷丝的长度20mm，因此不同直径的刷丝，20mm 的长度均能够达到初始临界位置。

当刷丝的末端偏转角为$\pi/2$时，刷丝首端至刷丝与灰尘的受力处的长度称为刷丝的有效清洁长度 $l(L_{\min} \leqslant l \leqslant L)$。刷丝自初始临界位置开始至最终临界位置，刷丝一直处于弹性变形状态，其变形服从 Elastica 规律，3 种直径刷丝的最小临界变形长度分别为 8.1mm、12.15mm、16.2mm。

根据式（5.33），可得到临界状态下的超越方程，如式（5.40）。

$$\sqrt{\frac{F_0 l^2}{EI}} = \left[F(k) - F(k,\varphi)\right] \tag{5.40}$$

此时的末端偏转角 $\theta_B = \pi/2$，所以 $F(k) - F(k,\varphi)$ 为一定常数，根据 $\vec{F} = \vec{F}_0 \cos\alpha'$ 可知刷丝末端偏转角为$\pi/2$时，刷丝对灰尘颗粒的正压力 $\vec{F}$ 与刷丝的有效清洁长度的平方 l^2 成反

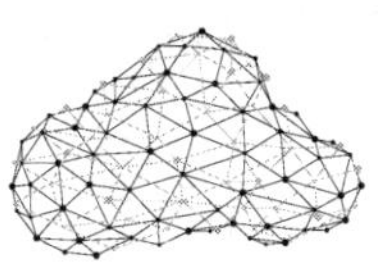

比关系。

根据式（5.38），可知无量纲参数 δ_x 为一定值，δ_x 是相对于刷丝的有效清洁长度 l 的无量纲。刷丝的有效清洁长度 l 一直处于变化的状态，刷丝的轴向位移 $\delta_x^* = \delta_x \cdot l$，相对于刷丝的原长度 L 的无量纲 δ_{lx} 可表示为式（5.41）。

$$\delta_{lx} = \frac{l}{L} \cdot \delta_x \tag{5.41}$$

根据式（5.40）和式（5.41），可以得到临界状态下刷丝对灰尘颗粒的正压力，表示为式（5.42）。

$$F = \left[F(k) - F(k,\varphi)\right] \cdot EI\cos\alpha' \frac{\delta_x^2}{L^2} \cdot \frac{1}{\delta_{lx}^2} = C \cdot \frac{1}{\delta_{lx}^2} \tag{5.42}$$

其中，C 为定常数，正压力 F 与刷丝的无量纲径向位移的平方 δ_{lx}^2 成反比。图 5.25 所示为刷丝从初始临界位置至最终临界位置的正压力与刷丝轴向位移的关系。

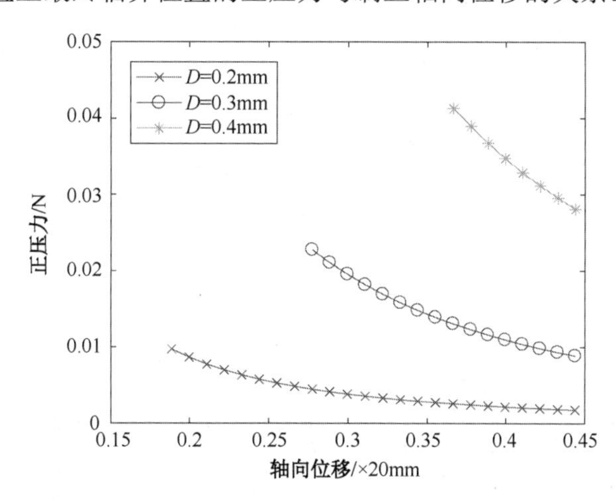

图 5.25　临界状态刷丝正压力与轴向位移的关系

从图中可见，刷丝对灰尘颗粒的正压力也反映出与轴向位移 δ_{lx}^2 的反比例关系。与图 5.23（b）比较可知，临界状态下的正压力值要比柔性梁状态下的正压力值大，即对电池板表面的压力很大，容易造成组件损毁。

5.4.3　清洁力大小分析

根据式（5.33）可以确定刷丝对灰尘的正压力与刷丝末端偏转角的关系，根据式

（5.36）和式（5.38）可以确定轴向位移、径向位移与刷丝末端偏转角的关系。式（5.18）可确定刷丝对灰尘的清洁力与刷丝对灰尘的正压力 F 、刷丝末端偏转角 θ_B 的关系。结合上述公式可确定刷丝对灰尘的清洁力与轴向位移的关系，如图 5.26 所示。

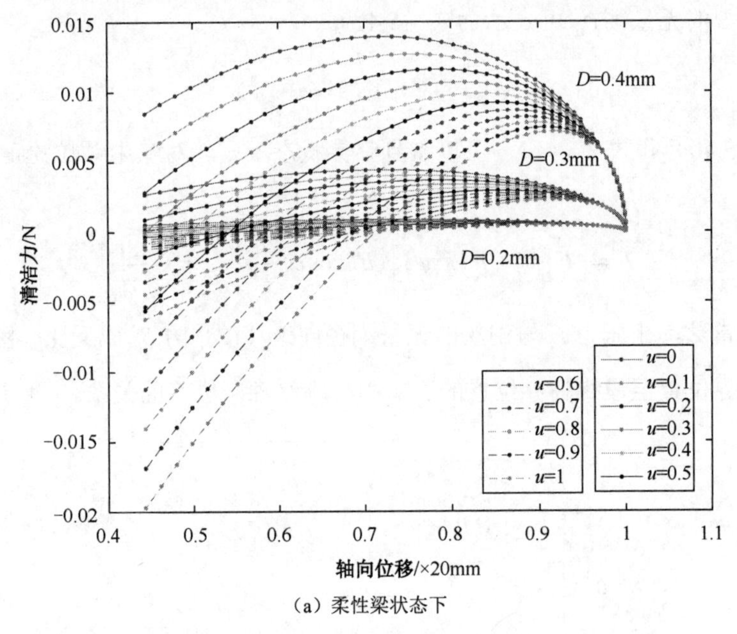

（a）柔性梁状态下

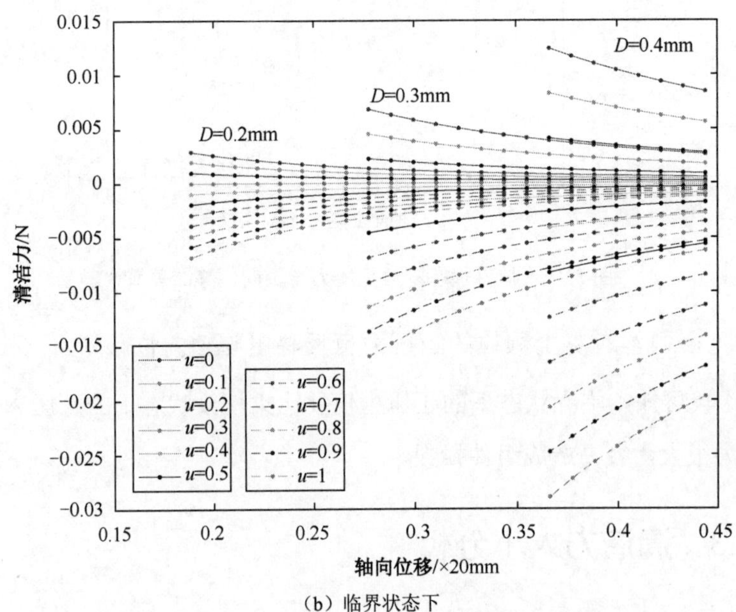

（b）临界状态下

图 5.26　清洁力和轴向位移的关系曲线

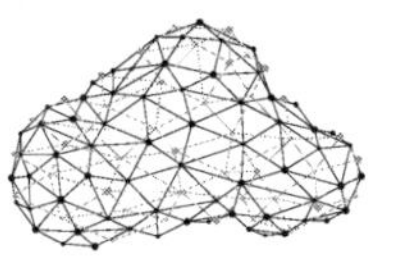

由于灰尘颗粒与太阳能电池板表面的黏附特性不清楚，不知道灰尘颗粒与太阳能电池板表面的摩擦系数，因此假设这两者的摩擦系数从0至1以0.1递增，并分析所有情况下的刷丝对灰尘清洁力的大小。从图 5.26（a）可以看出，对于同种直径的刷丝，太阳能电池板与灰尘颗粒的摩擦系数越大，清洁力越小。当刷丝的轴向位移在14～18mm时，不同的灰尘与太阳能电池板表面的摩擦系数下清洁力都较大。所以当刷丝的长度为20mm时，清洁时的下压距离为2～6mm时，清洁力较大。

在临界状态下的清洁力与轴向位移之间的关系与上述相同。从图 5.26（b）可以看出，太阳能电池板与灰尘颗粒的摩擦系数越大清洁力越小。当两者之间的摩擦系数较小时，轴向位移越小清洁力越大，所以在最终临界位置时的清洁力最大。最终临界位置与轴向位移为14～18mm的情况相比较，在摩擦系数相同的情况下，最终临界位置的清洁力与正常挠曲下的清洁力近似，但是正常挠曲情况下刷子对太阳能电池板的正压力相对于最终临界位置小很多，不易损坏太阳能电池板。综合分析理论结果和清洁实验，所以最佳清洁轴向位移为14～18mm。

5.5 柔性梁模型实验验证

5.5.1 实验装置

根据刷丝对灰尘颗粒正压力的分析结果，在轴向位移δ_x逐步减小的情况下，刷丝对灰尘颗粒的正压力F也逐步增大，刷丝对灰尘颗粒的正压力F与轴向位移δ_x的变化主要呈现两个梯度。第一梯度，在刷丝变形较小时；第二梯度，在刷丝变形较大，但是未超过初始临界位置时。本节通过设计如图 5.27 所示的实验装置来验证刷丝—灰尘颗粒模型的准确性。实验装置包括单个多晶硅太阳能电池板、除尘装置、力传感器、压力数据采集器、丝杆电机控制卡以及 IV 测试仪（见图 5.28（a））。其中，除尘装置包括刷子部分、电机驱动部分、电机控制部分和数据采集部分。多晶硅太阳能电池板的规格为$1640\times992\times40$mm，与水平地面呈36°夹角倾斜放置。力传感器感应面的直径为12.7mm，用于测量刷丝对传感器的作用力。IV 测试仪用于测量电池板的直流侧电流和电

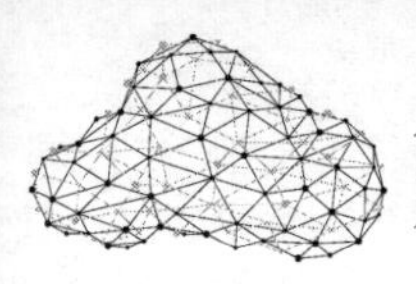

压，以及环境的温湿度和辐照度。实验用刷子为条刷和辊刷，刷丝采用 PA66 尼龙材料，其直径有 3 种，分别为0.2mm、0.3mm、0.4mm，其中条刷长1 640mm、宽2.5mm，刷丝长20mm。刷子固定在与滑块铰接的角铁上，滑块可以带动刷子在太阳能电池板表面移动。滑块通过丝杠传动，丝杠与电机相连。在做压力实验时，可以通过调节刷子与角铁的连接位置，从而调节刷子与太阳能电池板之间的距离。由于传感器表面很光滑，摩擦系数很小，所以利用不同轴向位移下的刷丝对传感器作用力的大小，辅助验证刷丝对灰尘颗粒正压力的大小。

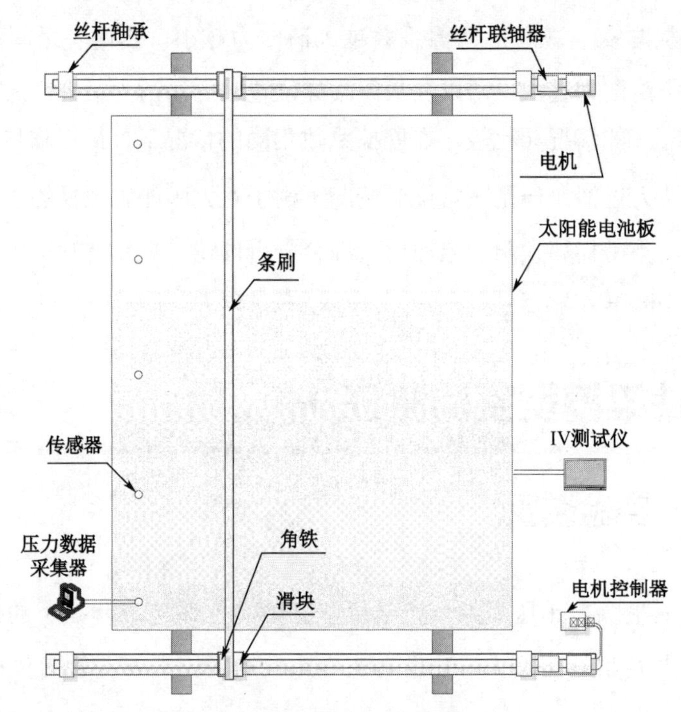

图 5.27　清洁实验装置结构

在太阳能电池板表面粘贴 Interlink Electronics 公司生产的 FSR 压力传感器，压力数据通过如图 5.28（b）所示的软件来采集。压力采集的时间间隔为0.01秒，压力传感器在太阳能电池板上均匀分布，如图 5.27 所示。分别将 3 种直径的条刷安装在由丝杆传导的固定架上，调节条刷在固定架上的位置来调节轴向位移，调节好后启动电机带动条刷运动，软件自动记录 6 通道数据，并用游标卡尺测量每个传感器位置处刷丝根部到薄膜传感器的距离。为了排除传感器突变的可能性，将采集的最大值舍去，取除最大值外最大的 3 个值

的平均值作为测量的有效值。

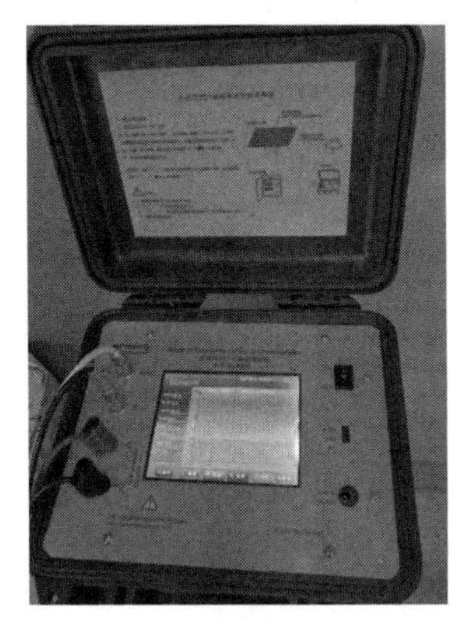

（a）IV 测试仪

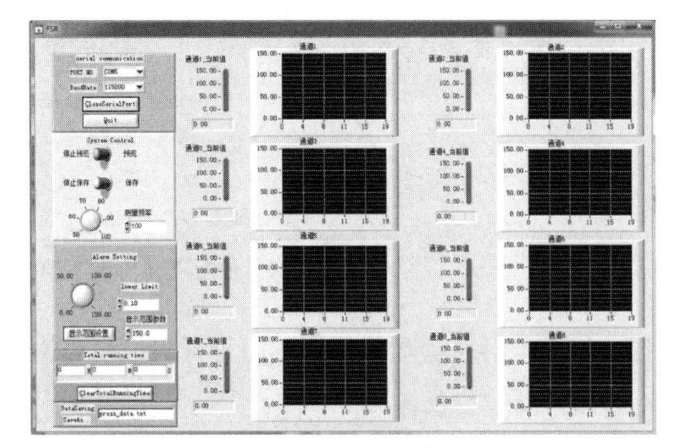

（b）压力传感器软件

图 5.28　IV 测试仪和压力传感器软件

5.5.2　压力实验验证

假设实验用刷子为理想刷子，即刷子的每个刷丝的长度都是一样的，每个刷丝在清洁的过程中其形变都是一样的。刷丝之间紧密相连，但依然存在间隙，假设刷丝间隙为0.01mm。对实际的刷子在不同的截面上统计刷丝的个数，其中直径为0.2mm的刷丝个数为10～14，其中以11～13的居多；直径为0.3mm的刷丝个数为7～9，并以个数为8的居多；直径为0.4mm的刷丝个数基本上都为6。所以在分析实验结果时，假设刷丝间紧密相连且均匀分布，刷丝直径为0.2mm的刷子在不同截面处刷丝的个数均为12，刷丝直径为0.3mm的刷子在不同截面处刷丝的个数均为8，刷丝直径为0.4mm的刷子在不同截面处刷丝的个数均为6。所以刷子的宽度分别为2.52mm、2.48mm、2.46mm。整个刷子对力传感器的压力等于若干个相同的刷丝对传感器压力的总和。

刷子在扫过传感器的过程中，当刷子处于正中位置时，刷子对传感器的压力最大，刷丝在力传感器上的分布如图 5.29 所示。根据图 5.29，在传感器边界处，当刷丝的面积超过一半在传感器上时，刷丝个数加1，不足一半时舍去，经统计可得，刷丝直径为0.2mm的刷丝个数为718，刷丝直径为0.3mm的刷丝个数为334，刷丝直径为0.4mm的刷丝个数为186。

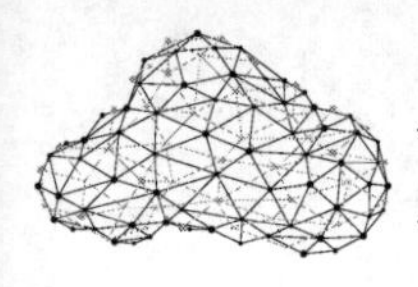

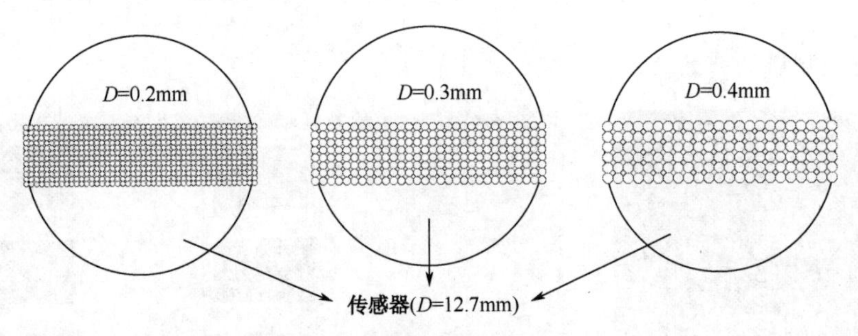

图 5.29 刷丝在传感器上的分布

根据单个刷丝对灰尘颗粒的正压力与轴向位移的关系得出刷丝组对灰尘颗粒组的正压力与轴向位移的关系，如图 5.30 所示。

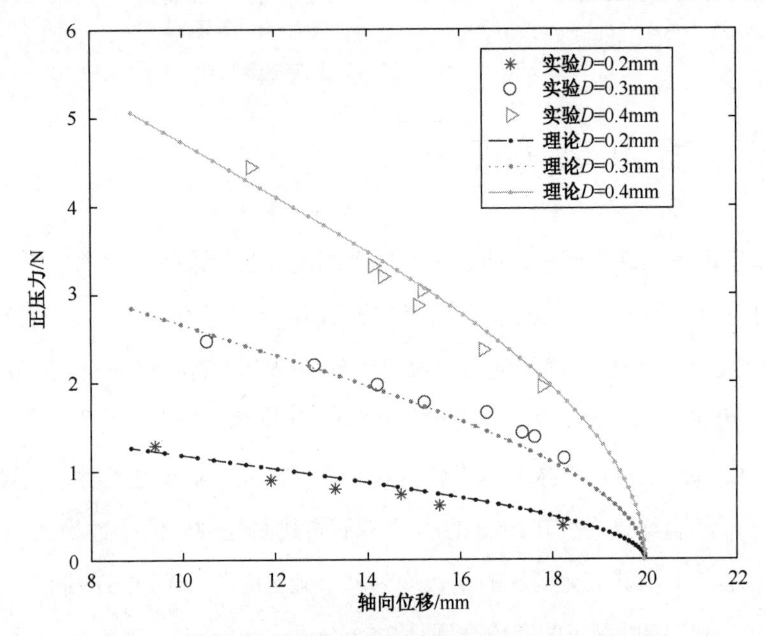

图 5.30 正压力与轴向位移关系的实验和理论计算对比

其中刷丝直径为0.2mm、0.3mm、0.4mm的刷子对灰尘颗粒组的正压力分别为单个刷丝对灰尘正压力的718倍、334倍、186倍。测量不同刷丝直径的刷子在不同的轴向位移下对传感器的作用力，其散点图如所示。3 种刷丝直径的刷子宽度很接近，不妨假设三者的宽度相等。从图 5.30 可以看出，在同等面积下，刷丝直径越大的刷子在清洁过程中对灰尘颗粒的压力越大，刷子的轴向距离越小，刷子对传感器的作用力越大。总体上实验压力数据与理论分析数据结果拟合度较高，实验结果分布在理论结果的周围。实验与理论

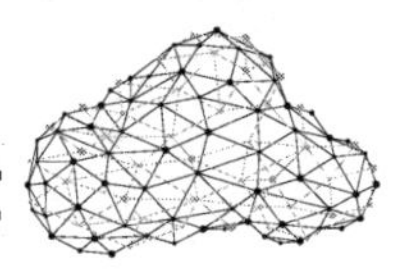

数据的平均相对误差$\overline{e}$可表示为式（5.43）。

$$\overline{e}=\frac{1}{n}\cdot\sum_{i=1}^{m}\sum_{j=1}^{k_i}\left|\frac{F_{Eij}-F_{Cij}}{F_{Eij}}\right| \tag{5.43}$$

式中，F_{Eij}为某种刷子某次实验的作用力；F_{Cij}为此次实验下与其对应的理论计算作用力；m为试验刷子数；k_i为每个刷子的试验次数；n为实验总次数。

通过计算得到实验和理论数据的平均相对误差为9.27%，平均相对误差偏大的原因可能是刷子的刷丝长度不等，传感器本身存在精度误差，灰尘颗粒模型是球体，实际灰尘颗粒是不规则体。

5.5.3 清洁实验验证

为保证实验的准确性，首先保证实验环境的温度以及辐照度与实际条件相似。对于辐照度和温度变化对太阳能电池板发电功率的影响目前已有研究人员做过相应的研究[176]，结果表明对光伏组件发电效率影响最大的因素就是太阳辐照度。实验测量了 2018 年 10 月 29 日至 11 月 1 日（晴天）的太阳辐照度与太阳能电池板的功率，如图 5.31 所示。

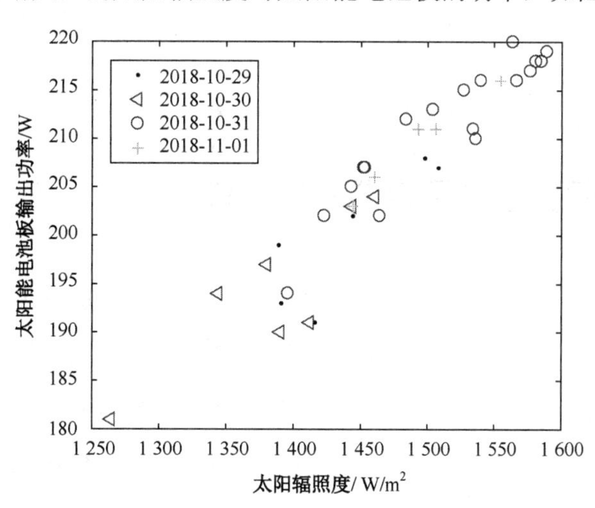

图 5.31　太阳辐照度与太阳能电池板输出功率之间的关系

太阳能电池板的输出功率和太阳辐照度基本上成线性关系，大概太阳辐照度每上升$10\mathrm{W/m^2}$，太阳能电池板的输出功率上升$1\mathrm{W}$。为了保证实验的可靠性，本节选择

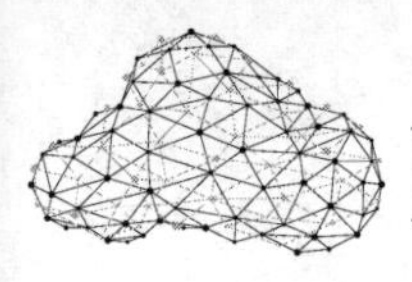

1 300W / m^2 以上的太阳辐照度为实验对象。

图 5.32 中的两条线分别是 2018 年 10 月 31 日当天的太阳辐照度时间分布及其对应的太阳能电池板输出功率分布。对比两条曲线，可以明显地发现在中午 12 点至 14 点之间太阳辐照度为1 400～1 600W / m^2，太阳能电池板的输出功率为190～220W 。此时，太阳辐照度以及太阳能电池板的输出功率均比较大，所以清洁实验时间预定在 11:30—14.30。如果在具体实验过程中发现太阳辐照度以及太阳能电池板的输出功率很低时，实验数据作废并重做这部分的实验，保证得到合理正确的实验结果。

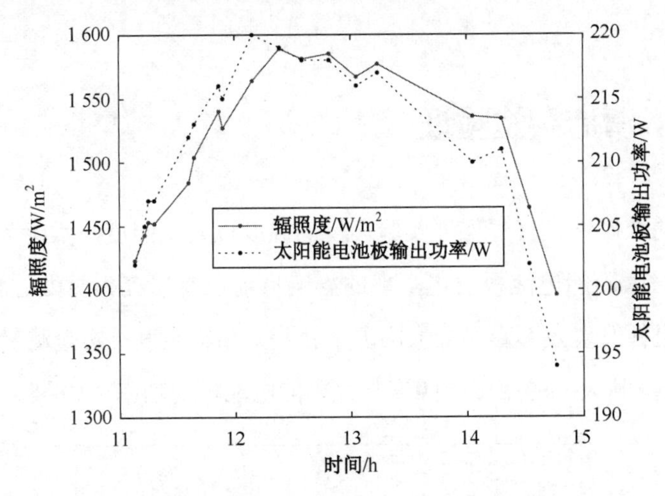

图 5.32　太阳辐照度时间分布及其对应的太阳能电池板输出功率分布

5.5.4　积灰条件下组件效率计算

太阳能电池板的输出功率取决于工作电流和工作电压。太阳能电池板输出电流的大小主要取决于太阳辐照度强度，前面已述，电压与太阳能电池板自身的特性和环境的温度有关。太阳能电池板表面产生大量积灰后，太阳照射到太阳能电池板内的 PN 结的辐照度就会降低，导致电流降低；积灰覆盖在太阳能电池板表面，温度变化很小，而且由于太阳能电池板自身参数不变，因此电压变化很小。不同积灰量情况下直流侧电流和电压的变化如图 5.33（a）所示。由图 5.33（a）可知，随着积灰量不断增加，太阳能电池板输出电流不断减小，而太阳能电池板输出电压有微小的增大。太阳能电池板输出功率的变化情况与输出电流的变化情况相似。图 5.33（b）所示为太阳能电池板输出功率与积灰量的变化关

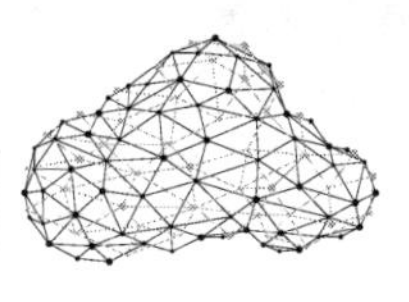

系，其中有实测值（measured value）和修正值（correction value）。实测值为太阳能电池板在不同积灰状态下的实际测量功率结果，修正值是根据实测量来进行辐照度修正统一后的功率，引入修正公式，如式（5.44）。

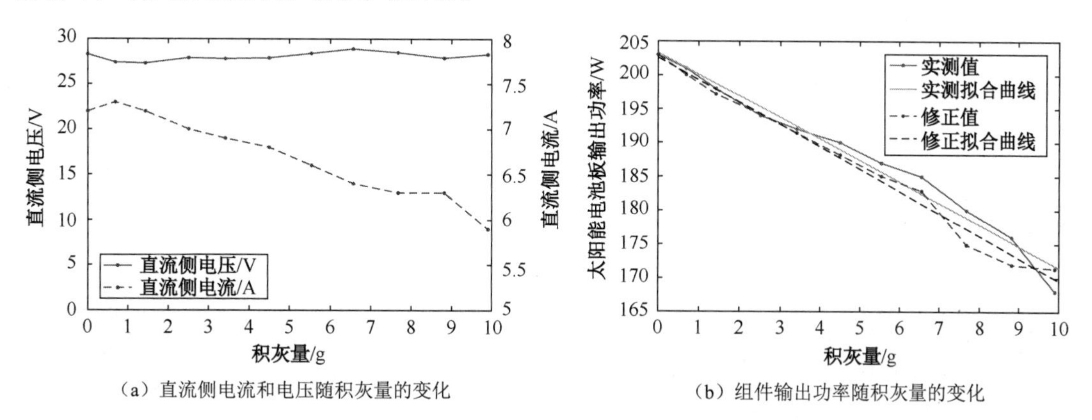

（a）直流侧电流和电压随积灰量的变化

（b）组件输出功率随积灰量的变化

图 5.33 积灰量对组件的影响

$$G_i = G_{0i} - \frac{Ir_i - Ir_0}{Ir_m - Ir_0} \cdot (G_m - G_0) \tag{5.44}$$

式中，G_{0i} 为对应积灰量下测量的实际功率值；Ir_m 为积灰实验中将灰尘清理后测量的辐照度值；Ir_i 为对应积灰量下测量的实际辐照度值；Ir_0 为积灰实验前的初测辐照度值；G_m 为积灰实验中将灰尘清理后测量的功率值；G_0 为积灰实验前的初测功率值；G_i 为修正功率。从实测拟合曲线（measured fit curve）和修正拟合曲线（modified fit curve）上看，二者偏差很小。式（5.44）计算得出的修正功率对不同功率下的实验数据做规范化，为不同辐照条件下的发电功率提供了统一标准。

将实测值和修正值分别进行线性拟合，如图 5.33（b）所示。分析实测值和修正值对应的偏差，引入式（5.45）。

$$\begin{cases} \Delta_1 = \dfrac{1}{n_1} \cdot \sum\limits_{i=1}^{n_1} \left| \dfrac{G_{0i} - G_{1i}}{G_{1i}} \right| \\ \Delta_2 = \dfrac{1}{n_1} \cdot \sum\limits_{i=1}^{n_1} \left| \dfrac{G_i - G_{2i}}{G_{2i}} \right| \end{cases} \tag{5.45}$$

式中，Δ_1 为实测偏差值；G_{1i} 为此积灰下的实测拟合曲线对应的太阳能电池板的功率；Δ_2 为修正偏差值；G_{2i} 为此积灰下的修正拟合曲线对应的太阳能电池板的功率；n_1 为实验次

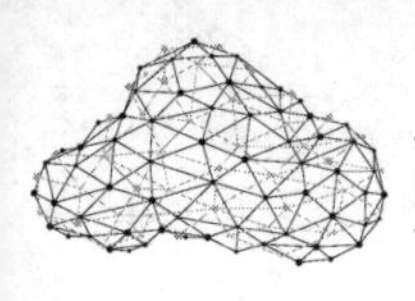

数。实测偏差为6.715‰，修正偏差为5.091‰，可以看出，修正后的太阳能电池板的输出功率和辐照度的线性度比实测的输出功率和辐照度的线性度更好。

假设在没有积灰时的正常工作状态下的工作效率为 1，此时的太阳能电池板的输出功率为 P，不同积灰状态下的太阳能电池板的修正功率为 P_i，此时的工作效率为 η，$\eta = \frac{P_i}{P} \times 100\%$。不同积灰状态下的工作效率如表 5.2 所示。积灰量越大，工作效率越低，整个太阳能电池板的积灰达到10.68g 时，工作效率下降10% 以上。随着积灰量的增加，组件的工作效率呈线性下降。

表 5.2 积灰量与工作效率之间的关系

积灰量/g	0	1.12	2.33	4.08	5.55	7.33	9.01	10.68	12.48	14.35	16.11
η / %	100	98	97	96	94	93	92	90	86	85	84

5.5.5 实验结果

按照图 5.27 设计的光伏组件清洁实验装置，采用电机驱动条刷对组件表面灰尘进行清扫，其过程如图 5.34 所示。

图 5.34 条刷清洁实验过程

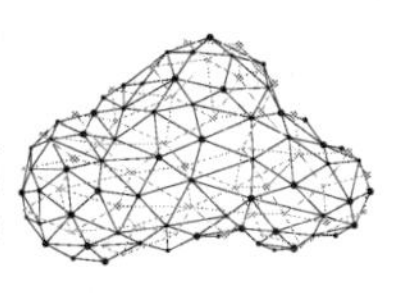

实验在西宁地区开展，太阳辐照度较格尔木地区略小，空气相对湿度和温度较格尔木地区略高。为保证实验数据的可对照性，尽量选择在太阳辐照度差距不大，天气状况相近的条件下，通过清洁实验记录不同清洁情况下的太阳能电池板的输出功率。灰尘从格尔木和共和地区采集，人工均匀布置在电池板表面。电池板型号为STS-156P-255W，标准条件（辐照度为$1000\mathrm{W/m^2}$，温度为25℃）下测试，其最大功率为$P_{\max}=255\mathrm{W}$，最大功率电压为$U_{\mathrm{mp}}=30.65\mathrm{V}$，最大功率电流为$I_{\mathrm{mp}}=8.32\mathrm{A}$，实验时间选在中午11:30到14:30之间。

尽管在实验过程中已经尽量保持辐照度以及环境温度等因素近似，但是在外界环境中不可能保证这些环境因素不变，所以对采集到的输出功率采用式（5.44）来进行修正，保证在不同辐照度下的数据一致性。表5.3所示为部分实验数据及功率修正数据。

表5.3 部分实验数据及功率修正数据

积灰量和清洁次数	实测功率/W	温度/℃	辐照度/W/m^2	湿度/%Rh	修正功率/W
积灰量 0g	211	15	1506	73	211
积灰量 0g	216	16	1555	72	211
积灰量 12.30g	182	16	1510	76	181.59
清洁 1 次	191	16	1533	76	188.24
清洁 2 次	195	15	1521	76	193.50
清洁 3 次	199	17	1526	75	196.96
清洁 5 次	204	15	1541	75	200.43

表5.3中列出的环境参数基本保持一致，温度在15～17℃，辐照度在$1500\sim1560\mathrm{W/m^2}$，空气相对湿度在72～76%Rh，基本与格尔木地区相似。对所有的实测功率均进行规范修正，消除环境条件带来的波动。其中清洁1次，是指刷子运动清洁一个来回，清洁后采用IV测试仪测量出光伏组件的输出功率。从表5.3可以直观地看出，清洁可明显改善电池板的光电转换效率，且随着清洁次数增加，发电效率有所提升。

为验证柔性梁模型的合理性，分别对不同直径刷丝在不同轴向位移情况下的清洁效果、相同积灰量不同清洁次数情况下的清洁效果进行分析。图5.35所示为刷丝轴向位移与光伏组件工作效率之间的关系。图5.35（a）、（b）和（c）分别是刷丝直径为0.2mm的刷子在积灰量为4.5g、8.5g和12.3g情况下的轴向位移与光伏组件工作效率的关系。从中

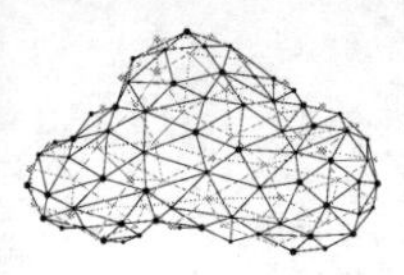

可以看出，在不同轴向位移情况下，在相同积灰量状态下光伏组件工作效率基本上一致，因此积灰量对光伏组件工作效率的影响情况满足实验初始条件。清洁后较清洁前太阳能电池板的输出功率提升很大，清洁效果随着轴向位移的减少呈现先升高后降低的趋势，刷丝直径为0.2mm的刷子轴向位移为15mm时的清洁效果最好，清洁效果较好的轴向位移区间为13～17mm。这与前面柔性梁分析计算得到的刷丝对灰尘颗粒正压力的影响结论基本一致，即轴向位移在12～18mm范围内刷丝对灰尘颗粒的正压力较大，即对电池板清洁效果较好。

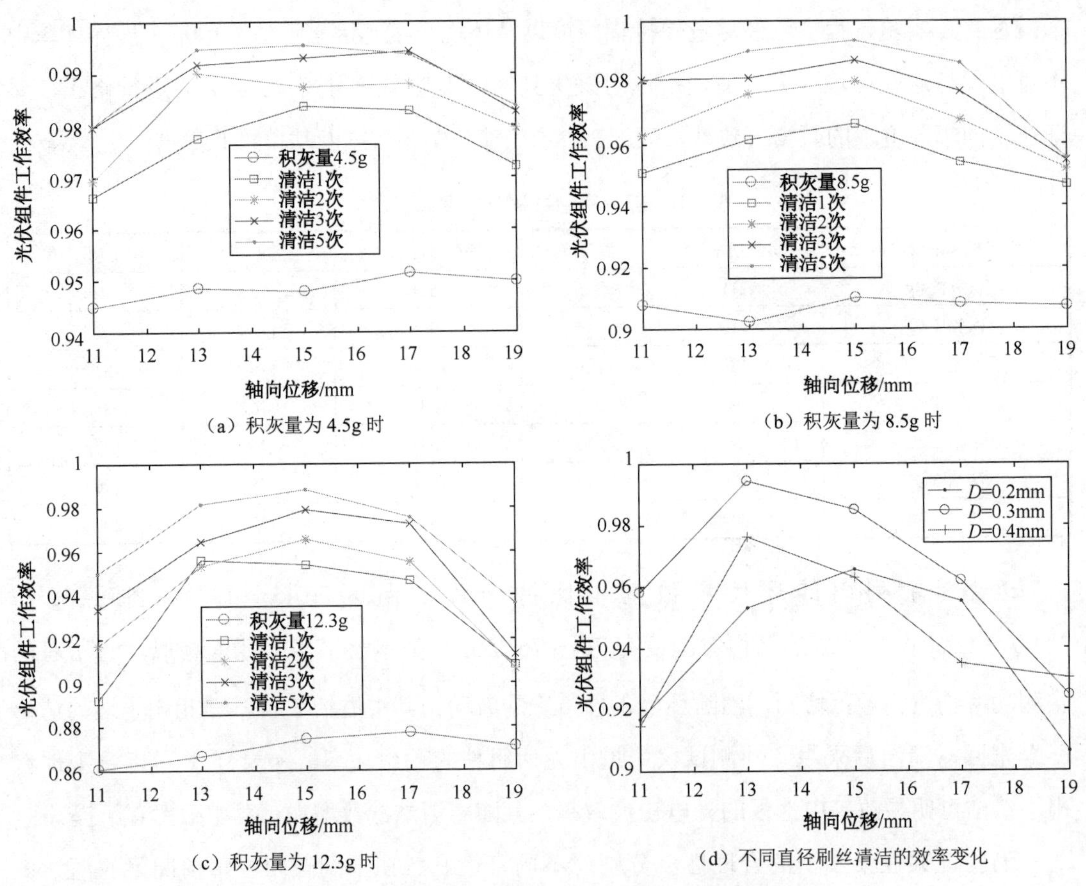

（a）积灰量为4.5g时

（b）积灰量为8.5g时

（c）积灰量为12.3g时

（d）不同直径刷丝清洁的效率变化

图5.35 刷丝轴向位移与组件工作效率之间的关系

总体上看，首次清洁效率提升最大，往后的效率提升逐步减少。以图5.35中轴向位移为15mm时分析，积灰量为4.5g、8.5g和12.3g的条件下，清洁1次时效率提升分别为

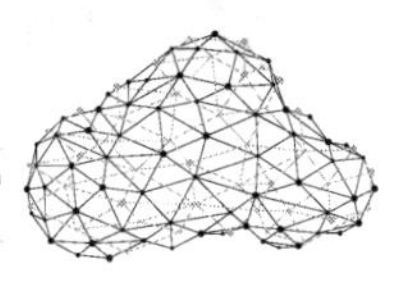

3.585%、5.656%和7.944%，清洁 2 次时效率提升分别为3.956%、7.034%和9.125%。积灰量越大，单次和清洁2次后光伏组件工作效率提升越明显。

当积灰量为12.3g，清洁次数为 2 次时，不同直径刷丝的轴向位移与光伏组件工作效率之间的关系如 5.35（d）所示。从中可知，刷丝直径为0.3mm的刷子比刷丝直径为0.2mm和0.4mm的刷子的清洁效果更好；而刷丝直径为0.2mm和0.4mm的清洁效果相差不大。刷丝直径为0.2mm的刷子轴向位移为15m时，其清洁效果最好；而刷丝直径为0.3mm和0.4mm的刷子轴向位移为13mm时，其清洁效果最好。从轴向位移对清洁效果的影响看，3 种直径的刷子轴向位移在13～17mm区间时清洁效果较好，即此区间内刷丝对组件表面灰尘颗粒的正压力最大。

本实验也对辊刷进行了测试，发现辊刷在轴向位移在13～17mm时，清洁效果最好。不同刷丝直径的辊刷在清洁一次之后，光伏组件工作效率均能提升至99.5%，其中以刷丝直径为0.3mm的刷子清洁效果最好，清洁效率达到99.7%。刷丝的柔性梁模型和灰尘刚性小球模型，一定程度上解释了刷丝与灰尘颗粒之间的清洁作用机理。今后工作中，可充分考虑刷丝组的变形情况和灰尘颗粒的变形情况，以及大量灰尘颗粒附着组件表面的情况，为机械除尘设计提供理论支撑。

5.6 本章小结

本章深入探讨了高压水射流、高压气流、机械擦除等除尘工艺的清洁机理，重点分析了水射流清洗力、能量分布以及射流清洁效果。实验研究了条刷、辊刷和盘刷 3 种刷型的清洁工艺特点，以条刷为例研究了清洁压力、清洁速率和清洁次数对清洁效果的影响。重点讨论刷丝与灰尘颗粒之间的作用力，建立了刷丝的柔性梁模型，并分析了不同状态下的清洁力和清洁效果。

光伏电站清洁装备样式很多，如第 2 章中述及的人工清洗、车载高压清洗机、专用滚轮式清洁车辆或圆盘式清洁车辆等，但所采用的清洁工艺却只有 3 种，即水流、气流、机械擦除，或者是三者之间的组合方式。从现场清洁工具看，“水射流+机械擦除”组合是较为普遍的方式，尤其在大型车辆搭载液压驱动机械臂带动清洁刷和水射流上的应用最为广

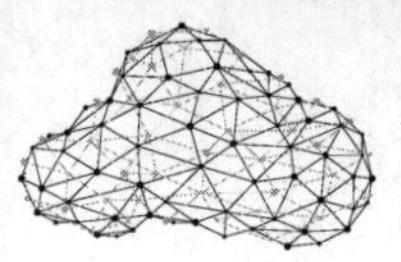

泛。前面已提到，对于高海拔荒漠地区，水射流方式耗费大量水资源，对沙漠环境影响较大。从未来设备考虑，小型便捷的清洁机器人难以带动大型水箱，因此需大量用水的射流方式难以适应高海拔荒漠环境中光伏电站的清洁需求。

探究清洁工艺机理对提升设备清洁效率和清洁效果有重要的意义，是改造现有设备和开发新型设备的前提条件。盘刷和辊刷的旋转剪切工艺机理更为复杂，本章还缺乏详细的理论和实验分析。下一代自清洁技术+小型智能机器人清洁更加需要对清洁工艺的深入研究。

第6章 试剂选用与评估

如前所述，附着在电池板上的灰尘颗粒富含Si、Na、Ca、K、Mg等金属元素，在雨水作用下易衍生OH^-离子，呈现明显的偏碱性。因此纯粹的物理清除方式很难达到既定清洁效果。化学清洁剂能与附着在电池板表面的灰尘产生化学作用，从而促进灰尘从玻璃表面脱落。通过对颗粒黏附力学模型和表面颗粒清除机理研究发现，表面活性剂能够改变固体微颗粒与固体表面的黏附性能。常见的清洁剂可以改变微颗粒黏附玻璃表面的结构与性质，实现玻璃表面防尘保洁功能[139]。

本章从清洁剂的清洁作用入手，采用典型的表面活性剂对电池板表面灰尘进行清洁实验，研究其对光伏组件表面附着灰尘的清洁效果，并进一步探讨试剂对光伏系统可能带来的负面影响。

6.1 表面微颗粒的化学清除机理

清洁剂在灰尘清洁过程中主要起到的作用包括：去除固体表面的污垢和使已从固体表面脱离下来的污垢能很好地分散或悬浮在清洁剂介质中，使其不再沉积在玻璃表面。清洗过程可表示为式（6.1）。

$$\begin{aligned}&\text{PVModule}\cdot\text{Dust}+\text{Agent}+\text{Medium}\\&\quad\rightarrow\text{PVModule}\cdot\text{Agent}\cdot\text{Medium}+\text{Dust}\cdot\text{Agent}\cdot\text{Medium}\end{aligned}\tag{6.1}$$

清洗过程中，清洁效率主要取决于3个因素：电池板与灰尘之间的黏附强度（PVModule·Dust）、电池板与清洁剂之间的黏附强度（PVModule·Agent·Medium）和洗

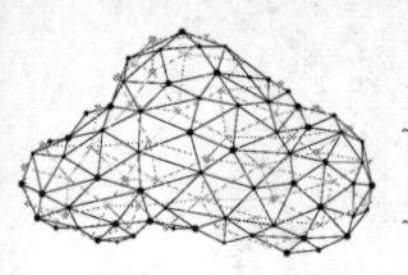

涤剂与灰尘之间的黏附强度（Dust · Agent · Medium）。

电池板表面灰尘主要以分子间的范德华力和静电力黏附在其表面。静电力可加速空气中微颗粒在固体表面的黏附，但不增加黏附强度。在范德华力作用下，随着时间和空气湿度的增加，灰尘与电池板之间的黏附强度会增加[130]。按照兰格（Lange）分段去污过程，电池板表面灰尘去除过程如图 6.1 所示。

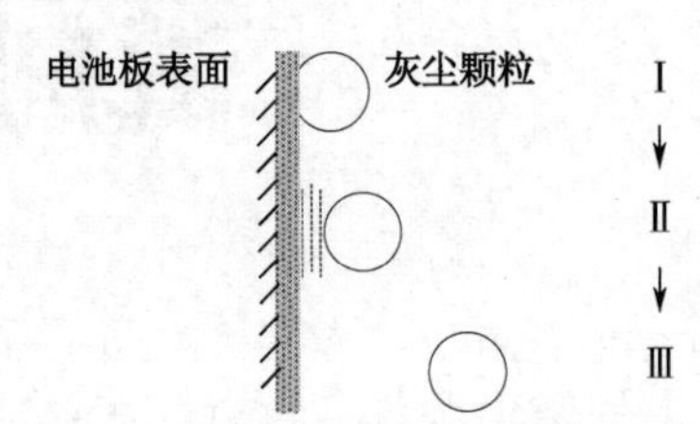

图 6.1　灰尘颗粒从电池板表面分段清除过程

I 段为灰尘颗粒在电池板表面黏附的状态，此时体系的黏附能可表示为式（6.2）。

$$W_{SP} = \gamma_S + \gamma_P - \gamma_{SP} > 0 \tag{6.2}$$

式中，W_{SP} 为电池板表面与灰尘颗粒之间的黏附能；γ_S 为电池板表面的表面能；γ_P 为灰尘颗粒的表面能；γ_{SP} 为电池板表面与灰尘颗粒之间的界面能。

II 段为清洁剂在电池板表面与灰尘颗粒间的固—固界面上铺展，铺展系数 $S_{L/P/S}$ 可表示为式（6.3）。

$$S_{L/P/S} = \gamma_{SP} - \gamma_{SL} - \gamma_{PL} \tag{6.3}$$

式中，$S_{L/P/S}$ 为清洁剂在电池板表面和灰尘颗粒间的固—固界面铺展系数；γ_{SL} 为电池板表面与清洁剂间的固—液界面张力；γ_{PL} 为灰尘颗粒与清洁剂间的固—液界面张力。

当 $S_{L/P/S} > 0$ 时，清洁剂就可在电池板和灰尘颗粒间的固—固界面上铺展。铺展过程可看成清洁剂在电池板表面和灰尘颗粒间固—固界面中存在的微缝隙（即毛细管）中的渗透过程。

附加压力，即毛管力 Δp 可表示为式（6.4）。

$$\Delta p = \frac{\gamma_L \cos\theta_L}{\gamma} \tag{6.4}$$

式中，γ_L 为清洁剂的表面张力；θ_L 为清洁剂在灰尘颗粒和电池板表面的接触角；γ 为电池板表面和灰尘颗粒接触表面的表面能，$\gamma = \gamma_S + \gamma_P + \gamma_{SP}$。

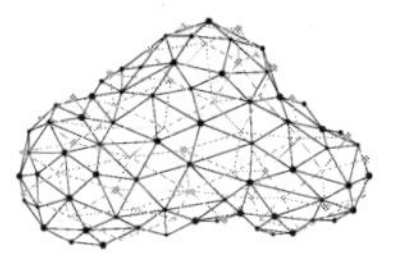

当$\Delta p>0$时，清洁剂就可以渗入电池板表面和灰尘颗粒间的固—固界面中的微缝隙中。

若$\theta_L=0$，清洁剂在其固—固界面上铺展形成一层水膜，使灰尘颗粒脱离电池板表面进入清洁剂中，此时固—固界面的铺展系数$S_{L/P/S}>0$，灰尘颗粒被介质（一般为水）完全湿润。表面活性剂利于增大铺展系数，加快微颗粒的完全润湿。

表面活性剂的作用就是使铺展系数增大，接触角变小，在水中加入表面活性剂可实现对灰尘颗粒的完全湿润。在润湿的基础上，灰尘颗粒团在毛细渗透作用下实现内部的固—固界面分离。由于灰尘颗粒团中存在缝隙或微颗粒晶体本身存在微缝隙，在毛管力驱动下灰尘颗粒团分散或破裂。灰尘颗粒分散到液体后，表面活性剂则吸附到灰尘颗粒表面，降低固—液界面张力，增加分散体系的热力学稳定性，从而降低灰尘颗粒重新聚集的倾向。

6.2 清洁过程中电池板发电功率动态变化规律

采用化学试剂清洁电池板时，表面活性剂与灰尘颗粒相互作用导致电池板表面的透光性能发生变化，从而引起电池板发电性能的波动。电池板清洁过程中，开始阶段由于灰尘的影响使其发电功率处于较低的稳定区域，而后随着清洁过程的进行，发电功率先降低到一个最低点，随后又逐渐升高至一个新的稳定区域，这段过程是一个连续变化的动态过程，可以用连续函数来描述其变化，即$P=f(t)$，如图6.2所示。

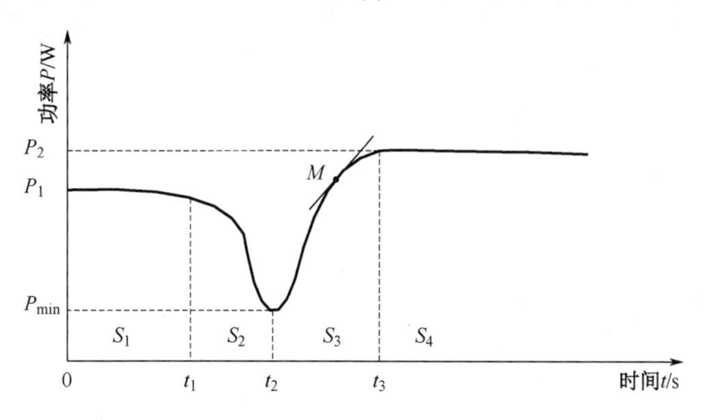

图6.2　光伏组件清洁过程曲线模型

图 6.2 能表达出清洁的不同阶段功率与时间的关系，并定义表征清洁效果的参数。其中，P_1 为清洁前电池板发电的功率；P_2 为清洁后电池板发电达到稳定状态后的功率，也是判断电池板是否达到清洁标准的重要判断依据；$P_{\min}$ 为清洁过程中电池板达到的最低发电功率；t_1 是清洁开始的时间点；t_2 是清洁过程中电池板发电达到最低发电功率 $P_{\min}$ 的时间点；t_3 是清洁后电池板达到新的稳定状态后的时间点。在此基础上把整个清洁过程分为 4 个阶段，即 $0\sim t_1$ 为清洁前的稳定区，用 S_1 表示；$t_1\sim t_2$ 为清洁中的下降区，用 S_2 表示，t_1 到 t_2 的过程持续很短，从实验看，这段时间持续往往不足 1 分钟；$t_2\sim t_3$ 为清洁中的上升区，用 S_3 表示，这段时间持续较 S_2 略长；t_3 之后为清洗后的新的稳定区，用 S_4 表示。

为研究电池板清洁过程中发电功率变化规律，对动态曲线上某点 $M\left(t_{\mathrm{m}},f\left(t_{\mathrm{m}}\right)\right)$ 取瞬时变化率 $f'_M\left(t\right)$，其具体表示为式（6.5）。

$$f'_M\left(t\right)=\lim_{\Delta t\to 0}\frac{f\left(t_{\mathrm{m}}+\Delta t\right)-f\left(t_{\mathrm{m}}\right)}{\Delta t}=\lim_{\Delta t\to 0}\frac{\Delta p}{\Delta t} \tag{6.5}$$

式中，Δt 是曲线 $p=f\left(x\right)$ 上的点 M 的在横坐标（时间）上的增量；Δp 是曲线在点 M 对应 Δt 在纵坐标上的增量。当 Δt 趋向于 0 时，对平均变化率取得的极限就是 M 点的导数。

从变化率可以看出，清洁前的稳定区是没有变化的，即变化率是 0。清洁过程中变化率又可分为两个过程，一是在清洁过程的下降区，变化率是负值；二是在清洁过程中的上升区，变化率是正值。清洁后新的稳定阶段，其变化率恢复为 0。在清洁过程中还有一个特殊点，就是在清洁过程中电池板达到的最低发电功率点 $P_{\min}$，其变化率为 0。采用分段函数对整个过程进行描述，如式（6.6）。

$$\begin{cases} S_1: & f'\left(t\right)=0 & \left(0\leqslant t\leqslant t_1\right) \\ S_2: & f'\left(t\right)<0 & \left(t_1\leqslant t<t_2\right) \\ S_3: & f'\left(t\right)<0 & \left(t_2<t\leqslant t_3\right) \\ S_4: & f'\left(t\right)<0 & \left(t>t_3\right) \end{cases} \tag{6.6}$$

根据图 6.2 中的 P_1、P_2、$P_{\min}$、t_1、t_2、t_3，定义下降时间 Δt_1、上升时间 Δt_2、回复时间 Δt、下降率 η_1、上升率 η_2 和回复率 η 等参数，其具体表达式如式（6.7）。

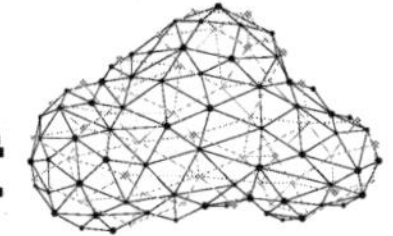

$$
\begin{aligned}
&\Delta t_1 = t_2 - t_1 \\
&\Delta t_2 = t_3 - t_2 \\
&\Delta t = \Delta t_2 + \Delta t_1 \\
&\eta_1 = \frac{p_1 - p_{\min}}{t_2 - t_1} \times 100\% \\
&\eta_2 = \frac{p_2 - p_{\min}}{t_3 - t_2} \times 100\% \\
&\eta = \frac{p_2 - p_1}{p_1} \times 100\%
\end{aligned} \tag{6.7}
$$

下降时间是指在清洁过程中电池板发电功率处于下降区的时间；上升时间是指在清洁过程中电池板发电功率处于上升区的时间；下降率是指在清洁过程中电池板发电功率处于下降区时下降功率与对应下降时间的比值，也就是下降区在对应下降时间内的平均变化率；上升率是指在清洁过程中电池板发电功率处于上升区时上升功率与对应上升时间的比值，也就是上升区在对应上升时间内的平均变化率；回复率是指清洁后的新稳定状态与清洁前的稳定状态之间所对应的发电功率之差与清洁前的稳定状态所对应的发电功率之比，表征了清洁后发电功率的上升程度。

这些参数反映了清洁的实际效果，而且在实验后的结果分析中，可以利用这些参数进行横向对比。整合给出的所有结果，可以清晰地看出各种试剂在各个方面的清洁效果。

6.3 试剂清洁实验

6.3.1 实验试剂

如前所述，表面活性剂能够改变微颗粒与固体表面的黏附性质。Abd-Elhady 等人的研究表明，一种阴离子和阳离子的混合试剂对电池板表面灰尘清洁效果最好[177,178]。为此，为探究不同性质试剂对电池板表面灰尘去除的效果，实验选用 3 种不同类型的试剂：阴离子型表面活性剂（十二烷基苯磺酸钠）、阳离子型表面活性剂（溴代十六烷基三甲胺）和非离子型表面活性剂（吐温-80）。

十二烷基苯磺酸钠（Sodium Dodecyl Benzene Sulfonate，SDBS），其分子式为

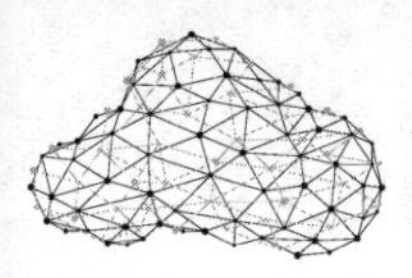

$C_{18}H_{29}NaO_3S$，性状为白色或淡黄色粉状或片状固体，是常用的阴离子型表面活性剂[179]。十二烷基苯磺酸钠难挥发，易溶于水而成半透明溶液。其生产成本低（约为 64 元/kg）、性能好，因而用途广泛，是家用洗涤剂用量最大的合成表面活性剂。

溴代十六烷基三甲胺（Cetyl Trimethyl Ammonium Bromide，CTAB），其分子式为$C_{19}H_{42}N \cdot Br$，是一种阳离子型表面活性剂，性状为白色粉末，由十六醇经溴素溴化后与三甲胺反应生成季铵盐，主要用作化妆品的杀菌剂、柔软剂、乳化剂和抗静电剂。

吐温-80（Polysorbate），分子式为$C_{24}H_{44}O_6(C_2H_4O)_n$，是一种非离子型表面活性剂及乳化剂，性状为琥珀色油状液体，由山梨聚糖和油酸通过乙氧基化制得，常在食品中用作乳化剂。

配置试剂的浓度时，要根据试剂不同的密度进行配置，实验要配置质量分数为0.1%、0.5%、1.0%的 3 种试剂，十二烷基苯磺酸钠的密度为$1.05 g/cm^3$，溴代十六烷基三甲胺的密度为$0.9991 g/cm^3$，吐温-80 的密度为$1.06 g/cm^3$。十二烷基苯磺酸钠和溴代十六烷基三甲胺都为白色粉末，而吐温-80 为黄色黏稠液体，这样就对配相同质量分数的浓度造成一定麻烦，所以对于十二烷基苯磺酸钠和溴代十六烷基三甲胺直接用电子天平进行称量，而吐温-80 则根据质量与体积公式进行换算，如式（6.8）。

$$V_{\text{tween}} = \frac{m}{\rho_{\text{tween}}} \tag{6.8}$$

配比时，按照式（6.8）计算出体积，直接用量筒称量。称取好相应的试剂质量后，再添加相应的水量，水量也要根据质量与体积换算关系用量筒来称量，组成质量分数相同的试剂组。

6.3.2 太阳能电池板和高压清洗机

本实验采用福建钧石能源有限公司生产的 GS-50 进行相关实验，GS-50 属于双结非晶硅薄膜太阳能电池板。非晶硅太阳能电池板的成本低、高温性好、充电效率高，由于非晶硅太阳电池板独特的光谱响应特性，使其呈现出在低光强下有更好的转换效率，更增加了电池板的发电量。GS-50 在标准测试条件下的主要参数为：额定功率$50W$，峰值电压$43V$，峰值电流$1.17A$，开路电压$62V$，短路电流$1.42A$。每块太阳能电池板尺寸为$1245 \times 635mm$，受到

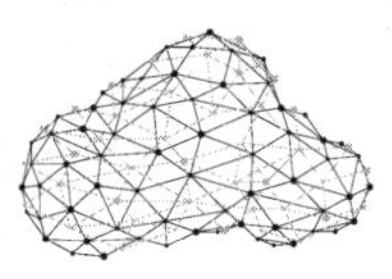

太阳光照射的有效面积为0.72m²，单块太阳能电池板的质量约为14.4kg。

本实验采用高压清洗机进行清洁，高压清洗机的工作压力为 2.5MPa，清洗机的喷头采用喷雾式喷嘴，喷嘴的直径为 1mm。确保试剂呈雾状喷洒在电池板表面，减少束状水射流对电池板表面灰尘颗粒的冲击作用，充分发挥试剂对电池板表面灰尘颗粒的清洁效果。

实验中用电压和电流实时测量系统对太阳能电池板的电压和电流数据进行采集，通过设定采集周期，测得相应的电流和电压数据，表示出太阳能电池板在自然条件下的功率随时间的变化关系。采集的数据以 Excel 表格的形式存储起来，方便处理分析。实验时天气状况良好，实验时间选择在中午1:00—3:00，温度约为20℃～25℃。

6.3.3 清洁实验结果

电池板表面布置的灰尘取自于格尔木大规模电池板上累积的灰尘，布尘时用电子天平称取30g 的灰尘，然后在电池板表面涂抹一层水膜，均匀地把灰尘布置在电池板表面，静置 2 小时，模拟在自然条件下的灰尘存在形式。最后还要接上电压和电流实时测量装置，统一清洁前稳定阶段的发电功率，保证布尘效果统一。

此次实验选用 3 种不同性质的试剂对太阳能电池板进行清洁实验，对比每组实验的发电功率，来量化清洁效果。图 6.3～6.5 分别为十二磺基苯磺酸钠、溴代十六烷基三甲胺、吐温-80 三种清洁剂的清洁曲线。

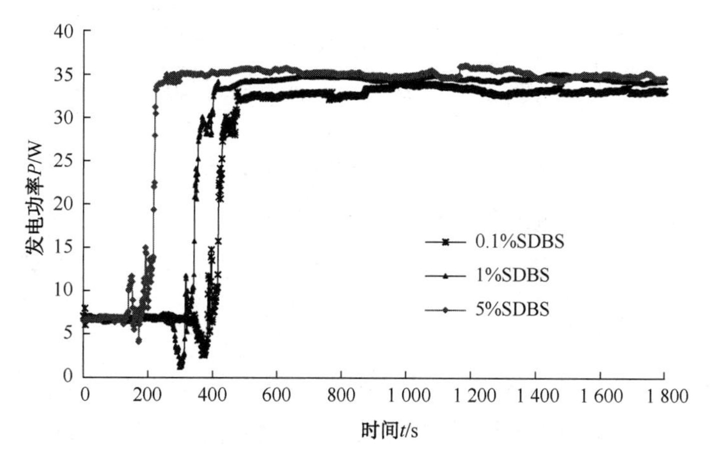

图 6.3 不同浓度十二烷基苯磺酸钠的清洁曲线

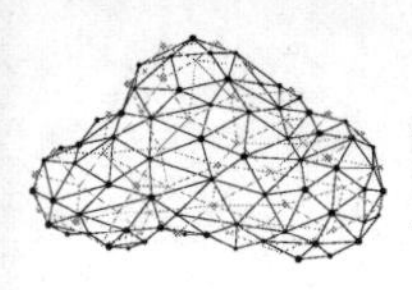

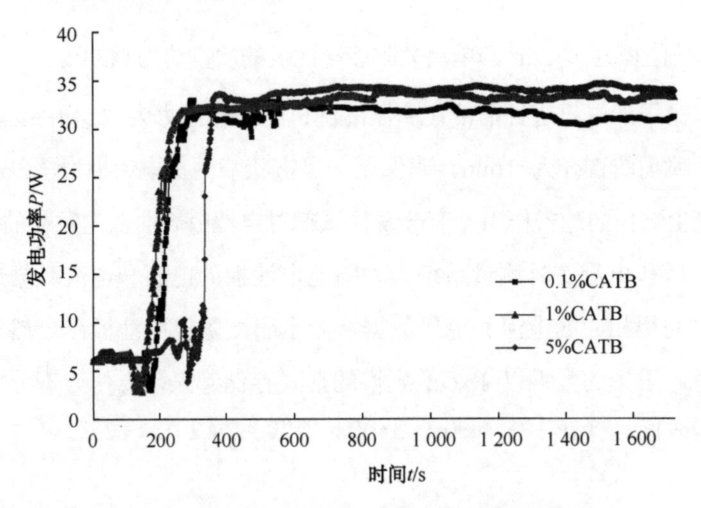

图 6.4　不同浓度溴代十六烷基三甲胺的清洁曲线

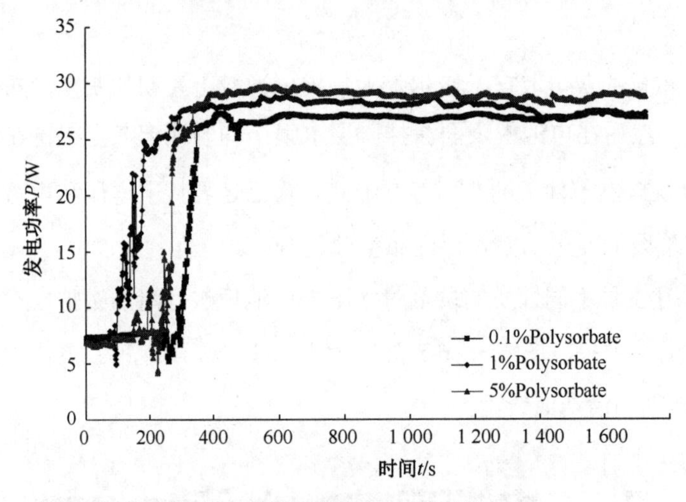

图 6.5　不同浓度吐温-80 的清洁曲线

观察图 6.3～6.5 中清洁曲线的走向，与图 6.2 中的曲线趋势一致。从清洁开始，均先处于清洁前的稳定区，再经过剧烈波动下降至一个最低点，这就是清洁时的下降区，下降时间持续约 40～80s；再从最低点经过一定的曲折上升至最高点，这就是清洁时的上升区；最后达到一个波动平缓的稳定阶段，这就是清洁后的稳定区。在清洁下降区与上升区阶段，组件发电功率产生剧烈波动，主要是由于刚开始清洁时有大量的试剂泡沫而且灰尘还附着在电池板表面，阻挡了电池板与太阳光的接触面积，同时伴有短时间的快速温度降低造成的。图中进入发电功率下降阶段的时间不同是由于测量时间引起的。

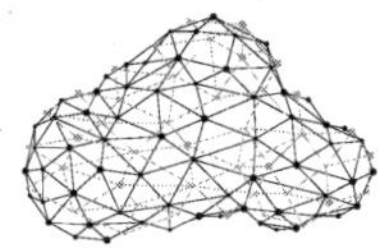

从清洁后的发电功率看，3 种试剂清洁效果最好的是十二烷基苯磺酸钠，其最终发电功率约为35W，溴代十六烷基三甲胺效果次之，发电功率约为33W，吐温-80 的清洁效果最差，发电功率约为28W。高浓度试剂比低浓度试剂的清洁效果要好，这主要由于是高浓度试剂更容易将灰尘颗粒从电池板表面剥离下来。

电池板清洁过后，功率不是呈线性关系增长的，有很多锯齿形的波动，这是因为在清洁时，3 种不同的表面活性剂都在清洁过程中产生了大量的泡沫，并附着在电池板表面，随着水分的蒸发，这些泡沫干瘪后形成垢状物；清洁时泡沫的存在会反射和折射太阳光，减少了电池板与太阳光的接触面积，而且随着时间的推移，电池板上水分蒸发后，电池板上的泡沫逐渐破灭干瘪，阻挡了电池板与太阳光接触的面积[180]。

6.4 实验结果

6.4.1 实验数据分析

按照图 6.2 定义的清洁前发电功率 P_1、清洁后稳定发电功率 P_2、最低发电功率 $P_{\min}$、清洁开始时间点 t_1、最低发电功率时间点 t_2、清洁后发电功率稳定时间点 t_3，其具体数值如表 5.2 所示。

表 6.1 不同浓度下试剂清洁效果参数

试剂	浓度/%	P_1 / W	P_2 / W	$P_{\min}$ / W	t_1 / s	t_2 / s	t_3 / s
SDBS	0.1	6.828 6	33.055 3	3.503 6	349	376	474
	1	6.754 6	34.496 2	3.361 0	277	303	404
	5	6.864 6	35.086 8	3.162 3	139	172	270
CTAB	0.1	6.542 4	31.512 7	3.030 5	151	175	286
	1	6.741 1	32.985 7	3.036 7	117	147	249
	5	6.834 4	33.929 5	2.984 1	262	288	391
Polysorbate	0.1	7.361 5	26.921 0	5.202 9	257	274	352
	1	7.387 2	27.818 6	4.888 1	82	98	183
	5	7.367 7	28.936 9	4.158 9	213	238	297

由图 6.3～6.5 可知，清洁过程中电池板发电功率下降阶段由于泡沫原因产生剧烈波

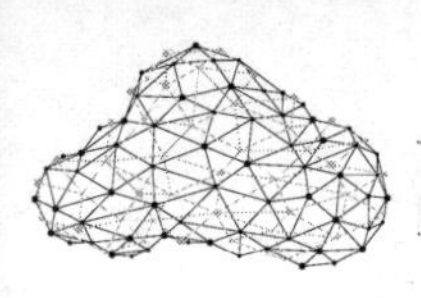

动，严重影响 t_2 时刻的选取。从清洁后稳定发电功率看，高浓度试剂较低浓度试剂清洁效果更好，浓度为5%的十二烷基苯磺酸钠比浓度为0.1%的要高出2.031 5W，浓度为5%的溴代十六烷基三甲胺比浓度为0.1%的要高出2.416 8W，浓度为5%的吐温-80 比浓度为0.1%的要高出2.015 9W。而从清洁过程中的最低发电功率 $P_{\min}$ 看，高浓度试剂也会导致最低发电功率点的下降，浓度为5%的十二烷基苯磺酸钠比浓度为0.1%的要低0.341 3W，相对降低约9.74%；浓度为5%的溴代十六烷基三甲胺比浓度为0.1%的要低0.046 4W，相对降低约1.53%；浓度为5%的吐温-80 比浓度为0.1%的要低1.044 0W，相对降低约20.06%。造成最低发电功率点下降的原因，主要在于高浓度试剂在清洁开始阶段产生较多泡沫，起到更大的阻挡太阳光的作用，短时间内使组件发电功率下降。

按照式（6.7）定义的下降时间 Δt_1、上升时间 Δt_2、回复时间 Δt、下降率 η_1、上升率 η_2 和回复率 η 等参数，其具体数值如表6.2所示。

表6.2　不同浓度下试剂清洁指标列表

试剂	浓度/%	Δt_1 / s	Δt_2 / s	Δt / s	$\Delta\eta_1$ / %	$\Delta\eta_2$ / %	$\Delta\eta$ / %
SDBS	0.1	31	98	129	10.73	30.15	384.10
	1	26	101	126	13.05	30.83	410.70
	5	27	98	125	13.71	32.58	411.10
CTAB	0.1	24	111	135	14.63	25.66	381.70
	1	30	102	132	12.35	29.36	389.30
	5	26	103	129	14.81	30.04	396.50
Polysorbate	0.1	17	90	107	43.17	24.13	265.70
	1	16	88	104	49.98	26.06	276.60
	5	25	73	98	35.65	33.94	292.80

从清洁过程中发电功率的下降率和上升率看，吐温-80 的下降率 η_1 最大，不同浓度的下降率平均约为43.00%；溴代十六烷基三甲胺次之，不同浓度的下降率平均约为14.00%；十二烷基苯磺酸钠的下降率最小，不同浓度的下降率平均约为12.50%。而十二烷基苯磺酸钠发电功率上升率 η_2 最大，不同浓度的上升率平均约为31.00%；溴代十六烷基三甲胺次之，不同浓度的上升率平均约为28.00%；吐温-80 的上升率最小，不同浓度的上升率平均约为27.00%。试剂浓度越高，发电功率的上升率和下降率越大，而回复时间 Δt 略短。

6.4.2 回复时间和回复率分析

回复时间衡量了试剂在清洁过程的快慢程度，对应到动态变化曲线中清洁前与清洁后达到稳定状态的时间差，不同浓度的 3 种试剂的回复时间对比如图 6.6（a）所示。3 种试剂中，溴代十六烷基三甲胺的回复时间最长，不同浓度的回复时间平均约为132s；十二烷基苯磺酸钠不同浓度的回复时间平均约为127s；吐温-80 的回复时间最短，不同浓度的回复时间平均约为103s。试剂浓度对回复时间影响不明显，浓度越高回复时间越短。

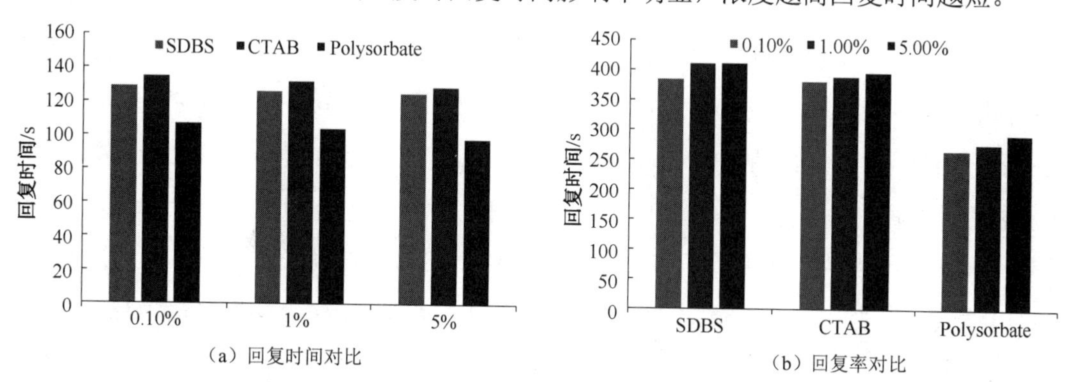

（a）回复时间对比　　（b）回复率对比

图 6.6　3 种试剂清洁的回复时间和回复率对比

回复率是衡量清洁效果最为明显的参数，体现了试剂在清洁前后的恢复程度，是选择试剂的重要参数，不同浓度的 3 种试剂的回复率对比如图 6.6（b）所示。同种浓度下，3 种试剂的回复率由大到小依次为十二烷基苯磺酸钠（平均约为400%，浓度为5%的试剂清洁后发电功率为35.086 8W）、溴代六烷基三甲胺（平均约为385%，浓度为5%的试剂清洁后发电功率为35.929 5W）、吐温-80（平均约为277%，浓度为5%的试剂清洁后发电功率为28.936 9W）。试剂浓度越高，其黏附耦合作用越好，因此发电功率的回复率均随浓度升高而升高，但浓度升高对发电功率提高并不明显。

综合全部参数，尽管清洁过程会引起短暂的发电功率下降，达到最低发电功率点 P_{min}，但持续时间较短（回复时间大约在100～130s），并不影响清洁效率的提升。对于实际清洁过程，回复时间 Δt 和清洁后稳定发电功率 P_2 这两个指标直接影响着清洁效果，即回复时间越短、稳定发电功率越大，清洁效果则越好。

总体来看，以十二烷基苯磺酸钠为代表的阴离子型表面活性剂对光伏表面灰尘清洁效果较好，这是因为实验中配置灰尘样本采自格尔木地区，灰尘偏碱性，而 SDBS 的 pH 值小于 7，呈酸性，可有效去除盐碱垢。但试剂清洁后在电池板表面的残留物对电池板也会产生负面影响，会降低组件的服役寿命。

6.5 试剂清洁对电池板性能的影响

Moharram 等人研究了水和表面活性剂的长期清洁效果，连续 45 天每天 10 分钟对电池板进行清洁，水射流速度为12L / min，其实验装置如图 6.7 所示[177]。实验装置安装在开罗德国大学，总功率为14kW。他们设计了 3 组对照实验，第一组为不清洁，第二组为无压水流清洁（实验日期从 2012 年 1 月 1 日至 2012 年 12 月 28 日），第三组为掺杂表面活性剂的水流清洁（实验日期从 2012 年 3 月 8 日至 2012 年 4 月 21 日）。实验中以质量配比 1:1 阴阳离子混合试剂，浓度为1g / L 的水溶液。实验中使用的多晶硅光伏组件参数为：电池板尺寸为125×125mm，组件尺寸为1 593×790×50mm，发电功率为185W，开路电压为44.8V，短路电流为5.5A，发电效率为14.7%。实验结果表明，阴阳离子混合试剂起初的发电效率为12%，比水清洁发电效率低约3%。水清洁过程中，电池板表面平均温度为31℃（冬季时间）；试剂清洁过程中，电池板表面平均温度为37℃（春季时间）。

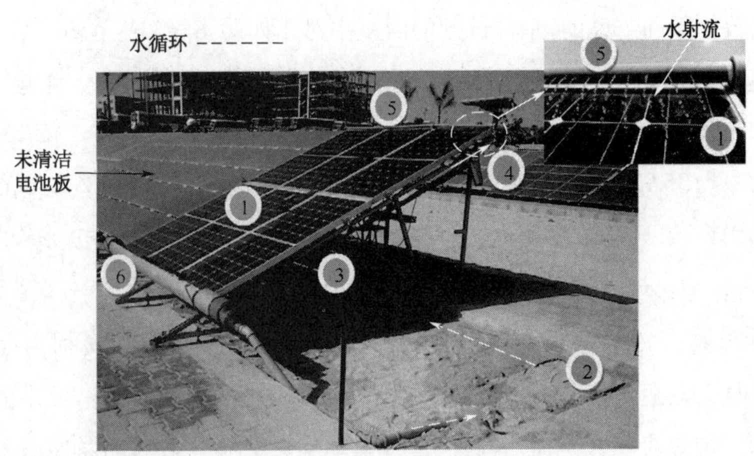

说明：①为电池板；②为水箱；③为水泵；④为过滤器；⑤为喷嘴；⑥为排污管。

图 6.7　清洁实验装置

该实验周期为 45 天，从试剂清洁对电池板性能的长期影响看，阴阳离子混合试剂清洁后，电池板发电效率基本维持一致，约为12%，而水清洁后其发电效率成线性下降13%/天，45 天后发电效率下降到约9%。45 天后 3 组实验电池板的清洁效果如图 6.8 所示。

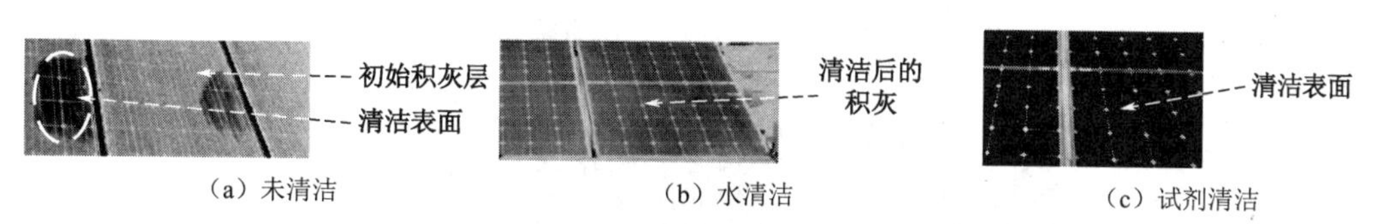

（a）未清洁　（b）水清洁　（c）试剂清洁

图 6.8　清洁 45 天后电池板表面覆灰对比

从图 6.8 可见，未清洁电池板表面覆盖一层较厚的灰尘，水清洁电池板表面积灰则较未清洁的要少很多，而试剂清洁电池板表面灰尘则可忽略。Moharram 等人分析阴阳离子混合试剂取得良好清洁效果的原因是阳离子去除灰尘颗粒中的负电荷部分，而阴离子去除灰尘颗粒中的正电荷部分，因此能将灰尘综合性去除，并保持平稳的发电效率[177]。但试剂（以及试剂残留）的长期作用对电池板也会造成负面影响。

一般光伏场站清洁都是有清洁周期的，而不是采用连续水流冲洗的方法，一方面这种清洁方法会造成水资源的大量消耗，另一方面也难以在电站大面积安装喷嘴。从国内外文献看，研究积灰和清洁方法对光伏组件发电效率影响的论文较多，基本结论就是清洁能够明显提高光伏组件发电效率。但由于阴阳离子都具有一定的腐蚀性，对组件表面玻璃会产生影响，长期腐蚀是否影响组件表面透光效果、是否导致组件内部太阳能电池材料衰减等方面的研究还鲜有报道。

6.6　试剂残留与清洁方案

6.6.1　试剂残留影响

第 3 章中提及采用格尔木地下水进行冲洗光伏组件，其残留物主要为碳酸盐、硅酸盐和硫酸盐等成分。采用表面活性剂清洁后，组件表面也会留下试剂泡沫干瘪后的残留物质，如图 6.9 所示。残留物主要为白色条状物或不规则的白色物体，这是试剂泡沫干瘪后

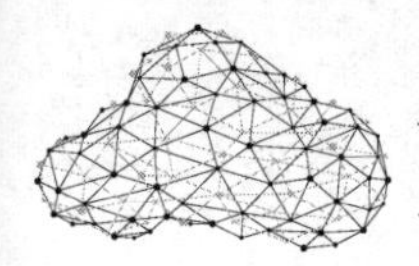

的残余物。清洁过程中，少量难清洁灰尘依然黏附在玻璃表面，加上试剂残留，长期堆积在组件表面对其寿命必然有影响。在自然环境中，灰尘及灰尘清洁后的残留物在一定温度和湿度条件下将加速光伏组件的电势诱导衰减率，加速太阳能电池的衰减，降低组件服役寿命。尽管没有直接的证据能够证明试剂残留对光伏组件的影响，但间接研究污染物对玻璃表面电阻和电势诱导衰减率也能够解释试剂残留的腐蚀作用。

图 6.9　清洁后电池板表面残留

Hacke 等人研究了道路灰尘（arizona road dust）、土壤（soot）和海盐（sea salt）3 种物质对光伏组件泄漏电流（leakage current）、薄片电阻（sheet resisitance）和电势诱导衰减率（rate of PID）等参数的影响[181]。实验结果表明，随着相对湿度增加，土壤和海盐导致薄片电阻系统性下降。其中，在温度为 60℃时，土壤导致玻璃表面薄片电阻从 $2.8\times10^{10}\Omega/\square$（相对湿度为 40%）下降到 $3.0\times10^{9}\Omega/\square$（相对湿度为 95%）；而海盐则导致玻璃表面薄片电阻从 $9.0\times10^{10}\Omega/\square$（相对湿度为 40%）下降到 $3.0\times10^{7}\Omega/\square$（相对湿度为 95%），下降幅度达到 3.5 个数量级[181]。海盐在相对湿度为 85% 和 95%，覆盖海盐光伏组件的泄漏电流呈现明显上升，且是关于时间的函数。当相对湿度为 85% 时，其泄漏电流在 10 小时内，从 4μA 提高到 10μA；当相对湿度为 95% 时，其泄漏电流在 15 小时内，从 13μA 提高到约 60μA[181]。海盐对光伏组件峰值功率的电势诱导衰减率的影响是关于相对湿度的函数，随着相对湿度增大而提高；由于 PN 结衰减引起电池组件变暗[181]。由此可见，相对湿度较高时盐分对光伏组件有较强的侵蚀作用。3.4.4 小节中高海拔地区光伏组件表面残留的灰尘主要成分是硅酸盐、碳酸盐和硫酸盐，清洁过后混合表面活性剂，在雨水（或清洁过程中残留的水分）的影响下，直接导致组件表面玻璃平面电阻降低，电势诱导衰减率提高，降低光伏组件服役寿命。

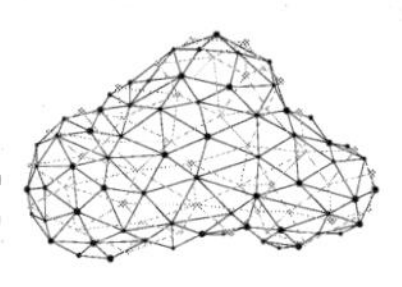

6.6.2 清洁方案

无论采用第 2 章中讲述的何种清洁工具，尤其是当前应用最广的工程车辆高压射流方式，必然要使用大量的水。从本章实验和 Moharram 等人的研究结果都可以看出，配置一定浓度的表面活性剂一定能够提高清洁效率，改善组件表面透光率。尽管表面活性剂能够较好地清洁组件表面灰尘，但其对组件电势诱导衰减的影响并不明确。当然，从 Hacke 等人的研究结果看，清洁工作本身就是直接提高组件表面的相对湿度，对于高海拔地区碱性灰尘而言，必然会提高电势诱导衰减率，甚至导致局部故障现象，降低组件发电寿命。采用试剂清洁，则更增加了灰尘对组件电池影响的不确定性，因此清洁过程中要谨慎选择试剂。

光伏组件性能很大程度上依赖于环境和气候因素，尤其与太阳光辐照量、环境温度、相对湿度等密切相关。由前文分析可见，相对湿度对组件电势诱导衰减影响很大。对于处于高海拔荒漠的格尔木地区而言，光伏电站内空气相对湿度日均最高和最低值分别为 35.85% 和 16.77%，电站外空气相对湿度日均最高和最低值分别为 36.55% 和 16.84%，站内外日均空气相对湿度分别为 26.65% 和 26.76%[53]。从 Hacke 等人的研究结果看，灰尘、无机盐、表面活性剂残留等能够影响到电势诱导衰减的相对湿度范围一般要高于 40%[181]，因此，格尔木地区在环境相对湿度下灰尘、试剂残留对组件衰减影响有限。清洁的目的是提高组件发电效率，但当前所采用的水或活性剂水溶液在很大程度上短时间内提高了组件表面的相对湿度，加速了灰尘和试剂残留对玻璃、背板及 EVA 黏合剂的侵蚀和老化。因此，如何平衡清洁效果和清洁带来的负面影响是清洁时需要考虑的问题。换言之，清洁需要有度，要选择合适的时间和合适的试剂。

综合考虑高原荒漠气候条件、试剂性质对组件寿命影响等条件，结合前面试剂实验分析，可以给出格尔木地区的清洁方案。1—5 月，该地区光照充足，风沙量多，且降雨量少，建议选用类似于吐温-80 的非离子表面活性剂来清洁电池板上的灰尘。6—9 月，该地区光照强烈，风沙量少，且降雨量较为丰富，建议选用类似于十二烷基苯磺酸钠的阴离子型表面活性剂来清洁电池板上的灰尘。10—12 月，该地区光照充足，风沙量适中，且降

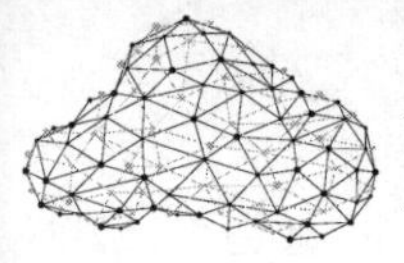

雨量少，建议选用类似于十二烷基苯磺酸钠的阴离子型表面活性剂来清洁电池板上的灰尘[180]。同时，清洁次数尽可能减少，避免水分作用下灰尘和试剂残留带来的负面影响。

6.7 本章小结

本章从清洁剂的清洁作用入手，分析了试剂与灰尘颗粒之间的化学作用。表面活性剂吸附在灰尘颗粒表面，可降低固—液界面张力，增加了分散体系的热力学稳定性，降低灰尘颗粒聚集，从而起到清洁作用。

在分析试剂作用的基础上，采用实验方法分析试剂清洁电池板过程，并提出了光伏组件发电功率在清洁过程中的动态模型，定义了下降时间、上升时间、回复时间、上升率、下降率和回复率共 6 个评价参数。通过0.1%、1.0%和5.0%等不同浓度下的十二烷基苯磺酸钠、溴代十六烷基三甲胺和吐温-80 三种试剂清洁实验，验证了清洁动态过程中清洁前稳定区、清洁中下降区、清洁中上升区和清洁后稳定区 4 个阶段。结果表明，以十二烷基苯磺酸钠为代表的阴离子型表面活性剂对电池板表面灰尘的清洁效果较好，这是因为实验中配置灰尘样本采自格尔木地区，灰尘偏碱性，而十二烷基苯磺酸钠的 pH 值小于 7，呈酸性，可有效去除盐碱垢。最后，分析了灰尘和试剂残留可能对光伏组件服役寿命的负面影响。在此基础上，结合高海拔荒漠地区环境和气候条件，给出了光伏组件清洁的建议方案。

如前所述，高海拔荒漠地区降雨量较小，使用试剂溶液一定程度上可以提高清洁效率，但也浪费了宝贵的水资源。同时，呈酸性或碱性的试剂对沙漠环境也会产生一定的影响。因此，从生态角度看，光伏组件清洁需谨慎选择试剂，以防对环境造成负面影响。

第7章

清洁与光伏组件寿命

光伏组件长期可靠性运行是光伏电站成功商业化的关键[182]，评价其可靠性的重要参数就是发电功率衰减程度。光伏场站多运行在沙漠、戈壁、海面等土地资源经济、阳光照射较好的地方，但长期风沙扬尘、日光曝晒或盐碱侵蚀等恶劣的自然条件对光伏组件的损伤也很大，发电功率衰减程度较标准环境中要更大[182,183]。业界一般定义光伏组件发电功率衰减到初始功率的80%所对应的时间点是光伏组件的寿命[184]。制造商承诺光伏组件在标准测试条件下（室内标准温度 $T_{\rm STC}=25℃$，辐照度为 $1000{\rm W/m^2}$，大气质量为AM1.5）运行 25 年衰减不高于20%，甚至可以保证前十年每年衰减不超过1%，然而光伏组件生命周期内的实际性能是不确定的，也是难以预测的[185]。

光伏组件的衰减是与故障相关的。上述标准状况下，光伏组件发电性能随着时间呈下降趋势，纯粹是由光电材料性能决定的。但在实际运行发电过程中，由于光照、温度差、风沙等条件，甚至是安装和维护不规范或其他干扰条件，都会引起光伏组件故障，进而导致发电效率衰减，减少组件运行寿命。

清洁是光伏组件运行过程中重要的维护环节，也是外在干预组件运行的一个重要因素。清洁组件可降低灰尘遮挡（甚至是灰尘导致故障）引起的发电效率下降，但清洁设备、清洁试剂、清洁人员等对光伏组件也会产生严重影响。本章讨论正常情况下（除了如车辆碰撞导致碎裂等意外因素）清洁可能带来的组件衰减和故障，进而影响到光伏组件运行寿命的情况。

7.1 中国光伏组件报废预测

随着光伏产业的壮大，光伏废弃产物已经引起政府和产业界的关注。目前商用化的光伏组件主要包括单晶硅（mono-crystalline Silicon, c-Si）、多晶硅（poly-crystalline Silicon, p-Si）、非晶硅（amorphous Silicon, a-Si）、铜铟镓硒（Copper Indium Gallium Selenide, CIGS）、碲化镉（Cadmium Telluride, CdTe）等。其中，国内市场上c-Si和p-Si晶硅组件占比达96.5%、薄膜组件占比为3.5%，CdTe 占比为2.4%、CIGS 占比为1%、a-Si 占比为0.1%[186]。光伏组件废弃物中含有硅（Si）、银（Ag）、铜（Cu）、铝（Al）、铟（In）、镓（Ga）等有价值金属及可回收玻璃，也含有铅（Pb）、碲（Te）、镉（Cd）等有害金属[187]，组成材料质量情况如所表 7.1 所示。若回收不及时、不合理，将导致资源浪费和环境污染，尤其对脆弱的荒漠环境。2012 年欧盟颁布的 WEEE（Waste Electrical and Electronic Equipment，废弃电子电气设备）将光伏组件纳入指令中，要求 2019 年以前使用的光伏组件实现85%以上的集中回收，材料循环使用率要高于80%[188]。可利用表 7.1 来估算组成材料的废弃质量m_{recycle}，如式（7.1）。

$$m_{\text{recycle}} = G_{\text{total}} \cdot \frac{m_{\text{ratio}} \cdot Q_{\text{market}}}{W_{\text{standard}}} \tag{7.1}$$

式中，G_{total}为装机容量；m_{ratio}为表 7.1 中组成材料质量；Q_{market}为组件市场份额；W_{standard}为组件的额定功率。

表 7.1　光伏组件组分质量情况　　单位：kg/m²

类型	玻璃	EVA	Al	Si	Mg	Cu	Fe	Cd	Te
c-Si	10.1	1	2.54	0.122	0.080 2	0.113	1.47	0	0
a-Si	0.035 8	1.24	3.24	0.000 2	0.102	0.07	3.1	0.000 4	0.000 5
CdTe	15.2	0.6	0.015	0.05	0	0.5	0.2	0.02	0.02
CIGS	15	0.9	1.51	0	0.047	0.05	0	0.03	0

中国光伏产业起步较晚，2009 年启动了“金太阳工程”和“光电建筑应用示范”将光伏推向市场化，但由于早期缺乏政策监管，产品质量参差不齐，加之安装和运维不规范，组件寿命比预期 25 年要短，标准检测条件下约为 20.84 年[189]，对于高海拔的严酷环

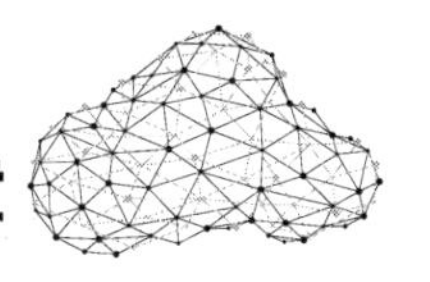

境其失效时间则更短。2013 年发布了《关于促进光伏产业健康发展的若干意见》，光伏产业进入规模化稳定发展阶段，统一规定了光伏电池转换效率，产品质量得到保证，能够满足 25～30 年的预期寿命。张钦等人对 2013 年之后组件寿命进行了预测，在常规退化①下，电站在第 6 年开始失效，31.29% 的组件在运行 25 年后失效，99.09% 的组件在 40 年后失效。早期退化②下，46.99% 的组件在运行 25 年后失效，87.11% 的组件在 40 年后失效[186]。

张钦等人利用市场供给 A 模型得到 2020—2050 年光伏组件的报废量，预测 2025 年后组件将出现大批失效，2050 年的组件年报废量最高可达到 60.22GW，其详细数据如表 7.2 所示[186]。其中，P^{acc} 表示累计报废量，P^{year} 表示年报废量，P_{min} 表示预测最小值，P_{max} 表示预测最大值。到 2050 年，中国光伏组件累计报废量最高可达 672.98GW，数量巨大，对荒漠地区的环境破坏影响也很大。

表 7.2　中国光伏组件报废量预测　　单位：GW

年份	2020	2025	2030	2035	2040	2045	2050
P_{min}^{acc}	0.12	1.51	8.80	30.66	84.22	209.01	435.81
P_{max}^{acc}	1.90	12.60	44.28	110.93	227.33	409.08	672.98
P_{min}^{year}	0.06	0.536	2.31	6.08	14.91	32.66	53.69
P_{max}^{year}	0.75	3.39	8.67	16.83	28	42.36	60.22

将材料组分质量表 7.1 代入式（7.1），可得到 2020 年组件材料的年报废量总量高达 71 846.3t，到 2050 年组件材料年报废量将扩大 80 倍，达到 5 789 268.6t，累计报废量达 64 623 193.6t[186]。光伏组件废弃物的主要成分是玻璃，占比为 66.8%，EVA、Si、Mg、Al、Cu、Fe 等分别占比 6.3%、0.8%、0.5%、15.7%、0.8% 和 9.0%，稀有金属 Te、Cd、Ga、In 等主要用于薄膜组件，报废量较小，有害金属 Pb 和 Se 到 2050 年最高将产生 263.9t 和 58.5t[186]。从经济效益和环境效益讲，合理回收光伏组件废弃物都具有重要意义。

① 常规退化指初期安装合格、运维良好，组件失效为正常运营后的技术失效。

② 早期退化指初期安装不合格、运维不良等，组件从安装开始就出现失效。

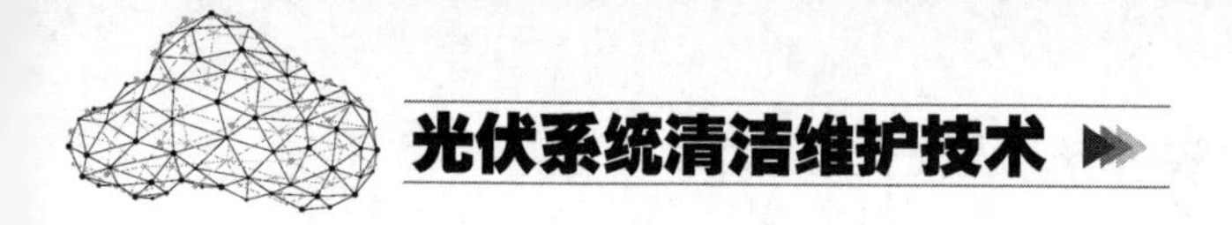

7.2 运行 20 年以上光伏组件功率衰减研究

国内光伏产业发展大致从 2007 年开始，投入使用的光伏组件运行时间大约 10 余年，绝大多数还没有进入回收期。但国外对晶硅电池组件应用和研究从 20 世纪 70 年代就开始了。Tang 等人在 2006 年就讨论了热带沙漠地区光伏组件寿命，他们利用在亚利桑那州热带沙漠环境中运行超过 27 年的 32 组光伏组件对组件衰减性能做了评估[187]。统计表明，多于 1/3 的光伏组件没有发电能力或接近无发电能力，而剩余组件的年平均功率衰减率达 1.08%[187,190]，平均功率衰减率总量达30%，也超出了组件生命周期。Polverini 等人对 Helios Technology 公司 1990 年生产的，被安装在意大利南部（45°48′N,8°37′E，气候条件为宜人的亚热带气候，全年温度在 –10℃～35℃，相对湿度小于 90%），运行约 20 年的 70 片光伏组件进行研究，其结果表明，组件性能平均功率衰减率为4.42%，绝大多数组件都有组件颜色变黄、边缘分层，或产生气泡、表面裂纹等故障[190]。日本太阳光发电协会发布了体现不同类型组件随时间推移的衰减情况。其公布的户外正常运行 20 年的情况下，单晶硅组件功率衰减率为15.8%，多晶硅组件功率衰减率为11.6%，CIGS 薄膜组件功率衰减率为18.6%①。

孙晓等人对 1982 年 Solarex 公司生产的多晶硅组件、1987 年 BP Solar 公司生产的单晶硅组件和 1996 年 Siemens 公司生产的单晶硅组件进行了性能评估[191]。Solarex 多晶硅组件 1986 年安装在海南尖峰岭，2008 年拆换下来，该批组件平均功率衰减率约为 6%，29.8% 的组件外表面玻璃（或背板）开裂、弯曲或损伤，23.2% 的组件电池有裂纹，21.4% 的组件密封材料失效，21.1% 的组件边缘损伤或分层，所有组件都出现 EVA 变黄。BP Solar 组件 1987 年开始使用，2016 年测量时平均功率衰减率约为 20%，大多数组件表面平整，EVA 与玻璃间无气泡，组件边框气泡很小或无气泡；大部分组件表面无破裂、裂纹，密封材料无失效，所有组件中心部分颜色较深。Siemens 组件于 1997 年投入使用，2016 年测量时外观完好，表面无损伤，EVA 无变色、气泡或脱落，但功率衰减率较大，约为 27.1%，最大功率衰减率为 42.2%，主要表现为短路电流减小。

① http://standard-project.net/solar/jyumyo.html

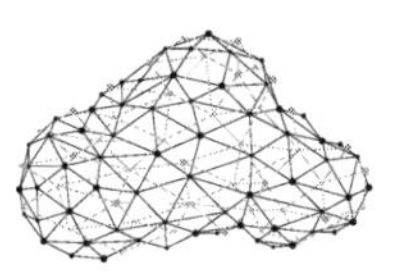

据光伏行业协会公布的数据显示，我国已建成的电站里大概有 1/3 的组件质量不合格，还有一部分组件 3 年已经衰减了 25 年应该衰减的指标，甚至个别电站建成当年功率衰减率就高达30%之多。新疆某 8MW 光伏电站 3 178 块光伏组件中红外成像抽检 2 856 块，其中19%存在虚焊热斑效应。甘肃某 10MW 光伏电站，抽检发现高达58%的光伏组件出现功率明显衰减①。通过实地调研青海共和地区、德令哈地区和格尔木地区的在役光伏组件，绝大部分晶硅组件运行前三年呈线性衰减，累计衰减率约为3%～6%，进入第四年呈阶梯性下降，可达5%～10%，薄膜组件衰减更大，运行三年功率衰减率可达20%，甚至更高。早期电站安装不规范、组件生产不合格以及高海拔的环境影响等多重因素叠加导致组件的高衰减率。汇流箱烧结、表面裂纹、背板碎裂、密封胶老化与脱层、电池隐裂、焊带脱离及机械损伤等现象在电站内随处可见。

7.3　光伏组件故障类型

在自然环境交变温度（尤其是高海拔地区，昼夜温差大）、湿度、辐照度、机械应力（不规范安装造成组件内部应力）及灰尘的影响下，光伏组件会出现电池板老化、裂纹、热斑等故障，光伏阵列会出现电池板失配和接线盒老化等现象，逆变器中电子元器件会出现老化、电缆破裂、触点松动等问题[192～194]，如图 7.1 所示。精确分析光伏组件故障的机理可有效防止故障产生和预测组件寿命。

（a）表面裂纹

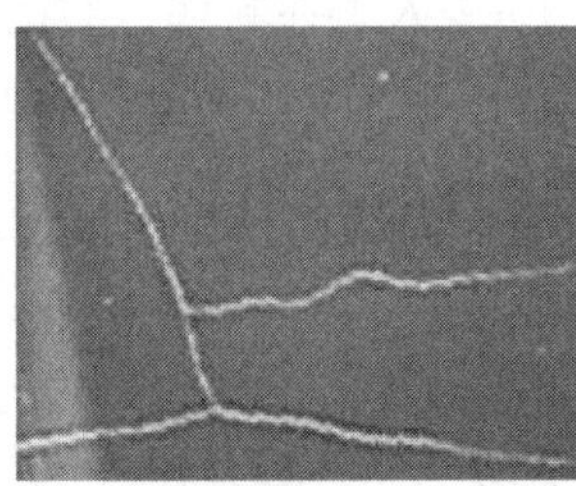

（b）接线盒变黄

（c）接线盒脱落

图 7.1　光伏组件故障示例

影响光伏组件长期稳定性的因素有分层（delamination）、焊点气泡（bubbling at solder

① 资料来源：http://guangfu.bjx.com.cn/news/20170315/814270.shtml

spots）、焊缝老化（degradation of solder-joint）、热斑（hot spot）、封装材料变色（Browning of encapsulant）和电池老化（cell degradation）等[195]。从对组件性能和故障诱因来分类，可以大致分为封装材料老化、黏性力减弱、潮湿侵入引起老化、半导体老化四大类因素[195]。场站运行过程中，封装材料老化（degradation of packing material）包括玻璃碎裂、旁路二极管失效、密封剂变色、背板裂纹和分层等，如图 7.2 所示。

（a）玻璃碎裂

（b）旁路二极管失效

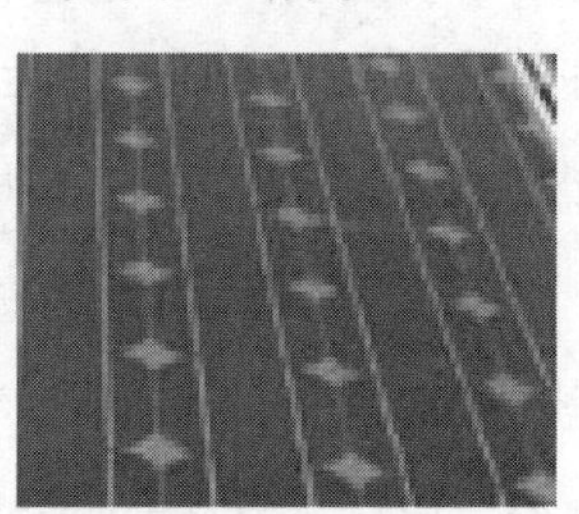
（c）密封剂变色

图 7.2 封装材料老化示例

封装材料老化会引起泄漏电流，甚至因封装缺陷绝缘性能变差而导致电击着火，如图 7.3（a）所示。组件中的太阳能电池在密封剂保护下而不受外界环境损伤。EVA 是最常用的密封剂，黏结玻璃和背板。EVA 密封剂失效后导致玻璃、背板与太阳能电池剥离，导致分层，如图 7.3（b）和（c）所示，进而影响阳光不能到达太阳能电池而引起性能衰减。EVA 密封剂失效后也会导致电池热量不均匀，引起局部温度升高而降低光电转换效率。潮气可从组件边缘或背板进入组件内部，侵蚀电池导致泄漏电流提高。在清洁维护过程中，在高压射流作用下，水汽更容易进入组件内部，对密封剂、太阳能电池进行侵蚀，加速组件老化。Marc 等人对各种组件的失效形式进行了调查研究，结果表明，电池裂纹、电势诱导衰减、旁路二极管失效和密封剂变色是最主要的 4 种失效类型[196]。

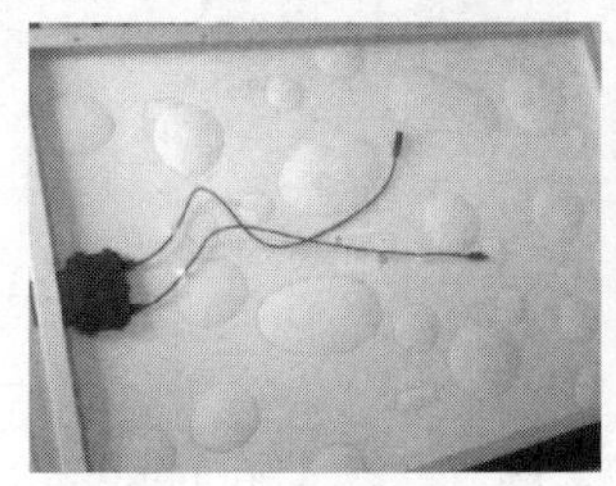
（a）电击着火

（b）背板气泡分层

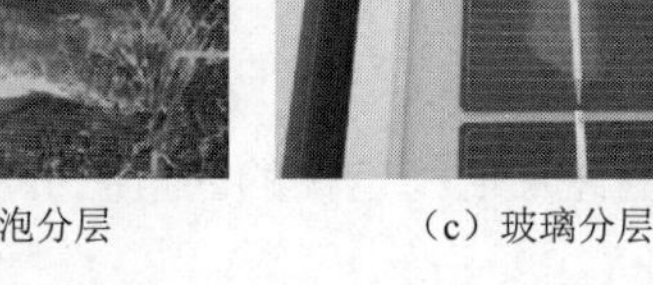
（c）玻璃分层

图 7.3 电击与分层示例

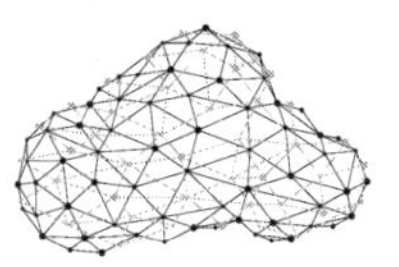

7.4 光伏组件性能衰减成因

影响光伏组件性能衰减的因素众多，总体来看可以分为内因和外因两部分。内因包括光伏组件结构、组件材料与制造技术等，内因是光伏组件性能衰减的根本原因。外因包括环境因素，如温度、湿度、灰尘、降雪、霜冻、风暴、紫外线辐射、机械载荷等[197]，外因是光伏组件性能衰减的直接原因。从衰减成因看，主要包括 3 种：封装材料老化衰减（Encapsulant Material Degradation, EMD）、电池光致衰减（Light Induced Degradation, LID）和电势诱导衰减[198,199]。

7.4.1 封装材料老化衰减

光伏组件封装材料主要包括乙烯—乙烯醋酸共聚物（Ethylene Vinyl Acetate copolymer, EVA）、离子型聚合物、热塑性聚氨酯（Thermoplastic PolyUrethane, TPU）、热塑性聚烯烃（Thermoplastic PolyOlefin, TPO）、聚乙烯醇缩丁醛（PolyVinyl Butyral, PVB）、聚二甲基硅氧烷（PolyDiMethyl Siloxane, PDMS）[198,200]。其中，EVA 具有低成本、低吸水性和防水蒸气特性，成为晶硅和薄膜太阳能电池组件常用的封装材料，其分子结构如图 7.4 所示。

$$\left[-\mathrm{CH_2}-\mathrm{CH_2}-\right]_m\left[-\mathrm{CH_2}-\mathrm{CH}(\mathrm{O}-\mathrm{C}(=\mathrm{O})-\mathrm{CH_3})-\right]_n$$

图 7.4 EVA 分子结构

EVA 具有绝缘性好、体积电阻率高（$0.2\times10^{16}\sim1.4\times10^{16}\,\Omega\cdot\mathrm{cm}$）、低温韧性好、抗紫外线、抗水吸收、透光率高（约为91%）和黏性力强等优点[201,202]。但 EVA 含有大量的 CH_3-COOH 基团，很容易发生老化降解，软化点只有 40℃，因此要加入交联剂提高 EVA 封胶的抗高温蠕变性[203]。在高温和强紫外线照射条件下，在 Norrish 老化机理作用下会发生光热降解[204,205]，如图 7.5 所示。

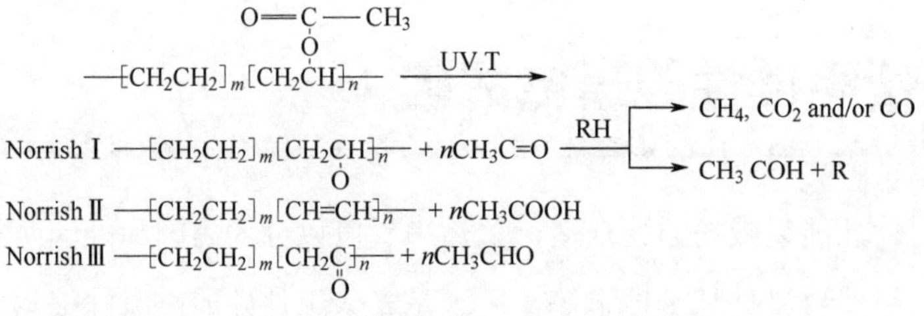

$$-[CH_2CH_2]_m[CH_2\underset{\underset{O=C-CH_3}{|}}{\overset{}{C}H}]_n- \xrightarrow{UV.T}$$

$$\text{Norrish I}\ -[CH_2CH_2]_m[CH_2\underset{O}{\dot{C}}H]_n- + nCH_3C{=}O \xrightarrow{RH} \begin{cases} CH_4,\ CO_2 \text{ and/or } CO \\ CH_3\,COH + R \end{cases}$$

$$\text{Norrish II}\ -[CH_2CH_2]_m[CH{=}CH]_n- + nCH_3COOH$$

$$\text{Norrish III}\ -[CH_2CH_2]_m[CH_2\underset{O}{\overset{}{C}}]_n- + nCH_3CHO$$

图 7.5　EVA 光热老化反应机理

EVA 在紫外线和高温条件下的主反应是 Norrish Ⅱ，会产生醋酸和多烯，或者是 Norrish Ⅰ，会产生乙醛、甲烷、醋酸和不饱和基等[206]。其中聚乙烯分子中的共轭双键是生色基团，封胶内添加剂与不饱和基反应也会形成生色基团，导致 EVA 变黄，颜色加深[201,207]。EVA 老化后出现变色、黏性力减弱和乙酸腐蚀等现象，导致玻璃、背板与电池剥离而分层，同时潮气和空气也易于进入空隙而产生气泡，严重降低组件的服役寿命。

7.4.2　电池光致衰减

1973 年，Fischer 和 Pschunder 最早发现了掺硼直拉晶硅（CZochralski-grown Silicon, CZ-Si）的光致衰减现象。通过观测输出功率 P_m、短路电流 I_{SC} 和开路电压 V_{OC} 等参数，在短暂光照后组件性能下降，但经过低温退火处理可以回复[208]。

光致衰减主要发生在组件发电的最初几天，其主要原因可能是由于 P 型（掺硼）晶体硅片在光照作用下产生硼氧复合体，降低了少数载流子寿命，即硼—氧光致衰减（Boron-Oxygen LID, BO-LID），其机理如图 7.6 所示[198]。

$$\underset{\text{(少子寿命高)}}{B_s+2O_i} \underset{\text{退火处理}}{\overset{\text{光照或电流注入}}{\rightleftharpoons}} \underset{\text{(少子寿命低)}}{B_sO_{2i}}$$

图 7.6　掺硼直拉晶硅光致衰减机理

含有硼和氧的硅基电池经光照后，其少数载流子寿命会出现不同程度的衰减；硼、氧含量越大，在光照或电流注入条件下，在其体内产生的硼氧复合体越多，其少数载流子寿命降低的幅度就越大[209]。除掺硼直拉晶硅组件外，掺铝、掺铟组件也存在类似的铝—氧和铟—氧光致衰减[210]。

铜污染也可导致掺磷和掺镓直拉晶硅的光致衰减，称为铜相关光致衰减（Cu related

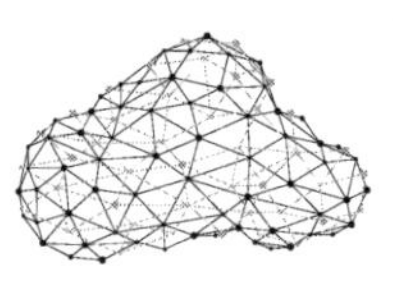

LID, Cu-LID）[210]。Savin 等人研究了 P 型晶体硅中铜含量与少数载流子寿命之间的关系，对比了 $3\times10^{13}\text{cm}^{-3}$、$8\times10^{13}\text{cm}^{-3}$ 和 $1.2\times10^{14}\text{cm}^{-3}$ 三种浓度下在光照密度为 $0.2\text{W}/\text{cm}^2$ 条件下少数载流子寿命与光照时间的关系，如图 7.7 所示[211]。由图 7.7 可知，少数载流子寿命在铜污染区呈现明显的下降。Lindroos 等人详细对比了不同铜含量对掺硼和掺镓直拉晶硅的寿命，结果表明，掺镓直拉晶硅光致衰减所需的铜含量比掺硼直拉晶硅要高，光照时间要长[212]。Cu-LID 衰减率随着温度、光照强度、铜含量、体微缺陷（Bulk Micro-Defect, BMD）密度的升高而提高[210]。

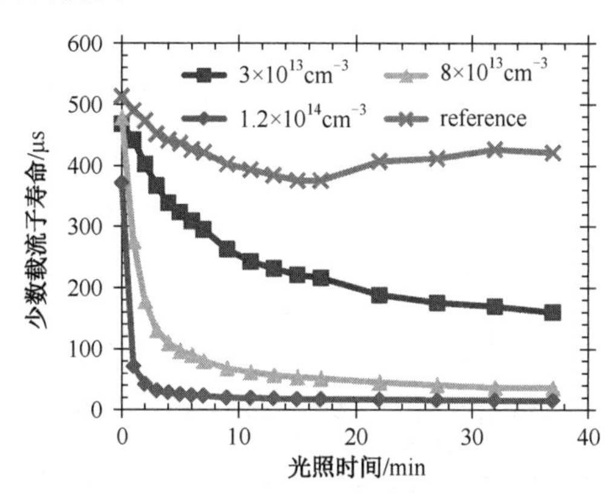

图 7.7　铜含量与少数载流子寿命关系图

尽管 BO-LID 和 Cu-LID 是两种不同的衰减模式，但它们可同时发生在太阳能级硅材料。如何在单块电池上区分两种衰减模式依然是难题。两种模式都能导致寿命指数衰减，并在 200℃时退火回复。太阳能电池光致衰减主要发生在早期，因此可使光致衰减发生在组件制造之前，既可减小光致衰减对组件的影响，也可减少组件出现热斑的概率[209]。

7.4.3　电势诱导衰减

光伏组件通常采用串联构成阵列，组件框架接地以保证安全。由于光伏系统所采用的逆变器不同，太阳能电池和组件框架可能产生较大的电势差。这个电势差引起从组件框架流向太阳能电池的泄漏电流（或者反之），从而导致电势诱导衰减（Potential Induced Degradation，PID）[213]。晶硅和非晶薄膜光伏组件的 PID 最早是在 1985 年由喷气推进实验室（Jet Propulsion Laboratory, JPL）报道的，后来在 SunPower 户外测试 n 型晶硅（N-

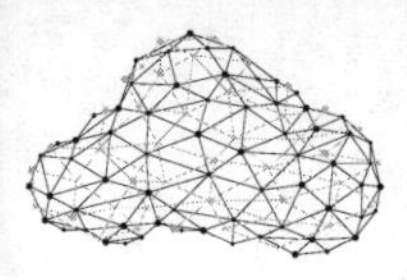

type c-Si）组件时也发现了 PID 现象[213]。

对于标准的 P 型晶硅（P-type c-Si）组件，电势诱导衰减形式是旁路电势诱导衰减（PID-shunting, PID-s），与旁路电阻 R_{sh} 降低及暗饱和电流提高关联性很大[213]。从组件框架到 P 型晶硅电池的泄漏电流路径有 6 条，如图 7.8 所示。其中，组件框架（frame），接地；P 型晶硅电池为负极（negative voltage）。路径 1 沿着玻璃罩表面，穿过玻璃罩（cover glass）和密封体（encapsulant），到达 P 型晶硅电池（P-type c-Si cell）；路径 2 穿过侧面玻璃罩和密封体，到达 P 型晶硅电池；路径 3 沿着玻璃罩与密封体接触面，穿过密封体，到达 P 型晶硅电池；路径 4 穿过密封体直接到达 P 型晶硅电池；路径 5 沿着背板（backsheet）与密封体接触面，穿过密封体，到达 P 型晶硅电池；路径 6 沿着背板表面，穿过背板和密封体，到达 P 型晶硅电池。

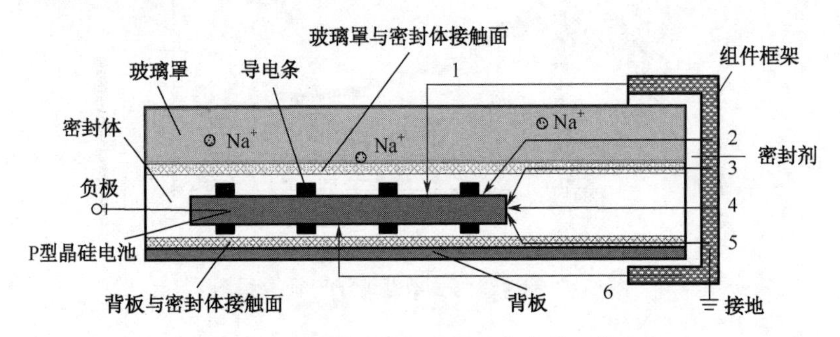

图 7.8　P 型标准晶硅组件泄漏电流的 6 条路径

在负偏条件下，Na^+ 离子穿过 SiN_x 减反射层（AntiReflective coating, AR coating）漂移进入 Si 和减反射层的接触面内，再穿过 n^+-p 结进入晶体缺陷，从而导致典型的 PID-s。Na^+ 离子污染机理是很清晰的，钙钠玻璃含有 13%～14% 的 Na_2O，在体积电阻率在 10^{10}～$10^{11}\Omega\cdot cm$ 和温度 25℃ 条件下易发生 Na^+ 离子迁移[213]。泄漏电流受到环境条件（如湿度、温度）、材料属性（封胶材料、背板材料和玻璃材料等）等因素影响，从而引起 PID；日光辐照度越低，PID-s 引起的效率损失越严重[213,215]。

N 型晶硅组件是由于表面极化效应引起的 PID，其表面由二氧化硅（SiO_2）和氮化硅（SiN_x）减反射层覆盖。N 型晶硅电池受到高正电位作用，电流从 N 型晶硅电池穿过 EVA 和玻璃罩到达接地框架，从而导致减反射层表面积累大量负电荷，如图 7.9 所示。由于 SiO_2 和 SiN_x 减反射膜的高电阻率，负电荷被困在 SiN_x 减反射层内，从而导致光生正电

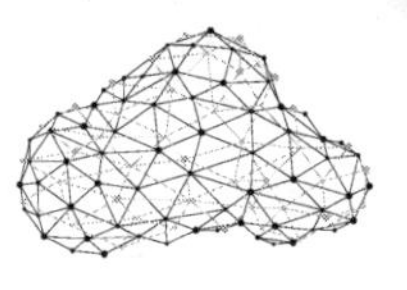

荷被吸引而导致 PN 结电流和电压下降。但表面极化模型不能完全解释 N 型晶硅光伏组件的 PID 效应[213]。

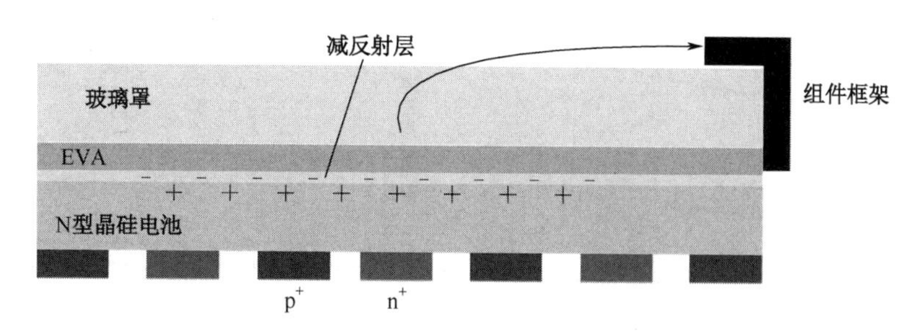

图 7.9 N 型晶硅组件表面极化效应

从上述分析中可知，PID 受环境因素和组件本身材料特性的影响，尤其是影响金属离子漂移的温度、湿度条件，以及绝缘材料的绝缘性能。Hoffmann 等人研究了环境湿度和温度对晶硅组件 PID 的影响，利用 Arrhenius 定律建立了泄漏电流 I_{leakage} 与偏置电压 U、环境温度 T_{ambient} 和相对湿度 R_{H} 之间关系的通用模型，如式（7.2）。

$$I_{\text{leakage}} = I_{\max} \cdot \frac{1}{1 + \dfrac{I_{\max}/c - 1}{\exp\left[I_{\max}\left(R_{\text{H}} - a\right) \cdot b\right]}} \tag{7.2}$$

式中，$I_{\max}$ 为相对湿度为100%时的最大泄漏电流值，可表示为式（7.3）。

$$I_{\max} = \frac{U}{R_a^{T_{\text{ref}}}} \cdot A \cdot \exp\left[-\frac{E_a}{k_{\text{b}}} \cdot \left(\frac{1}{T_{\text{ambient}}} - \frac{1}{T_{\text{ref}}}\right)\right] \tag{7.3}$$

式中，T_{ref} 为参考温度，取 $T_{\text{ref}} = 85℃ = 358\text{K}$；$R_a^{T_{\text{ref}}}$ 为参考温度下光伏组件面积电阻率；A 为组件面积；k_{b} 为玻尔兹曼常数；E_a 为经验活化能，取 E_a 为 75kJ/mol；a、b 和 c 为拟合常数，其参考值 $a = 0.3$，$b = 1.5\mu\text{A}^{-1}$ 和 $c = 0.3\mu\text{A}$ [215,216]。

Jonai 等人对晶硅组件的泄漏电流进行测试，研究了泄漏电流与 EVA 交联性能之间的关系，如图 7.10（a）所示。

由图 7.10（a）可知，泄漏电流值与 EVA 交联性能成反比，其原因是交联性能越好，到达晶硅电池的 Na^+ 离子越少，其电流也就越小。同时，采用 1、2、3 层 EVA 封装组件进行测试，其厚度越大则泄漏电流越小，如图 7.10（b）所示。其中 EVA 单层厚度为 400μm，均采用交联度 71% 的 EVA 封装组件[217]。因此，光伏组件的制造质量对防止 PID 也至关重要。

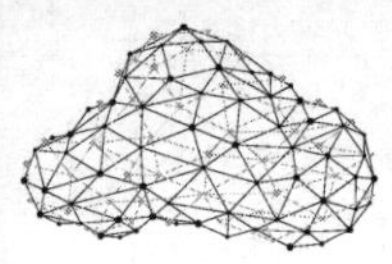

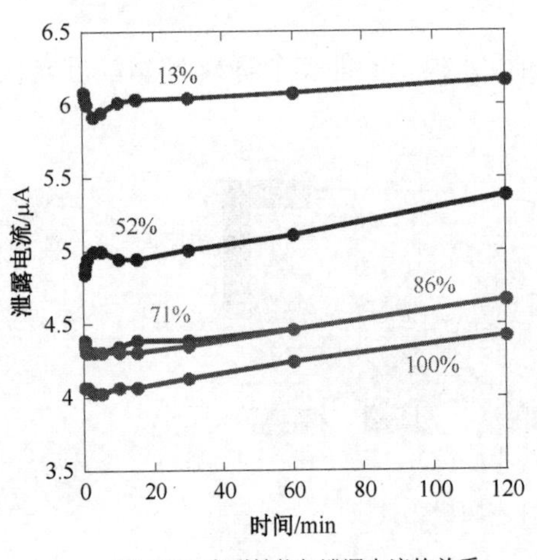

（a）EVA 交联性能与泄漏电流的关系

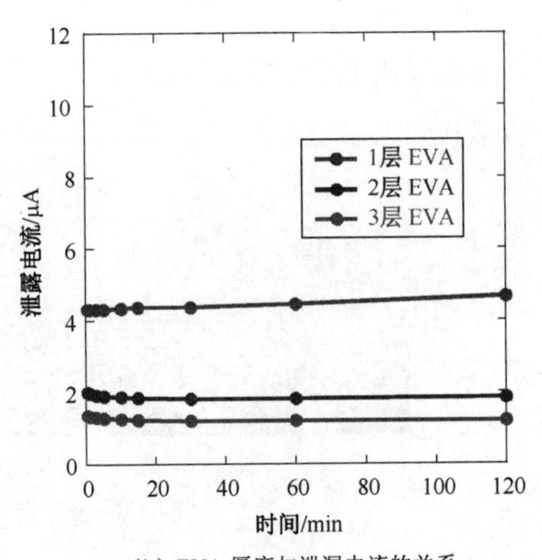

（b）EVA 厚度与泄漏电流的关系

说明：泄漏电流测试条件为：电压-500V，测试箱温度 85℃，湿度不可控，加压 2 小时。

图 7.10　EVA 性能与 PID 之间的关系

光伏阵列中组件采用串联方式，随着光伏产业大规模化发展，为有效降低成本，串联电压进一步提高（可能达到 1 500V）则更加加剧了 PID（从式（7.2）可以直观看出）。PID 是光伏组件发电过程中的必然存在，控制好组件质量是避免 PID 的有效途径，同时环境对光伏组件材料的影响会进一步加剧 PID 现象，从而加剧光伏组件的老化。

7.5　清洁对光伏组件寿命的影响

光伏组件的老化和衰减是不可避免的，尽管其诱因主要是封装材料性能老化、光照诱导和电势诱导等，但在光伏组件的整个生命周期内，影响其寿命的因素存在于设计、制造和使用全过程中。组件设计过程中机械和电气结构、所使用的材料和器件、制造工艺等的选择，制造过程中与设计一致性、工艺、质量等的控制，组件使用过程中的环境和气候条件、组件安装工况、维护质量等都或多或少地影响着组件的使用寿命。清洁是光伏组件使用过程中最重要的维护环节，高效可靠的清洁工艺不仅可以提高组件的光电转换效率，也可以有效提高组件的使用寿命。

无论是加速试验还是现场检测都表明潮气进入会促进组件背板发生脆化和分层，加速 EVA 密封胶体老化[195,218,219]。从上面的分析可知，光伏组件衰减的原因主要是密封材料老

化、光致诱导和电势诱导引起的衰减，而 PID 很大程度上取决于光伏组件本身的质量，也与环境温度、湿度、紫外线辐射、机械载荷及风沙情况等有着密切的联系。从清洁的角度看，尤其当前采用的水流清洁，直接影响着光伏组件的温度和湿度。

王喜炜等人通过湿—冻加速试验对晶体硅组件进行加速老化，温度控制在 –40℃～85℃，相对湿度控制为85%（温度低于25℃时不控制湿度），经过 110 次加速试验后，结果表明，由于温/湿度作用导致晶体硅组件背板发生脆化、分层现象，组件内部焊带、汇流条等区域被腐蚀，同时发现串联电阻升高，填充因子略有下降[218]。大规模光伏场站多位于西部高海拔荒漠地区，自然环境温度范围大致在 –40℃～40℃，而在夏季光照好时组件表面温度可以达到100℃，全年平均相对湿度约在30%～40%，这与上述湿—冻加速试验条件类似。

湿度条件很大程度上影响着光伏组件的老化、衰减和寿命，对于干旱少雨的高海拔荒漠地区，自然条件下潮气很难进入组件内部。光伏组件用水清洁过程中，由于水中含有大量的碳酸盐、硅酸盐和硫酸盐等残留物，会对组件玻璃、铝框架甚至是 EVA 材料造成腐蚀（见 6.6.1 节）。除此而外，水流或潮气可通过铝框架进入密封胶内部，甚至是太阳能电池内部。第 3 章中提到，格尔木地区的地下水含有大量的 K^+、Na^+、Ca^{2+} 等金属离子（整个柴达木盆地的地下水中都富含金属离子），在清洁过程中也会随着水进入密封胶内，从而增大密封胶内的金属离子量，加剧 PID。当然水流冲击、毛刷对玻璃的磨损及机械撞击等更会引起光伏组件的故障，进而加剧老化和衰减，降低组件使用寿命。当然，清洁可有效减少灰尘对组件寿命的影响，提高组件发电效率，因此在有效清除灰尘的同时需要尽量降低清洁工艺对组件的负面影响。

清洁的首要目的是去除灰尘，提高光伏组件发电效率，同时要减小清洁对组件的负面影响。为尽量减小清洁维护工作对光伏组件使用寿命的影响，提高电站经济效益，清洁过程中需要遵循以下原则。

（1）清洁时间的选择。清洁时间应选择在辐照度低于 $200W/m^2$ 的情况下，因此光伏电站清洁应选择在清晨、傍晚、夜间或阴雨天进行，严禁在中午前后或阳光比较强烈的时段进行清洁工作。这是因为，一方面避免辐照度较好时组件表面温度过高，冷水激在玻璃表面易引起组件损伤；另一方面，清洁造成人为阴影在高辐照度条件下会

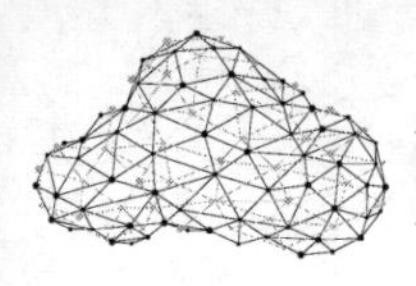

带来发电量损失。

（2）清洁液体的选择。清洁液体的成分、温度等需要合理选择。不宜使用与组件温差较大的液体清洁组件。冬季清洁应避免冲洗，以防止气温过低而结冰，造成污垢堆积，也不要在面板很热时用冷水冲洗。清洁液体不能选择腐蚀性溶剂及碱性有机溶剂，尽量采用纯净水（荒漠地区地下水都富含金属离子，离子迁移易导致 PID），以避免腐蚀光伏组件的接线盒等附属设备。

（3）清洁设备的选择。严禁使用硬质和尖锐工具擦拭光伏组件，避免划伤组件玻璃表面。禁止将水或试剂溶液喷洒到组件接线盒、电缆桥架、汇流箱等设备，避免清洁用对组件的腐蚀。清洁时清洁设备对组件的冲击压力必须控制在一定范围内，避免不当受力引起隐裂。

（4）清洁周期的选择。清洁周期应根据天气和季节进行调节。例如，大风扬沙天气过后可以进行一次清洁，春秋多风少雨季节可以增加清洁频次，雨季则可以降低清洁频次。如果条件允许，每周清洁一次将会收到很好的效果。

（5）清洁天气的选择。严禁在风力大于 4 级、大雨、雷雨或大雪等气象条件下清洁光伏组件。

7.6 本章小结

本章重点讨论了在役光伏组件老化、衰减和使用寿命等问题，分析了未来光伏电站潜在的组件报废与回收问题。从设计、制造、使用，到运维、维护、回收，光伏组件经历了完整的生命周期。

本章从运行 20 年以上光伏组件功率衰减分析入手，对组件故障类型进行了详尽的介绍，包括组件材料腐蚀、密封材料老化、铝框架与密封胶分层、潮气侵入背板产生气泡、接线盒损毁等。在此基础上，重点分析了密封材料老化、光致诱导衰减和电势诱导衰减的机理。最后分析了清洁对光伏组件的负面影响，并给出了清洁过程中需要遵循的原则。

清洁是为了去除电池板表面的灰尘，但清除灰尘却不是最终目标。最终目标是为了光伏产业的健康发展，使光伏组件能够高效、持续地发电。

参考文献

[1] 尤瓦尔·赫拉利．人类简史：从动物到上帝[M]．林俊宏，译．北京：中信出版集团，2017.

[2] ADMINSTRATION U E I. International Energy Outlook 2019 with projections to 2050[J], 2019(September).

[3] 卢强．充分利用可再生能源中国不会有能源危机[J]．中国电力，2011(9) : 1 – 3.

[4] 李安定，吕全亚．太阳能光伏发电系统工程[M]．北京：化学工业出版社，2015.

[5] 舟丹．太阳能光伏装机容量预测[J]．中外能源，2018(10).

[6] 中国可再生能源学会光伏专业委员会．晶体硅光伏组件的全寿命周期介绍(2)[J]. 2018，293(9) : 27 – 31.

[7] HOU G, SUN H, JIANG Z, et al. Life cycle assessment of grid-connected photovoltaic power generation from crystalline silicon solar modules in China[J]. Applied Energy, 2016, 164 : 882 – 890.

[8] 严大洲，宗绍兴，汤传斌，等．多晶硅生产不存在“高能耗、高排放”[J]．有色冶金节能，2010，26(6) : 19 – 22.

[9] 陈诺夫，白一鸣．聚光光伏系统[J]．物理，2007(11) : 861 – 868.

[10] 中国可再生能源学会光伏专业委员会．晶体硅光伏组件的全寿命周期介绍(1)[J]. 2018，293(8) : 20 – 22.

[11] 中国可再生能源学会光伏专业委员会．2018 年中国光伏技术发展报告(1)[J]. 2019(4) : 19 – 23.

[12] 顾学昊，鲁林峰，殷敏，等．光伏组件盖板玻璃的结构优化[J]．光学精密工程，2019，27(4) : 23 – 32.

[13] SHEN C C, GREEN M M A, BREITENSTEIN O O, et al. SOLAR ENERGY

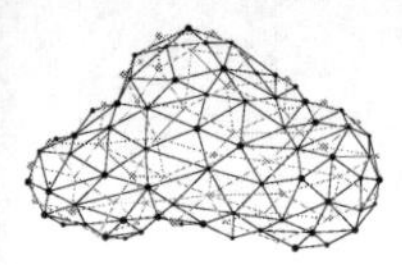

MATERIALS AND SOLAR CELLS[J]. Solar Energy Materials & Solar Cells, 2009, 116(11) : 262.

[14] 靳飞，刘军．固定式光伏支架的设计[J]．新疆农机化，2016(3) : 10 – 11.

[15] 毕金锋，平瞳其，吴雪萍，等．刚察扎苏合光伏电站固定可调支架发电效益分析[J]．实验室研究与探索，2016，35(1) : 31 – 33,54.

[16] 陈源．光伏支架结构优化设计研究[J]．电气应用，2013，32(17) : 90 – 94.

[17] 牟娟．光伏电站可调式支架经济效益分析[J]．可再生能源，2013，31(6) : 23 – 25.

[18] 王家万．可调式光伏支架探索[J]．太阳能，2015(2) : 32 – 34.

[19] 谷永梅．可调倾角光伏支架对光伏系统发电量的影响[J]．建筑电气，2014(10) : 67 – 71.

[20] 章荣国．固定可调式光伏支架应用研究[J]．太阳能，2015(10) : 28 – 31.

[21] GHOSH H R, BHOWMIK N, HUSSAIN M. Determining seasonal optimum tilt angles, solar radiations on variously oriented, single and double axis tracking surfaces at Dhaka[J]. Renewable Energy, 2010, 35(6) : 1292 – 1297.

[22] 陈艳，曹晓宁，兰云鹏，等．大型光伏电站中不同支架方案比较分析[J]．电气技术，2013(8) : 16 – 19.

[23] 孙宁宁．双主梁平单轴光伏支架系统设计[D]．西安：西安理工大学，2018.

[24] 黄勇．倾角可调的斜单轴太阳能跟踪系统简易结构[J]．大众科技，2015，17(4) :81 – 85.

[25] 边明茹．一种双轴跟踪光伏支架的结构优化设计[J]．机械研究与应用，2019，32(2) :149 – 150.

[26] 李卫军，冯春祥，周世勃，等．基于二维自由度的双轴跟踪太阳光伏发电系统设计[J]．太阳能，2013(10) : 56 – 61.

[27] 刘松，黄钱飞，李仁浩，等．双轴液压式全景太阳能自动跟踪系统设计[J]．机床与液压，2015，43(11) : 133 – 136.

[28] 刘耀武．斜单轴间歇式太阳能跟踪系统的设计[D]．西安：西安工程大学，2018.

[29] 窦伟，许洪华，李晶．跟踪式光伏发电系统研究[J]．太阳能学报，2007，28(2) : 169–173.

[30] 梁吉连，周承军，江伟，等．耐蚀钢在光伏支架中的应用[J]．中国新技术新产品，2018,370(12) : 80 – 81.

[31] 韩雪冰，魏秀东，卢振武，等．太阳能热发电聚光系统的研究进展[J]．中国光学，2011，4(3) : 233 – 239.

[32] SANGANI C S, SOLANKI C. Experimental evaluation of V-trough (2 suns) PV concentrator system using commercial PV modules[J]. Solar Energy Materials & Solar Cells, 2007, 91(6) : 453 – 459.

[33] 郭丽萍．塔式、槽式太阳能光热发电技术方案分析[J]．机械工程师，2013(7) : 59 – 61.

[34] 祝雪妹．塔式太阳能热发电相关技术的最新进展[J]．南京师范大学学报（工程技术版），2015，15(3) : 1 – 10.

[35] 郭苏，刘德有，张耀明．太阳能热发电系列文章（5）——塔式太阳能热发电的定日镜[J]．太阳能，2006(5) : 34 – 37.

[36] 唐大伟，李铁，桂小红．斯特林发动机与碟式太阳能热发电技术的研究进展[J]．新材料产业，2012(7) : 47 – 53.

[37] 朱辰元，孙海英，梁伟青，等．碟式斯特林太阳能热发电系统接收器聚热技术[J]．电力与能源，2013，34(3) : 67 – 71.

[38] 朱辰元，彭小方．碟式斯特林太阳能热发电的技术发展[J]．电力与能源，2011，32(6) :81 – 85.

[39] 甘少聪．碟式斯特林太阳能热发电系统碟面阵列的最优布局方法[D]．杭州：浙江工业大学，2017.

[40] 郝耀武，王永军，陈森林，等．碟式太阳能聚光器镜面组件设计及制造工艺[J]．现代制造工程，2015(1) : 110 – 114.

[41] 王林军，许立晓，邵磊，等．碟式太阳能自动跟踪系统传动机构的误差分析[J]．农业工程学报，2014，30(18) : 63 – 69.

[42] 兰维，刘晓光．碟式斯特林太阳能热发电系统聚热器调焦方法[J]．发电与空调，2015，36(2) : 21 – 24.

[43] 吴振奎，苏君，刘旭峰，等．碟式太阳能热发电双轴跟踪控制系统研究[J]．机械工程与自动化，2015(2) : 181 – 182.

[44] 莫一波，杨灵，黄柳燕，等．各种太阳能发电技术研究综述[J]．东方电气评论，

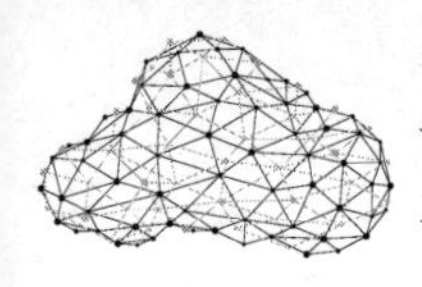

2018，32(125) : 78 – 82.

[45] 闫素英，马晓东，王峰，等．菲涅耳聚光 CPVT 系统光热输出特性研究[J]．工程热物理学报，2018，38(6) : 46 – 51.

[46] 闫素英，吴泽，王峰，等．菲涅耳高倍聚光 PV/T 系统热电输出性能模拟与试验[J]．农业工程学报，2018，34(20) : 197 – 203.

[47] 王飞．菲涅耳高倍聚光光伏光热系统研究[D]．呼和浩特：内蒙古工业大学，2017.

[48] 刘冬晓．生态环境保护视域下的太阳能光伏发电站管理[J]．区域治理，2020(3) : 176 –178.

[49] 王祯仪，汪季，高永，等．光伏电站建设对沙区生态环境的影响[J]．水土保持通报，2019，39(1) : 191 – 196.

[50] 翟波，高永，党晓宏，等．光伏电板对羊草群落特征及多样性的影响[J]．生态学杂志，2018，37(8) : 12 – 18.

[51] 高晓清，杨丽薇，吕芳，等．光伏电站对格尔木荒漠地区土壤温度的影响研究[J]．太阳能学报，2016，37(6) : 1439 – 1445.

[52] 李芬，杨勇，赵晋斌，等．光伏电站建设运行对气候环境的能量影响[J]．气象科技进展，2019，9(2) : 71 – 77.

[53] 高晓清，杨丽薇，吕芳，等．光伏电站对格尔木荒漠地区空气温湿度影响的观测研究[J]．太阳能学报，2019，37(11) : 2909 – 2915.

[54] 赵鹏宇，高永，陈曦，等．沙漠光伏电站对空气温湿度影响研究[J]．西部资源，2016(3) : 125 – 128.

[55] 辛元庆．荒漠太阳能电池板阵列表面运动维护机构关键技术研究[D]．西宁：青海大学，2015.

[56] 徐磊，马子瑞．天津文化中心光伏系统电池板清洁与维护研究[J]．建筑电气，2013，32(2) : 24 – 28.

[57] 杜萌．光伏电站运维过程中清洁技术的经济性分析[J]．中国电力教育，2014(35) : 195 –196.

[58] 崔剑，李喆，贾沛霖．中国西部大型地面并网光伏电站固定式光伏组件清洗方案

[J]. 太阳能，2013(21) : 42 – 44.

[59] 刘锋，孙震，姚春利，等. 光伏电池板清洁技术研究综述[J]. 清洗世界，2016，32(5) : 30 – 33, 42.

[60] 高扬. 光伏组件清洁方法浅谈[J]. 太阳能，2013(9) : 65 – 66.

[61] 李小庆. 大规模光伏阵列微水清洁系统的研究[D]. 天津：河北工业大学，2013.

[62] 王珊，高德东，郭菁莘，等. 水射流在荒漠光伏电站电池清洁中的应用[J]. 太阳能学报，2015，36(3) : 34 – 39.

[63] 杨东宇. 光伏电池板阵列清洁机器人关键技术研究[D]. 天津：河北工业大学，2017.

[64] 康儒. 光伏组件干式除尘刷设计及除尘机理研究[D]. 兰州：兰州理工大学，2017.

[65] 王建高. 国内首台光伏电站智能无水清洁机器人亮相[J]. 军民两用技术与产品，2014(14):36.

[66] 赵波，范思远，曹生现，等. 移动式光伏板积灰干式清洗装置研制及应用[J]. 中国电机工程学报，2019，39(6) : 1707 – 1713.

[67] 王海峰，李凤婷，贾言争，等. 适用于大规模光伏阵列的无水清扫机器人[J]. 可再生能源，2015，33(10) : 5 – 10.

[68] 汪继伟. 太阳能光伏组件清扫机器人行程控制系统设计与实现[D]. 乌鲁木齐：新疆大学，2015.

[69] 李园，赵熙，汪贵平. 光伏电池板智能清洁系统[J]. 自动化与仪表，2018，33(10) : 42 –45, 99.

[70] 段春艳，冯泽君，连佳生，等. 光伏电站运维机器人的结构设计与控制功能优化[J]. 通信电源技术，2019，36(2) : 7 – 10, 13.

[71] 雷传杰，许德章，梁艺，等. 倾斜光伏面板清洁机器人自锁特性分析[J]. 菏泽学院学报，2019，41(2) : 36 – 40.

[72] 侯杰，倪受东. 一种光伏清洁机器人的研究与设计[J]. 机械制造与自动化，2018，47(6) : 168 – 172.

[73] 马凯凯. 太阳能光伏板清洁机器人三维路径规划研究[D]. 兰州：兰州理工大学，2018.

[74] 付宜利，李志海. 爬壁机器人的研究进展[J]. 机械设计，2008，25(4) : 1 – 5.

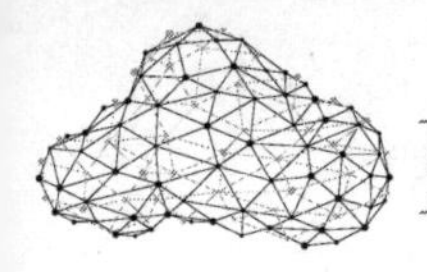

[75] 师小伟，马薇，郝禹齐．太阳能电池板清洁机器人智能交互技术研究[J]．信息记录材料，2019，20(4) : 147 – 150.

[76] 孟伟君，朴铁军，司德亮，等．灰尘对光伏发电的影响及组件清洗研究[J]．太阳能，2015(2) : 22 – 27,34.

[77] 赵明智，张旭．积尘对太阳能光伏电池板表面玻璃透过率的影响分析[J]．能源工程，2016(5) : 34 – 38.

[78] 范迪飞，董兵海，王世敏，等．太阳能电池板表面自清洁技术的研究进展[J]．材料导报，2015，29(19) : 111 – 115.

[79] KAZEM H A, CHAICHAN M T, AL-WAELI A H, et al. A review of dust accumulation and cleaning methods for solar photovoltaic systems[J]. Journal of Cleaner Production, 2020 : 123 – 187.

[80] MAZUMDER M K, SHARMA R, BIRIS A S, et al. Electrostatic Removal of Particles and its Applications to Self-Cleaning Solar Panels and Solar Concentrators[J]. Developments in Surface Contamination and Cleaning, 2011 : 149 – 199.

[81] 袁亚飞，刘民，柏向春．电帘除尘技术的研究现状[J]．航天器工程，2010，19(5) : 93 – 98.

[82] 段琼娟，王彪，王华平．自清洁玻璃的研究进展[J]．化工新型材料，2009，37(9) : 11 – 13.

[83] 徐瑞芬．光伏组件自清洁技术[J]．太阳能，2015(11) : 37 – 41.

[84] 王珊，全长爱，王鑫鑫．TiO_2 涂层对太阳能电池板自清洁作用的研究[J]．青海大学学报，2018，36(5) : 26 – 30.

[85] 王忠凯．风起新一代光伏组件膜层：SSG 纳米自清洁膜层[J]．太阳能，2015(11) : 78 – 80.

[86] BARTHLOTT W, NEINHUIS C. Purity of the sacred lotus, or escape from contamination in biological surfaces[J]. 1997, 202(1) : 1 – 8.

[87] 赵晓非，陈金桂．光伏玻璃用自清洁减反膜的研究现状与前景展望 [J]．建筑玻璃与工业玻璃，2017(8) : 18 – 20,24.

[88] SWEEZEY A, ANDERSON M, GRANDY A, et al. Robotic Device for Cleaning Photovoltaic Panel Arrays[C].Singapore: World Scientific Press, 2009.

[89] 宋贯一．地球科学的革命——用（光压）斥力相互作用理论解析青藏高原成因动力学[J]．地球物理学进展，2018(4) : 1410 – 1418.

[90] 朱海涛．柴达木盆地的降水及其特性[J]．青海科技，1999，6(3) : 14 – 16.

[91] 张焕平，张占峰，金惠瑛，等．柴达木盆地沙尘天气的气候特征及与气象要素的关系[J]．安徽农业科学，2014，42(5) : 1382 – 1384.

[92] 伏洋，肖建设，校瑞香，等．气候变化对柴达木盆地水资源的影响——以克鲁克湖流域为例[J]．冰川冻土，2008，30(6) : 998 – 1006.

[93] 李廷伟，谭红兵，樊启顺．柴达木盆地西部地下卤水水化学特征及成因分析[J]．盐湖研究，2006，14(4) : 26 – 32.

[94] 崔永琴，冯起，孙家欢，等．积尘对光伏电站发电功率的影响研究综述[J]．中国沙漠，2018，38(2) : 270 – 277.

[95] 孟广双．荒漠光伏太阳能电池板表面灰尘作用机理及其清洁方法研究[D]．西宁：青海大学，2015.

[96] 康晓波．沙尘在太阳能光伏组件表面的沉降与冲蚀行为研究[D]．呼和浩特：内蒙古工业大学，2017.

[97] 赵明智，王帅，孙浩，等．沙尘对光伏组件表面冲蚀行为影响实验研究[J]．可再生能源，2020，38(1) : 19 – 23.

[98] 鲍锋，董治宝，张正偲．柴达木盆地风沙地貌区风况特征[J]．中国沙漠，2015，35(3) : 549 – 554.

[99] 李宏剑．挡风墙挡风抑尘效果数值模拟研究[D]．杭州：浙江大学，2007.

[100] CANO J. Photovoltaic Modules: Effect of Tilt Angle on Soiling[D]. Phoenix: Arizona State University, 2011.

[101] 张新民，柴发合，孙新章．大气降尘研究进展[C]．2008 中国可持续发展论坛，2008.

[102] SAID S A, HASSAN G, WALWIL H M, et al. The effect of environmental factors and dust accumulation on photovoltaic modules and dust-accumulation mitigation strategies[J]. Renewable and Sustainable Energy Reviews, 2018(82) : 743 – 760.

[103] 鲍锋，董治宝．柴达木盆地沙漠地表沉积物矿物构成特征[J]．西北大学学报（自然科学版），2015，45(1) : 90 – 96.

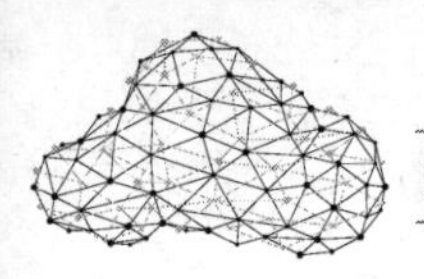

[104] 孟范平，傅柳松．灰尘理化性质及其对土壤和植被的影响[J]．环境工程学报，1996(4) :23 – 29.

[105] 高德东，孟广双，王珊，等．荒漠地区电池板表面灰尘特性分析[J]．可再生能源，2015，33(11) : 1597 – 1602.

[106] KAZEM H A, KHATIBT, SOPIAN K, etal. The effect of dust deposition on the performance of multi–crystalline photovoltaic modules based on experimental measurements[J]. Renewable and Sustainable Energy, 2013, 3(4) : 850 – 863.

[107] KAZEM H A, CHAICHAN M T. Experimental analysis of the effect of dust's physical properties on photovoltaic modules in Northern Oman[J]. Solar Energy, 2016, 139(1) : 68 – 80.

[108] EL-SHOBOKSHY M S, HUSSEIN F M. Degradation of photovoltaic cell performance due to dust deposition on to its surface[J]. Renewable Energy, 1993, 3: 585 – 590.

[109] 陈国祥，董治宝，李超，等．察尔汗盐湖北侧沙丘沉积物颗粒微结构特征[J]．中国沙漠，2018，38(5) : 58 – 66.

[110] 刘清秉，项伟，BUDHU M，等．砂土颗粒形状量化及其对力学指标的影响分析[J]．岩土力学，2011，32(S1) : 190 – 197.

[111] SCHWARCZ H P, SHANE K C. Measurement of Particle Shape by Fourier Analysis[J]. Sedimentology, 2010, 13(3-4) : 213 – 231.

[112] 方浩，张巍，肖瑞，等．砂土颗粒形状的傅里叶描述符自动生成[J]．高校地质学报，2018(4) : 604 – 612.

[113] 石崇，白金州，于士彦，等．基于复数傅里叶分析的岩土颗粒细观特征识别与随机重构方法 [J]．岩土力学，2016，37(10) : 2780 – 2786.

[114] MOLLON G, ZHAO J. Fourier–Voronoi-based generation of realistic samples for discrete modelling of granular materials[J]. Granular Matter, 2012, 14(5) : 621 – 638.

[115] 付华．基于离散元方法的单个月尘颗粒静电黏附性研究[D]．深圳：哈尔滨工业大学，2016.

[116] JOHNSON K L, KENDALL K, ROBERTS A D. Surface Energy and the Contact of Elastic Solids[J]. Proceedings of The Royal Society A, 1971, 324(1558) : 301 – 313.

[117] DERJAGUIN B V, MULLER V, TOPOROV Y. Effect of contact deformations on the adhesion of particles[J]. Journal of Colloid & Interface Science, 1979, 53(2) : 314 – 326.

[118] CUNDALL P A, STRACK O D L. A discrete numerical model for granular assemblies[J]. Géotechnique, 1979, 29(1) : 47 – 65.

[119] 居发礼．积灰对光伏发电工程的影响研究[D]．重庆：重庆大学，2010.

[120] 王锋，张永强，才深．西安城区灰尘对分布式光伏电站输出功率的影响分析[J]．太阳能，2013(13) : 38 – 40,14.

[121] AL-HASAN A. Y. A new correlation for direct beam solar radiation received by photovoltaic panel with sand dust accumulated on its surface[J]. Solar Energy, 1998, 63(5) : 323 – 333.

[122] BEATTIE N S, MOIR R S, CHACKO C, et al. Understanding the effects of sand and dust accumulation on photovoltaic modules[J]. Renewable Energy, 2012, 48 : 448 – 452.

[123] 王平，杜炜，张海宁，等．表面积灰影响光伏组件泄漏电流与衰减寿命的研究[J]．太阳能学报，2019，40(1) : 125 – 131.

[124] 杜炜．覆灰条件下光伏组件性能及功率衰减研究[D]．重庆：重庆大学，2017.

[125] 刘富光，张臻，赵远哲，等．光伏组件表面积灰对性能影响[J]．电源技术，2019，43(04) : 193 – 196.

[126] JIANG Y, LU L. A Study of Dust Accumulating Process on Solar Photovoltaic Modules with Different Surface Temperatures[J]. Energy Procedia, 2015, 75 : 337 – 342.

[127] 张得芳，樊光辉，马玉林．柴达木盆地盐碱土壤类型及其盐离子相关性研究[J]．青海农林科技，2016(3).

[128] PERKO H A. Theoretical and experimental investigations in planetary dust adhesion[D]. Fort Collins: Colorado State University, 2002.

[129] WALTON O R. Adhesion of lunar dust[R]. NASA/CR-2007-214685, 2007.

[130] 李艳强，吴超，阳富强．微颗粒在表面黏附的力学模型[J]．环境科学与技术，2008，31(1) :8 – 11.

[131] 吴超，李明．微颗粒黏附与清除[M]．北京：冶金工业出版社，2014.

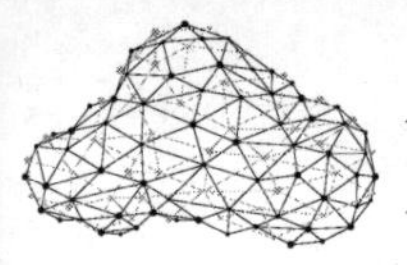

[132] 孟广双，高德东，王珊，等．荒漠环境中电池板表面灰尘颗粒力学模型建立[J]．农业工程学报，2014，30(16) : 221 – 229.

[133] 夏长念．建筑物表面粘尘机理与防尘实验研究[D]．长沙：中南大学，2007.

[134] BAGNOLD R A. The Physics of Blown Sand and Desert Dunes[M]. Berlin: Springer Nether-lands, 1942.

[135] RENTSCH S, PERICET-CAMARA R, PAPASTAVROU G, et al. Probing the validity of the Derjaguin approximation for heterogeneous colloidal particles[J]. Physical Chemistry Chemical Physics, 2006, 8(21) : 2531 – 2538.

[136] DZYALOSHINSKII I E, LIFSHITZ E M, PITAEVSKII L P. The general theory of van der Waals forces[J]. Soviet Physics Uspekhi, 1961, 10(38) : 165 – 209.

[137] 贾贤，任露泉，陈秉聪．土壤对固体材料黏附力的理论分析[J]．农业工程学报，1995，11(4) : 10 – 14.

[138] WU S. Polymer interface and adhesion[M]. New York: Marcel Dekker, 1982.

[139] 李明．固体微颗粒黏附与清除的机理及表面保洁技术的研究[D]．长沙：中南大学，2010.

[140] TABOR D. Surface forces and surface interactions[J]. Journal of Colloid & Interface Science, 1977, 58(1) : 2 – 13.

[141] MAUGIS D. Adhesion of spheres: The JKR-DMT transition using a Dugdale model[J].Journal of Colloid and Interface Science, 1992, 150(1) : 243 – 269.

[142] 张威．基于 Double-Hertz 模型—弹性圆柱体和随机粗糙表面黏附接触力学研究[D]．大连：大连理工大学，2014.

[143] BRADLEY R S. The cohesive force between solid surfaces and the surface energy of solids[J]. Philosophical Magazine, 1932, 13(86) : 853 – 862.

[144] JOHNSON K L, KENDALL K, ROBERTS A D. Surface Energy and the Contact of Elastic Solid[J]. Proceedings of the Royal Society, 1971, 324(1558) : 301 – 313.

[145] MULLER V M, YUSHCHENKO V S, DERJAGUIN B V. General theoretical consideration of the influence of surface forces on contact deformations and the reciprocal adhesion of elastic spherical particles[J]. Journal of Colloid and Interface Science, 1983, 92(1) : 92 – 101.

[146] TSAI C J, PUI D Y H, LIU B Y H. Elastic Flattening and Particle Adhesion[J]. Aerosol Science & Technology, 1991, 15(4) : 239 – 255.

[147] 李艳强，吴超，阳富强．微颗粒在表面黏附的力学模型[J]．环境科学与技术，2008(01) :8 – 11.

[148] 孙其诚，王光谦．颗粒物质力学导论[M]．北京：科学出版社，2009.

[149] 温诗铸．摩擦学原理[M]．北京：清华大学出版社，1990.

[150] BRIGGS G A D, BRISCOE B J. Effect of surface roughness on rolling friction and adhesion between elastic solids[J]. Nature, 1976, 260: 313 – 315.

[151] 张静．圆柱形和球形三维粗糙表面接触特性研究[D]．西安：西安理工大学，2017.

[152] 高锦春，章继高．尘土颗粒带电对电接触可靠性的影响及电荷的测量[J]．电子元件与材料，2003，22(010) : 49 – 51.

[153] BOWLING R A. An Analysis of Particle Adhesion on Semiconductor Surfaces[J]. Journal of The Electrochemical Society, 1985, 132(9) : 2208 – 2208.

[154] PERKO H A. Theoretical and experimental investigations in planetary dust adhesion[D]. Fort Collins: Colorado State University, 2002.

[155] WALTON O R. Adhesion of lunar dust[R]. NASA/CR-2007-214685, 2007.

[156] ISRAELACHVILI J N. Intermolecular and surface forces[M]. Pittsburgh: Academic Press, 2011: 59–65.

[157] BEHRENS S H, GRIER D G. The charge of glass and silica surfaces[J]. Journal of Chemical Physics, 2001, 115(14) : 6716 – 6721.

[158] 吴超．化学抑尘[M]．长沙：中南大学出版社，2003.

[159] RANADE M B. Adhesion and Removal of Fine Particles on Surfaces[J]. Aerosol ence & Technology, 1987, 7(2) : 161 – 176.

[160] 柳冠青，李水清，姚强．微米颗粒与固体表面相互作用的 AFM 测量[J]．工程热物理学报，2009，30(5) : 803 – 806.

[161] TANAKA M, KOMAGATA M, TSUKADA M, et al. Evaluation of the particle–particle interactions in a toner by colloid probe AFM[J]. Powder Technology, 2008, 183(2) : 273 – 281.

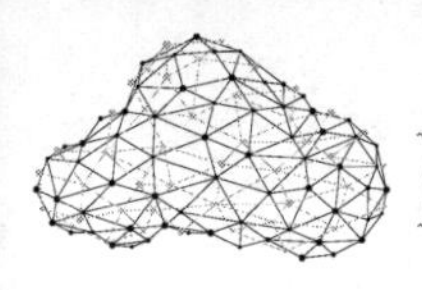

[162] REZENDE C A, LEE L T, GALEMBECK F. Surface Mechanical Properties of Thin Polymer Films Investigated by AFM in Pulsed Force Mode[J]. Langmuir, 2009, 25(17) : 9938 – 9946.

[163] 朱杰，孙润广．原子力显微镜的基本原理及其方法学研究[J]．生命科学仪器，2005(01) :22 – 26.

[164] REZENDE C A, LEE L T, GALEMBECK F. Surface Mechanical Properties of Thin Polymer Films Investigated by AFM in Pulsed Force Mode[J]. Langmuir, 2009, 25(17) : 9938 – 9946.

[165] 王志浩，白羽，田东波，等．模拟月尘颗粒真空辐射条件下黏附力测试技术研究[J]．装备环境工程，2015(3).

[166] 朱杰，孙润广．原子力显微镜的基本原理及其方法学研究[J]．生命科学仪器，2005(01) :22 – 26.

[167] NGUYEN T T, RAMBANAPASI C, BOER A H D, et al. A centrifuge method to measure particle cohesion forces to substrate surfaces: The use of a force distribution concept for data interpretation[J]. International Journal of Pharmaceutics, 2010, 393(1-2) : 89 – 96.

[168] 程效锐，张舒研，马亮亮，等．高压水射流技术的应用现状与发展前景[J]．液压气动与密封，2019(8) : 1 – 6.

[169] 范晓红．高压水射流清洗机射流打击力的研究分析[J]．清洗世界，2008(12) : 29 – 32.

[170] 张兰芳，费建国．高压水射流清洗污垢时的机理及参数[J]．清洗世界，1997，13(5) :6 – 10.

[171] 刘庭成，范晓红．高压水射流清洗机射流打击力的研究分析[J]．清洗世界，2008(12) : 29 – 32.

[172] 刘恩晓．基于高频气流的光伏组件除尘机理与多级扩张腔喷头研究[D]．杭州：浙江理工大学，2018.

[173] 袁博．光伏面板表面积尘机理研究及清洁喷头的设计[D]．杭州：浙江理工大学，2017.

[174] 程智锋，郑浩峻．一种利用高压气流对太阳能电池板阵列自动除尘的系统：

CN201020685542.4[P]，2010-12-28.

[175] FRISCH-FAY R. Flexible bars[M]. Washington: Butterworths, 1962.

[176] 高锦春，章继高．尘土颗粒带电对电接触可靠性的影响及电荷的测量[J]．电子元件与材料，2003，22(10) : 49 – 51.

[177] MOHARRAM K A, ABD-ELHADY M S, KANDIL H A, et al. Influence of cleaning using water and surfactants on the performance of photovoltaic panels[J]. Energy Conversion & Management, 2013, 68(4) : 266 – 272.

[178] ANON. Removal of dust particles from the surface of solar cells and solar collectors using surfactants[C]. 2011 : 342 – 348.

[179] 孙伟杰．十二烷基苯磺酸钠对纳米二氧化钛在饱和多孔介质中迁移的影响[J]．赤峰学院学报：自然科学版，2019(12) : 10 – 13.

[180] 王珊，王志新，马岩岩，等．太阳能电池板清洁过程动态分析与试验研究[J]．水电能源科学，2017，35(9) : 209 – 211.

[181] HACKE P, BURTON P, HENDRICKSON A, et al. Effects of photovoltaic module soiling on glass surface resistance and potential-induced degradation[C]. Photovoltaic Specialist Conference, 2015.

[182] 黄岳文，曹华翔，刘帅，等．单晶硅光伏组件性能衰减分析[J]．电源技术，2019，43(04) : 107 – 111.

[183] 王新刚．晶硅光伏组件寿命与可靠性评估方法探讨[J]．科技创新导报，2018，15(28) :83 – 84.

[184] 樊静，钱政，王婧怡．基于湿热试验的光伏组件功率衰减与使用寿命研究[J]．计算机测量与控制，2019，27(4) : 249 – 253.

[185] SASCHA, LINDIG, ISMAIL, et al. Review of Statistical and Analytical Degradation Models for Photovoltaic Modules and Systems as Well as Related Improvements[J]. IEEE Journal of Photovoltaics, (6) : 1773 – 1786.

[186] 张钦，傅丽芝．中国光伏组件报废量的预测[J]．环境工程，2020，38(6) : 214 – 219.

[187] TANG Y, RAGHURAMAN B, KUITCHE J, et al. An Evaluation of 27+ Years Old Photovoltaic Modules Operated in a Hot-Desert Climatic Condition[C]. Photovoltaic Energy Conversion, 2006.

[188] UNION E. Directive 2012/19/EU of the European Parliament and of the Council of 4 July 2012 on waste electrical and electronic equipment (WEEE)[J]. Official Journal of the European Union, 2012 : 38 – 71.

[189] 余荣斌．基于性能退化的光伏组件服役可靠性评估方法研究[D]．广州：华南理工大学，2016.

[190] POLVERINI D, FIELD M, DUNLOP E, et al. Polycrystalline silicon PV modules performance and degradation over 20 years[J]. Progress in Photovoltaics Research & Applications, 2013, 21(5) : 1004 – 1015.

[191] 孙晓，怀朝君，胡旦，等．晶体硅光伏组件功率衰减与评估方法研究[J]．太阳能学报，2016，37(6) : 1373 – 1378.

[192] 张晓娜．大规模光伏阵列发电仿真系统及故障诊断技术研究[D]．西宁：青海大学，2016.

[193] 王俊杰．基于支持向量机的光伏阵列故障诊断方法研究[D]．西宁：青海大学，2016.

[194] 唐佳能．太阳能光伏阵列故障检测及仿真分析[D]．保定：华北电力大学，2012.

[195] SHARMA V, CHANDEL S S. Performance and degradation analysis for long term reliability of solar photovoltaic systems: A review[J]. Renewable & Sustainable Energy Reviews, 2013, 27(11) : 753 – 767.

[196] KöNTGES M, ALTMANN S, HEIMBERG T, et al. Mean Degradation Rates In Pv Systems For Various Kinds Of Pv Module Failures[J]. 32nd European Photovoltaic Solar Energy Conference and Exhibition, 2018.

[197] SANTHAKUMARI M, SAGAR N. A review of the environmental factors degrading the performance of silicon wafer-based photovoltaic modules: Failure detection methods and essential mitigation techniques[J]. Renewable and Sustainable Energy Reviews, 2019, 110(8) : 83 – 100.

[198] 王新刚．光伏组件功率衰减影响因素研究进展[J]．应用能源技术，2018(12): 42 – 44.

[199] 安晓君．光伏组件老化失效及加速老化测试的研究[J]．应用能源技术，2018(12): 45 – 47.

[200] DEOLIVEIRA M C C, DINIZ CARDOSO A S A, VIANA M M, et al. The causes and effects of degradation of encapsulant ethylene vinyl acetate copolymer (EVA) in crystalline silicon photovoltaic modules: A review[J]. Renewable and Sustainable Energy Reviews, 2018, 81 : 2299 – 2317.

[201] BADIEE A, ASHCROFT I A, WILDMAN R D. The thermo-mechanical degradation of ethylene vinyl acetate used as a solar panel adhesive and encapsulant[J]. International Journal of Adhesion & Adhesives, 2016, 68 : 212 – 218.

[202] YANAGISAWA K T. Ultraviolet-ray irradiation and degradation evaluation of the sealing agent EVA film for solar cells under high temperature and humidity[J]. Solar Energy Materials and Solar Cells, 2005, 85 : 63 – 72.

[203] 王莉，郑凯．光伏 EVA 封装胶膜交联体系的研究[J]．信息记录材料，2015，16(2) :20 – 25.

[204] 周先国，韩继昌，康裾昆，等．EVA 封装胶膜研究进展与发展趋势[J]．太阳能，2012(9) :16 – 20.

[205] 张增明，唐景，吕瑞瑞，等．光伏组件封装 EVA 的湿热老化研究[J]．合成材料老化与应用，2011，40(3) : 24 – 26.

[206] CZANDERNA A W, PERN F J. Encapsulation of PV modules using ethylene vinyl acetate copolymer as a pottant: A critical review[J]. Solar Energy Material & Solar Cells, 1996, 43(2) : 101 – 181.

[207] 陈小青，申明霞．光伏组件用 EVA 封装胶膜的老化研究进展[J]．粘接，2010，31(12) :65 – 69.

[208] SCHMIDT J, HEZEL R. Light-Induced Degradation In Cz Silicon Solar Cells: Fundamental Understanding And Strategies For Its Avoidance[C]. 12th Workshop on Crystalline Silicon Solar Cell Materials and Processes. 2002.

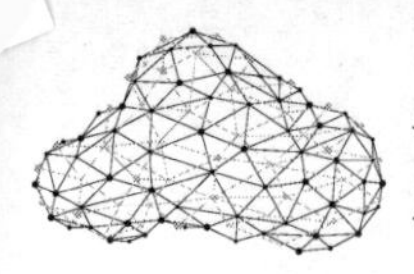

[209] 张光春，陈如龙，温建军，等．P 型掺硼单晶硅太阳电池和组件早期光致衰减问题的研究：第十届中国太阳能光伏会议论文集[C]．杭州：浙江大学出版社，2008.

[210] LINDROOS J, SAVIN H. Review of light-induced degradation in crystalline silicon solar cells[J]. Solar Energy Materials & Solar Cells, 2016, 147 : 115 – 126.

[211] SAVIN H, YLI-KOSKI M, HAARAHILTUNEN A. Role of copper in light induced minority-carrier lifetime degradation of silicon[J]. Applied Physics Letters, 2009, 95(15) : 152111.

[212] LINDROOS J, YLI-KOSKI M, HAARAHILTUNEN A, et al. Light-induced degradation in copper-contaminated gallium-doped silicon[J]. Physica Status Solidi - Rapid Re- search Letters, 2013, 7(4) : 262 – 264.

[213] LUO W, KHOO Y S, HACKE P, et al. Potential-induced Degradation in Photovoltaic Modules: A Critical Review[J]. Energy & Environmental Science, 2016, 10(1).

[214] PINGEL S, FRANK O, WINKLER M, et al. Potential Induced Degradation of solar cells and panels[C]. Photovoltaic Specialists Conference, 2010.

[215] HOFFMANN S, KOEHL M. Effect of humidity and temperature on the potential-induced degradation[J]. Progress in Photovoltaics Research & Applications, 2014, 22(2) : 173 – 179.

[216] NDIAYE A, CHARKI A, KOBI A, et al. Degradations of silicon photovoltaic modules: A literature review[J]. Solar Energy, 2013, 96(10) : 140 – 151.

[217] JONAI S, HARA K, TSUTSUI Y, et al. Relationship between cross-linking conditions of ethylene vinyl acetate and potential induced degradation for crystalline silicon photovoltaic modules[J]. Japanese Journal of Applied Physics, 2015, 54(8S1) : 08KG01.

[218] 王喜炜，白建波，宋昊，等．光伏组件加速老化试验可靠性及其寿命分布研究[J]．可再生能源，2017，35(5) : 675 – 680.

[219] 樊静，钱政，王婧怡．基于湿热试验的光伏组件功率衰减与使用寿命研究[J]．计算机测量与控制，2019，27(4) : 255 – 259.